普.通.高.等.学.校
计算机教育"十二五"规划教材

计算机图形学教程

（第3版）

COMPUTER GRAPHICS
(3rd edition)

王汝传 黄海平 林巧民 蒋凌云 ◆ 编著

人民邮电出版社
北京

图书在版编目（CIP）数据

计算机图形学教程 / 王汝传等编著. -- 3版. -- 北京：人民邮电出版社，2014.8（2023.1重印）
普通高等学校计算机教育"十二五"规划教材
ISBN 978-7-115-35800-4

Ⅰ. ①计… Ⅱ. ①王… Ⅲ. ①计算机图形学－高等学校－教材 Ⅳ. ①TP391.41

中国版本图书馆CIP数据核字(2014)第140685号

内 容 提 要

本书主要介绍计算机图形学的基本原理、相关技术及其应用，对计算机图形学的基本概念和特点、计算机图形显示系统和输入/输出设备、常用图形函数和 C 语言图形程序设计、二维图形和三维图形的生成和变换技术、图形的填充、裁剪和消隐技术、几何造型和真实感图形生成技术、计算机动画生成技术和开发工具、虚拟现实技术和 VRML 语言以及基于 OpenGL 的图形编程等相关知识做了详细而系统的论述。此外，本书还给出了大量计算机图形学的应用程序实例和实验大纲。

本书可作为本、专科院校计算机及相关专业的"计算机图形学"课程教材，也可供从事计算机图形处理技术及其他有关的工程技术人员阅读使用。

◆ 编　著　王汝传　黄海平　林巧民　蒋凌云
　　责任编辑　邹文波
　　责任印制　彭志环　焦志炜

◆ 人民邮电出版社出版发行　　北京市丰台区成寿寺路 11 号
　　邮编　100164　　电子邮件　315@ptpress.com.cn
　　网址　https://www.ptpress.com.cn
　　北京盛通印刷股份有限公司印刷

◆ 开本：787×1092　1/16
　　印张：23.25　　　　　　　2014 年 8 月第 3 版
　　字数：615 千字　　　　　2023 年 1 月北京第 11 次印刷

定价：49.80 元

读者服务热线：**(010)81055256**　印装质量热线：**(010)81055316**
反盗版热线：**(010)81055315**

第 3 版前言

计算机图形学是随着计算机技术在图形处理领域中的应用而发展起来的新技术，是计算机专业及其他一些工科专业重要的专业课程之一，同时也是计算机应用学科的一个重要分支。当前，计算机图形技术已经渗透到各个行业，如航天航空、影视制作、汽车制造、工业生产等，在经济建设中发挥了重要的作用。

为适应我国计算机图形技术的应用和发展，进一步提高计算机图形学课程的教学质量，为相关行业的工程技术人员提供有益参考，作者根据多年的教学经验，结合当前图形学研究的一些热点，在分析国内、外多种同类教材的基础上编写了本书。

在 1998 年，作者编写了《计算机图形技术原理及其实现方法》一书，随后又对该书的教材内容进行了修订，并于 2002 年以《计算机图形学》为书名再次出版，2009 年又再版为《计算机图形学教程（第 2 版）》。随着教学要求的变化和图形技术的发展，作者结合近几年的教学和实践经验，又一次对这本书进行修订，删去了一些过时的内容，增加了一些新的技术，旨在为从事或将要从事计算机图形处理和应用的工程技术人员、相关专业的教师和学生，提供一本更加系统、更加全面、更加实用的教材。

本书共 11 章，分别概括如下。

第 1 章是概述，简要介绍计算机图形学的研究内容，最新的发展、应用和研究方向，概括了图形生成和输出的流水线。

第 2 章是计算机图形系统，主要介绍计算机图形系统的构成和功能，计算机图形输入设备和显示器（包括液晶和等离子）的工作原理，同时还简要介绍了当前主流的图形软件。

第 3 章是 C 语言图形程序设计基础，主要介绍如何利用 C 语言和图形函数进行绘图，同时提供了 C++图形绘制环境的简介。

第 4 章是二维图形生成和变换技术，主要介绍平面直线、规则和自由曲线的生成方法，二维图形变换的原理和方法以及二维图形的裁剪和区域填充。

第 5 章是三维图形生成和变换技术，主要介绍空间自由曲面的生成，三维图形各种变换和裁剪、消隐技术。

第 6 章是真实感图形生成技术，主要介绍如何生成一个真实感图形，如光照、明暗、阴影、纹理等。

第 7 章是几何造型简介，重点介绍实体模型的构造方法。

第 8 章是计算机动画技术，主要介绍计算机动画生成的原理和方法。

第 9 章是计算机动画实践，主要介绍如何基于 OpenGL 图形库和 3ds Max 动画工具开发动画实例。

第 10 章是虚拟现实技术及 VRML 语言，主要介绍图形学在虚拟现实技术中的应用以及如何用 VRML 语言开发虚拟图形场景。

第 11 章是 OpenGL 图形编程基础，主要介绍如何利用 OpenGL 的函数库和 C++

语言来进行二维和三维图形的绘制。

本书具有以下特色。

（1）深入浅出、内容全面。覆盖了核心的计算机图形算法和技术原理，比较全面和基础，不盲目追求难度和深度；内容描述明晰详尽、易理解，特别适合计算机图形学的基础教学。

（2）实例丰富，启发性强。本书介绍的每个图形算法几乎都有相应的源代码说明和分析，而且有大量的辅助实例讲解，有助于读者更加深入和透彻的理解，同时也为读者提供了更多上机实践的启示。

（3）算法描述清晰，图文并茂。图形学的核心是图形生成算法，本书都以图文并茂的形式来描述算法，使得读者更容易掌握和理解算法的核心。

（4）习题典型，理论联系实践。为了巩固所学的理论知识，本书每章都附有习题，以帮助读者理解基本概念，通过理论联系实际进行书面练习和上机编写程序，同时介绍了很多主流和实用的图形库、图形软件和开发工具，旨在加强读者的实践能力。

（5）将教学与科研相结合。本书第 10 章介绍了图形学在科研方面的热点——虚拟现实技术，为教师和学生在进行教与学的过程中提供更多的科研实践环节。

（6）提供了相应的实验大纲。在本书的附录部分有与教学内容相匹配的实验大纲可供参考。

本书建议学时数为 56，其中课堂教学时数为 40，上机实验学时为 16，实际教学中可以根据具体情况予以调整，适当减少或增加学时数。对使用本书的教学和科研单位，我们还提供本书配套的习题解答、教学素材以及课件，请到人民邮电出版社教学服务与资源网（http://www.ptpedu.com.cn）下载。

在本书的编写过程中，南京邮电大学计算机学院孙力娟教授对本书提出了许多宝贵意见，肖甫老师对本书做了审校，并同作者进行了多次有益的讨论，提出了许多修改意见；南京邮电大学计算机学院的研究生王海元、孙涛、殷贞玲、林萍、魏烨嘉、邵星、张皓、陈超、孙凯、操天明、陈庭德、黄益贵等对书稿的录入和校对工作付出了辛勤的劳动。此外，书中还引用了其他同行的工作成果。在此，一并表示衷心感谢。

由于编者水平有限，书中难免存在不妥与疏漏之处，敬请广大读者批评指正，如果存在教学和教材的相关问题，请与编者联系（wangrc@njupt.edu.cn，hhp@njupt.edu.cn，qmlin@njupt.edu.cn，jianglingyun@njupt.edu.cn）。

编 者

2014 年 5 月于南京

目 录

第1章 概　述

1.1　计算机图形学的概念与研究内容

1.1.1　什么是计算机图形学

计算机图形学（Computer Graphics, CG）是计算机应用领域中的一个重要研究方向，目前尚属一门新兴的学科。计算机绘图技术在科学研究、工程设计和生产实践中得到了广泛的应用。人们在不断解决所提出的各种新问题的同时，又进一步丰富了这门学科的内容，推动了这门学科的发展。计算机绘图显著提高了绘图的速度和精确度，把工程技术人员从繁琐的手工制图中解放出来，同时由于计算机的快速图形显示可以实现对目标的实时跟踪和控制，因此，利用计算机绘图已成为必然的趋势。

可以对计算机图形学作如下定义："计算机图形学是研究通过计算机将数据转换为图形，并在专用显示设备（例如显示器）上显示的原理、方法和技术的学科"。从这个定义中可以看出，虽然计算机图形学和计算机图像处理（Image Processing）这两者最后得到的都是图形或者图像，但它们之间是存在区别的，前者是数据到图形的过程，而后者是图形到图形的过程。计算机图形学的过程涵盖了 3 个基本部分，即数据、计算机和显示设备。数据可以是由用户给出的原始输入，如用以描述图形的几何参数、数学方程等，或计算机产生的结果，也可以是来自图形工作站操作者的命令。而显示设备则用于将基本对象的视觉表示形式展示在可视屏幕上，将人们不能感觉到其形态的抽象数据按需要显示成能直接观察到的图形，通过计算机来实现信息的图形表达。我们输入给计算机的信息不是图形本身，而是描述图形的各种数据或者与图形有关的信息，经过计算机系统处理以后，输出的结果就是我们所要求的图形，这一过程如图 1.1 所示。

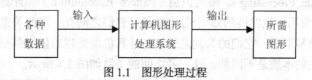

图 1.1　图形处理过程

例如，为了让计算机画出一个矩形，我们只要输入矩形的左上角坐标（x_1, y_1）和右下角坐标（x_r, y_r）（它们是描述图形的源数据），经过计算机绘图系统处理后便显示出一个矩形（图形），因此，我们把完成图 1.1 所示过程的计算机系统称为计算机图形处理系统，简称为图形系统。

由计算机图形系统产生的图形，其表现形式和内容都是十分丰富的。图形表现形式通常有两种，一种是线条式，即线框架图，它是用线段来表现图形，这种图形容易反映客观实体的内部结构，因而适合表示各类工程技术中的结构图，如机械设计中零件结构图、土木设计中房屋结构图以及电路设计中的电路原理图等；另一种是具有面模型、色彩、浓淡和明暗层次效应的、有真实感的图形，这种图形如同我们用照相机拍摄的彩色照片一样，它适合表现客观实体的外形或外貌，如汽车、飞机、轮船等的外形设计以及各种艺术品造型设计等。另外，从图形所在空间来看，可分为二维图形（在平面坐标系中定义的图形）和三维图形（在三维坐标系中定义的图形）。二维图形又叫平面图形，简记为 2D 图形；三维图形又称立体图形，简记为 3D 图形。

同时，对计算机产生的图形还可以自动地进行各种变换，如平移、放大、缩小、旋转等。正是由于计算机产生的图形有以上这些优点，再加上计算机具有高速度的运算功能和大容量的存储能力，使得计算机绘图无论在哪一方面都超过了人工制图，从而使人们认识到计算机图形学在计算机应用领域具有广阔的前景。

计算机图形产生的方法有两种：矢量法和描点法。

1. 矢量法（短折线法）

任何形状的曲线都可以用许多首尾相连的短直线（矢量）逼近。可以在显示屏上先给定一系列坐标点，然后控制电子束在屏幕上按一定顺序扫描，逐个"点亮"邻近两点间的短矢量，从而得到一条近似的曲线。尽管显示器产生的只是一些短直线的线段，但当直线段很短时，连成的曲线看起来还是光滑的。这种图形产生的方法称为随机扫描法或矢量法，如图 1.2 所示。

2. 描点法（相邻像素串接法）

这种方法是把显示屏幕分为有限个可发亮的离散点，每个离散点叫做一个像素，屏幕上由像素点组成的阵列称为光栅。这时，曲线的绘制过程就是将该曲线在光栅上经过的那些像素点串接起来，使它们发亮，所显示的每一曲线都是由一定大小的像素点组成的。当像素点具有多种颜色或多种灰度等级时，便可以显示彩色图形或具有不同灰度的图形。

上述方法采用的是电视光栅扫描法，或称顺序扫描法。电子束按顺序扫遍整个屏幕，但只有在经过与组成图形所在位置最相近的像素时才加以辉亮，从而显示描绘的图形，如图 1.3 所示。

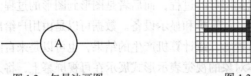

图 1.2 矢量法画图　　　　　　图 1.3 描点法画图

1.1.2 图像处理、模式识别与计算机图形学

图像处理（Image Processing）、模式识别（Pattern Recognition）和计算机图形学（Computer Graphics）是计算机应用领域发展的 3 个分支学科，它们之间有一定的关系和区别。由于这三者有共同的地方，因而易混淆。它们的共同之处就是计算机所处理的信息都是与图形或图像有关的信息，但实际上它们的本质是不同的。这三者之间的关系如图 1.4 所示。

图像处理是利用计算机对原来存在物体的映像进行分析处理，然后再现图像。图像信息经过量化（数字化）后输入到计算机中，按照不同的应用要求，计算机对图像进行各种各样的分析处理，如对照片图像扫描抽样、量化、模/数转换后送入计算机，由计算机进行加工——复原（使模糊图像清晰）、增强（突出某些特征）和图像赋值（定义图像某部分尺寸形状和位置）等。其中人们所关心的问题是如何去除噪声、压缩图像数据以便于进行存储、传输等不同处理。需要时可把加工处理后的图像重新输出，如工业中射线探伤、人体的 CT 扫描、卫星遥感以及资源勘测等都是图像处理的实例。早期图像处理基本上是二维处理，而且早已遍及各个领域，并朝着三维图像生成、立体成像、多种存储传输媒体等方向发展。

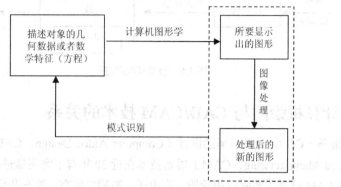

图 1.4　图像处理、模式识别和计算机图形学之间的关系

模式识别是指计算机对图形信息进行识别和分析描述，是从图形（图像）到描述的表达过程。图形信息输入到计算机后，先对其特征进行抽取等预处理，然后利用各种识别技术，如统计识别技术、句法（语法）识别技术以及基于模糊数学的模糊识别技术对图形作出识别，按照不同应用要求，由计算机给图形作出分类和描述，从图像中提取数据模型。如邮件分拣设备扫描信件上手写的邮政编码，并将编码用图像复原成数字；再如手机的汉字手写功能，也是模式识别的一个典型应用。

计算机图形学是研究根据给定的描述（如数学公式或数据等），用计算机生成相应的图形、图像，所生成的图形、图像可以显示在屏幕上、硬拷贝输出或作为数据集中存放在计算机中的学科。计算机图形学研究的是从数据描述到图形生成的过程。

在计算机图形学中，图形生成方式有两种，即交互式绘图和被动式绘图。前者允许操作者以某种方式（对话方式或命令方式）来控制和操作图形的生成过程，使得图形可以边生成、边显示、边修改，直到符合要求为止。对于后者，图形在生成过程中，操作者无法对图形进行操作和控制，目前还有一些图形系统不具备交互功能，只提供各种图形命令或图形程序库，通过编程获得所需图形。如图 1.5 和图 1.6 所示分别为交互式绘图过程和被动式绘图过程。

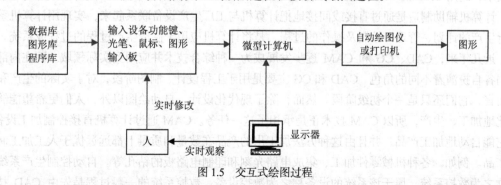

图 1.5　交互式绘图过程

图像处理、模式识别和计算机图形学都是与图形信息处理有关的三门学科，它们都有二三十年的历史，但长期以来它们以各自独立的形式发展。到了 20 世纪 80 年代，由于光栅扫描图形显

示器的广泛使用以及各门学科之间的相互渗透和沟通，它们之间的关系越来越密切，但是计算机图形学仍起着基础和核心的作用。

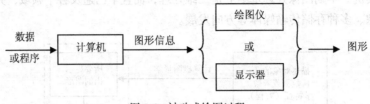

图1.6　被动式绘图过程

1.1.3　计算机绘图与CAD/CAM技术的关系

计算机图形学（CG）、计算机辅助设计（Computer Aided Design，CAD）与计算机辅助制造（Computer Aided Manufacturing，CAM）等新技术在近30年有了突飞猛进的发展。到了20世纪80年代，CAD/CAM已进入实际应用阶段，在电子、造船、航空、汽车和机械等领域均得到了普遍应用。进入21世纪，CG技术已广泛应用于平面设计、绘制动画、工程勘测、场景模拟等领域，与人们的日常生活息息相关。

计算机绘图技术应用计算机及其图形输入、输出设备，实现图形显示及绘图输出。它建立在图形学、应用数学及计算机科学三者结合的基础上，是CAD/CAM的基础。

计算机辅助设计就是建立某种模式、算法以及相关的支撑和应用软件，由设计者向系统输入根据设计要求建立的数学模型和设计参数，然后让计算机去检索有关资料，将草图变为工作图的繁重工作就可以交给计算机完成；根据计算机自动产生的设计结果，可以快速绘制出图形并显示出来，使设计人员及时对设计作出判断和修改；利用计算机可以进行图形的编辑、放大、缩小、平移和旋转等有关的图形数据加工工作。如果把CG和CAD都放到实际应用中去考虑，那么，CG只涉及与图形相关的部分，而CAD所涉及的范围要广得多。凡是利用计算机来帮助人们进行某项设计的工作都可以称为CAD，如计算机在电子线路方面的辅助设计，简称为电路CAD，它不仅涉及电路图描绘，更主要的是电路分析；再如CAD在土木结构设计方面的应用，除了利用计算机绘制各种结构图外，更多的是结构计算、应力分析。凡是应用CAD的地方都有计算机绘图，因此可以说，计算机绘图是CAD技术的基础，利用计算机产生图形技术是CAD技术中的核心技术，运用CAD技术就一定会用到计算机绘图技术。

计算机辅助制造是通过直接或间接地把计算机与工厂生产设备联系起来，实现用计算机系统进行生产的计划、管理、控制及操作的过程，是将计算机应用于制造生产过程的过程或系统。

近几年来，CAD、CG和CAM逐步发展成为一种综合技术并应用到实际领域。而在内部，它们各自扮演着不同的角色。CAD和CG主要是用于工程设计、制图阶段，对于实际的生产和加工而言，它们还只是一个初级阶段。然而，除了现代化设计、自动绘图以外，人们更希望能够自动化地加工、生产，所以CAM技术正是承担了这一任务。CAM通过计算机直接控制加工设备，使它能自动地加工产品，并且由这种方法加工出的产品在数量和质量上都远远优于人工加工制造的产品。例如，各种机械零件加工、集成电路光刻和印制电路板的钻孔。自动控制生产系统一般称之为数控系统，属于该系统的设备称之为数控设备。数控系统的一般过程是先由CAD技术和计算机图形软件产生一个完整的并符合加工要求的数控语言，通过这种语言去控制那些数控机床、数控切割机等，从而将最初的设计模型转化为实际的工业产品，实现了CG、CAD和CAM

技术三位一体的综合数控系统。

应当说计算机绘图是 CAD 的基础，而计算机绘图与 CAD 又共同构成了 CAM 的基础。它们三者之间的关系如图 1.7 所示。

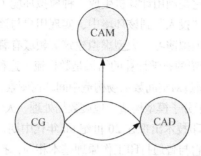

图 1.7　CG、CAD、CAM 三者之间的关系

1.1.4　计算机图形学研究的内容及当前的热点课题

计算机图形学是计算机科学中一个比较年轻的分支学科，它的核心技术是如何建立所处理对象的模型并生成该对象的图形。其主要的研究内容和当前研究的热点课题大体上可以概括为如下几个方面。

（1）几何模型构造技术（Geometric Modelling）。例如，各种不同类型几何模型（二维、三维、分数组（Fractal Model））的构造方法及性能分析，曲线与曲面的表示与处理，专用或通用模型构造系统的研究等。

（2）图形生成技术（Image Synthesis）。例如，线段、圆弧、字符、区域填充的生成算法，以及线/隐面消除、光照模型、浓淡处理（Shading）、纹理、阴影、灰度与色彩等各种逼真感图形表现技术。

（3）图形的操作与处理方法（Picture Manipulation）。例如，图形的开窗、裁剪、平移、旋转、放大、缩小、投影等各种几何变换操作的方法及其软件或硬件实现技术。

（4）图形信息的存储、检索与交换技术。例如，图形信息的各种表示方法、组织形式、存取技术、图形数据库的管理、图形信息通信等。

（5）人机交互及用户接口技术。包括各种交互技术，如构造技术、命令技术、选择技术、响应技术等的研究，以及用户模型、命令语言、反馈方法、窗口系统等用户接口技术的研究，如新型定位设备、选择设备的研究。

（6）动画和游戏制作技术。研究高效逼真的动画和游戏开发的各种软硬件方法、开发工具、语言等。

（7）图形输出设备与输出技术。例如，各种图形显示器（图形卡、图形终端、图形工作站等）逻辑结构的研究，实现高级图形功能的专用芯片（ASIC）的开发，图形硬拷贝设备（特别是彩色硬拷贝设备）的研究等。

（8）图形标准与图形软件包的技术开发。例如，制定一系列国际图形标准，以满足多方面图形应用软件开发工作的需要，并使图形应用软件摆脱对硬设备的依赖，允许在不同系统之间方便地进行移植。

（9）计算机图形学、计算机辅助设计和计算机辅助制造三者一体化。一项产品在生产过程中，按照过去的方式要首先对产品进行各种科学计算，提出各种设计方案进行优选，然后绘出图纸送去加工。现在这些工作都可由计算机辅助进行，并把计算机图形学（CG）、计算机辅助设计（CAD）和计算机辅助制造（CAM）三者有机地结合在一起，形成所谓一体化软件。

（10）虚拟现实环境的生成。虚拟现实（Virtual Reality, VR）是继多媒体以后另一个在计算机界引起广泛关注的研究热点。它是利用计算机生成一种模拟环境（如飞机驾驶舱、操作现场等），通过多种传感器和设备使用户"投入"到该环境中，实现用户与该环境直接进行交互的技术。该项技术在虚拟场景娱乐、军事模拟演习、大型虚拟建筑等领域有着广泛的应用。

（11）科学计算可视化。传统的科学计算的结果是数据流，这种数据流不易理解也不易于检查其中的错误。科学计算可视化通过对空间数据场构造中间几何图素，或用图形绘制技术在屏幕上产生二维图像。它将广泛地应用于分子模型构造、地震数据处理、大气科学、生物化学等领域。

（12）3D打印技术。3D打印技术出现在20世纪90年代中期，实际上是利用光固化和纸层叠等技术的最新快速成型装置。它与普通打印工作原理基本相同，打印机内装有液体或粉末状金属或塑料等可粘合的"打印材料"，与电脑连接后，通过电脑控制，利用激光束、热熔喷嘴等方式将金属粉末、陶瓷粉末、塑料、细胞组织等特殊材料进行逐层堆积黏结，最终叠加成型，从而把计算机上的蓝图变成实物。这种数字化制造模式不需要复杂的工艺、庞大的机床、众多的人力，直接从计算机图形数据中便可生成任何形状的零件，使生产制造得以向更广阔的范围延伸。如今，3D打印正逐渐用于一些产品的直接制造，例如珠宝设计、三维建筑实体模型、汽车和航空模型器件、牙科和医疗产业等领域。2013年11月，美国德克萨斯州奥斯汀的3D打印公司"固体概念"（Solid Concepts）设计制造出金属材料3D打印手枪。

（13）运动追踪及动画模拟技术。用于动画制作的运动捕捉技术的出现可以追溯到20世纪70年代，迪斯尼公司曾试图通过捕捉演员的动作以改进动画制作效果。从20世纪80年代开始，美国Biomechanics实验室、Simon Fraser大学、麻省理工学院等开展了计算机人体运动捕捉的研究。1988年，SGI公司开发了可捕捉人体头部运动和表情的系统。当前，运动捕捉的应用领域远远超出了表演动画，成功地应用于虚拟现实、游戏、人体工程学研究、模拟训练、生物力学研究等许多方面。从应用角度来看，表演动画系统主要有表情捕捉和身体运动捕捉两种；从实时性来看，可分为实时捕捉系统和非实时捕捉系统两种。微软公司于2009年公布了XBOX360体感周边外设Kinect，推动了基于深度图像的运动捕捉及动画制作的应用。基于Kinect的骨骼追踪系统可以实时识别游戏玩家的手势、姿态等信息，使得玩家能从传统的手柄游戏中解脱出来。开发者们可以基于Kinect感知语音、手势、脸部表情和诸多玩家的感觉信息，给玩家带来前所未有的互动性体验。

（14）三维物体重建技术。物体三维重建是计算机辅助几何设计（CAGD）、计算机图形学（CG）、计算机动画、计算机视觉、医学图像处理、科学计算和虚拟现实、数字媒体创作等领域的共性科学问题和核心技术。在计算机内生成物体三维的表示方法主要有两类。一类是使用几何建模软件通过人机交互生成人为控制下的物体三维几何模型，另一类是通过一定的手段获取真实物体的几何形状。前者的实现技术已经十分成熟，现有若干软件支持，比如3DMAX、Maya、AutoCAD、UG等。早期，一般采用激光扫描设备来获取物体的真实三维坐标点，其优点是数据精确度高，缺点是扫描时间较长，没有纹理信息，难以重建运动物体的三维信息。随着相机及计算机设备的发展，基于多台相机的三维重建技术也得到了广泛的应用。目前，由于社交网络的发展，网上存有海量的图像，华盛顿大学的研究人员筛选了Flickr上关键字与罗马城相关的所有照片，通过分析相片信息重建了罗马城中的一些主要建筑物，如罗马竞技场、圣彼得大教堂等。

（15）人机交互中的视点跟踪技术。人们在观察外部世界时，眼睛总是与其他人体活动自然协调地工作，并且眼动所需的认知负荷很低，人眼的注视包含当前的任务状况以及人的内部状态等信息，因此眼注视是一种非常好的能使人机对话变得简便、自然的候选输入通道。目前用户界面所使用的任何人机交互技术几乎都有视觉参与。早期的视线跟踪技术首先应用于心理学研究，后被用于人机交互。眼动在人的视觉信息加工过程中起着重要的作用。它有三种主要形式：跳动（Saccades）、注视（Fixations）和平滑尾随跟踪（Smooth Pursuit）。视线跟踪技术主要是解决眼睛运动特性的检测问题。眼睛盯视技术的应用领域对于正常人来说，是通过对鼠标和键盘操作实现与计算机间的交互，但是对于某些瘫痪病人或者四肢麻痹者且不能说话的人（如 ALS 患者），视线跟踪技术有着非常重要的意义。

1.2　计算机图形学发展概况

计算机图形学是伴随着电子计算机及其外围设备而产生和发展起来的，它是计算机科学技术、半导体工艺及图像处理等技术结合而产生的。在许多领域，如航空、造船、汽车、电子、建筑、地理信息、气象、影视广告等方面，计算机图形学被广泛地应用，从而推动了这门学科的发展，并且由于不断地解决应用中提出的各类新课题，又进一步将这门学科的内容不断地被充实和丰富起来。

自从 20 世纪 40 年代研制出世界上第一台电子计算机以来，由于计算机处理数据的速度快、精度高，引起了人们的重视。许多国家纷纷投入人力和物力研制新的计算机以及输出图形的软、硬件产品。

1950 年美国麻省理工学院研制出了第一台图形显示器，作为旋风 1 号（Whirl Wind 1）计算机的输出设备。这台显示器在计算机的控制下第一次显示了一些简单图形，它类似于示波器的 CRT，这就是计算机产生图形的最早萌芽。

1959 年美国 CALCOMP 公司根据打印机原理研制出了世界上第一台滚筒式绘图仪。同年，GERBER 公司把数控机床发展成本板式绘图仪。

20 世纪 50 年代末期，美国麻省理工学院在旋风 1 号计算机上开发了 SAVE 空中防御系统，它具有指挥和控制功能。这个系统能将雷达信号转换为显示器上的图形，操作者利用光笔可直接在显示屏上标识目标。这一功能的出现预示着交互式图形生成技术的诞生。

1962 年美国麻省理工学院林肯实验室的伊凡·萨瑟兰德（Ivan E.Sutherland）发表了题为"Sketchpad：人机图形通信系统"（Sketchpad：Man-Machine Graphical Communication System）的博士论文，首先提出了"计算机图形学（Computer Graphics）"这一术语，引入了分层存储符号的数据结构，开发出了交互技术；可用键盘和光笔实现定位、选项和绘图的功能，还正式提出了至今仍在沿用的许多其他基本思想和技术，从而奠定了计算机图形学的基础。

20 世纪 60 年代中期，美国、英国、法国的一些汽车、飞机制造业大公司对计算机图形学开展了大规模的研究。在计算机辅助设计（CAD）和计算机辅助制造（CAM）中，人们利用交互式计算机图形学实现了多阶段的自动设计、自动绘图和自动检测。在这一时期，计算机图形学输出技术也得到了很大的发展，开始使用随机扫描的显示器。这种显示器具有较高的分辨率和对比度，具有良好的动态性能，但是显示处理器必须至少以 30 次/秒的频率不断刷新屏幕上的图形才能避免闪烁。

20 世纪 60 年代后期出现了存储管式显示器，它不需要缓冲和刷新，显示大量信息也不闪烁，价格也比较低廉，分辨率高，但是它不具备显示动态图形的能力，也不能进行选择性删除，它的出现可使一些简单的图形实现交互处理。存储管式显示器的出现，对计算机图形学的发展起到了促进作用，但对于计算机图形学中交互技术的需求，其功能还有待进一步完善和改进。

20世纪70年代中期，出现了基于电视技术的光栅图形扫描器。在光栅显示器中，线段字符及多边形等显示图素均存储在刷新缓冲区存储器中，这些图是按照构成像素点三亮度存储的，这些点被称为像素。一个个像素构成了一条条光栅线，一系列光栅线构成了一幅完整的图像。它是以30次/秒的频率对存储器进行读写以实现图形刷新而避免闪烁的。光栅图形显示器的出现使得计算机图形生成技术和电视技术相衔接，图形处理和图像处理相互渗透使得生成的图形更加形象、逼真，因而更易于推广和应用。在图形输出设备不断发展的同时，出现了许多不同类型的图形输入设备，如从原有的光笔装置发展到图形输入板、鼠标、扫描仪、触摸屏等。

20世纪80年代以后，计算机图形学进一步发展，主要体现在以下3个方面。第一，几个著名的大型计算机图形系统相继问世。特别值得一提的是GKS（Graphics Kernel System）核心系统。GKS原是德国研制的，后于1982年由国际标准化组织（ISO）讨论和修改并定为准二维图形ISO标准系统。第二，随着硬件技术的发展、高分辨率图形显示器的研制成功，三维图形显示达到了更高水平，可动态显示物体表面的光照程度、颜色浓度和阴影变化，具有很强的真实感。第三，随着工程工作站的出现和微型计算机性能的不断提高，外设不断完善，图形软件功能不断增强，使得计算机图形系统在许多领域可以取代中、小型计算机系统，计算机图形学得到了更加广泛的应用。

20世纪90年代，计算机图形学向着更高阶段发展，它的许多技术已成为最热门的多媒体技术的重要组成部分。例如，CAD技术的发展在计算机辅助建筑设计（CAAD）辅助绘图中得到人们的认可后，实现了向更高层次的飞跃，即诞生了第二代CAAD软件——三维建筑模型软件。虚拟设计是20世纪90年代发展起来的一个新的研究领域，是计算机图形学、人工智能、计算机网络、信息处理、机械设计与制造等技术综合发展的产物，在机械行业有广泛的应用前景。

进入21世纪，在计算机软、硬件技术的推动下，计算机图形技术以前所未有的速度发展。虚拟现实技术及可视化仿真技术，作为现代图形学的应用主流和技术生长点，它们的发展将为研究人员研究数据的方式提供全新的视角。多媒体技术的发展，对教育和娱乐等行业都产生了意义深远的影响。

随着我国四个现代化建设事业的发展，计算机图形学无论在理论研究，还是在实用的深度和广度方面都得到了快速发展。从20世纪60年代中后期，我国就开始了计算机图形设备和计算机辅助几何设计方面的研究工作。在图形设备方面，我国陆续研制出多种系列和型号的绘图仪、坐标数字化仪、图形显示器等，如1970年我国研制成功了黑白光笔图形显示器（75-1型），1976年又研制成功了彩色光笔图形显示器（75-2型）。与计算机图形学有关的软件开发和应用在我国也得到迅速发展，如我国自行开发的二维交互绘图系统已进入商品化阶段，三维几何造型系统在国内也有几个比较实用的版本，由清华大学、复旦大学等院校开发的大规模集成电路CAD系统也得到了广泛应用。计算机图形学在我国的应用从20世纪70年代起步，经过多年发展，至今已在电子、机械、航空航天、建筑、造船、轻纺、影视等多个领域的产品设计、工程设计和广告影视制作中得到了广泛应用，并取得了明显的经济效益和社会效益。随着计算机图形学的不断发展，计算机图形学在国民经济各个领域中将会发挥越来越大的作用。

1.3 计算机图形学特点和应用

1.3.1 计算机图形学的特点

由于应用环境以及所配置的主机、图形设备、图形软件的不同，图形系统所能提供的功能、实时执行的速度、使用的方式也各不相同。因此，计算机产生的具体图形随之而异，但它们有如下的一些共同特点。

（1）计算机产生的图形有规律、光滑。它是按数学方法产生的，规矩整齐，有着像数学一样的严格性。

（2）计算机产生的图形纯净美观，无噪声干扰。

（3）计算机产生的图形不仅能描绘客观世界的各种对象，也能描绘纯粹是想象的主观世界中的各种对象。后者可称之为"主观图像"，可以发挥人的创造性和想象力，构成绚丽多彩、变化多端的画面，其效果并不亚于"客观图像"。

（4）交互式计算机图形显示可由用户控制，产生的图形可修改性强，且速度快、差错少。

1.3.2　计算机图形学的应用领域

计算机图形学有着广泛的应用领域，特别是近年来随着对计算机图形学原理的不断研究和新技术的不断产生，使得它深入到生产、科研、教学、生活等领域，目前主要应用在如下领域。

1. 计算机辅助设计（CAD）和计算机辅助制造（CAM）

这是一个最活跃的应用领域。计算机图形学被用来进行土建工程、机械结构和产品的设计，包括设计飞机、汽车、船舶的外形和发电厂、化工厂等的布局，也能够用来进行电子线路或电子器件的设计。在电子工业中，计算机图形学应用到集成电路、印制电路板、电子线路、网络分析等方面的优势是十分明显的。一个复杂的大规模或超大规模集成电路版图根本不可能用手工设计和绘制，用计算机图形系统不仅能进行设计和画图，而且还可以在较短的时间内完成，把其结果直接送到后续工艺进行加工处理。在飞机制造工业中，美国波音飞机公司已用有关的 CAD 系统实现波音 777 飞机的整体设计和模拟，其中包括飞机外型、内部零部件的安装和检验。

2. 事务管理中的交互式绘图

应用图形学最多的领域之一是绘制事务管理中的各种图形，如统计数据的二维及三维图形、直方图、线条图、表示百分比的扇形图等，还可绘制工作进程图、库存和生产进程图以及大量的其他图形。所有这些都以简明的形式呈现出数据的模型和趋势以增加对复杂现象的理解，并促进决策的制定。

3. 地理信息系统

地理信息系统是建立在地理图形基础上的信息管理系统，目前已经在许多国家得到广泛的应用。在图形技术、数据库技术以及管理信息相结合的地理信息系统（GIS）中，图形起着核心和控制的作用。利用计算机图形生成技术可以绘制地理的、地质的以及其他自然现象的高精度勘探、测量图形，如地理图、地形图、矿藏分布图、海洋地理图、气象气流图、人口分布图、电场及电荷分布图以及其他各类等值线、等位面图。

4. 办公自动化和电子出版技术

图形显示技术在办公自动化和事务处理中的使用，有助于数据及其相互关系的有效表达，因而有利于人们进行正确的决策。利用电子计算机可以进行资料、文稿、书刊、手册的编写和修改。制图、制表、分页、排版，这是对传统活字印刷技术进行的重大变革，没有交互式图形显示技术的支持，这种电子出版技术是不可能实现的。

5. 系统模拟

实时模拟图像正在被越来越广泛地用于航天、航空驾驶和试验等工作。所谓实时模拟就是由计算机产生表现真实图像和模拟对象随时间变化的行为和动作。通过观察以图形模式表现出的变化效果，我们不仅可以研究数学图形，而且可以研究科学现象的数学模型，如液体流动、热流、相对论、核反应、化学反应、生理系统与器官、有负载时的结构变形等。例如，进行飞机模拟训练时，让飞行员坐在一间特制的屋子里，四周模拟驾驶舱的各种设施，面前摆着各种仪表和数字显示器，在应该有窗的地方放上大型显示屏。当显示屏显示出各种外部景物时，驾驶员的感觉如同真正驾驶飞机在天上飞。对于屏幕上出现的各种景物，如云雾、烟、夜晚灯光以及不同大小和形状的其他飞机、飞行物等特殊景物，驾驶员作出各种反应，模拟操作飞机运行，这时各种仪表显示器显示出各种相应的数据。驾驶员在这种驾驶室内可以用最低廉的费用安全地学会驾驶。同样，为了训练在月球登陆，宇航员可在模拟器上演习驾驶登月舱。

计算机图形学为这些实验、训练提供了安全、迅速且费用低廉的试验条件和比较、存储资料的手段。

6. 计算机辅助教学（CAI）

CAI 系统利用图形显示设备或电视终端，可以有声有色地演示物理、化学、生物、外语等教学内容，让学生（用户）使用人—机交互手段进行学习和研究、绘图或仿真操作，使整个教学过程直观形象，有利于加深理解所学知识，并可自我考核打分。随着微型计算机在家庭的普及，计算机辅助教学将会得到迅猛发展。

7. 过程控制

在过程控制中，常常将计算机与现实世界中的其他设备连成一个系统。计算机图形显示设备常用来显示系统中关键部位的状态，如炼油厂、发电厂和电力系统的状态显示器可显示出由传感器送来的压力、温度、电压、电流等数据，从而使操作人员可对异常情况作出反应。机场的飞行控制人员从雷达显示器上观察到计算机产生的标志及状态信息，可以更快、更准确地管理空中交通。

8. 计算机动画

用图形学的方法产生动画片，其形象逼真、生动。在使用高分辨率显示器的情况下，图像具有很高的欣赏价值。更重要的是，用这种方法制作动画片的成本低。画动画片时，往往一幅图和下一幅图之间有很小区别，或背景完全相同，用人工来完成就不得不做大量重复性工作，而用计算机来做，这些重复性的资料可存储在计算机内，需要时直接调出来，再稍加改变就成了下一幅图；有时一幅图和另一幅图之间景物不变，但比例或角度发生变化，这时就可以利用图形学中窗口、旋转等功能，毫不费力地完成这些工作，既准确又迅速，轻而易举地解决了人工绘图时大量重复性的操作，大大地提高了工作效率。

9. 计算机艺术

计算机图形学在创作艺术和商品艺术方面的应用开创了更广阔的应用前景。例如，通过用不同的颜色按照一系列数学函数绘制的图形可以产生各种抽象的、任意的显示图景。这些图形变化无穷，使人眼花缭乱。采用笔型绘图仪可以绘制出另一类艺术设计图，如人物头像和各种造型，图形画法细腻逼真。借助于计算机图形技术，艺术家们可以利用一种被称之为"画笔"（Paintbrush）的作图程序在荧光屏上创作图形画面，也可以利用触针输入设备在图形板上作图绘画。"画笔"程序不仅可以绘制动画片中的人物景象，还可以用来生成各种艺术模型和景物，如山水风景、花草树木、动物图案等。计算机生成艺术也广泛地应用于商业事务、电视广告和商标装潢的制作。此外，图形程序已在出版印刷和文字处理方面得到了大量的开发和应用，将图形操作与文本编辑融合在一起，成为一种"作家工作台"，大大提高了图形系统的功能。

计算机图形学的应用远远不止上述几个方面，它在许多方面都有着很好的应用。近几年来，随着图形设备价格的下降和图形显示技术的发展，特别是个人计算机图形功能的增强和高性能图形工作站的出现，使计算机图形学的应用范围不断地扩大。

1.4　计算机图形生成和输出的流水线

1.4.1　图形生成和输出的流水线概述

计算机中的相关信息都以文件格式存放，由计算机生成的图形信息也不例外。计算机中各种类型的图形可以来自于千差万别的图形输入，或者称图形生成设备，如绘图仪、扫描仪、数字照相机、数字摄像机等。每种设备都有自己的工作原理和操作方法，但最终都形成一个计算机图形文件，再由计算机程序在需要时通过输出设备（如显示器和打印机）展现在我们面前。在学习计算机图形生成和显示技术之前，需要分析图形的结构特点，了解计算机表示的图形的文件格式，并由此了解不同格式的计算机图形文件的特点，正确理解计算机处理的图形与我们通常处理的图形的不同点。

1. 图形分类

在 1.1.1 节中我们已经将图形分为两类，一类是描点法产生的图形，称之为点阵图形。它可以是一个抽象的模型，用在许多不同的地方，如打印机上打印出的图形就是按照这种方式组织的。还有一类是通过矢量法产生的图形，称之为向量图形。

采用点阵图形时，其结构显得非常简单：图形是由许许多多的具有不同颜色的点构成的。绘出一幅图就是在指定的图形显示介质上指定各个点的颜色。指定一幅图形的大小后，表示图形的文件（占用存储空间）的大小和复杂程度是完全等同的，如由几条自由曲线构成的图形和一幅有炫彩动物的卡通图形，其图形文件的大小不因图形本身的简单或复杂程度而有所改变，所不同的只是生成相应图形时方法的复杂程度。

向量图形区别点阵图形的特点在于描述图形几何形状的数学模型及依据此模型生成几何图形的计算机命令。例如，一条直线段，只需要知道直线段的起点和终点就可以通过直线段的数学模型由计算机去自动给出其构成的完整图形。

可见，当图形简单时，矢量法的优点十分明显，如要生成一个圆，只需要圆心和半径。如果换成描点法，就需要绘出圆上的每一点。但对于一个复杂的图形，矢量法并不适用，需要基于大量的基本图形以及生成各种基本图形的纷乱芜杂的命令。而描点法的表示并没有因此而变得更加复杂。

2. 图形的生成

向量图形由各个基本图形构成，这就要求各个基本图形有各自独立的信息。如果用点阵图形来表示一个向量图形，构成向量图形的某个基本图形（如直线段、圆弧等）的所有点应有一个信息。因此，在描述一个基本图形时，同时要描述其相应的信息。向量图形最基本的优点是它本身是由精确的数据给出，所以可以充分利用各种输出图形设备的分辨率尽可能精确地输出图形。也正因为如此，向量图形的尺寸可以任意变化而不损失图形显示的质量。

而构成点阵图形的最小单元是像素点，但绘图时，不可能去描绘一个又一个繁多的像素点，通常是先绘出一条条直线、曲线、圆弧、椭圆等，再用各种颜色填充一块块区域，或者由各种线条围成一个区域。因此，必须采用专门的算法绘出直线、曲线、圆弧、椭圆等。计算机内部就是大量按照这样的方式来产生图形，甚至文字信息。

二维图形生成与输出的流水线将在 1.4.2 节～1.4.5 节中描述，三维图形生成与输出的流水线将在 1.4.6 节中简述。

1.4.2　基本图形的点阵转换

对于大量复杂的图形，多采用描点法来绘制，即图形的光栅化，下面介绍的几种算法就是基本图形的点阵转换算法。

（1）直线点阵转换算法

直线点阵转换算法的目标是：当已知一条直线的两个端点坐标时，确定二维点阵图形中位于或最靠近这条直线的像素点的位置，即确定直线上的点所接近的像素点的坐标值。这一过程也称为直线光栅化。一般来说，具体的算法可描述为：① 逐点比较法；② 数值微分法（DDA 法）；③ Bresenham 算法。这些算法将在 4.2 节中详细介绍。

（2）圆和椭圆的点阵图形扫描转换算法

得知圆的圆心和半径（或者椭圆的圆心、长短轴的半径），就可以绘制出圆弧（或椭圆弧），具体的算法将在 4.3 节中详细介绍。

（3）规则曲线的生成算法

所谓规则曲线就是一条曲线可以用标准代数方程来描述 $y=f(x)$，计算机在绘制这些曲线时是以像素点（显示器）或等步长的直线段（绘图仪）连接起来的，曲线的方程一般有 3 种形式：多项式方程曲线、参数方程曲线和极坐标方程曲线。具体将在 4.3 节中介绍。

（4）自由曲线生成算法

自由曲线是一条无法用标准代数方程来描述的曲线，通常计算机生成曲线的方法分为两类：插值和拟合。插值有多项式插值、分段多项式插值、样条函数插值等；拟合有最小二乘法、贝塞尔方法、B 样条方法等。具体的算法也将在 4.3 节中详细介绍。

1.4.3　区域填充

对于一个复杂图形的绘制，我们已经完成了第 1 步——基本图形的生成，这些基本图形相互交错形成了一块块的区域。第 2 步要考虑的问题就是区域填充。

区域填充的目标相当明确：① 确定哪些区域、哪些像素点需要填充；② 确定要填充的颜色或者图案。这种对图形的处理方法能充分体现点阵图形显示系统的优点，能很方便地存储和显示由各种颜色或者浓淡图案组成的区域，即填充区域的图案也和颜色、亮度值一样被存放到帧缓冲区中。而在向量图形显示系统中要显示具有浓淡区别的区域是很困难的，因为区域填充要求在每一刷新周期内在区域内部画出所有线段，这种转换工作的复杂程度随着图形本身的复杂程度的提高而迅速增加。

有关区域填充，需要考虑区域连通的方式和分类以及区域填充的各种算法，这将在 4.4 节中具体介绍。值得一提的是图案填充，似乎和仅采用某种色彩的填充有很大的区别，但本质上仍然是相同的，简而言之就是选用不同的颜色进行填充。用户完全可以对扫描转换算法作一定的修改，使之能够在区域内部填充各种图案。

1.4.4　图形变换

举例来说，如果一幅图形经过绘制和填充后以 600×720 的点阵显示，当需要修改图形的大小，如修改为 360×480 点阵，就需要用到图形的变换，这种变换方式是在同一坐标系下进行的，称之为图形模式变换。在工业自动化生产中的 CAD/CAM 系统中，很多情况下要求同一幅机械器件的图形需要显示在显示器的不同位置上，但是图形表示的几何物体本身具有一个坐标系统（我们称之为用户坐标系），当它被计算机处理时，就要转换到计算机的输出设备上（我们称之为设备坐标系），即变换前与变换后的图形是针对不同的坐标而言的，这种变换方式也称之为坐标模式变换。本书中主要讨论的是图形模式变换，即对原图形进行平移、旋转、反射（对称）、错切、比例、透视（用于三维图形）等变换操作，这种变换模式也称之为几何变换。利用图形变换还可以实现二维图形和三维图形之间转换，甚至还可以把静态图形变为动态图形，从而实现景物画面的动态显示，因此图形变换模式更具有现实意义。具体的变换方法将在 4.5 节中详细介绍。

1.4.5　图形裁剪

任意图形总归是有一定大小限制的，特别是要将计算机中存储的图形在显示器或者显示器上的某个窗口进行显示时，那么该幅图形就可能有一部分落入所指定的窗口之内，而另一部分则落在窗口之外。那么究竟图形的哪部分在窗口内、哪部分在窗口外，就是图形裁剪的问题。裁剪过程实质上是从数据集合中抽取信息的过程，它是通过一定计算方法实现的。由于图形经常包含大量的点或线段，甚至文字等，裁剪的计算量非常大，算法的效率就显得十分重要。二维图形的裁剪一般分为直线段裁剪（编码裁剪法、矢量裁剪法和中点分割裁剪法）和多边形裁剪（逐边裁剪法、双边裁剪法和分区编码裁剪法）两类，具体见 4.6 节。

1.4.6　三维图形生成和输出的流水线（真实感图像的绘制）

在当今世界，真实感图像的绘制是计算机图形学发展的主要方向，也是计算机图形学发展的热点。构造真实感图像的流程是：先用数学方法建立所构造三维场景的几何描述并将其输入至计算机（具体见第 7 章）；其次将三维造型进行二维投影转换成为二维透视图（具体见第 5 章）；再利用裁剪和消隐算法确定场景中的可见面（具体见第 5 章）；最后是光照模型的细节处理（包括明暗处理、阴影生成、照明、纹理处理、颜色模型等，具体见第 6 章）。这一过程就是三维图形生成和输出的流水线，它的核心是在计算机内表示、构造三维形体并进行运算和处理的技术。

习　题

1. 试述计算机图形学研究的基本内容。
2. 计算机图形学、图形处理与模式识别本质区别是什么？
3. 计算机图形学与 CAD、CAM 的技术关系如何？
4. 举 3 个例子说明计算机图形学的应用。
5. 计算机绘图有哪些特点？
6. 计算机生成图形的方法有哪些？
7. 当前计算机图形学研究的课题有哪些？
8. 简述三维图形生成和输出的流水线。
9. 向量图形和点阵图形之间的区别有哪些？
10. 什么是虚拟现实技术和可视化技术？

第2章
计算机图形系统

2.1 计算机图形系统的组成

2.1.1 图形系统的结构

计算机图形系统由硬件和软件两部分组成，如图 2.1 所示。硬件包括主机、输入设备和输出设备，软件包括应用软件、图形软件、数据库、高级语言和操作系统。输入设备通常为键盘、鼠标、数字化仪、扫描仪、摄像机、光笔等。输出设备通常为图形显示器、绘图仪和打印机。计算机图形系统与通用计算机的不同之处在于其各个部件都必须满足图形处理的特殊要求。

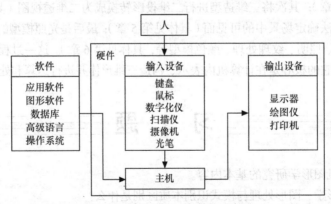

图 2.1 图形系统的一般结构示意图

硬件设备是计算机图形学存在和发展的物质基础，计算机图形系统的硬件结构和组成与计算机体系结构密切相关，也与电子器件技术，如 VLSI 技术、微电子技术、精密机械设备技术等的发展密切相关。计算机图形系统的功能在这个基础上不断地增强，从早期的单一图形显示、辅助绘图功能，发展到目前的显示、处理、绘制、采集、存储、压缩、传输等功能，达到了新的高度。随着高性能计算机系统的不断涌现，借助于通信传输技术、网络技术、大容量存储技术、高分辨率图形显示设备、智能图形显示终端等技术的支持，目前已经推出了各种功能强大的计算机图形系统。现在，许多图形系统已经配置了能够处理多媒体信息的系统，它不仅能够处理图形，而且还能处理图像、声音、动画和视频信息，计算机图形系统的功能得到了大大的增强。

图形系统软件在计算机图形系统中占有非常重要的位置，最核心一层是系统软件（如操作系统、编译系统等），它能保证计算机系统正常工作，是使用和管理计算机的软件。中间一层是图形软件，图形软件是图形系统基本功能软件，图形交互程度主要取决于图形软件。图形软件的功能应包括绘图、图形编辑、存储、计算和控制输入/输出，同时图形软件还应具有很好的用户界面。在我国普遍使用的计算机辅助设计绘图软件，如 AutoCAD 等，之所以有较强的生命力，就是因为它们具有功能强、适用面广、易学适用的优点。应用软件建立于图形系统软件之上，它是针对用户某一特定任务（如航空、电子、机械、土建等的专业应用）而设计的程序包。该应用程序包与图形系统的界面可以用一组驻留在某个图形库类的函数来描述。函数的详细使用说明称为应用程序开发人员接口（Application Programmer's Interface, API），开发人员看到的只是这些 API，因而他们实现具体应用时不必了解图形库的硬件和软件的实现细节。

综上所述，计算机图形系统是为了支持应用程序，便于实现图形的输入/输出的硬件和软件组合体。没有图形系统支持，就难以实现应用软件的开发。在整个系统运行时，人始终处于主导地位，可以说，一个非交互式计算机图形系统只是通常的计算机系统加图形设备，而一个交互式计算机图形系统则是人与计算机及图形设备协调运行的系统。

2.1.2　图形系统的基本功能及其硬件性能要求

一个计算机图形系统至少应具有计算、存储、输入、输出和对话 5 个方面的基本功能。

1. 计算功能

（1）能完成形体的设计、分析和描述。

（2）能完成坐标的平移、旋转、投影、透视等几何变换。

（3）能完成曲线、曲面生成和图形相互关系的检测。

2. 存储功能

在计算机存储器中，应能存放各种形体的几何数据及形体之间的相互关系，并能保存对图形的删除、增加、修改等信息。在早期的图形系统里，帧缓存是标准存储器的一部分，CPU 可以直接对它们进行存取操作。现在几乎所有的图形系统都采用了专用的图形处理单元，计算机通过图形处理单元对帧缓存进行存取操作。

3. 输入功能

输入功能是指由图形输入设备将所设计的图形形体的几何参数（如大小、位置等）和各种绘图命令输入到图形系统中。由于这些输入设备允许用户指定屏幕上的某点位置，所以它们常被称为指向设备。

4. 输出功能

为了较长时间保存分析计算的结果或对话需要的图形和非图形信息，图形系统应有文字、图形、图像信息输出功能。在显示屏幕上显示设计过程当前的状态以及经过图形编辑后的结果。同时还能通过绘图仪、打印机等设备实现硬拷贝输出，以便长期保存。

5. 交互功能

设计人员可通过显示器或其他人机交互设备直接进行人机通信，对计算结果和图形利用定位、拾取等手段进行修改，同时对设计者或操作员执行的错误给予必要的提示和帮助。

为了实现以上功能，对图形系统硬件性能的要求如下。

（1）处理速度。图形系统的处理速度既与图形系统硬件有关，也与图形软件的图形处理算法有关。在图形硬件方面对速度影响的因素有：中央处理器（CPU）的性能、图形处理器（GPU）的性能、数字协处理器（MPU）的性能、主存储器、高速缓冲存储器以及外部存储器的数据存取速度。此外，逻辑阵列芯片与控制芯片和各个控制部件的一致性情况、输入/输出端口、总线的速度和性能，对图形系统的速度也有一定影响。

（2）存储容量。在图形处理中，图形图像数据信息量是非常大的，这就要求图形系统的存储容量很大，存储容量包括 3 部分：系统随机存储容量、外部存储容量和显示缓冲区容量。

（3）处理精度。处理精度主要是指图形采集输入质量和显示输出质量，这里主要指图形分辨率、图形色彩的显示等，大部分与所采用的图形处理软件有关。

2.1.3 图形系统分类及硬件工作平台

1. 计算机图形系统的分类

计算机图形系统根据其硬件配置和信息传递方式，可将其分为脱机绘图系统、联机绘图系统和交互式绘图系统。

（1）脱机绘图系统。所谓脱机绘图系统是指计算机主系统不直接与图形输入/输出设备相连，而是通过中间载体向绘图输出设备传送数据的图形系统，其结构示意图如图 2.2 所示。脱机绘图系统通常由计算机主系统的大中型计算机进行图形处理，将处理结果用磁带或磁盘输出，然后用磁带或磁盘控制绘图仪输出图形。

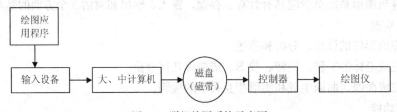

图 2.2　脱机绘图系统示意图

脱机绘图系统将图形数据和图形输出分别进行处理，避免计算机处于等待状态，提高了计算机的工作效率。

（2）联机绘图系统。联机绘图系统是指由计算机将图形处理信息直接传送给绘图仪等输出设备进行图形输出的图形系统，其结构示意图如图 2.3 所示。由于不需要中间介质（磁盘或磁带）传递绘图信息，因此处理时间缩短了。但是由于绘图仪是机械速度，这样造成了计算机对绘图仪的等待，降低了计算机的工作效率。因此，用于联机绘图系统的计算机采用小型机或高档微机就可满足要求。

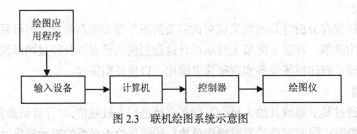

图 2.3　联机绘图系统示意图

（3）交互式绘图系统。交互式绘图系统通常具有很强的人机交互功能，其结构示意图如图 1.5 所示。在这种系统中，用户向绘图系统发出指令，绘图系统很快将处理结果输出到图形终端（图形显示器）或图形工作站。用户对所显示图形还可用定位、拾取、描绘等设备进行编辑和标注。交互式绘图系统一般不用大、中型计算机，而采用小型机或微机，它把输入设备、图形显示器、自动绘图仪连接起来成为一个完整的系统。

　　交互式绘图是广泛应用的灵活的绘图方式，它允许用户通过鼠标、键盘等交互输入设备在实时操作下进行绘图，即动态地输入坐标、制定选择功能、设置交换参数，以及在图形显示期间对图形进行修改、删除、添加、存储等在线操作，允许用户全部徒手绘制图形。

　　交互式绘图系统应用广泛，是当前的主流，各种计算机辅助设计系统就是这一类的代表。例如，由微机、图形输入/输出设备和 AutoCAD 软件就构成了一个功能很强的交互式绘图系统。在 AutoCAD 中具有生成、编辑、输入/输出图形交互命令等供用户选择。

　　2. 计算机图形系统的硬件工作平台

　　平台是指操作者（用户）面对的计算机工作环境，可以分为硬件平台和软件平台。计算机硬件平台要给计算机用户提供一个非常良好的人机交互界面，形成一个有效的工作环境，使计算机用户能够在这个环境中进行计算机的使用、研究和开发。目前，计算机图形系统的硬件平台有如下几种类型。

　　（1）微机。随着计算机硬件和超大规模集成电路技术的发展，微机在机器速度、存储容量、显示性能方面都有了很大的发展，其运算能力、处理性能大大增强，高性能机种不断涌现，如酷睿 II 四核、至强等。基于这一平台的图形系统多为单一的图形应用系统，这种用户环境是我国目前应用的主流。以微机为基础的图形系统多用做二维图形的计算机辅助绘图，应用软件也多是二维的，但是随着微机性能进一步的提高，用微机实现三维形体的设计及显示也是完全可能的。

　　（2）工作站。工作站实际上是一类超级微机，之所以称为工作站是因为该系统主要用于工程设计，为研究、开发提供一整套软硬件工作环境的支持。20 世纪 80 年代初期以来，就出现了工程工作站和以它为基础的图形系统。工作站是具有高速的科学计算、丰富的图形处理、灵活的窗口及网络管理功能的交互式计算机系统。它与具有分时系统的超级小型机不同，一个工作站用户使用一台计算机，并具有连网功能。由于连网后可以共享资源，且具有便于逐步投资、逐步发展等优点，因而受到了广泛的欢迎。这类系统发展十分迅速，美国的 SUN、SGI、HP、DEC、IBM 等公司的产品均属此类。

　　工程工作站大多采用 32 位或 64 位字长的中央处理器（CPU）；广泛采用精减指令（RISC），超标量、超流水线等技术；内存至少 8GB，可扩充到 64GB 以上，高速缓冲大多在 2MB 以上；自带外存，磁盘容量在 300GB 以上，运算速度在 200MIPS 和 50MFLOPS 以上；装有 UNIX 操作系统和 X 窗口管理系统，还配有用户界面开发工具，如 Motif 或 Openlook；不仅有字符处理功能，更重要的是还有图形处理功能，图形显示器的分辨率在 1 024 像素×900 像素以上，一般具有 16 个位面（可显示 512 种颜色），有的具有 100 个位面以上；可以在网络的任何地方（近程或远程）存取信息，具有无盘节点和有盘节点两种形式。此类系统不仅可用于办公室自动化、文字处理、文本编辑等，更主要的是可用于工程或产品的设计与绘图、运动模拟、动画、科学计算可视化等领域。

　　（3）中、小型计算机。这一类工作平台是一类高级的、大规模的计算机工作环境，一般在特定的部门、单位和应用领域中采用此类环境。它是大型信息系统建立的重要环境，这种环境中信息和数据的处理量是很大的，要求机器有极高的处理速度和极大的存储容量。这类平台以其强大的处理能力、集中控制和管理能力、海量数据存储能力、数据与信息的并行或者分布式处理能力而在计算机世界中自占一域，具有强大的竞争力。一般情况下，图形系统在这类平台上作为一种图形子系统独立运行和工作，这个图形子系统与主机的关系可以是主从式的，也可以是分立式的，但都借助于大型主机的强大性能。

　　（4）大型机。这种系统在发达国家多用于飞机制造、汽车制造等领域。它以大型机为基础，具有容量庞大的存储器和极强的计算功能，并且具有大量的显示终端及高精度、大幅面的硬拷贝设备。这种图形系统还往往拥有自行开发的、功能齐全的应用软件系统。例如，美国第三大汽车公司（CHRYSLER 汽车公司）就利用庞大的计算机系统来进行计算机辅助设计、实体造型、结构分析、运动模拟、工程和科学计算、项目管理、生产过程控制等。

（5）计算机网络。计算机网络是指将上述 4 类计算机平台，或者其中某一类通过某种互连技术彼此连接，按照某种通信协议进行数据传输、数据共享、数据处理的多机工作环境。它的特点是多种计算机相连，可以充分发挥各个机器的性能和特点，以达到很高的性价比。目前，在网络中多采用服务器和工作站方式，这种平台可以看作是一种综合的、集成式的计算机硬件平台。

基于网络的图形系统是另一种类型的硬件平台。网络的类型有多种，按地域分类有局域网和广域网，按传输分类有有线网和无线网。网络的连接方式也有多种，计算机网络既可以由微机、工作站或中、小型机单独组网，也可以由各类机器联合组网。在网络平台上建立图形系统，可以将图形和系统的应用扩展到更远、更宽的范围。不过，网络图形系统要考虑的关键问题是网络服务器的性能，图形数据的通信、传输、共享以及图形资源的利用问题。

对于用户来说，可以根据自己的条件和情况，选择上述任何一种计算机硬件工作平台，同时配置相应的软件平台，就组成了单个计算机图形系统工作环境。

2.2　计算机图形显示器

显示器是图形系统中必备的输出设备，它能在显示屏上迅速显示计算机信息，使用户能方便地对显示的内容进行删除和修改，是实现人机交互的重要工具。目前，图形显示器中使用较多的有阴极射线管（Cathode Ray Tube, CRT）显示器、液晶显示器、等离子板显示器等。

2.2.1　CRT 显示器

对于不同的微机，CRT 显示器的组成方式也有所不同，但其工作原理基本相同。为了不影响主机的数据处理能力，CRT 显示器作为计算机的外围设备而独立存在，它有自己的控制电路专门负责屏幕编辑功能，并有标准的串行接口与主机连接。对于 IBM PC 系列机，已研制出了多种显示器适配卡，用以增强图形显示和汉字显示的功能。

1. CRT 显示器单色显示原理

一个典型的 CRT 显示器结构示意图如图 2.4 所示。

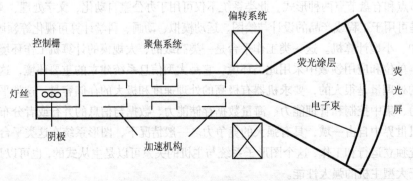

图 2.4　CRT 显示器的结构示意图

CRT 显示器由 4 部分组成：电子枪、聚焦系统、偏转系统和荧光屏。这 4 部分都在真空管内。电子枪由灯丝、阴极和控制栅组成。灯丝加热阴极，阴极表面向外发射自由电子，控制栅控制自由电子是否向荧光屏发出，若允许电子通过，形成的电子流在到达屏幕的途中，被聚焦系统（电子透镜）聚焦成很窄的电子束，由偏转系统产生电子束的偏转电场（或磁场），使电子束左右、上下偏转，从而控制荧光屏上光点上下、左右运动，使得在指定时刻在屏幕指定位置上产生亮点。

CRT 监视器荧光亮度随着时间按指数衰减，整个画面必须在每一秒钟内重复显示许多次，人们才能看到一个稳定而不闪烁的图形，因此必须重复地使荧光物质发光，即使电子束迅速回到同一点，这也称为屏幕刷新（通常指垂直刷新率）。CRT 显示器上用的荧光物质有多种，除颜色不同外，区别还在于它们的余辉保持时间，即电子束离开光点以后光点保持的时间不同。短余辉荧光需要较高的刷新速度才能保证屏幕上图像不闪烁。不同的荧光粉其余辉不同，荧光粉的质量直接影响到 CRT 显示器成像的效果，这个问题对于 CRT 显示器而言比较突出。对于液晶显示器，每一个点在收到信号后就一直保持那种色彩和亮度，恒定发光，而不像 CRT 显示器那样需要不断刷新亮点，所以刷新频率可以相对低些。而影响屏幕刷新率最主要的因素则是显示器的带宽，设置屏幕的分辨率（由显卡的 RAMDAC[数模转换器]来决定）也会限制刷新频率。一般而言，分辨率越大，在带宽保持恒定的情况下，刷新率就越低。

2. CRT 显示器彩色显示原理

人们之所以能看到缤纷炫目的色彩，主要在于视网膜能通过两种类型的细胞（杆细胞和锥细胞）来接收彩色物体传来的三原色光。世界上所有的色彩都是由红色、绿色和蓝色（分别简记为 R、G、B）3 种原色按一定比例增强再混合而成，称为灰度变换或色阶变换。所谓"灰度"指的就是亮度，也就是色彩的深浅程度。在黑白两色中，灰度体现于黑与白的中间状态，也就是灰色，如图 2.5 所示。

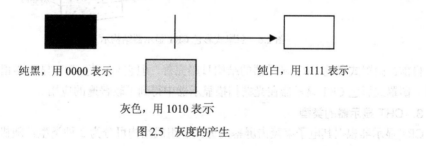

纯黑，用 0000 表示　　　　　　　　　　纯白，用 1111 表示

灰色，用 1010 表示

图 2.5　灰度的产生

假设用 4 位二进制数来表示灰色，那么总共有 2^4=16 种表示方法，也就是有 16 种灰度，随着箭头的方向，颜色由黑色向白色过渡。同理，彩色是由 R、G、B 3 种原色按比例混合而成的，因此，如果用 4 位二进制数表示每种原色，则理论上可以产生 $2^4 \times 2^4 \times 2^4$=4096 种灰度的不同色彩，如 1101[R]1001[G]0111[B]就是其中的一种。

现代计算机图形系统几乎都使用彩色 CRT 显示器，它通常有以下两种类型。

（1）穿透式彩色 CRT 显示器。一般的 CRT 显示器由于荧光粉的限制，只能发出单一颜色。穿透式彩色 CRT 显示器则采用了多层不同的荧光粉，在绿色荧光粉层上再沉积一层红色荧光粉。当电子束速度较低时，轰击荧光屏的能量只能使表层红色荧光粉受激励，产生红色亮点。提高加速电压后，轰击荧光粉的电子束速度增加，使电子束穿透到绿色荧光层，增加显示亮点中的绿色成分。通过改变电子束电压，就可调节电子束穿透荧光粉层的厚度，从而改变红绿两种发光亮度的比例，合成不同的颜色，因此可显示出红、橙、黄、绿 4 种颜色。

这种彩色 CRT 显示器改变颜色时，需迅速变换电子束加速高压的值，而变换需一定的时间，因此在一定周期内，色彩变换频繁，就限制了显示的内容。必须对基本图形的色彩属性分类，使同一色彩的点、线、字符顺序显示。这是它的不足之处，但价格便宜，它是随机扫描显示器上使用得最经济的彩色 CRT 显示器。

（2）荫罩式彩色 CRT 显示器。荫罩式彩色 CRT 显示器显示的色彩要比穿透式彩色 CRT 显示器多得多，它是光栅扫描显示器上采用的彩色 CRT 显示器。这种 CRT 显示器的结构如图 2.6 所示。在荧光屏内壁上分别由 R、G、B 3 种颜色的荧光粉涂成百万个荧光粉点，按 R、G、B 顺序分行交替排列成三角形状且相距很近，所以在它们发出 3 种色彩时分辨不清 3 种原色，而形成一种颜色。在距荧光屏后 1cm 处安装着称为荫罩的金属板，板上按三角形状钻有 40～50 万个小孔。荫罩式 CRT 显示器管内按三角形排列安装 3 个电子枪，发射 3 条电子束，它们由一个共同偏转系统控制，使 3 条电子束聚焦于荫罩板上的小孔中，并穿过小孔轰击荧光屏。由于电子枪不是固定装在同一位置上，因此 3 条电子束轰击在荧光屏上 3 个稍许错开的 G、R、B 点上，使得每一点只被相应的电子枪发射的电子击中。如图 2.6 所示，荫罩的作用是使 3 条电子束分离开来，分别轰击到 3 种颜色的荧光点上，因此调节各个电子枪的电流强度就可改变相应颜色荧光点的亮度，即合成色中所占的比例，达到改变成色的效果。

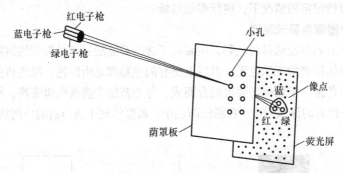

图 2.6　荫罩式彩色 CRT 显示器结构示意图

目前，荫罩式彩色 CRT 显示器的结构日趋完善，但它与单色 CRT 显示器相比较，价格仍然较贵。荫罩式彩色 CRT 显示器在光栅扫描显示器中得到了较普遍的应用。

3. CRT 显示器的类型

CRT 显示器根据其电子束轰击屏幕的方式和组成结构可分为 3 种类型：随机扫描式显示器、存储管式显示器和光栅扫描式显示器。此外，购买显示器时，人们考虑的技术指标主要有两项：一项是分辨率的高低，另一项是显示图形颜色的种数。比较好的图形显示器，其分辨率一般在 1 024 像素×1 024 像素以上，且显示颜色的数目在 256 种以上。

（1）随机扫描式 CRT 显示器。随机扫描式 CRT 显示器的基本结构如图 2.7 所示。

要显示的图形由计算机处理成为 CRT 显示器的显示指令（或称显示文件）。显示指令经接口电路送到 CRT 显示器的缓冲存储器中，而固定存储器中则存放各种常用字符、数字等显示指令。图形控制器取出缓冲存储器或固定存储器中的显示指令，依次执行。显示指令中的亮度、位移量等数字信息经过线产生器的处理转换为控制电子束产生偏转和明暗的物理量，也就是电流和电压，再由管头控制电路使电子束按所要的亮度偏转到指定位置，从而得到图形。

随机扫描式 CRT 显示器是利用电子束在荧光屏上扫描的轨迹来画图的。屏幕采用短余辉荧光粉，由于余辉短，为了获得稳定的画面，必须不断地重复扫描显示文件（即刷新），速度通常为每秒重复扫描 25～50 次，即 25～50f/s。

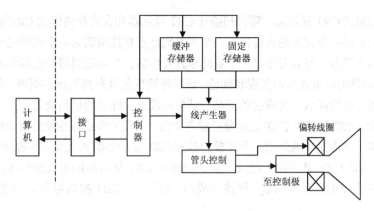

图 2.7　随机扫描式 CRT 显示器结构

随机扫描式 CRT 显示器能实时地进行数字——视频转换，当缓冲存储器中的显示文件有变化时，屏幕显示内容随之改变，实现动态显示。它的特点是易于修改，交互性好，扫描速度快，线条质量高，图形清晰，图线光滑。但它不能产生多级灰度的真实感显示，图形的复杂程度受显示器扫描速度的限制，且价格贵，目前很少使用。

（2）存储管式 CRT 显示器。如前所述，随机扫描式 CRT 显示器使用了一个独立的存储器来存储图形信息，然后不断取出这些信息来刷新屏幕，这就存在显示稳定图形时画线长度有限、且造价高等缺点。为了克服这些缺点，出现了利用显示管本身来存储信息的技术，其对应的产品就是直式存储管式 CRT 显示器（Direct – View Storage Tube, DVST），其原理如图 2.8 所示。

这种存储管的写电子枪和普通的 CRT 显示器一样，经聚焦的电子束在 x, y 两个方向上

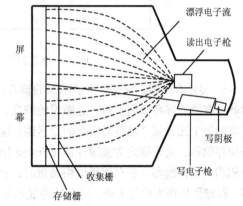

图 2.8　直式存储管式 CRT 显示器原理图

偏转，其定位和偏转有随机性，但电子束不是直接写在荧光屏上，而是写在荧光屏前面的存储栅上（如图 2.8 所示）。存储栅是一个很细的金属栅网，上面有介质，由写电子枪射出的高能量电子束将栅网上介质的电子轰击出来，轰击出来的电子比写上去的电子要多，所以栅网上遭电子束轰击的地方呈正电荷，电子束书写的轨迹在栅网上形成正电荷轨迹（也就是电子束描绘的轨迹）。在直式型的存储管内还有一个电子枪，叫做第二电子枪，或称读出电子枪（又称泛流枪）。它射出的低能量漂浮电子流（又称泛流电子）大面积向收集栅流去，收集栅使这些电子均匀散开，流向存储栅。存储栅上呈现正电荷的地方吸引电子，使电子通过，通过的电子轰击荧光屏而发光，而其他位置则不通过电子。存储栅既存储图形，又控制电子通过，并在屏幕上形成图形。

由直式存储管式 CRT 显示器显示图形不需要附加存储器和有关电路，并能在几小时内显示不闪烁的复杂图形。它可在较低的传输速率下工作，如 300Baud 或 1 200Baud，并具有价格便宜的优点。但是这种显示器不能做选择性修改，所以难以进行动态显示。近几年，有些直式型存储管提供了某种"写入通过"模式，它降低了写电子束的能量，使写电子不是保存在存储栅上，而是直接写在屏幕上，因而具有一定的动态性能。但是，由于写电子束的速度低，所显示的直线段数目，也就是图形的复杂性受到限制。美国 Tektronix 公司的 4014、4114 等显示器均是这种类型。

（3）光栅扫描式 CRT 显示器。随机扫描式 CRT 显示器和直式存储管式 CRT 显示器都是画线设备，在屏幕上显示一条直线是从屏幕上一个可编地址点直接画到另一个可编地址点。而光栅扫描式显示器是画点设备，可以看作是一个点阵单元发生器，并可控制每个点阵单元的亮度。光栅扫描式 CRT 显示器可以生成多种灰度和颜色、色彩连续变化具有真实感的图形。尤其是近年来随着半导体存储器价格的降低、集成度的提高、结构的改进、性能的提高及需要高质量图形显示的应用领域的扩大，光栅扫描式 CRT 显示器已成为微机、工程工作站等各种类型计算机所普遍采用的一种显示设备。下面简单地介绍一下光栅扫描式 CRT 显示器的组成及工作原理。

① 光栅扫描式 CRT 显示器的组成。光栅扫描式 CRT 显示器的组成框图如图 2.9 所示，由图中可以看出它主要由显示存储器、图像生成器、彩色表、CRT 控制器和 CRT 监视器 5 个部分组成。

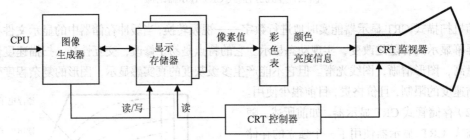

图 2.9　光栅扫描式 CRT 显示器的组成框图

a. 显示存储器。它是整个显示器的核心，存放着在屏幕上显示图形的映像（Image）。显示存储器中存放着屏幕画面上每一点图像的信息，我们称为像素（Pixel）值。图形映像对应一个矩阵，矩阵的每个元素就是屏幕对应点的像素值，这个矩阵又称为位图（Bitmap），所以显示存储器又叫作位存储器，通常称之为帧缓冲器（Frame Buffer）。要保存屏幕上每个像素的像素值，就需要一个相当大的存储器。在存储器价格昂贵时，这几乎是不可能的，但是随着集成电路技术的迅速发展，存储器价格大幅度下降，现在这种显示器已经非常普及。为了使 CRT 显示器屏幕上的图形能持续地进行显示，显示存储器的内容需要不断地读出并送到监视器，使得画面能以一定的频率刷新。由于主机通过图像生成器随时需要向显示存储器中写入或读出新的内容，因此显示存储器应该是一个大容量的高速度双端口随机读写存储器。为了满足实际需要，适应各种显示硬件的要求，显示存储器的结构有各种不同的形式和变化，在此不予详述。

显示存储器的分页处理是现在常用的技术，它将显示存储器的容量设计得比屏幕画面的位图大得多，即显示存储器中可以同时存放多幅画面，这时存储区划分成若干页，每一页存放一幅位图。由于物理屏幕只有一个，即一次只能显示某一页面，正在显示的页称为可见页（Visual Page）。主机每次只能向一个页进行读写操作，这个页称为活动页（Active Page）。另外，存储器的页面可以比屏幕位图大得多，这样屏幕只能显示画面的一部分，通过上下左右移屏功能，用户可以看到显示存储器中的整个画面。

b. 图像生成器。它的作用是把计算机 CPU 送来的画线、画短形、画填充区域或写字符等基本画图命令扫描转换成为相应的点阵（称位图），存放在显示存储器中，即存放着需要在荧光屏上显示出来的图形的映像，这个点阵的每一点与屏幕像素一一对应，点阵中每个元素就是像素的值，通常用 1～12 位二进制数值来表示灰度或色彩。由若干位数据来对应屏幕上一点的光栅图形显示技术称为位映射（Bit Mapping）技术，因为图像生成系统把图画显示在显示存储器中，即在显示存储器中生成所显示画面的位映射图（简称位图）。

　　图像生成系统可以直接将图像输入设备如摄像机、扫描仪等输入的图像直接或间接（经由主存储器）存入显示存储器中。

　　图像生成器的逻辑结构从概念上说由两部分组成，即显示处理器和工作存储器。显示处理器可选用 80386、80486、80586 等通用微处理器，也可使用专用处理器。工作存储器存放着图形处理器把几何图形转换成位图信息所必需的全部解释程序，完成扫描转换的各种算法。一些性能较好的显示器将常用的画线、画图、填空、光栅操作等直接用硬件来执行，因此图形显示和处理速度大大提高。

　　c. 彩色表。彩色表用来定义像素的颜色。我们知道，作为一个彩色显示器，它能够显示很多种颜色（或灰度），但当我们用显示存储器来完全地存储它们对应的信息时，显示存储器的容量就要很大。另一方面，对一幅具体的图画而言，其不同颜色的数目并不大（几百至几千种），但将所有场合的不同图画作为整体看，其颜色变化数目是相当大的（几十万甚至更多）。为了平衡显示存储器不能过大而又尽量满足实际的需要，产生了彩色表（Color Table 或 Color Look up Table），又称为调色板。彩色表实际上只是可显示颜色总数的一个不大的子集。彩色表是一个小容量高速随机读写存储器，内容可由软件装入、保存和修改，这不仅方便了颜色的使用，而且还可以具有许多附加功能。采用彩色表时，显示存储器的像素值不再是直接送到监视器中的颜色值，而仅是颜色的一个索引（Color Index），它们是彩色表的地址，从彩色表对应地址项中读出 R、G、B 3 种颜色分量（即颜色号的定义值），然后送往监视器。例如，像素值用 8bit 表示，则彩色素应有 $2^8=256$ 项，即 256 个彩色表的地址；设彩色表的字长为 12bit（R、G、B 各 4bit），这意味着最多可定义 $2^{12}=4\ 096$ 种不同颜色，但彩色表只有 256 项，每屏图形中不同颜色最多仅允许 256 种。实际高性能 CRT 显示器中像素值由 12~24bit 组成，而彩色表 R、G、B 各用 8bit 来定义，能表示的颜色总数可高达 16 777 216 种。例如，显示存储器中的像素值是 69，此时从显示存储器中调出的颜色编号 69 作为彩色表的地址，从彩色表中读出 R、G、B 3 个分量的值，送往 CRT 监视器。彩色表的结构如图 2.10 所示。

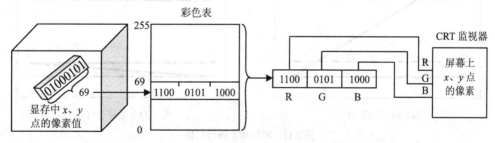

图 2.10　彩色表的结构

　　可见，彩色表的地址数目是由像素值的位长来决定的，也就是一屏能显示颜色数目的多少，例如在计算机的屏幕设置中，调色板设为真彩色 32 位，即一屏所能显示的颜色数目为 $2^{32}=4\ 294\ 967\ 296$。而像素值的位长与彩色表的字长（也就是 R、G、B 3 种原色的总位长）无关，如像素值的位长为 8，R、G、B 3 种原色各有 16 种灰度，那么彩色表的字长为 12，它决定了该显示系统的颜色总数为 4 096 种，但是每屏最多能显示的颜色数目只有 $2^8=256$ 种。

　　d. CRT 控制器。CRT 控制器的作用是一方面使电子束不断地自上而下、自左向右进行屏幕扫描，形成光栅（Raster），产生水平和垂直同步信号送往 CRT 监视器；另一方面又不断地读取存放在显示存储器的位图数据，作为 R、G、B 信号或辉亮信号通过 CRT 显示器的带宽送往 CRT 监视器。有时，显示存储器中数据不作为直接亮度或色彩信号，而是作为一个彩色表的地址，选中后尚需经过 D/A 转换成 R、G、B 三原色的亮度值送往 CRT 监视器。颜色、亮度信号也称为图像信号或视频信号。为了使 CRT 监视器显示的画面不产生闪烁，必须将显示存储器的数据不断地反复读出，并送往 CRT 监视器，使画面能以一定的频率进行刷新。一般要求帧频为 50～60f/s，高性能 CRT 显示器的帧频为 60～70f/s。

e. CRT 监视器。CRT 监视器是由阴极射线管和有关附加电路（如扫描偏转电路、视频放大电路）组成。类似电视机屏幕，供显示图形用。

② 光栅扫描式 CRT 显示器的工作原理。首先由图形生成器根据主机发送来的画图命令转换成相应点阵存入到显示存储器中，即在显示存储器中生成所显示画面位图。然后，CRT 控制器一方面产生水平和垂直同步信号并将其送到监视器，使电子束不断地自上而下、自左向右进行扫描，形成光栅；另一方面，又根据电子束在屏幕上的行列位置，不断地读出显示存储器中对应位置的像素值。此时彩色表中的对应值控制 R、G、B 电子束，在屏幕对应点生成需要的像素值。为了使显示画面不产生闪烁，上述过程要反复进行，一般要求 CRT 显示器的帧频为 50～60f/s。

显示器的光栅扫描方式一般有两种，如图 2.11 所示。一种是正常同步扫描，也称为连续扫描或非隔行扫描，如图 2.11（b）所示；另一种为隔行扫描，如图 2.11（a）所示。前者是扫描线从屏幕顶端开始，即从 0 行光栅（偶数行）开始，逐行下扫，直到屏幕底部；后者是将扫描分成两次，先扫描偶数行，即按照 0，2，4，6，…的顺序扫描，直到屏幕底，第二次再按奇数行 1，3，5，7，…的顺序从顶部扫描到底部。隔行扫描又有隔行同步与隔行同步视频方式，与显示字符像素点有关。在每一行扫描完回到下一行时，回扫线是被消隐的，从屏幕顶部到底部扫描一次称为一帧，由底部再回到顶部的回扫过程也是消隐的。

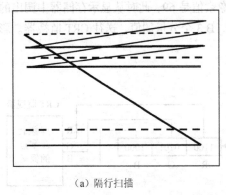

（a）隔行扫描　　　　　　　　　　　　　　　（b）非隔行扫描

图 2.11　隔行和非隔行扫描

光栅扫描式 CRT 显示器的优点是可显示真实感的图形，因为它有多级灰度、色彩丰富。由于全屏幕由像素点组成，并严格按行顺序扫描，容易实现图像的数字化转换，图形数据文件的格式比较固定。光栅扫描技术比较成熟，又由于存储器芯片价格比较便宜，故光栅扫描式 CRT 显示器的应用越来越广泛。光栅扫描 CRT 显示器也有一些不足，如分辨率低，使得斜线和曲线不光滑，要提高分辨率又受到诸多因素的影响。

③ 光栅扫描式 CRT 显示器的主要性能参数。

a. 显示分辨率。一般指屏幕上水平方向可以显示多少像素（水平分辨率），垂直方向可以显示多少像素（垂直分辨率）。高性能 CRT 显示器每屏可显示像素达 1MP（P=Pixel），中等 CRT 显示器则可以显示像素为 0.3～0.5MP，如 VGA 显示器为 640×480 = 307 200 = 0.3MP。一般 CRT

显示器则为 0.05～0.2MP，如 CGA 显示器为 $640 \times 200 = 128\ 000 \approx 0.12MP$。

b.　颜色或亮度等级数目。亮度等级或灰度等级数目是指单色显示器的像素亮度可变化数目。彩色显示器颜色数目又分成两个指标，一个是显示器可以显示的所有不同颜色总数，另一个是同一帧面允许显示的不同颜色最大数目，即彩色表项的多少。

c.　画图速度。画图速度指的是图像生成器把基本画图命令转换成显示存储器位图的速度。另外，像素的传输操作（显示存储器内部或显示存储器与主存储器之间）速度也是一个极为重要的指标。

d.　其他。如屏幕尺寸刷新频率、纵横比（屏幕上纵向间距和横向间距之比）、余辉长度等。

4. 显示配置

显示配置是指显示器和显示卡这两方面内容，这两者是密不可分的。显示器和显示卡的生产是随着显示技术和电子技术的发展，按照不同显示标准进行的。显示器就是监视器（CRT）；显示卡就是显示器控制适配器，它将图像生成器（包括专用图像处理器 GPU）、显示存储器、CRT 控制器、RAMDAC（数模转换器）制作在一块芯片上，与监视器一起构成一个显示系统。从显示标准的角度来说，每一种标准都包含有一种或多种显示模式，而每一种显示模式都规定了模式的"类型"、"字符尺寸"、"字符格式"、"屏幕分辨率"、"色彩"等指标。由于 CRT 显示器在显示图形时经常要显示一些文字，为了解决这个问题，就有两种显示模式，即图形模式和文本模式。在图形模式下，把字符也看成图形，用点阵（位图）来表示，直接存放在显示存储器中。这种模式的优点是字符的显示位置可以以像素为单位任意定位，也可以随意改变单个字符的大小、方向或字符串走向，但编辑修改操作比较麻烦。在文本模式下，显示存储器中存放的是字符编码（ASCII 或汉字代码）及属性（加亮、闪烁、下画线等），其字符点阵信息存放在一个只读存储器中（称为字符发生器或字库）。这种模式的优点是处理速度快，但是字符是由固定区域内的像素所组成的。因此，我们只能控制到字符，而不能直接控制区域内单个像素的显示状态。"字符尺寸"是指这个固定字符区的大小，它是由行和列两个方向上像素点的个数来决定的，如 9×14 表示字符区由每行 9 个像素点，每列 14 个像素点所组成的。"字符格式"是指显示屏上字符显示的分辨率，它是用每行可显示的字符数乘每列可显示的字符数来表示的，如 80×25 表示每行可显示 80 个字符，每列可显示 25 个字符（也可以说一共有 25 行）。"屏幕分辨率"是以像素为单位来说明每行和每列像素点密度的指标，如 720×350 是指每行有 720 个像素点，每列有 350 个像素点，或按通俗说法是 350 行乘 720 列。如图 2.12 所示为显示屏幕、字符格式、字符尺寸、屏幕分辨率之间相互关系的一个示意图。

上面介绍了一些显示标准的指标，那么，究竟有哪些显示标准呢？最常见的有 MDA、CGA、EGA、VGA。MDA（Monochrome Display Adapter）是一种单色显示标准，它是"文本"模式类型，"字符格式"如 80 字符×25 字符，"字符尺寸"为 9 像素×14 像素，"屏幕分辨率"为 720 像素×350 像素，"色彩数目"只有黑白两种。CGA（Color Graphics Adapter）是彩色图形标准，它包括 4 种"文本"模式类型和 3 种"图形"模式类型，最高"屏幕分辨率"为 640 像素×200 像素，"色彩数目"最多为 16 色。EGA（Enhanced Graphics Adapter）是增强型图形标准，它除了含有 MDA、CGA 的模式类型外，增加了 4 种"文本"模式类型和 4 种"图形"模式类型，其中一种为单色。它的最高"屏幕分辨率"为 640 像素×350 像素，"色彩数目"最多为 16 色。VGA（Video Graphics Array）是视频图形阵列标准，除了上面所提到的所有模式类型外，又增加了 5 种"文本"模式类型，最高"屏幕分辨率"为 640 像素×480 像素，"色彩数目"最多可达 256 色。除了上述 4 种显示标准外，还有 HGA、MCGA、CEGA、CMGA 等其他一些显示标准。其中 HGA 是一种单色的显示标准，称为大力神图形显示标准，这种标准的"屏幕分辨率"为 720 像素×348 像素，其他指标与 MDA 标准相同。MCGA 是多色图形适配器标准，CEGA 和 CMGA 都是与中文有关的显示标准，这几种显示标准在这里不做详细介绍。

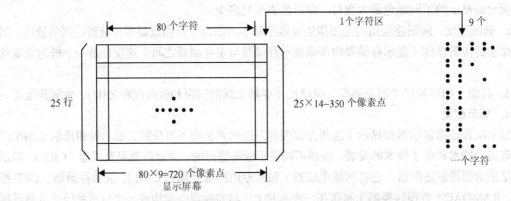

图 2.12　显示屏幕、字符格式、字符尺寸与屏幕分辨率的关系

　　注意上面介绍的都是"显示标准"。随着显示技术的发展，又出现了基于"标准 EGA"和"标准 VGA"的"超级 EGA"和"超级 VGA"，也可分别称为"SEGA"和"SVGA"，它们分别是"标准 EGA"和"标准 VGA"的扩充。SEGA 的"屏幕分辨率"最高为 800 像素×600 像素，"色彩"为 16 色，而 SVGA 的"屏幕分辨率"最高可达 1 024 像素×768 像素，"色彩"为 256 色。附录 B 详细给出了标准 MDA、CGA、EGA、VGA 和扩充的 VGA（SVGA）的各项指标，以供参考。

　　在介绍了显示标准后，下面介绍显示器和显示卡。显示器是提供一个可以实现某些显示标准的显示环境，而具体的实现则由显示卡来决定。其实，MDA、CGA、EGA 中的"A"（Adapter）为适配器，也就是接口卡的含义。根据不同的显示标准，我们将显示器划分为如图 2.13 所示的类型。

　　由显示器的工作原理我们知道，显示器的屏幕分辨率是由显示器行扫描频率和场扫描频率所确定的。因此，图中带"多频"这个词的显示器是指屏幕分辨率并不是单一的，多频显示器的频率可以在一定范围内变化，以适应不同显示模式的不同频率要求，这就是多频自动跟踪功能。图 2.13 中标出的屏幕分辨率都是指其最高分辨率，这是人们最关心的指标。随着屏幕分辨率的增加，荧光屏点距这一指标越来越受到重视。荧光屏点距是指显示器上像素点之间的距离，这是荧光屏生产时就由其结构决定的，常见的 0.28mm、0.31mm、0.39mm 等就是这一指标。

　　综合起来，显示器可以用"尺寸"（12 英寸、14 英寸、15 英寸、17 英寸、20 英寸等）、"显示方式"（单色、彩色、EGA、VGA 等）、"最高屏幕分辨率"（1 024 像素×768 像素等）、"像素点距"（0.28mm、0.31mm、0.39mm 等）等进行描述。

　　前面已经提到，MDA、CGA、EGA 中的"A"（Adapter）是适配器，也就是显示器接口卡的意思，由此可以看出，显示标准与显示卡的关系更加密切。显示卡的类型如图 2.14 所示。

　　与图 2.13 相对照，在屏幕分辨率之后多了一个最多可产生色彩数目的指标，这一指标是由显示卡上的显示存储器（VRAM）的大小和描述像素点色彩的位数所决定的。显示方式不同，提供的位数也不同。如位数为 1，则有 $2^1=2$（2 的 1 次方）种颜色，也就是只有黑白二色；如位数为 4，就有 $2^4=16$ 种颜色；当位数达到 24 位时，可产生 2^{24}（2 的 24 次方）种颜色，也就是所谓的真彩色。当输入信号是模拟量时彩色显示器可以产生无数种彩色，因而能够满足各种彩色显示卡的要求。所以，对于显示器而言是从输入信号的角度而不是从色彩数目的角度来提这一指标的。

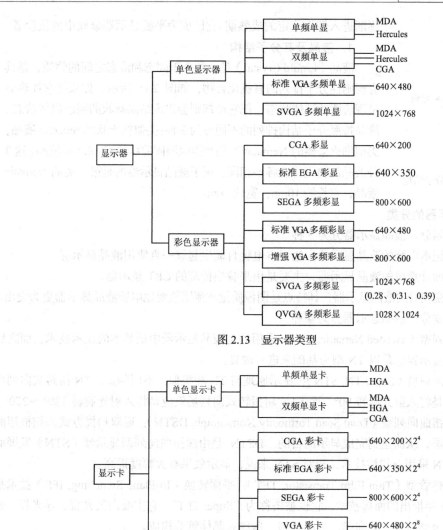

图 2.13 显示器类型

图 2.14 显示卡类型

对应两种单色的 VGA 显示器没有专门的单色 VGA 显示卡，配置时是用相应的彩色 VGA 卡配置。其他的显示卡与显示器可对应配置。

这样，对于显示卡我们可以提出"显示方式"（单色、彩色、EGA、VGA、SVGA 等）、"最高分辨率"、"最多可产生的色彩数目"、"显示存储器 VRAM 的容量"等一些常用指标。

2.2.2 液晶显示器

液晶显示器（Liquid Crystal Display, LCD），是一种采用液晶控制透光技术来实现色彩的显示器。LCD 从诞生发展至今，在包括可视角度、响应时间、对比度等技术指标在内的硬件技术已经

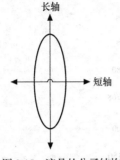

长轴

短轴

图 2.15　液晶的分子结构

逐渐进入较为稳定的成熟期，它已成为平板显示器家族中的佼佼者。

1. 液晶及其分子结构

液晶（Liquid Crystal）是一种介于固态和液态之间的物质，是具有规则性分子排列的有机化合物，如图 2.15 所示。如果把它加热会呈现透明的液体状态，把它冷却则会出现结晶颗粒的混浊固体状态。液晶按照分子结构排列的不同分为 3 种：类似粘土状的 Smectic 液晶，类似细火柴棒的 Nematic 液晶和类似胆固醇状的 Cholestic 液晶。这 3 种液晶的物理特性各不相同，用于液晶显示器的是第 2 类的 Nematic 液晶，它长约 10nm，宽约 1nm。

2. 液晶显示器的分类

就使用范围划分，液晶显示器分为 3 种。

（1）用于笔记本电脑的液晶显示器，笔记本电脑自诞生起就一直使用液晶显示屏。

（2）用于桌面计算机的液晶显示器，主要是用来替换传统的 CRT 显示器。

（3）用于电视观看的液晶显示器，其特点是图像质量和流明数要比电脑液晶显示器更为突出。

按物理结构划分，液晶显示器分为 4 种。

（1）扭曲向列型（Twisted Nematic, TN）：采用的是液晶显示器中最基本的显示技术，而之后其他种类的液晶显示器也是以 TN 型为基础来进行改良。

（2）超扭曲向列型（Super TN, STN）：显示原理与 TN 相类似。不同的是，TN 扭转式向列场效应的液晶分子是将入射光旋转 90°，而 STN 超扭转式向列场效应是将入射光旋转 180°～270°。

（3）双层超扭曲向列型（Dual Scan Tortuosity Nomograph, DSTN）：通双扫描方式来扫描扭曲向列型液晶显示屏，从而达到完成显示的目的。DSTN 是由超扭曲向列型显示器（STN）发展而来的。由于 DSTN 采用双扫描技术，相对 STN 来说，显示效果有大幅度提高。

（4）薄膜晶体管型（Thin Film Transistor, TFT）：平面转换（In-Plane Switching, IPS）技术是日立公司于 2001 年推出的面板技术，它也被俗称为"Super TFT"。它主要由荧光管、导光板、偏光板、滤光板、玻璃基板、配向膜、液晶材料、薄膜式晶体管等构成。

3. 液晶显示器原理

液晶显示器的原理与 CRT 显示器大不相同，主要特色在于体积小、薄、重量轻、低辐射等，其同等尺寸的可视范围要高于 CRT 显示器（如 17 英寸的 CRT 显示器可视尺为 15.6～15.9 英寸，而液晶显示器就是 17 英寸）。液晶显示器是基于液晶电光效应的显示器件，包括段显示方式的字符段显示器件，矩阵显示方式的字符、图形、图像显示器件，矩阵显示方式的大屏幕液晶投影电视液晶屏等。液晶显示器的原理是利用液晶的物理特性，在通电时导通，使液晶排列变得有秩序，使光线容易通过；不通电时，排列则变得混乱，阻止光线通过。液晶显示器由 6 层组成，如图 2.16 所示。

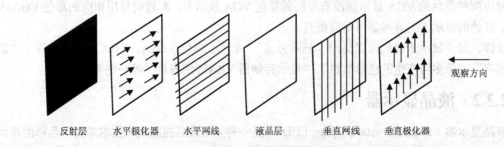

反射层　　水平极化器　　水平网线　　液晶层　　垂直网线　　垂直极化器

观察方向

图 2.16　液晶显示器的组成

　　TN 液晶显示器是在一对平行放置的偏光板间填充了液晶。这一对偏光板的偏振光方向是相互垂直的。液晶分子在偏光板之间排列成多层。在同一层内，液晶分子的位置虽不规则，但长轴取向都是平行于偏光板的。正是由于分子按这种方式排列，所以被称为向列型液晶。另一方面，在不同层之间，液晶分子的长轴沿偏光板平行平面连续扭转 90°。其中，邻接偏光板的两层液晶分子长轴的取向，与所邻接的偏光板的偏振光方向一致。也正是因为液晶分子呈现的这种扭曲排列，而被称为扭曲向列型液晶显示器。一旦通过电极给液晶分子加电之后，由于受到外界电压的影响，不再按照正常的方式排列，而变成竖立的状态。而液晶显示器的夹层贴附了两块偏光板，这两块偏光板的排列和透光角度与上下夹层的沟槽排列相同。在正常情况下光线从上向下照射时，通常只有一个角度的光线能够穿透下来，通过上偏光板导入上部夹层的沟槽中，再通过液晶分子扭转排列的通路从下偏光板穿出，形成一个完整的光线穿透途径。当液晶分子竖立时光线就无法通过，结果在显示屏上出现黑色。这样会形成透光时为白、不透光时为黑，字符就可以显示在屏幕上了，如图 2.17 所示。

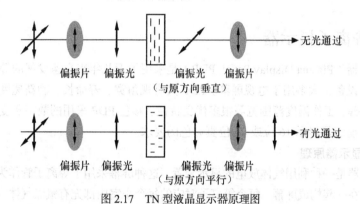

图 2.17　TN 型液晶显示器原理图

　　新型的 TFT 液晶显示器的工作原理是建立在 TN 液晶显示器原理的基础上的。两者的结构基本上相同，同样采用两夹层间填充液晶分子的设计，只不过把 TN 液晶显示器上部夹层的电极改为 FET 晶体管，而下层改为共同电极，如图 2.18 所示。但两者的工作原理还是有一定的差别。在光源设计上，TFT 的显示采用"背透式"照射方式，即假想的光源路径不是像 TN 液晶那样的从上至下，而是从下向上，这样的作法是在液晶的背部设置类似日光灯的光管。光源照射时先通过下偏光板向上透出，它也借助液晶分子来传导光线，由于上下夹层的电极改成 FET 电极和共通电极，在 FET 电极导通时液晶分子的表现如 TN 液晶的排列状态一样会发生改变，也通过遮光和透光来达到显示的目的。但不同的是，由于 FET 晶体管具有电容效应，能够保持电位状态，先前透光的液晶分子会一直保持这种状态，直到 FET 电极下一次再加电改变其排列方式。相对而言，TN 液晶显示器就没有这个特性，液晶分子一旦没有施压，立刻就返回原始状态，这是 TFT 液晶和 TN 液晶显示的最大不同之处，也是 TFT 液晶显示器的优越之处。

4. 液晶显示器的应用

　　近十年间，液晶显示器已被广泛地应用在每一个人的生活中，并在通信领域（如移动电话、无线电话、传真机）、计测领域（如工业用仪表、机器）、家居生活领域（如影音家电、电玩）、资讯领域（如监视器、便携式电脑）均已不断开发新产品，需求量也越来越大。

　　液晶显示器的未来发展将满足下列要求：大型化、高精密化；薄型、轻量化；可挠曲性、操作简单；高效率照明彩色化；低耗电量等。

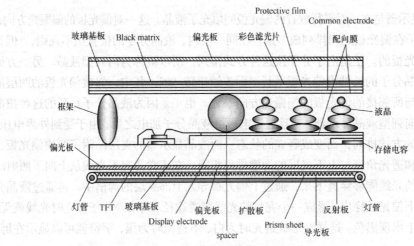

图 2.18　TFT 液晶显示器原理图

2.2.3　等离子显示器

等离子显示器（Plasma Display Panel, PDP）是采用了近几年来高速发展的等离子平面屏幕技术的新一代显示设备，大多用于电视屏幕。PDP 具有视角宽、寿命长、刷新速度快、光效及亮度高、易制作大屏幕、工作温度范围宽等很多优良特性。彩色 PDP 采用的数字灰度技术可使图像灰度超过 256 级，能满足显示 16 位或 24 位真彩色的要求。

1. 等离子显示器原理

等离子显示器是一种利用气体放电的显示装置，这种屏幕采用了等离子管作为发光元件。大量的等离子管排列在一起构成屏幕。每个等离子对应的每个小室内部充有氖氙气体。在等离子管电极间加上高压后，封在两层玻璃之间的等离子管小室中的气体会产生紫外光，从而激励平板显示器上的红、绿、蓝三基色荧光粉发出可见光。每个离子管作为一个像素，由这些像素的明暗和颜色变化组合，产生各种灰度和色彩的图像，与显示像管发光相似。等离子体技术同其他显示方式相比存在明显的差别，在结构和组成方面领先一步。其工作机理类似普通日光灯，等离子显示器的 3 层结构如图 2.19 所示，它一般由 3 层玻璃板组成。在第 1 层的里面涂有导电材料的垂直条，第 2 层是灯泡阵列，第 3 层表面涂有导电材料的水平条。要点亮某个地址的灯泡，开始要在相应行上加较高的电压，等该灯泡点亮后，可用低电压维持氖气灯泡的亮度。关掉某个灯泡，只要将相应的电压降低。灯泡开关的周期时间是 15ms，通过改变控制电压，可以使等离子板显示不同灰度的图形。

等离子电视彩色图像由各个独立的荧光粉像素发光综合而成，因此图像鲜艳、明亮、干净且清晰。

2. 等离子显示器的特点

（1）亮度、高对比度。据计算，等离子电视对比度达到 500:1，完全能满足眼睛的需求；亮度达到 330/850 尼特（cd/m^2），比普通电视的 250 尼特（cd/m^2）高很多，因此其色极还原性非常好。

（2）纯平面图像无扭曲。PDP 的 RGB 发光栅格在平面中呈均匀分布，这样就使得 PDP 的图像即使在边缘也没有扭曲现象出现。而在纯平 CRT 彩电中，由于在边缘的扫描速度不均匀，很难控制到不失真的水平。

（3）超薄设计、超宽视角。等离子电视整机厚度大大低于传统的 CRT 彩电和投影类彩电。PDP402 等离子电视的机身厚度仅为 7.8cm。另外，PDP402 等离子电视是自发光器件，其视角与

CRT 传统彩电具有相同的水平。

（4）具有齐全的输入接口，可接驳市面上几乎所有的信号源。

（5）具有良好的防电磁干扰功能。

（6）环保无辐射。

（7）散热性能好，无噪声困扰。

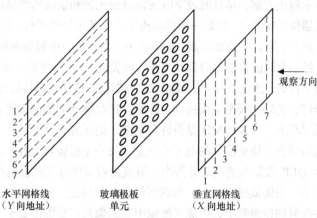

图 2.19　等离子显示器 3 层结构示意图

3. 等离子显示器与液晶显示器的对比

PDP 显示器与 LCD 显示器从整体构造上基本相同，均由 5 大模块组成：显示面板（PANEL）、电源控制、接口和驱动控制、内部信号转换和外壳。

相比于 CRT 显示器，液晶显示器和等离子显示器一样具有图像逼真、画质细腻、层次丰富、立体感强、高清晰、厚度薄、重量轻、省电、无闪烁、无辐射、减轻人们的视觉疲劳、可方便连接计算机及 DVD 等音视频设备等优点。

在制造成本上，LCD 与 PDP 的生产制造工艺迥然不同，对 TFT LCD 而言，一块面板的制造至少需要 65～70 道制程，而且成品的合格率较低，在 LCD 往大尺寸制造方面，对于设备的投入金额是相当可观的，还会受到经济切割尺寸的限制，就目前的产品而言，仍以 30 英寸以下产品为主。至于在制程上，由于材料上所占的比例较高，设备投资很大的投入，这是 TFT LCD 的劣势所在。至于在设备更新上，由于市场的迅速发展，往往在上一个生产线投资尚未完全回收之际，却又要投入到下一代生产线才能满足市场的需求，整个产业在成本竞争上是相当激烈的。

至于 PDP，与 TFT LCD 的制程相比，其生产仅需 25～30 道制程，且成品合格率较高，这成为 PDP 在价格竞争上所具备的优势。目前使用的 PDP 由于采用高压制程，面板必须能够承受高压电路的负载，在设计上要求较高，因此现在正进行低压制程的研发，对 PDP 在发光效率及成本结构改善方面将会有明显的提高。

对于产生图像的光源来讲，PDP 属于自发光，所以具有亮度高、宽视角、响应时间快的特点，在这一点上 LCD 是无法媲美的，由于液晶不是发光器件，会暴露出它的弱点，无法像 PDP 自发光显示一样能轻松获得任意角度的观看面，同样在响应时间上，由于液晶体存在旋转的惰性原因，也无法像 PDP 那样有高速的响应时间，不能提供格外亮丽、均匀平滑的画面。但寿命方面 PDP 与 LCD 相比要逊色许多。

虽然液晶显示在大屏幕化方面成本不及等离子显示，但液晶显示有节能和寿命长两大优势；一般相同屏幕尺寸的液晶显示所需电能还不到等离子显示的三分之一，平均寿命达 5～6 万小时，比等离子显示的寿命长3倍以上，即使一天开8小时，一台液晶显示器也可以使用20年以上。

2.2.4 其他类型的显示器

1. 数字光学处理器

数字光学处理器（Digital Light Processor, DLP）技术是由美国德州仪器公司（TI）独家开发的一种全数字化的显示解决方案，是目前数字电视领域最先进和最成熟的显示技术之一。DLP技术的核心是数字微镜器件（DMD），它是一个拇指指甲大小的半导体器件。DMD由120万（适合标清显示器）或200万个（适合高清显示器）甚至更多（用于数字电影放映机）的精微镜面组成，起着光开关的作用。每一个镜面都能前后翻动（开启或关闭），每秒可达5 000次。输入的影像或图形信号被转换成数字代码，即由0和1组成的二进制数据。这些代码再被用来推动DMD镜面。当DMD座板和投影灯、色轮、投影镜头协同工作时，这些翻动的镜面就能将一幅天衣无缝的数字图像反射到电视机屏幕上。一片DMD是由许多个微小的正方形反射镜片（简称微镜）按行列紧密排列在一起，然后贴在一块硅晶片的电子节点上，每一个微镜对应着生成图像的一个像素，微镜数量决定了一台DLP投影机的物理分辨率。微镜由对应的存储器控制在+100°角和-100°角两个位置上切换转动。当微镜处于+100°角的时候为开的位置，光源投射过来的光由这个微镜反射，通过投影镜头投射到投影幕上，生成了图像中亮的像素；当微镜处于-100°角时为关的位置，此时光线无法反射到投影幕，就生成了图像中暗的像素。

2. 硅基液晶

硅基液晶（Liquid Crystal on Silicon, LCOS）是一种全新的数码成像技术，其成像方式类似于三片式的LCD液晶技术，不过采用LCOS技术的投影机其光线不是透过LCD面板，而是采用反射方式形成彩色图像。它采用涂有液晶硅的CMOS集成电路芯片作为反射式LCD的基片，用先进工艺磨平后镀上铝当作反射镜，形成CMOS基板，然后将CMOS基板与含有透明电极之上的玻璃基板相贴合，再注入液晶封装而成。LCOS将控制电路放置于显示装置的后面，可以提高透光率，从而达到更大的光输出和更高的分辨率。

从技术角度讲，在新兴的显示媒体中，PDP存在的局限最多，而最有发展前途的当属DLP和LCOS。而就目前的技术发展而言，LCOS尚不如DLP成熟。

3. 有机发光二极管

有机发光二极管（Organic Light Emitting Diode, OLED）引发了新一代柔韧性显示器的诞生。OLED在亮度、功耗、可视角度、刷新速率等方面都比现有的LCD有明显的优势，其中OLED与LCD的功耗比据估算为10:1，而且更高的刷新速率使得OLED在视频方面有更好的性能表现。

OLED技术使用了一种基于碳分子的设计，当电流通过时能够发光。将许多个分子排列到一起，就组成了一个超薄显示器，而且不需要使用耗电的背光设计。更加方便的是，OLED显示器能够以类似于喷墨打印机的方式来制造，这使得制造的过程更简单、成本更低廉。

2.3 计算机图形输入/输出设备

2.3.1 计算机图形输入设备

各种图形模型的建立、操作和修改均离不开图形输入设备。操作员通过图形输入设备向系统输入构造图形模型的原始数据，输入有关操作命令和各种参数，如移动对象的位移量、旋转的角度、图形的标注文字、观察图形的参数以及增删图形的信息等。图形输入设备从逻辑上分为 6 类，如表 2.1 所示。

表 2.1　　　　　　　　　　　　　　　图形输入设备逻辑分类

名称	相应典型设备
定位设备（Locator）	数字化仪、鼠标、操作杆
描绘设备（Stroke）	数字化仪
检取设备（Pick）	光标、鼠标
命令选择设备（Choice）	按钮、功能键
数值输入设备（Valuator）	键盘数字键、拨号盘
字符输入设备（String）	键盘数字、字母键

下面对常用的图形输入设备做一些简单介绍。

1．键盘

键盘与主机的机箱是分离的，是字符与数字的输入设备，是计算机的标准输入设备。各种型号的计算机都有专门的键盘插口与主机直接相连。

键盘有 4 个基本组成部分。第 1 部分位于键盘左下方，是标准的英文打字机键盘，称为打字机（或主）键盘区，包括数字 0～9、字母 A～Z 以及各种常规符号和必要的控制键。第 2 部分位于键盘上方，是功能键盘区，它包括功能键和控制键，该键盘区最左边是 13 个功能键，其功能可由用户按需要定义。第 3 部分位于键盘中间偏右，是编辑盘区，它包括光标移动键和编辑键。第 4 部分位于键盘右下方是一组标有数字的键，称为数字（或小）键盘区，可以输入数字，也可以用来控制显示屏上光标的移动，其功能可由软件定义，具有光标控制和编辑功能。该键盘区上、下档的功能可用 "Num Lock" 键进行转换。

另外，键盘上各键位除可完成单项功能或上、下档功能之外，有些键的组合使用还可完成特定的功能。

键盘可用来作为图形数据的直接输入，也可用来控制图形的各种变换。还可用作字符输入、定位或选择设备，用它来模拟输入设备是十分便宜的，但对于响应速度会有一定影响。

2．鼠标

鼠标是一种移动光标和做选择操作的计算机输入设备，除了键盘外，它已成为计算机的主要输入工具。鼠标在 20 世纪 60 年代后期才出现，它能十分方便地操作图标菜单、弹出菜单及下拉菜单，加之体积小、使用灵活以及价格低廉，使得鼠标的应用十分普遍。鼠标有 3 种类型，即机械式鼠标、光电式鼠标和光机式鼠标。光电鼠标的形状如图 2.20 所示。

（1）机械式鼠标。机械式鼠标的底部装有一对轴线相互垂直的金属滚轮，当在桌面上移动鼠标时，滚轮的转动转化成 x、y 方向的位移数值被记录下来，并相应地移动屏幕上的光标。

（2）光电式鼠标。光电鼠标通常需要一个特殊的垫盘，在这个垫盘上有栅网状的交替明暗线。鼠标底端的发光二极管直接向垫盘发射

图 2.20　光电鼠标

光束，光被反射回来，被鼠标底部的检取器感应接收。当鼠标移动时，一旦遇到垫盘的暗线，光被吸收，反射的光束被打断。光脉冲的次数等于遇到的暗线数目，从而测出了相对移动的偏移量。

（3）光机式鼠标。光机式鼠标装有 3 个滚轴：一个空轴，另外两个分别是 x 方向滚轴和 y 方

向滚轴。这3个滚轴都与一个可以滚动的小球接触，小球的一部分露出鼠标底部。它采用光敏半导体元件测量位移，只要一块光滑的桌面即可工作。

鼠标上有单按键或多按键，如按下规定一个键，就将光标对准的位置送入计算机中，由此实现定位、选择等多种交互操作。鼠标按键可用程序定义，使它们在按下时实现不同的操作功能。

3. 光笔

光笔是一种检测装置，确切地说是"能检测出光的笔"。其外形像支圆珠笔，它由笔体、透镜组、光纤以及光电倍增管和开关电路等组成，结构如图2.21所示。

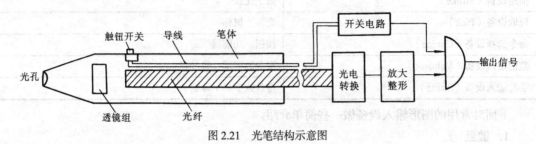

图2.21　光笔结构示意图

光孔直径约2～5mm，笔体用绝缘材料制成，光纤是由石英制成的多股细丝束。从光笔的光孔经透镜组检测到荧光屏上的光，通过光纤送到光电倍增管，使其转变为电信号，然后再经过放大整形电路，以获得标准脉冲输给计算机。

光笔的功能一般有两种：拾取和跟踪。

拾取是指在屏幕上有图形的条件下，用光笔选取某一图形元素作为参考点，并对图形实施处理的过程。它可以对屏幕上的图形进行删改，可以利用建立光标按钮或菜单的方式输入标准图形或操作命令。

跟踪是指在屏幕上先显示出一个光标，再实施定位的过程。跟踪时，光标在光笔的带领下在屏幕上运动，可以在屏幕上直接作图，也可以求出已有图形上的若干离散点。当然，这要有相应的软件配合。

4. 数字化仪和图形输入板

两者工作原理相同，数字化仪台面大，常见尺寸有9 000mm×1 200mm和1 200mm×1 800mm两种，分辨率和精度分别可达0.025mm和0.076mm；图形输入板较小，尺寸为280mm×280mm～900mm×900mm，分辨率也低，一般为0.13mm。所用指示定位工具有两种，一种是细长的触笔（Stylus），另一种是带有十字叉丝的游标器。如图2.22所示为数字化仪结构示意图，如图2.23所示为图形输入板结构示意图。

图2.22　数字化仪结构示意图

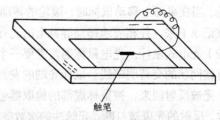

图2.23　图形输入板结构示意图

操作时触笔或游标叉丝对准某点，并按下按钮，这时靠某种耦合原理（如电磁耦合）产生信号，经 A/D 转换为（x, y）坐标值，输送给计算机，如图 2.24 所示。

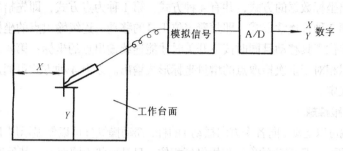

图 2.24　取出点的坐标

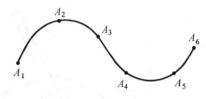

图 2.25　自由曲线

数字化仪时常用来摘取放在它上面的工程图上的大量点，经数字化后存储起来，以此作为图形输入的一种手段。如图 2.25 所示为任意给出的曲线（又称自由曲线），如果把这段曲线上若干点坐标 $A_I(x_i, y_i)$，（$i = 1$，2，…，6）输入给计算机进行处理，就必须使用数字化仪，否则将是一件非常麻烦的事情。坐标数字化仪的工作原理大致是这样的：数字化仪平板实际上就是一个 xy 直角坐标系，它上面的任何一点都对应于一个坐标值（x, y），当游标器移动到平板上某一位置时，按一下游标器上的开关，便可获得这一位置的坐标值，并自动地把这个坐标值（x, y）送到计算机内。这样，对于图 2.25 所示的曲线，我们只要将画有这一曲线的图纸贴在数字化仪的平板上，并移动游标器到各个点 $A_I(i = 1$，2，…，$6)$，每次按下游标器上的开关，便把这些点的坐标（x_i, y_i）自动地送到计算机内。

图形输入板则更多用于交互设计，使用时大多划出一个台板图形区，其余部分放置菜单，称为菜单区。台板图形区与显示屏之间存在着一种映射关系，如图 2.26 所示。这种映射关系是用专门软件一次性自动建立起来的。一旦建立了这种关系，屏幕光标将随触笔或游标的移动而移动，如果移出了台板图形区范围，屏幕光标将随之消失。

图形输入板的使用方式有 3 种。

（1）图形变成数字化信息。

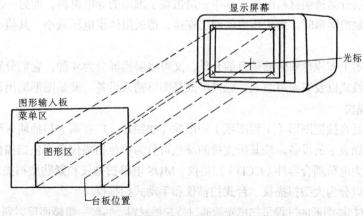

图 2.26　图形区与显示屏间的映射关系

（2）拾取台板菜单区中的菜单项，即取出拾取点的坐标，算出该菜单项的代码并转入相应程序运行。

（3）选择输出坐标数据的方式，共有4种方式。第1种为点方式，即先拾取一个点，接着输出该点的坐标；第2种称连续方式，即随着定位工具的移动，连续输出点的坐标；第3种称开关连续方式，即当定位工具移动且同时按下开关时才能连续输出点的坐标；第4种称增量方式，这时拾取点的坐标以相对于上次拾取点的增量坐标形式输出。以上4种方式可通过选择图形输入板上的有关按钮来决定。

5．操纵杆、跟踪球

操纵杆是一端可以运动（向各个方向摇动）的杆，摇动操纵杆可以使显示屏上的光标随之移动，其外形如图2.27所示。跟踪球的作用与操纵杆相仿，只是形状不同而已，其外形如图2.28所示。跟踪球上面没有手柄，只有一个装在盒内的小球。操作时，用手推此圆球转动来控制光标移动。

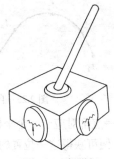
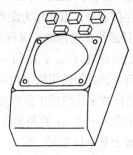

图2.27　操纵杆　　　　　　　　　　图2.28　跟踪球

6．触摸屏

用户直接用手指在屏幕上移动从而实现定位操作。其原理是：用许多红外LED和光传感器在屏幕显示区域形成一个不可见的光束阵列，当用户的手指触摸屏幕时，将会有一个或两个水平和铅垂光束被切断，从而可以标识手指的位置，如果有两条平行光束被切断，手指位于两光束中心；如果只有一条光束被切断，手指正好位于光束上，这是低分辨率触摸屏的工作原理。

高分辨率触摸屏（每个方向有近500个可识别点）用声波方式定位。在玻璃板的水平和铅垂边界交替地发射高频声波脉冲，当用户的手指触摸屏幕时，有一部分声波被反射回声源处，通过计算机计算声波脉冲从发射到反射回来的时间间隔，以确定手指的位置。另一种高分辨率触摸屏由紧密靠近的两层分离透明材料组成，其中一层覆盖了细细的导电材料，而另一层覆盖了阻体材料。当用户手指触摸屏幕时，指尖压力使两层连接，造成阻体层电压减小。其值可以用来确定接触位置的坐标。

按照触摸屏的工作原理和传输信息的介质，又可将触摸屏分为4种，它们分别为电阻式、电容感应式、红外线式以及表面声波式。触摸屏既是图形输入设备，又是图形输出显示设备。

7．图形扫描仪

图形扫描仪是直接把图形（工程图纸）和图像（如照片、广告画）扫描输入到计算机中，以像素信息进行存储表示的设备。按其所支持的颜色可分为单色扫描仪和彩色扫描仪；按其所采用的固态器件又分为电荷耦合器件（CCD）扫描仪、MOS电路扫描仪和紧贴型扫描仪等；按扫描宽度和操作方式可以分为大型扫描仪、台式扫描仪和手动式扫描仪。

CCD扫描仪扫描图形的过程是扫描光源通过待扫描材料，再经一组镜面反射到CCD，由CCD转换产生图像数据，传输给计算机主机，最后经过适当的软件处理，以图像数据文件的形式存储或使用。CCD 扫描仪扫描图形的基本流程如图 2.29 所示。

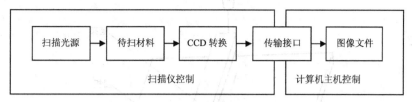

图 2.29　CCD 扫描仪扫描图形的基本过程

扫描仪的幅面有 A0、A1 和 A4 等几种。扫描仪的分辨率是指在原稿的单位长度（英寸）上取样的点数，单位是点/英寸（Dot Per Inch），常用分辨率为 300～1 000 点/英寸。扫描图形分辨率越高，所需的存储空间就越大。现在大多数扫描仪都提供了可供选择的功能。对于复杂的图形，可选用较高分辨率；对于较简单的图形，就选择较低分辨率。扫描仪的另一个重要指标是支持的颜色、灰度的等级，目前有 4 位、8 位和 22 位面颜色、灰度等级的扫描仪。扫描仪支持的颜色、灰度层次越多，图像的数字化表示就越准确，但同时意味着表示一个像素的位数增加了，因而也增加了存储空间。

2.3.2　计算机图形输出设备

图形输出设备主要包括显示器、绘图仪、打印机等，显示器已在前面专门介绍了，本节主要介绍绘图仪和打印机。

1. 绘图仪

绘图仪是把由计算机生成的图形输出到图纸（或其他介质）上的硬拷贝设备，主要有笔式绘图仪、喷墨绘图仪和静电绘图仪 3 类。笔式绘图仪可分为平台式、滚筒式、平面电机式以及小型式 4 种。绘图仪是近些年来应用较多的图形输出设备。

喷墨绘图仪是近几年新发明的图形输出设备，它采用喷墨的方式绘图，其绘图的速度比普通笔式要快得多，且所绘彩色图效果更好。它不仅可以绘在普通图纸上，还可绘在光面或绒面相纸以及各种胶片上。静电绘图仪是一种光栅扫描设备，其分辨率高，速度比笔式绘图仪快。

（1）笔式绘图仪。笔式绘图仪是矢量型设备，绘图笔相对纸作随机移动。例如：在绘制直线时，笔尖首先定位在线段起点，落笔后自动以直线方式移到线的终点，然后抬笔并自动移到另一直线的起点，准备绘下一条直线。在笔式绘图仪上，一个电脉冲通过驱动电机与传动机构使画笔移动的距离称为步距（或称脉冲当量）。步距越小，画出的图就越精细。一般国产绘图仪步距为 0.00 625～0.1mm，国外绘图仪步距有的可达 0.001mm。在实际应用中，0.1mm 步距可以满足一般图形要求；0.05mm 的步距可以使人的肉眼觉察不出图形阶梯状波动，而 0.00 625mm 可以满足一般精密绘图的要求。

① 平台式绘图仪。这种绘图仪如图 2.30 所示，绘图笔在纸上可向 x 和 y 两个方向运动，而图纸通常静止不动。图纸用静电方式、真空吸附或直接铺在绘图仪平台上，也有的是用磁铁原理通过压片将图纸压在台面上。台面面板从 200mm × 300mm 到 1 800mm × 5 500mm 不等，甚至长度可达 10m 多。装有笔架的导轨作 x 方向移动，笔架在导轨上作 y 方向移动，两种运动相配合可画出多种图形。

平台式绘图仪是通过机械传动的，驱动装置一般为钢丝绳或齿轮条箱，在 x、y 两个方向上用电机拖动笔架运动。这种绘图仪速度低，一般为 10～20m/min，而且精度低、寿命短、价格相对便宜。

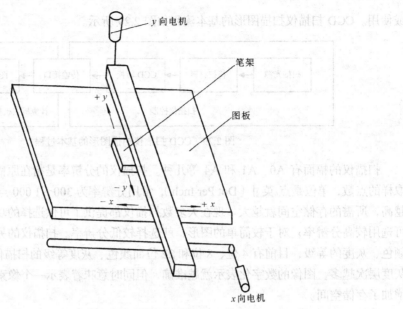

图 2.30　平台式绘图仪示意图

　　② 滚筒式绘图仪。这种绘图仪如图 2.31 所示。这种绘图仪笔和纸都是运动的。绘图纸卷在滚筒上，筒的两边安有链轮，传动机构带动链轮作正向和反向旋转，带动图纸作正负 x 方向运动；滚筒上方有笔架，用于存放多支画笔，笔架由传动机构带动画笔作正负 y 方向运动，两种运动的结合使绘图笔画出各种图形。

　　滚筒式绘图仪具有结构紧凑，占地面积小，x 方向不受限制的特点，但绘图精度比平台式低。由于工程上对图纸大都没有过高的精度要求，故滚筒式绘图仪应用比较广泛。

　　近几年，绘图仪在功能、速度、智能化方面有所发展，如使用"模糊逻辑"进行矢量排序，以提高绘图速度。但在有些特殊要求下，绘图仪绘图质量还不能满足要求，故其他图形输出设备，如激光打印机等也得到广泛应用。

　　③ 平面电机式绘图仪。平台式绘图仪采用平面电机驱动，可以取消导轨、横梁及传动机构，如图 2.32 所示。

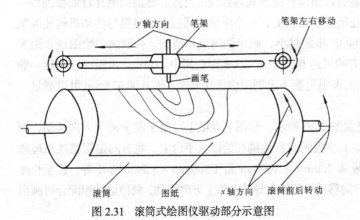

图 2.31　滚筒式绘图仪驱动部分示意图

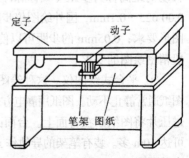

图 2.32　平面电机式绘图仪示意图

　　平面电机的定子是平板，下面吊挂着装有磁钢的磁头称为动子，可以在定子平板下面前后、左右运动，不需要传动机构。笔架装在动子上，可装 4 支笔。动子靠内部磁钢的吸附力吸附在定子下面。动子顶面的小孔随时有压缩空气吹向定子,使动子和定子之间形成气隙(约 $10\sim20\mu m$)。因此,动子实际是悬浮在定子的底面以形成空气轴承。由于运动部件质量很小,摩擦阻力小,因此可以产生很高的速度与加速度,速度可达 $60\sim120m/min$,加速度为 $1\sim4g$。

动子通过磁力作用,在定子底面沿 x、y 方向滑动,带动绘图笔高速、精确地画图。

这种绘图仪适合画集成电路掩膜图及频繁抬笔落笔的大量随机直线图。其制造精度高,但价格也较昂贵,定子与绘图台面间的距离小(约 20mm),影响图面观察。

④ 小型绘图仪。小型绘图仪在整机结构上与其他绘图仪没有任何本质区别,只是结构简单得多,绘图指令一般只有 $20\sim60$ 条,绘图幅面较小,一般为 A3 号图纸,步距较大为 $0.025\sim0.1mm$。

绘图仪绘出图形质量的好坏,与绘图的速度、精度、步距以及程序处理复杂程度等多方面的因素有关。一个绘图仪的主要技术指标如下。

a. 绘图速度。绘图速度是指画笔移动的速度,一般为 $12\sim48m/min$。笔和纸的加速度也决定了绘图速度的高低。在绘图过程中,画笔从静止到最高速度将有一个加速过程,而从最高速度到停止将有一个减速过程。

b. 步距。步距也称分辨率,一般每步为 $0.01\sim0.1mm$,步距越小,画出的图形精度越高。

c. 绘图精度。绘图精度是指实际绘制图线与理论图线之间的相似程度。误差越小,精度越高。绘图精度包括以下几项。

● 静态精度。画笔单方向移动时,实际移动距离与按脉冲计算的位移差。

● 重复精度。画笔从出发点移动一定距离后,再回到出发点,出发点与实际终点之间的偏差。

● 零位精度。画笔从零位移动到绘图台面所允许的最大距离,再返回零位时零位与实际终点间的偏差。

● 总精度。绘图时积累误差允许值。

d. 功能。包括绘图幅面大小(A0、A1、A3 等)、画笔数量以及其他辅助功能(如插补功能、由线拟合功能等)。

评价绘图仪质量优劣的主要依据是绘图精度和绘图速度,但是对于其他性能指标也得考虑,表 2.2 所示为几种绘图仪性能的比较。

表2.2 几种绘图仪的比较

		平台式绘图仪	滚筒式绘图仪	平面电机式绘图仪	小型绘图仪
基本性能	绘图精度(mm)	$\pm0.01\sim2.025$	$\pm0.1\sim0.3$	±0.01	±0.3
	最高速度(m/min)	$10\sim20$	$6\sim9$	$60\sim90$	8, 16, 38(mm/s)
	绘图幅画(mm^2)	A1 及 $1\,200\times1\,500$ 以上	$730\times75\,000$ $930\times75\,000$	A0、A1、A2	A2、A3
优点		可绘制高精度图样,幅面可大可小,绘图过程可以监视全部图画,可装刻线笔、摄像头等	可高速进行图形处理,连续出图,易于实现无人操作,机身较小,结构简单,便于维修	高速度绘制图样和刻线,绘图精度高,结构简单,可靠性好	操作简单,使用方便,机身小,结构简单,便于维修
缺点		图纸要贴紧,易产生皱褶,机身大,对机房管理要求严	绘图时,不能监视整个图形,精度不高,必须使用特殊规格的纸	图纸放在定子与台面之间,不能监视画图过程,高速度对画笔要求高	功能较小,精度、速度均低
价格		价格较高	价格较低	价格最高	价格低廉

（2）喷墨绘图仪。喷墨绘图仪的喷墨装置多数情况是安装在类似打印机的机头上，纸绕在滚筒上并使之快速旋转，喷墨头则在滚筒上缓慢运动，并且把青色、品红、黄色，有时是黑色墨喷到纸上。所有颜色是同时附在纸上，这与激光打印机及静电绘图仪不同。某些喷墨绘图仪可以接收视频及数字信号，因此可用于光栅显示屏幕的硬拷贝，此时图像分辨率受到视频输入分辨率的限制。旋转式喷墨绘图仪的结构示意图如图 2.33 所示。

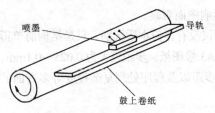

图 2.33　旋转式喷墨绘图仪示意图

（3）静电绘图仪。静电绘图仪是打印机与笔式绘图仪的结合，它的运动部分很少，只有供纸和调色盒是机械驱动，其余都是电子线路。它的原理是：事先使白纸或黑纸带上负电荷，使吸有调色剂的针尖带正电荷，当由程序控制的电压按阵列式输出并选中某针尖时，就将调色剂附着到纸上，产生极小的静电点。

静电绘图仪能输出具有明暗度的面图形，分辨率较高，可达每毫米 4～8 个点，其速度比笔式绘图仪的速度高，是最高性能打印机速度的两倍。这类绘图仪运行可靠，噪声小，但是线条有锯齿，且用纸特殊，价格昂贵。其结构如图 2.34 所示。

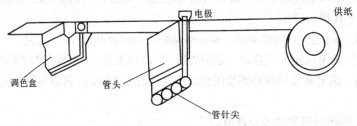

图 2.34　静电式绘图仪示意图

2. 打印机

打印机是计算机绘图系统输出设备之一，它用来输出文本、数据和图形。

根据打印机制式的不同，打印机有点阵式打印机和激光打印机两种。点阵式打印机又分为针打点阵打印机、静电点阵打印机、喷墨点阵打印机等。针打是细针与色带作为打印装置，静电打印是利用静电作用，喷墨打印是利用喷射墨水作为打印装置。点阵打印机在机械结构方面虽然不同，但其工作原理是相似的。这里主要介绍针打点阵打印机、喷墨打印机和激光打印机。

（1）针打点阵打印机。这种打印机曾经是最主要、最普遍的计算机输出设备。作为图形输出设备其输出图形精度低、质量差，当对图形输出有较高质量要求时，这种打印机是不合适的。针打点阵打印机如图 2.35 所示。

该打印机头上装有一系列打印针，在打印机与打印头之间装有色带。打印头作左右移动，而打印纸则每当打印头打印完一行后就以一定的行距向前移动。

点阵打印工作方式通常分为字符模式和图形模式两种。在字符模式中，只要把字符的编码（通常为 ASCII）送到打印机即可打印该字符。在图形模式中，则需把图形点阵化为二进制信息送到打印机。点阵打印机的控制器中装有微处理器，它用来解释主机送来的打印指令，打印指令控制打印模式、打印密度、行距、速度等。

（2）喷墨打印机。喷墨打印机是使墨水从极细的喷嘴射出、并用电场控制喷墨飞行的方向，在图纸上生成图形图像的方法。根据墨水的喷射方法和墨粒的控制方法，喷墨打印机可分为充电控制型、Hertz 方型、电场控制型和压力控制型 4 类。

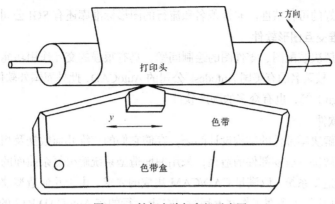

图 2.35　针打点阵打印机示意图

（3）激光打印机。激光打印机也是一种既可以打印字符，又可以用于绘图的设备，它利用电子扫描技术对图形图像进行拷贝。激光打印机有效地利用了激光定向性、单色性和能量密集性，结合电子扫描技术的高灵敏度和快速存取等特性，使输出图形图像的质量非常高。

激光打印机把数据转换为电信号，用激光束在光敏鼓上扫描，通过控制激光束的开与关来控制光敏鼓是否吸附碳粉，而光敏鼓在纸上滚动，从而在纸上输出图形和文本。

激光打印机分辨率可达 300～600 点/英寸，图形及文本质量非常高，可直接作为印刷制版的原稿。随着科学技术的发展以及客观要求，打印机必然朝高速度、高精度、低噪声、彩色化和智能化的方向发展。

2.4　通用图形软件简介

用计算机进行绘图时，首先要将图形转换成数据，再将信息输入计算机进行处理，继而将数据转换成图形予以输出。要实现此过程必须解决图形输入、图形数据处理、图形输出等环境所需的软件。由此可见，图形软件的内容非常丰富，它包括二维图形的生成、图形变换、几何交切、裁剪，平面图形的布尔运算，三维图形的生成、变换、隐藏线的消除，三维剪裁，立体造型等。

2.4.1　通用图形软件的分类

通用图形软件是指能直接提供给用户使用，并能以此为基础进一步进行用户应用开发的商品化软件。对一般用户来说，现在已很少自己花精力去开发这些软件，而是到市场上去选购。目前主要有以下几类。

1. 图形程序包

它们向用户提供一套能绘制直线、圆、字符等各种用途的图形子程序（或函数），可以在规定的某种高级语言中调用。时至今日，这类图形软件依然在使用，不过已大为减少。它们的代表有PLOT-10、CALCOMP 等绘制软件。

2. 基本图形资源软件

这是一些根据图形标准或规范推出的供应用程序调用的、底层的图形子程序包或函数库，属于能被用户利用的基本图形资源，如 GKS 及 PHIGS 标准的软件包。由于这些软件包是按标准规范研制的，与硬件无关，利用它们所编写的程序，原则上在具有这些图形资源的任何计算机上都能运行，因此具有良好的可移植性。非常著名和流行的图形标准库还有 SGI 公司研发的 OpenGL。

3. 二维、三维交互图形软件

这类软件主要解决装配图、零件图的绘制问题，具有很强的交互作用功能，是当今使用最广泛的通用图形软件，较著名的有美国 Autodesk 公司的 AutoCAD，此外属国外软件的还有 CADKey、PD（Personal Design）等，也有众多的国产软件。

4. 几何造型软件

这类软件主要解决零部件的结构设计问题，存储它们的三维几何数据及相关信息。目前大多采用实体造型系统解决一般零部件的造型，采用曲面造型系统解决复杂曲面的造型。现在正在大力发展参数化特征造型系统，以满足 CAD/CAM 集成的要求。由于几何造型软件规模大以及对内外存容量要求高等原因，大多在工作站上运行，PC 上运行的有 AutoCAD R12 的附加模块 Designer 等，但种类较少。

5. 动画技术软件

计算机动画（Computer Animation）是随计算机图形技术而迅速发展起来的一门高新技术。它是一种交互式软件，借助于计算机生成的一系列可供动态实时演播连续图像的计算机技术。这类软件主要使用二维、三维物体造型技术，运动控制技术和逼真图形生成技术，如目前使用比较广泛的 3ds Max、Flash、Maya 软件等。

2.4.2　典型图形软件及图形库一览

1. CADAM（Computer-graphics Augmented Design And Manufacture，计算机图形增广设计和制造）是美国 Lockheed 公司为 IBM 公司的 CAD 工作站研制的基础图形软件，可以提供给工程技术人员进行一般的工程设计和机械制图。

2. CATIA（Computer-graphics Aided Three-dimensional Interactive Application，计算机辅助三维交互应用）是 IBM 子公司研制的，用于 CAD/CAM 的三维交互图形体系，尤其是可用于数控、机器人模拟、运动机构的研究方面。

3. CAEDS（Compute Aided Engineering Design Systems，计算机辅助工程设计系统）是美国 SDRC（Structural Dynamic Research Corporation）公司为 IBM 的 CAD 工作站研制的图形软件，用来解决机械设计分析方面的问题。

4. CBDS2（Circuit Board Design System 2，电路板设计系统 2）主要用于集成电路和印制电路板设计。

5. PADL（Pat and Assembly Description Language，零件和部件描述语言）是美国 Rochester 研制的图形系统。

6. GEOMOD（GEOmetry MODelling，几何模型）是由美国 SDRC 公司研制的，主要用于几何造型。

7. GKS（Graphics Kernel System，图形核心系统）是德国标准化协会（DIN）制定的图形软件。

8. CORE（Core Graphics System，核心图形系统）是美国计算机学会图形学专业组制定的，具有三维图形功能的系统。

9. PHIGS 是 1975 年 Seillace 会议决定研制的分层结构交互图形系统。

10. ISPP（Industry Standard Plotting Package，工业标准绘图软件包）是美国 HP（Hewlett Pacuard）公司研制的系统，具有各种绘图和文本的操作命令。

11. CADDS（Compute Automated Design and Drafting System，计算机自动设计和绘图系统）

是美国 Computer vision 公司研制的图形软件。

12.　DDM（Design Draft Manufacturing，设计绘图制造）由美国 Calma 公司研制。

13.　AGS（APPlicon Graphics System）是由美国 Applicon 公司研制的图形系统。

14.　FGS（Ford Graphics System，福特图形系统）是由美国 Ford 汽车公司研制出的软件。

15.　GDP 是 UCLA 大学研制的几何造型系统。

16.　MOVIE 是 Brigham Young 大学研制的图形软件。

17.　IGL（交互图形库）是美国 Fektronix 公司研制的可为 Fortran 语言调用的高级图形软件包。

18.　3D Studio（三维演播厅）是美国 Autodesk 公司研制出的三维造型和动画制作软件包。

19.　Animator 是美国 Autodesk 公司推出的动画制作软件。

20.　Paintbrush 是美国 Zsoft 公司研制的绘图软件，该软件可用艺术家画笔在计算机屏幕上创作详实的彩色图画或黑白对比分明的图像。

21.　FoxGraph 是美国 Fox Software 公司研制的微机图形系统。

2.4.3　主流图形接口及软件简介

1. OpenGL（Open Graphics Library）图形接口

OpenGL 是一个专业的 3D 程序接口，同时也是一个功能强大、方便调用的底层 3D 图形库。OpenGL 的前身是 SGI 公司为其图形工作站开发的 IRIS GL。OpenGL 是一个与硬件无关的软件接口，可以在不同的平台如 Windows 95、Windows NT、UNIX、Linux、MacOS、OS/2 之间进行移植，所以支持 OpenGL 的软件具有很好的移植性，可以获得非常广泛的应用。因为 OpenGL 是 3D 图形的底层图形库，没有提供几何实体图元，所以不能直接用以描述场景。但是，通过一些转换程序，可以很方便地将 AutoCAD、3DS 等 3D 图形设计软件制作的 DFX 和 3DS 模型文件转换成 OpenGL 的顶点数组。

OpenGL 通常与 Visual C++ 紧密接口，便于实现各种高效的图形算法。它的功能主要有：提供了基本图形和三维物体的绘制函数；基本变换和投影变换的方法；颜色模式设置；光照和材质设置；纹理映射（Texture Mapping）；位图显示和图像增强；双缓存（Double Buffering）动画等。

2. DirectX 图形接口

DirectX 图形接口简称 DX，是 Windows 操作系统的应用程序接口（API）之一，它是为高速的实时动画渲染、交互式音乐、环境音效等高要求应用开发服务的。微软公司不仅开发了 DirectX 标准平台，并且根据硬件制造厂商和游戏厂商合作共同更新升级 DirectX 的标准。硬件制造商按照此标准研发制造更好的产品，游戏开发者根据这套标准开发游戏。无论硬件是否支持某种特效，只要 DirectX 标准中有，游戏开发者就可以把它写到游戏中，当这个游戏在硬件上运行时，如果此硬件根据 DirectX 标准把这个效果做到了此硬件驱动程序中，驱动程序驾驭其硬件算出结果，用户就可以欣赏到此效果。这就实现了"硬件设备的无关性"，是 DirectX 的真正意义所在。

OpenGL 一直是 DirectX 最强有力的竞争者，一直到 DirectX 7.0，OpenGL 仍然是唯一能够取代微软公司对 3D 图形技术的完全控制的 API，尤其是在游戏开发领域。一直到 2000 年 9 月，微软正式推出了划时代的 DirectX 8，将可编程的着色管线概念正式引入到 GPU，新的 Shadier（着色器）数据处理方式也是 DirectX 8 中最具意义的创新。2001 年年底，微软公司推出了 DirectX 8.1，主要的改进是增加了 Pixel Shadier 1.2/1.3/1.4。2002 年底，微软公司发布 DirectX 9。DirectX 9 中 Shadier 的渲染精度已达到浮点精度，为 GPU 向通用计算领域的发展迈出了决定性的一步，它的出现也使得 OpenGL 在游戏开发领域的应用走到了尾声。

目前，微软公司推出了 DirectX 11，是 DX 的最高版本。

3. AutoCAD（Auto Computer Aided Design）软件

Auto CAD 是美国 Autodesk 公司研制的计算机辅助绘制软件包，是一套高效实用的绘图工具，具有易于掌握、使用方便、体系结构开放等优点，目前已广泛应用于机械、建筑、电子、航天、造船、石油化工、土木工程、冶金、地质、气象、纺织、轻工、商业等领域。

AutoCAD 自 1982 年问世以来，已经经历了十余次升级，其每一次升级在功能上都得到了逐步增强。正因为 AutoCAD 具有强大的辅助绘图功能，它已成为工程设计领域中应用最为广泛的计算机辅助绘图与设计软件之一。

它的功能包括：① 绘制与编辑基本图形和二维图形，通过拉伸、设置标高、厚度等操作就可以将二维图形转换为三维图形，能够绘制基本实体及三维网格、旋转网格等曲面模型，还有复杂的三维图形。② 提供了线性、半径和角度 3 种基本的标注类型，可以进行水平、垂直、对齐、旋转、坐标、基线或连续等标注；此外，还可以进行引线标注、公差标注，以及自定义粗糙度标注。③ 可以运用雾化、光源和材质，将模型渲染为具有真实感的图像，可以实现精细渲染和简单渲染。④ 以不同的格式和样式输出和打印图形。⑤ 此外，Auto CAD 还具有强大的数据查询和图数互访问功能。

4. Illustrator 软件

Illustrator 是 Adobe 公司研发的著名的图形软件，据不完全统计全球有 67%的设计师在使用 Illustrator 进行图形艺术设计，特别是 Illustrator 10 的诸多新功能大大强化了其在网页设计中的地位。它的主要功能和特点包括：① 有图案复制、光影绘画、不规则图形制作、修改图形边缘、网页图片切割（Slice Tools）等新工具；② 具有层叠式工具面板特色，用户可以配合自己的需要，随意把面板收起或展开，以节省桌面工作空间；③ 加强点阵图的处理，具备常用矢量图形导出。

5. 3D Studio Max 软件

3D Studio Max 软件是美国 Autodesk 公司继 3D Studio 之后又一个三维动画制作工具软件。3D Studio Max 有着高质量的图形输出、高速的运算能力、友善的开发界面、直观的建模功能和高速的图像生成能力，被广泛应用于游戏开发、角色动画、影视特技、工业设计以及工程可视化领域。

3D Studio Max 提供了 Polygon、Patch、NURBS 和 Subdivision Surfaces 这 4 种建模方法，并且它还可以通过外挂插件模块来扩展建模功能。

3D Studio Max 具有十分优良的基本造型功能，它能提供实体造型（是由 3D Studio Max 提供的标准几何体和扩展几何体所创建的）、三维造型（包含有放样造型、旋转和挤压造型、适配变形）、组合造型（它通过合成方式产生对象）这 3 种功能。

6. Maya 软件

Maya 是 Alias | Wave front 公司 1998 年才推出的相当复杂的世界顶级三维电脑动画制作软件之一，它不仅能进行一般三维和视觉效果制作，而且还与较先进的建模、数字化布料模拟、毛发渲染、运动匹配技术相结合，可在 Windows NT 与 SGI IRIX 操作系统上运行。应用对象是专业的影视、广告、动画、游戏、特技等方面。现在 Maya 有 3 种版本：Maya Unlimited、Maya Complete 和 Maya Personal Learning Edition，Maya Complete 包含了 Maya 的大部分功能，Maya Unlimited 则包含了 Maya 的所有功能。2005 年 10 月 4 日，Maya 的出品公司 Alias 公司被 Autodesk 公司以 1.82 亿美元收购，所以 Maya 现在是 Autodesk 的软件产品。

Maya 操作简便，工作界面直观，性能比较稳定，对计算机硬件的利用率也比较高。Maya 不仅有普通建模功能，同时更具备了 NURBS 高级建模功能，在灯光、摄像机、材质等方面的表现也不俗，模拟灯光更加真实，可调参数更突出，特技灯光种类丰富。摄像机的功能和参数更加专业，如镜头、焦距、景深等特殊功能是其他普通软件所不具备的，矢量材质可模仿木纹、毛石、水等，节省了贴图的制作，同时在折射、反射等效果上更加独特。在动画设置上，粒子、动力学、反向动力学（IK）等高级动画设置都由软件自动计算完成，提高动画的真实性的同时也提高了动画制作效率。Maya 的渲染精度可达到电影级，它采用 Object-oriented C++ code 整合 OpenGL 图形工具，提供非常优秀的实时反馈能力，这一点使得动画制作者在进行修改时无须长时间的等待。另外，由于 Maya 基于开放式的结构，因此所有工作都可以利用文档齐全的综合 API（应用程序编程接口）或两种嵌入式脚本语言之一（Maya 嵌入式语言 MEL 或 Python®）进行脚本处理或编程。

　　Maya 将世界上较先进的建模、动画、视觉效果和高级渲染技术整合为一个完整工作流解决方案，是一款较全面的 3D 软件。它可以处理海量数据集并且能够在桌面 PC 或图形工作站上生成具有专业品质的图形，是目前世界上最为强大的整合 3D 建模、动画、效果和渲染的解决方案，同时它还有效地增强了二维图像的画质和表现力。Maya 由于采用了 Windows NT 作为操作系统的 PC 工作站，一举降低了设备要求和制作成本，促进了三维动画制作的普及，并导致随后 Softimage 也开始向 PC 平台转移。

习　题

1. 计算机图形系统有什么特点？有哪些主要功能？
2. 计算机图形系统有哪几种？各有什么特点？
3. 阴极射线管由哪些部分组成？它们的功能分别是什么？
4. 光栅扫描显示器由哪些部分组成？它们的功能分别是什么？
5. 对于分辨率为 1 024 像素×1 024 像素的光栅系统，若每一像素用 8 位和 12 位二进制来表示存储信息，各需要多大光栅存储容量以及显存？每一屏幕最多能显示多少种颜色？若 R、G、B 灰度都各占 8 位，其显示颜色总数是多少？（提示：显卡的显存容量是按 2 的指数幂增长的，即 2^0、2^1、2^2……因此，如果计算出来不是 2 的指数幂，则需要取大于并最接近于当前计算值的 2 的指数幂，如计算值为 3MB，则显存容量应为 4MB。）
6. 对于 19 英寸的 CRT 显示器，若 x 和 y 两方向上分辨率相等，即 1 024 像素×1 024 像素，那么每个像素点的直径是多少？（提示：19 英寸是指屏幕对角线的长度。）
7. 对于分辨率为 1 024 像素×768 像素的光栅系统，若调色板设置为真彩色 32 位，此时需要显示一个三维图形，各需要多大光栅存储容量以及显存？（提示：三维图形所需容量是二维图形所需容量的 3 倍。）
8. GKS 有哪 3 种坐标系？它们有什么不同？试写出它们之间的对应关系。
9. GKS 中输入设备有哪 6 种逻辑功能？请各举出对应的物理设备。
10. 当前主流的图形软件有哪些？

第3章
C 语言图形程序设计基础

程序设计语言是进行计算机绘图的基础，大多数高级语言都具有基本绘图功能，Turbo C 已成为当前进行图形、图像处理的重要开发工具，它提供了十分丰富的图形语句和图形函数，并能支持多种屏幕图形系统。本章主要介绍用 Turbo C 进行图形程序设计的基本方法和 Turbo C 的图形功能。

3.1　屏幕设置

在屏幕上进行绘图一般要执行以下 4 个步骤。

（1）设置屏幕为图形模式。

（2）选择背景与实体颜色。

（3）计算坐标。

（4）调用绘图语句绘制实体。

3.1.1　屏幕显示模式与坐标系

1．文本模式与字符坐标系

在屏幕上只能显示字符的方式称为文本模式。在文本模式下，屏幕上可以显示的最小单位是字符。为了能在指定位置显示每个字符，C 语言提供了字符坐标系。这种坐标系以屏幕的左上角为坐标原点，水平方向为 x 轴，垂直方向为 y 轴，如图 3.1 所示。

字符坐标系的原点为（1，1），水平方向（x 轴）分为若干列，垂直方向（y 轴）分为若干行。用一对坐标可以指定屏幕上一个位置，如（8，20）表示字符位于屏幕的第 8 行第 20 列。根据显示模式的不同，所显示字符的列数和行数也不一样，颜色也有区别。Turbo C 支持以下 6 种不同的显示方式。

（1）BW40：黑白 40 列方式。在这种方式下，可以显示 25 行文本，其中每行 40 个字符，以黑白两色显示。

（2）C40：彩色 40 列方式。屏幕可显示 40 列 25 行彩色字符。

（3）BW80：黑白 80 列方式。屏幕可显示 80 列 25 行字符，并以黑白两色显示。

（4）C80：彩色 80 列 25 行显示方式。

（5）MONO：单色 80 列 25 行显示方式。

（6）C4350：为 EGA 和 VGA 适配器设置的一种特殊的彩色文本方式。如果使用 EGA 适配器，显示 80 列 43 行；如果使用 VGA 适配器，则显示 80 列 50 行。

可以看出，在不同的显示模式下，屏幕上所显示的字符数量也不一样。x 方向一般为 40 列或 80 列；y 方向一般为 25 行，而 EGA 和 VGA 适配器可达 43 行或 50 行。也就是说，屏幕最多可显示 80×50 = 4000 个字符，最少可显示 40×25 = 1000 个字符。显示字符越多，每个字符尺寸越小，反之越大。

显示模式不同，屏幕坐标的构成也不一样。在 BW40 方式下，最大坐标位置为（25，40），而在 C4350 方式下，最大坐标位置为（50，80）。

2. 图形模式与点坐标

在屏幕上显示图形的方式称图形模式。如前所述，屏幕是由像素点组成的，其像素点的多少决定了屏幕的分辨率。分辨率越高，显示图形越细致，质量越好。例如，CGA 显示器的分辨率为 300 像素×200 像素；而 TVGA 显示器分辨率为 1 024 像素×768 像素，TVGA 比 CGA 分辨率高，所以显示图形质量比 CGA 要好得多。

在图形模式下，屏幕上每个像素的显示位置用点坐标来描述，如图 3.2 所示。在此坐标系统中，屏幕左上角为坐标原点（0，0），水平方向为 x 轴，自左向右；垂直方向为 y 轴，自上向下。分辨率不同，水平方向和垂直方向的点数也不一样，即其 maxx、maxy 数值也不同。

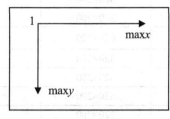

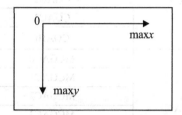

图 3.1　字符坐标系　　　　　　　　　　图 3.2　点坐标系

在 Turbo C 中，坐标数据可以用两种形式给出：一种是绝对坐标，另一种是相对坐标。绝对坐标的参考点是坐标的原点（0，0），x 和 y 只能取规定范围内的正整数，其坐标值在整个屏幕范围内确定。相对坐标是相对"当前点"的坐标，其坐标的参考点不是坐标系的原点，而是当前点。在相对坐标中，x 和 y 的取值是相对于当前点在 x 方向和 y 方向上的增量，这个增量可以是正的，也可以是负的，所以 x 和 y 可以是正整数，也可以是负整数。此外，把在一个窗口范围内确定的坐标也称相对坐标。

点坐标系坐标值的范围取决于所使用的适配器/显示分辨率。

3.1.2　图形驱动程序与图形模式

1. 图形驱动程序

图形显示器的种类繁多，其控制方式各有差异，因此要显示图形就需先装入相应的图形驱动程序。Turbo C 支持几种图形驱动程序，表 3.1 所示为驱动程序相应的符号常量和规定值。

表 3.1　　　　　　　　　　　　　图形驱动程序名

符号常量	数值	符号常量	数值
DETECT	0	IBM8514	6
CGA	1	HERCMONO	7
MCGA	2	ATT400	8
EGA	3	VGA	9

续表

符号常量	数值	符号常量	数值
EGA64	4	PC3270	10
EGAMONO	5		

2. 图形模式

由于每种图形显示器都有几种不同的图形显示模式，因此要显示图形就必须确定所用的显示模式，也就是说，要显示图形，不但要先装入相应驱动程序，而且还要决定所用的显示模式。不同的图形驱动程序有不同的图形模式，即使在同一图形驱动程序下也可能会有几种图形模式，如表 3.2 所示。

表 3.2　　　　　　　　　　　　　　图形驱动程序及其相应的模式

驱动程序（driver）	图形模式（gmode）	值	分辨率	调色板
CGA	CGAC0	0	320×200	C0
	CGAC1	1	320×200	C1
	CGAC2	2	320×200	C2
	CGAC3	3	320×200	C3
	CGAHI	4	640×200	2色
MCGA	MCGAC0	0	320×200	C0
	MCGAC1	1	320×200	C1
	MCGAC2	2	320×200	C2
	MCGAC3	3	320×200	C3
	MCGAMED	4	640×200	2色
	MCGAHI	5	640×480	2色
EGA	EGALO	0	640×200	16色
	EGAHI	1	640×350	16色
EGA64	EGA64LO	0	640×200	16色
	EGA64HI	1	640×350	16色
EGAMONO	EGAMONOHL	0	640×350	2色
HERCMONO	HERCMNONOHL	0	720×368	2色
ATT400	ATT400C0	0	320×200	C0
	ATT400C1	1	320×200	C1
	ATT400C2	2	320×200	C2
ATT400	ATT400C3	3	640×200	C3
	ATT400MED	4	640×200	2色
	ATT400HI	5	640×400	2色
VGA	VGALO	0	640×200	16色
	VGAMED	1	640×350	16色
	VGAHI	2	640×480	16色
PC3270	PC3270HI	0	720×350	2色

驱动程序（driver）	图形模式（gmode）	值	分辨率	调色板
IBM8514	IBM8514LO	0	640×480	256 色
	IBM8514HI	1	1024×768	256 色

3.1.3　图形系统初始化和模式控制

Turbo C 的图形功能极为丰富，它具有 70 多个图形库函数，所有这些图形函数均在头文件 "graphics.h" 中定义，所以，凡是在程序中要调用这些图形函数都必须在程序文件的开头写上文件包含命令：

```
# include <graphics.h>
```

1. 图形系统初始化

图形模式是有别于文本模式的一种计算机屏幕显示模式。在默认情况下，屏幕为 80 列 25 行的文本模式。在文本模式下，所有的图形函数均不能操作，因此，在使用图形函数绘图之前，必须将屏幕显示适配器设置为一种图形模式，这就是图形初始化过程。

图形系统初始化首先要调用 initgraph()函数，它通过从磁盘上装入一个图形驱动程序来初始化图形系统，并将系统设置为图形模式。Initgraph()函数格式为：

```
void far initgraph(int *gdriver;int *gmode,char *path);
```

（1）gdriver 是一个整型值，用来指定要装入的图形驱动程序（具体驱动程序如表 3.1 所示），该值在头文件 graphics.h 中定义。

（2）gmode 是一个整型值，用来设置图形显示模式。图形显示模式决定了显示的分辨率、可同时显示的颜色的多少、调色板的设置方式等，几种不同的图形显示模式如表 3.2 所示。

（3）path 是一个字符串，用来指明图形驱动程序所在路径。如果驱动程序就在用户当前目录下，则该参数可为空字符串，否则应给出具体路径名。一般情况下，Turbo C 安装在 C 盘的 TC 目录中，则该路径为 "C:\TC"，如果写在参数中则为 "C:\\TC"。

以上介绍了 initgraph 函数中 3 个参数的含义。注意，前两个参数实际上是整型指针，调用时应加上地址运算符 "&"。

下面我们介绍图形系统初始化方法和图形模式控制。

（1）已知显示器类型的图形系统初始化。如果已经知道所用图形显示器的种类和要使用的图形模式，那么图形系统的初始化很简单，可用下面的程序。

例 3.1　图形系统初始化。

```
#include "graphics.h"
main()
{
    int gdriver,gmode;
    gdriver=CGA;                          /*设置驱动程序为 CGA*/
    gmode=CGAC0;                          /*选用 CGA 图形模式*/
    initgraph(&gdriver,&gmode,"c:\\TC");  /*初始化图形系统*/
    bar3d(10,20,50,80,0,0);               /*画一实心矩形*/
    getch();                              /*等待按一键结束*/
    closegraph();                         /*关闭图形系统，回到文本模式*/
}
```

（2）不知显示器类型的图形系统初始化。在编写程序中，不知道将用什么样的图形显示器，或编写的程序要用于不同的几种图形显示器，这就要求所编程序要知道当前图形显示器的代码，Turbo C 提供了一个对图形显示器硬件测试的函数 detectgraph()。它的格式为：

```
void far detectgraph(int *gdriver,int *gmode);
```

该函数在计算机有图形适配器的情况下，确定图形适配器的类型。若系统有图形适配器，则返回适合于适配器的图形驱动程序的代码，用 gdriver 指向的整型量表示，该函数把 gmode 所指的变量设置为适配器所能支持的最高分辨率。若系统无图形适配器，则 gdriver 所指变量为 – 2。

例 3.2 测试图形适配器的类型，并将图形系统初始化。

```
#include "stdio.h"
#include "conio.h"
#include "stdlib.h"
#include "graphics.h"
main()
{
    int gdriver,gmode;
    detectgraph(&gdriver,&gmode);          /*测试结果存放于 gdriver,gmode 中*/
    if(gdriver<0)
    {
        printf("there is not graphics displayer\n");
    exit(1);
    }                                       /*无图形显示模式时，显示信息，停止程序*/
    printf("detect graphics driver is # %d,mode is # %d\n ",gdriver,gmode);
                                            /*显示硬件测试结果*/
    getch();                                /*等待按一键*/
    initgraph(&gdriver,&gmode,"c:\\TC");    /*初始化*/
    bar3d(10,20,50,80,0,0);                 /*画实心矩形*/
    getch();
    closegraph();                           /*关闭图形系统，返回文本模式*/
    return (0);
}
```

（3）自动初始化图形系统。在日常程序设计中，可以把上述对图形显示器的检测和初始化工作放在一起来自动完成，即规定 gdriver = DETECT，则 initgraph()函数会自动按照系统所配置的图形显示器来确定驱动程序，并把图形模式设置为检测到的驱动程序的最高分辨率，实现图形系统初始化。

例 3.3 自动初始化图形系统。

```
# include "graphics.h"
# include "conio.h"
main()
{
    int gdriver=DETECT,gmode;              /*自启动搜寻显示器类型和显示模式*/
    initgraph(&gdriver,&gmode,"c:\\TC");   /*初始化*/
    bar3d(10,20,50,80,0,0);                /*画实心矩形*/
    getch();                               /*等待按一键*/
    closegraph();                          /*关闭图形系统，返回文本模式*/
    return (0);
}
```

2．图形系统的关闭

从上述几个例子已看到在图形编程中均先用函数 initgraph()对图形系统进行初始化，即启动图形系统，进入绘图状态，而在程序结束前都用函数 closegraph()关闭图形系统，以释放图形驱动程序所占用的内存空间，使系统回到文本模式。关闭图形系统函数格式为：

```
void far closegraph();
```

所有有关图形显示的程序一定是在 initgraph()和 closegraph()之间。在 initgraph()后，显示器就进入图形模式，而在 closegraph()后，显示器就退出图形模式回到文本显示模式。

3．图形模式的控制

为了对图形系统模式进行控制，即从图形模式转换成文本模式，或从文本模式转换成图形模式，或设置驱动器有效模式，或读取当前图形模式和范围，Turbo C 都提供了相关的函数。

（1）返回当前图形模式值

```
int far getgraphmode(void);
```

该函数返回当前图形模式，其返回值如表 3.2 所示。

（2）恢复屏幕在图形初始化前的模式

```
void far restorecrtmode(void);
```

该函数使 initgraph()函数所选定图形模式关闭，返回到调用 initgraph()前状态。

（3）设置系统图形模式并清屏幕

```
void far setgraphmode(int gmode);
```

该函数把当前图形模式设置为 gmode 所指定的模式。

（4）获取图形驱动器可使用的模式范围

```
void far getmoderange(int driver,int *lomode,int *himode);
```

该函数确定由 driver 所指定图形驱动器能够支持的最低和最高模式，并且把这些值放在由 lomode 和 himode 所指向的变量中。

通过调用此函数，可实现使显示器暂时离开图形模式进入文本模式，进行文本输出，然后不经过 initgraph()函数再返回图形模式的功能。

例 3.4　获得 CGA 的图形模式范围

```c
#include "graphics.h"
#include "stdio.h"
#include "conio.h"
main()
{
    int gdriver,gmode,lo,hi;
    gdriver=CGA;                          /*设置 CGA 的图形驱动程序*/
    getmoderange(CGA,&lo,&hi);            /*获得 CGA 的图形模式范围*/
    printf("CGA surpporting modes range from %d to %d.\dn",lo,hi);
                                          /*显示 CGA 显示模式范围*/
    initgraph(&gdriver,&lo,"c:\\TC");     /*初始化 CGAC0*/
    bar3d(100,30,130,150,0,0);            /*画一实心方块*/
    getch();
    gmode=getgraphmode();                 /*获得现行图形模式*/
    restorecrtmode();                     /*返回图形初始化前的现实模式*/
    printf("Now in text mode,press any key back to graphics mode. \n");
    getch();
    setgraphmode(gmode);                  /*再回到图形模式*/
```

```
        rectangle(50,30,100,130);              /*画一矩形*/
        getch();
        closegraph();                          /*关闭图形系统*/
        return (0);
    }
```

3.1.4 图形坐标的设置

要画图，就需运用光标定点，即确定坐标位置。在图形模式下，以左上角作为坐标原点（0,0），水平方向向右为 x 轴，垂直方向向下为 y 轴。由于图形显示器和显示模式的不同，x、y 坐标的最大值也就不同，可用 Turbo C 提供的函数来设定坐标（定点），读取当前光标的位置以及 x、y 轴的最大值。

1. 定点

（1）把当前光标移到所需的位置（x, y）

```
        void far moveto(int x,int y);
```

该函数把当前窗口中的当前光标位置（CP）移到所需的（x, y）位置（不是画）。

例如，下列语句把当前光标移到（100, 100）位置上：

```
        moveto(100,100);
```

（2）以增量方式移动当前光标

```
        void far moverel(int deltax,int deltay);
```

该函数把光标从当前位置（CP）开始，在 x、y 方向移动，移动距离分别为 deltax、deltay。例如，若当前光标在（10, 10）位置处，执行下列语句后即移到（20, 30）的位置上。

```
        moverel(10, 20);
```

2. 读取当前光标位置

```
        int far getx(void);
```

该函数返回光标在 x 轴的位置。

```
        int far gety(void);
```

该函数返回光标在 y 轴的位置。

例如，下列语句显示光标当前位置的 x、y 值：

```
        printf("cp's loc:%d%d",getx(),gety());
```

3. 读取 x、y 轴的最大值

```
        int far getmaxx(void);
```

该函数返回 x 轴的最大值（最大的横坐标）。

```
        int far getmaxy(void);
```

该函数返回 y 轴的最大值（最大的纵坐标）。

例3.5 显示系统中图形硬件支持的最大的 x、y 值。

```
        #include "stdio.h"
        #include "graphics.h"
        #include "conio.h"
        void main()
        {
            int gdriver,gmode;
            gdriver=CGA;
            gmode=CGAC0;
            initgraph(&gdriver,&gmode,"  ");
            printf("max x,y is %d,%d",getmaxx(),getmaxy());
```

```
        getch();
        restorecrtmode();
    }
```

输出结果为：

```
max x,y is 319,199
```

例 3.6　画一"王"字。

```
#include "graphics.h"
#include "conio.h"
void main()
{
    int gdriver=DETECT,gmode;
    int x,y;
    initgraph(&gdriver,&gmode," ");
    cleardevice();
    moveto(100,40);
    linerel(40,0);
    x=getx();
    y=gety();
    moveto(x,y+20);
    linerel(-40,0);
    moverel(0,20);
    linerel(40,0);
    moverel(-20,0);
    linerel(0,-40);
    getch();
    closegraph();
}
```

输出结果为：

王

3.1.5　屏幕窗口操作

在图形模式下，主要是绘制图形，为了有效地对图形进行操作，Turbo C 提供了图形屏幕、图形窗口的处理功能，即在图形模式下开设"窗口"（这种图形窗口又称为视图区)，并对屏幕和图形进行处理。

1．图形屏幕处理

（1）清除图形屏幕

```
void far cleardevice(void);
```

该函数是清除整个图形屏幕（但保留底色），并把当前光标位置（CP）重新设置为（0，0）。

例 3.7　清除图形屏幕。

```
#include "graphics.h"
#include "conio.h"
void main()
{
    int gdriver,gmode;
    gdriver=CGA;
    gmode=CGAC0;
    initgraph(&gdriver,&gmode," ");
    cleardevice();
    bar3d(10,20,50,180,0,0);
```

```
    getch();
    closegraph();
}
```

（2）设置图形输出活动页

```
void far setactivepage (int page);
```

该函数确定接受图形函数所输出的活动页，默认值为屏幕显示 0 页。保存显示在屏幕上信息的 RAM 称为页（page）。如果用户把图形输出到其他屏幕显示页，这些页未必马上显示出来，page 为活动页的值。在图形模式中，只有 EGA 和 VGA 支持多图形页，但图形卡也不是所有模式都支持多图形页。

例如，下列语句 1 页为活动页

```
setactivepage(1);
```

（3）设置可见图形页

```
void far setvisualpage(int page);
```

该函数显示 page 所指定的可见图形页。

例如，下列语句选择显示第 1 页：

```
setvisualpage(1);
```

例 3.8　在屏幕不同页面分别画一个圆和一个矩形，并进行页面变换显示。

```
#include "graphics.h"
#include "conio.h"
void main()
{
    int gdriver,gmode;
    gdriver=VGA;                        /*设置 VGA 图形适配器*/
    gmode=VGAHI;                        /*设置 VGA 图形模式*/
    initgraph(&gdriver,&gmode," ");     /*图形系统初始化*/
    cleardevice();                      /*清屏*/
    setactivepage(1);                   /*设置图形输出活动页为1*/
    circle(150,130,80);                 /*画一个圆*/
    setactivepage(0);                   /*设置图形活动页为0*/
    rectangle(40,160,90,180);           /*画一个矩形*/
    getch();
    setvisualpage(1);                   /*设置可见图形 1 页*/
    getch();
    setvisualpage(0);                   /*设置可见图形 0 页*/
    getch();
    closegraph();                       /*关闭图形系统*/
}
```

这段程序先在屏幕的 1 号页面和 0 号页面画一个圆和一个矩形，然后用 setvisualpage 函数进行页面变换显示。

2．屏幕窗口操作

Turbo C 提供了图形窗口处理功能，并可以在屏幕某处设置一个图形窗口，以后有关图形的操作（如画直线、圆、弧等）均相对于这个窗口的左上角——坐标原点（0，0），而且可以设置图形窗口之外的区域是不可接触的。这样所有的图形操作只在所指定图形窗口中进行，而不会出现在窗口之外。

（1）清除当前图形窗口

```
void far clearviewport(void);
```

该函数清除当前图形窗口，并把当前光标位置（CP）重置为（0，0）。

（2）设置图形窗口

```
void far setviewport(int left, int top , int right, int bottom, int clipflag);
```

该函数是建立一个新的图形窗口，窗口大小是用左上角坐标 left、top 与右下角坐标 right、bottom 来定义的。若 clipflag 为 1，则超出窗口的输出自动剪裁掉；若 clipflag 为 0，则图形窗口之外不被剪裁。

例 3.9 窗口设置与清除作用。

```
#include "graphics.h"
#include "conio.h"
void main()
{
    int gdriver=CGA,gmode=0;
    initgraph(&gdriver,&gmode," ");
    rectangle(30,25,80,80);              /*画一矩形*/
    setviewport(30,25,80,80,0);          /*设置窗口，其大小与前面所画图形相等，窗口之外不剪裁*/
    line(0,0,100,150);                   /*画直线*/
    getch();
    clearviewport();                     /*清除窗口*/
    getch();
    cleardevice();                       /*清屏*/
    getch();
    setviewport(20,15,80,80,1);          /*重置窗口，窗口之外剪裁*/
    rectangle(0,0,60,65);                /*画一矩形*/
    line(0,0,100,150);                   /*画直线*/
    getch();
    closegraph();
}
```

3.2　图形颜色设置

在画图时，往往要求配置一定的颜色。颜色分为前景色和背景色。前景色是指构成字符和图形点的颜色，而背景色是指整个显示屏的颜色。Turbo C 提供了多个颜色控制函数用来设置前景色、背景色，改变调色板等。

3.2.1　颜色的设置

画图时，用户可以对当前的背景颜色和作图颜色进行设置。

1. 设置当前背景颜色

```
void far setbkcolor(int color);
```

该函数将背景色设置成 color 所指定的颜色值。参数 color 可以用名字，也可以用数字，它们的对应关系在 graphics.h 中定义。表 3.3 所示为背景色名称和数值的对应关系。默认时，值为 0，即黑色。

表3.3　　　　　　　　　　　　　　　　　　　背景色

符号常量	数值	含义
BLACK	0	黑色
BLUE	1	蓝色
GREEN	2	绿色
CYAN	3	青色
RED	4	红色
MAGENTA	5	洋红
BROWN	6	棕色
LIGHTGRAY	7	浅灰
DARKGRAY	8	深灰
LIGHTBLUE	9	浅蓝
LIGHTGREEN	10	浅绿
LIGHTCYAN	11	浅青
LIGHTRED	12	浅红
LIGHTMAGENTA	13	浅洋红
YELLOW	14	黄色
WHITE	15	白色

例如，若要把背景设置为红色，可以这样写：

```
setbkcolor(RED);
```

或

```
setbkcolor(4);
```

例 3.10　画一圆，把背景颜色设置为淡灰色。

```
#include "graphics.h"
#include "conio.h"
void main()
{
    int gdriver=DETECT,gmode;
    initgraph(&gdriver,&gmode, " ");
    setbkcolor(LIGHTGRAY);          /*设置背景色为浅灰色*/
    circle(120,100,50);             /*画一圆*/
    getch();
    restorecrtmode();               /*将屏幕模式恢复为 initgraph 函数前面的设置*/
}
```

2. 设置当前画图颜色

```
void far setcolor(int color);
```

该函数把当前画图颜色设置为 color 所指定颜色，即画笔的颜色。实际对应的颜色和调色板有关，默认时为白色。

例 3.11　将画笔设置为红色，画一圆。

```
#include "graphics.h"
#include "conio.h"
void main()
{
```

```
        int gdriver,gmode;
        gdriver=VGA;
        gmode=EGAHI;
        initgraph(&gdriver,&gmode," ");
        setcolor(RED);                    /*设置画笔为红色*/
        circle(120,100,50);               /*画一圆*/
        getch();
        closegraph();
    }
```

3.2.2　调色板

设置当前画笔的颜色与调色板有关，对应一个显示设备可能有多个调色板，这意味着尽管硬件能够显示多种颜色，但由于同一时间内只能使用一个调色板，所以在同一时间内只有显示设备可能显示总颜色的某个子集可以被显示出来，即调色板内颜色的数只受到可用视频内存的限制。根据颜色控制方法的不同，可以把支持颜色的屏幕划分为两类：一类是 CGA，包括 CGAHI、MCGAMED、MCGAHI、ATT400MED、ATT400HI；另一类是 EGA，包括 EGA 和 VGA 适配器。

1. CGA 调色板

CGA 类屏幕有两种分辨率：低分辨率和高分辨率。低分辨率方式显示 320 像素×200 个像素点，4 种颜色；高分辨率方式显示 640×200 个像素点，只有两种颜色。

在 CGA 低分辨率方式下，可以显示 4 种颜色，这 4 种颜色由选择的调色板决定。在 CGA 方式下可以使用的调色板有 CGAC0、CGAC1、CGAC2 和 CGAC3。每种 CGA 调色板均含有 4 种不同颜色，如表 3.4 所示。调色板不同所包含的颜色也不一样。每种调色板只能使用与其列在同一行中的颜色，其编号依次为 0、1、2、3，也可以使用符号常量。表中调色板号是图形模式，而颜色 0 是背景色，颜色 1、2、3 是像素点颜色。调色板在 initgraph 函数中设置，颜色用 setcolor 函数设置。

表 3.4　　　　　　　　　　　　　　　　　CGA 调色板

调色板号	颜色 0	颜色 1	颜色 2	颜色 3
CGAC0	背景色	CGA-LIGHTGREEN	CGA-LIGHTRED	CGA-YELLOW
CGAC1	背景色	CGA-LIGHTCYAN	CGA-LIGHTMAGENTA	CGA-WHITE
CGAC2	背景色	CGA-GREEN	CGA-RED	CGA-BROWN
CGAC3	背景色	CGA-CYAN	CGA-MAGENTA	CGA-LIGHTGRAY

例如：

```
        int gdriver,gmode;
        gdriver=CGA;
        gmode=CGAC1;
        initgraph(&gdriver,&gmode," ");
        …
        setcolor(CGA-WHITE);
        …
```

该例使用了图形驱动程序 CGA，调色板 CGAC1，颜色 CGA-WHITE（白色），上述颜色设置语句也可以写为：

```
        setcolor(3);
```

在 CGA 高分辨率方式下，只显示两种颜色：黑色背景和彩色前景。像素值可为 0 或 1，当像素值为 0 时，其像素点为黑色（背景色）；如果像素点值为 1，由于 CGA 本身原因，前景色就是硬件所认为的背景色，可用 setbkcolor 设置，前景色可选用表 3.3 所列的颜色。

例 3.12 在高分辨率下画一青色圆。

```
# include "graphics.h"
#include "conio.h"
void main()
{
    int gdriver=CGA,gmode=CGAHI;
    initgraph(&gdriver,&gmode, " ");
    cleardevice();
    setbkcolor(3);
    circle(160,100,50);
    circle(160,100,25);
    getch();
    closegraph();
}
```

程序执行后，在屏幕上显示青色圆图形。

2. EGA 调色板

对 EGA 来说，总共可以显示 64 种颜色，但仍只有一个调色板。这个调色板有 16 项，可同时显示 16 种颜色。在默认情况下，EGA 调色板中颜色与表 3.3 中背景色相同。如表 3.5 所示，在前景色上增加了"EGA –"，颜色号也不一样。

表 3.5　　　　　　　　　　　　EGA 调色板

符号常量	数值	含义
EGA-BLACK	0	EGA 黑色
EGA-BLUE	1	EGA 蓝色
EGA-GREEN	2	EGA 绿色
EGA-CYAN	3	EGA 青色
EGA-RED	4	EGA 红色
EGA-MAGENTA	5	EGA 洋红
EGA-LIGHTGRAY	7	EGA 浅灰
EGA-BROWN	20	EGA 棕色
EGA-DARKGRAY	56	EGA 深灰
EGA-LIGHTBLUE	57	EGA 浅蓝
EGA-LIGHTGREEN	58	EGA 浅绿
EGA-LIGHTCYAN	59	EGA 浅青
EGA-LIGHTRED	60	EGA 浅红
EGA-LIGHTMAGENTA	61	EGA 浅洋红
EGA-YELLOW	62	EGA 黄色
EGA-WHITE	63	EGA 白色

3. 调色板的一种颜色

```
void far setpalette(int oldcolor,int newcolor);
```

该函数改变屏幕系统所显示的颜色。它把调色板 oldcolor 变为 newcolor。对于 CGA 模式，只有背景色能改变，而背景色总是取 oldcolor=0，例如，下列语句可把背景色改成绿色：

```
setpalette(0,GREEN);
```

对于 EGA 模式可以用 setpalette()函数将某一种颜色设置为 16 种不同颜色中的一种。oldcolor 是表 3.3 中任一种颜色，而 newcolor 是表 3.5 中任一种颜色。例如：

```
setpalette(BLUE,EGA-GREEN);
```

或 setpalette(1,2);

将屏幕上的蓝色（BLUE）均变为绿色（EGA-GREEN）。

3.2.3　获取颜色信息

1. 读取当前背景颜色

```
int far getbkcolor(void);
```

该函数返回当前背景颜色，其背景颜色值如表 3.3 所示。

例如，下列语句显示当前背景颜色：

```
printf("background color is %d",getbkcolor());
```

2. 读取当前画图颜色

```
int far getcolor(void);
```

该函数返回当前画笔颜色。例如，在 CGAC2 图形模式下，调色板包含 4 种颜色：0 为背景色，1 为绿色，2 为红色，3 为黄色。如果 getcolor（）函数的返回值为 1，则当前画笔色为绿色。

3. 读取最高可用颜色数

```
int far getmaxcolor(void);
```

该函数返回当前屏幕模式下最大有效颜色值。在 EGA 模式下，getmaxcolor（）函数返回的最大值为 15，这表明用 setcolor（）函数值在 0～15 有效；在 CGA 低分辨率模式中，getmaxc olor（）函数返回的最大值为 3，这表明用 setcolor（）函数值在 0～3 有效。

例 3.13　将最大有效颜色值显示到屏幕上。

```
#include "graphics.h"
#include "stdio.h"
#include "conio.h"
void main()
{
    int gdriver,gmode;
    gdriver=DETECT;
    initgraph(&gdriver,&gmode, "");
    printf(" largest color is: %d",getmaxcolor());
    getch();
    closegraph();
}
```

这段程序把当前模式下最大有效颜色值显示到屏幕上。

4. 在点（x, y）处画一规定颜色点

```
void far putpixel(int x,int y,int color);
```

该函数把 color 所指定的颜色写到（x, y）处的像素上。

例如，下列语句使点（10，20）的像素成为绿色（绿色是当前屏幕模式所支持的）：

```
putpixel(10,20,GREEN);
```

5. 读取点（x, y）的颜色

```
int far getpixel(int x,int y);
```

该函数返回指定点（x, y）位置上的像素颜色。例如，下列语句把点（10, 20）处颜色值放到变量 color 中：

```
color=getpixel(10,20);
```

例 3.14 在不同位置画点。

```
#include "graphics.h"
#include "conio.h"
void main()
{
    int gdriver=DETECT,gmode;
    int color,i,max;
    initgraph(&gdriver,&gmode, " ");
    max=getmaxcolor();
    for(i=0;i<20;i++)
    putpixel(50+i*10,20,max);
    color=getpixel(50,20);
    putpixel(150,150,color);
    getch();
    closegraph();
}
```

3.3　线的特性设定和填充

3.3.1　线的特性设定

用画线函数进行画线时，其默认值均属于一像素点宽度的实线。为了改变线形与线宽，Turbo C 提供了可以改变线型和线宽的函数：

```
void far setlinestyle(int linestyle,unsigned pattern,int width);
```

该函数所用 3 个参数含义如下。

（1）linestyle 为整型值，用来定义所画直线类型，如表 3.6 所示。

表 3.6　　　　　　　　　　　　　　　　　　线形的代号说明

代号名	代码	说明
SOLID-LINE	0	实线 ———————
DOTTEN-LINE	1	点线 ·········
CENTER-LINE	2	中心线 —.—.—.—.—.
DASHED-LINE	3	虚线 ---------
USERBIT-LINE	4	用户定义的线形

表中前 4 种线形为系统预定义的类型，第 5 种线形为用户自定义类型。

（2）pattern 为无符号整型数。该参数在需要用户自定义线型时使用，如果是使用前 4 种系统预定义的线形，则该参数可取 0 值。

（3）width 为整型数，用来指定所画直线的粗细，以像素为单位，分为两种情况，如表 3.7 所示。

表 3.7　　　　　　　　　　　　　　　　　　　　线宽

符号常量	值	含义
NORM_WIDTH	1	1 个像素宽（默认）
THICK_WIDTH	3	3 个像素宽

通过上述几个参数的不同组合，就可以根据需要画出不同类型、不同粗细的直线。例如，从（10，20）到（150，70）画一条红色的虚线。

```
setcolor(RED);
setlinestyle(DASHED-LINE,0,THICK-WIDTH);
line(10,20,150,70);
```

当函数 setlinestyle 的第 1 个参数为 USERBIT-LINE（或 4）时，可以由用户自己定义直线类型。若此时，第 3 个参数意义仍为 3，直线类型在第 2 个参数中定义，该参数是一个 16 位二进制码，每一位（bit）表示一个像素。某一位置为 1 时表示直线上相应位置以当前颜色显示；如果某位为 0，则其对应像素不显示或不改变（仍用原来颜色）。例如：

```
1111  1111  1111  1111
```

表示 16 位全置 1，因此画一条 16 个像素的点实线。而

```
1010  1010  1010  1010
```

则隔位置 1，因此画一条 16 个像素的点虚线。

在实际编写程序时，一般把 16 位二进制数转换为 4 位十六进制数，每 4 位二进制数转换为 1 位十六进制数，故上面两个例子转换为十六进制数为 FFFF 和 AAAA。

函数调用方法为：

```
setlinestyle(4,0xAAAA,1);
```

用这种方法，可以根据需要定义各种线型。

例 3.15　演示系统预定义的 4 种线型。

```
#include <graphics.h>
#include "conio.h"
#include "stdio.h"
void main()
{
int i,j,c,x=50,y=50,k=1;
int gdriver=DETECT,gmode;
printf("input color number.\n");
scanf("%d",&c);
initgraph(&gdriver,&gmode, "c:\\TC")
cleardevice();
setbkcolor(11);
setcolor(c);
for(j=1;j<=2;j + +)
    {
        for(i=0;i<4;i + +)
        {
            setlinestyle(i,0,k);
            rectangle(x,y,x + 210,y + 80);
            x=x + 110;
            y=y + 40;
        }
        k=3;
```

```
        x=50;
        y=250;
    }
    getch();
    closegraph();
}
```

3.3.2 填充

为了能按照一定要求对图形进行填充，通常应规定填充的模式和颜色。图形填充时，使用的是当前模式和颜色。如果没有设置填充模式和颜色，则填充时使用默认值。默认填充模式为 SOLID-FILL，填充颜色为 getmaxcolor 函数返回值（一般为白色）。

1. 填充模式和颜色设置

```
void far setfillstyle(int pattern,int color);
```

该函数用来设置当前填充模式和填充颜色，以便用于填充一个指定的封闭区域。参数 pattern 用于指定填充模式，取值有 12 种，如表 3.8 所示。参数 color 是指定填充用的颜色，取值必须是当前屏幕模式的有效值。

表 3.8   填充模式代号

符号	值	含义	图样（数字为值）
EMPTY_FILL	0	用背景颜色填充	
SOLID_FILL	1	实填充	
LINE_FILL	2	用线 "—" 填充	
LTSLASH_FILL	3	用斜杠填充（阴影线）	
SLASH_FILL	4	用粗斜杠填充（粗阴影线）	
BKSLASH_FILL	5	用粗反斜杠填充（粗阴影线）	
LTBKSLASH_FILL	6	用反斜杠填充（阴影线）	
HATCH_FILL	7	网络线填充	
XHATCH_FILL	8	斜网络线填充	
INTERLEAVE_FILL	9	隔点填充	
WIDE_DOT_FILL	10	稀疏点填充	
CLOSE_DOT_FILL	11	密集点填充	
USER_FILL	12	用户定义的模式	

例 3.16 画一个二维和三维条形并填图。

```
#include "graphics.h"
#include "conio.h"
void main()
{
    int i,gdriver=DETECT,gmode;
    initgraph(&gdriver,&gmode," ");
    setfillstyle(SOLID_FILL,GREEN);
    bar(100,100,150,200);
    setfillstyle(SOLID_FILL,RED);
    bar3d(200,100,250,200,10,1);
    getch();
    closegraph();
}
```

2. 漫延填充

```
void far floodfill(int x,int y,border);
```

该函数用来填充一块有界的封闭区域，(x, y) 是待填充区的起点，border 指定填充区域边界所使用颜色。如果起点在封闭区域内，则区域内部被填充；如果起点在封闭区域外，则区域外部被填充；如果起点刚好在封闭区域的边界上，那么区域内外都不填充。

用 floodfill 填充时，使用的是当前填充模式的填充颜色，也可以通过 setfillstyle 来改变设置。

例 3.17　填充一个封闭圆。

```
#include "graphics.h"
#include "conio.h"
void main()
{
    int gdriver,gmode;
    gdriver=VGA;
    gmode=VGAHI;
    initgraph(&gdriver,&gmode," ");
    setbkcolor(1);                      /*定背景色*/
    setcolor(4);                        /*定画笔色*/
    circle(100,100,80);                 /*画一个圆*/
    setfillstyle(SLASH_FILL,2);         /*定填充模式和填充色*/
    floodfill(100,100,4);               /*填充一个封闭圆*/
    getch();
    closegraph();
}
```

3.4　图形模式下文本处理

为了在图形模式下对文本进行操作，Turbo C 提供了对图形进行字符串输出，以及对输出字符的字型大小和方位进行控制等有关的文本输出函数。

3.4.1　文本输出函数

1. 把一字符串输出至屏幕当前位置

```
void far outtext(char * textstring);
```

此函数在当前位置上输出一字符串。参数 textstring 是一个文本字符串。如果当前方向是水平的，则光标位置移动量为该字符串的长度，否则光标位置不变。在图形模式下，光标是看不见的，但光标位置是存在的。例如：

```
outtext("this is a string");
```

将在当前位置输出字符串 "this is a string"。

2. 在屏幕指定位置上输出一字符串

```
void far outtextxy(int x,int y,char *textstring);
```

该函数在指定位置 (x, y) 处输出字符串 textstring。例如：

```
outtextxy(70,100,"This is a string");
```

将在（70，100）处输出字符串 "This is a string"。

3. 格式化输出函数

用前面两个函数只能输出字符串，如果需要在图形模式下输出数值或其他类型数据，上面两个函数就无能为力了。Turbo C 提供的格式化输出函数 sprintf 就可以解决这个问题。

```
sprintf(*str,*format,variable-list);
```

这里 str 是字符串（字符数组），format 是格式字符串，variable-list 是变量列表。该函数的功能是把要输出信息写入由 str 所指向的字符串中。例如：

```
char str[80];
sprintf(str,"%s%d%d","one",2,3);
```

执行后，字符串 str 的内容为 one23。

sprintf 的原型在头文件 stdio.h 中。因此它并不是一个图形函数。在图形模式下并不直接使用该函数，而是使用由它产生的结果，即字符串值，这个字符串中可以含有多种类型数据。有了这个字符串，再用 outtext 或 outtextxy 输出其内容，就能满足各种需要。

例 3.18　在屏幕指定位置输出字符串值。

```
#include "stdio.h"
#include "graphics.h"
#include "conio.h"
void main()
{
    int gdriver,gmode;
    char msg[80];
    gdriver=DETECT;
    gmode=VGAHI;
    initgraph(&gdriver,&gmode," ");
    moveto(20,30);
    sprintf(msg,"%d%d",getx(),gety());
    outtextxy(20,30,msg);
    linerel(100,100);
    sprintf(msg,"%d%d",getx(),gety());
    outtext(msg);
    getch();
    closegraph();
}
```

该程序用 sprintf 函数把当前屏幕位置的信息存入字符串 msg，然后用 outtext 和 outtextxy 函数输出该字符串值。程序在屏幕上画一条直线，并用 msg 的值注明其端点的坐标值。

3.4.2　输出文本的设置

Turbo C 提供了对文本字型、大小及方位进行控制的函数。

1. 设置输出文本字体、方向与字符大小

在图形模式下，Turbo C 提供了两种向屏幕上写字符的方法，一种是位映像字符，也称点阵字符；一种是笔画字符，也称矢量字符。其中位映像字符是默认方式，即在一般情况下，用 C 语言编写的程序将自动建立位映像字符，用 C 语言函数向屏幕输出文本时，都以位映像字符显示。

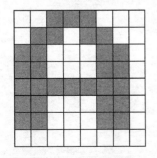

图 3.3　A 的位映像

位映像字符由 8 像素×8 像素组成，每一位对应一个像素，如果某一个位为 1，则相应的像素将以当前颜色显示；如果为 0，则相应的像素被置为背景色。图 3.3 所示为位映像字符 A 的展开图。

笔画字体不是以位模式存储的，每个字符被定义成一系列的线段或笔画组合。笔画字体可以灵活地改变其大小，而且不会降低其分辨

率。C 语言提供了 4 种不同笔画字体，即小号字体、三倍字体、无衬线字体和黑体。每种笔画字体都放在独立字体文件中，如表 3.9 所示。笔画字体文件扩展名均为.chr。

表 3.9　　　　　　　　　　　　　　　笔画字体文件

文件名	说明
Goth.chr	笔画黑体（哥特字体）
Litt.chr	笔画小字体
Sans.chr	无衬线笔画字体
Trip.chr	三倍笔画字体

使用笔画字体，必须装入字体文件。这可通过 settextstyle 函数来实现：

```
void far settextstyle(int font,int direction,int charsize);
```

该函数可设置当前输出文本字体、显示方向和字符大小。函数共有 3 个参数，其含义如下。

（1）font 是一个整型数，用来指定所使用字体，其取值如表 3.10 所示。

表 3.10　　　　　　　　　　　　　　　参数 font 的取值

符号常量	值	含义
DEFAULT_FONT	0	8×8 点阵字符（默认值）
TRIPLEX_FONT	1	三倍笔画字体
SMALL_FONT	2	小号笔画字体
SANS_SERIF_FONT	3	无衬线笔画字体
GOTHIC_FONT	4	黑体笔画字体（哥特字体）

（2）direction 是一个整型数，用来指定文本输出方向，其取值如表 3.11 所示。

表 3.11　　　　　　　　　　　　　　　参数 direction 的取值

符号常量	值	含义
HORIZ_DIR	0	从左到右输出（默认）
VERT_DR	1	从上到下

（3）charsize 是一个整型数，该参数实际上是一个因子，它表示 8×8 点阵字符的放大倍数，既影响点阵字符，也影响笔画字体。其取值如表 3.12 所示。

表 3.12　　　　　　　　　　　　　　　参数 charsize 的取值

值或符号常量	含义	值或符号常量	含义
1	8×8 点阵	7	56×56 点阵
2	16×16 点阵	8	64×64 点阵
3	24×24 点阵	9	72×72 点阵
4	32×32 点阵	10	80×80 点阵
5	40×40 点阵	USER_CHAR_SIZE（或 0）	用户定义字符的大小
6	48×48 点阵		

例 3.19 设置输出文本。

```
#include "graphics.h"
#include "conio.h"
void main()
{
    int gdriver,gmode;
    gdriver=EGA;
    gmode=EGAHI;
    initgraph(&gdriver,&gmode," ");
    setbkcolor(1);
    setcolor(4);
    settextstyle(TRIPLEX_FONT,HORIZ_DIR,2);
    outtextxy(10,10,"AAAA");              /*三倍笔画，从左到右显示，放大值为2*/
    settextstyle(TRIPLEX_FONT,HORIZ_DIR,7);
    outtextxy(10,30,"AAAA");              /*三倍笔画，从左到右显示，放大值为7*/
    settextstyle(GOTHIC_FONT,HORIZ_DIR,4);
    outtextxy(10,80,"AAAA");              /*黑体笔画，从左到右显示，放大值为4*/
    getch();
    closegraph();
}
```

2. 设置文本对齐方式

```
void far settextjustify(int horiz,int vert);
```

该函数规定文本输出在水平和垂直方向上的输出方式。参数 horiz 和 vert 是整型数，其取值如表 3.13 所示。

表 3.13　　　　　　　　　　　　　　　　horiz 和 vert 的取值

方向	符号常量	值	功能	当前位置
水平	LEFT_TEXT	0	左对齐	在左边
	CENTER_TEXT	1	中间对齐	在中部
	RIGHT_TEXT	2	右对齐	在右边
垂直	BOTTOM_TEXT	0	下对齐	在底部
	CENTER_TEXT	1	中间对齐	在中部
	TOP_TEXT	2	上对齐	在顶边

settextjustify 函数的两个参数用来确定文本输出的当前对齐位置。其中第 1 个参数确定水平方向的对齐位置，第 2 个参数确定垂直方向的对齐位置。两个参数取不同值，就能确定其中一个位置。

例如：

```
settextjustify(LEFT_TEXT,TOP_TEXT);
```

所确定位置在文本字符串的左上角。在这以后，当用 outtextxy 函数输出字符串时，这个位置就对准函数中的(x, y)位置，如图 3.4 所示。

图中方块表示需要输出的字符串。两个参数的不同组合指定了字符串的不同位置。当用 outtextxy 函数输出该字符串时，(x, y)指的就是这个位置。例如，执行

```
settextjustify(RIGHT_TEXT,BOTTOM_TEXT);
```

后，若再执行

```
outtextxy(100,120,"AAAAAAAAAAAA");
```

则（100，120）指的是所输出字符串的右下角。在默认情况下，对齐方式是 LEFT_TEXT、TOP_TEXT，如果用 outtextxy 输出上面字符串，则（100，120）指的是字符串左上角。

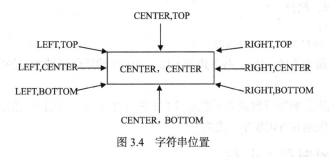

图 3.4　字符串位置

3. 改变矢量字体宽度和高度

前面已介绍过，我们可以用 settextstyle()函数来规定字符大小，但对笔画字体，字体只能在 x、y 方向上以相同倍数放大。为此，Turbo C 提供了另一个函数，以对笔画型字体在 x、y 方向规定不同的放大系数。

```
void far setusercharsize(int multx,int divx,int multy,int divy);
```

该函数设置了用户定义的笔画字型放大系数，x、y 方向的放大系数分别为 multx/divx 和 multy/divy。调用 setusercharsize()函数之后，每个显示在屏幕上的字型都以默认值大小乘以 multx/divx 为字符宽，乘以 multy/divy 为其字符高。这种方式只是在 settextstyle()函数中的 charsize=0 时才起作用。

例 3.20　改变字体的宽度和高度。

```c
#include "graphics.h"
#include "conio.h"
void main()
{
    int gdriver=DETECT,gmode;
    initgraph(&gdriver,&gmode," ");
    outtext("Normal");
    settextstyle(TRIPLEX_FONT,HORIZ_DIR,USER_CHAR_SIZE);
    setusercharsize(5,1,5,1);
    outtext("Neuron");
    getch();
    restorecrtmode();
}
```

输出结果为：　　　　　　　　　Normal

　　　　　　　　　　　　　　Neuron

3.5　图形存取处理

在图形模式下，图形存取有着重要的作用，这也是图形动画的基础。图形存取的基本原理是：把屏幕上某个区域的信息存入一个缓冲区，然后在另一个区域把它的内容显示出来。

3.5.1　检测所需内存

```
unsigned far imagesize(int x1,int y1,int x2,int y2);
```

该函数返回一个无符号整数值，它是存储图形所需的字节数。参数 $x1$、$y1$、$x2$、$y2$ 均为整型数，用来确定要存储的屏幕区域。这个区域是一个矩形，其左上角坐标为（$x1$，$y1$），右下角坐标为（$x2$，$y2$）。例如，执行

```
unsigned size;
size=imagesize(10,10,100,100);
```

将把存储左上角为（10，10）、右下角为（100，100）的矩形区域所需的内存字节数存入变量 size 中。

存储屏幕区域所需的字节数最多不能超过 64KB-1 个字节，否则返回值为-1（0 xFFFF）。也就是说，图形存取限制在 64KB 字节之内。

3.5.2　把图形存入内存

```
void far getimage(int x1,int y1,int x2,int y2,void *bitmap);
```

该函数将指定区域的图形从屏幕拷贝到内存区域。要复制的屏幕区域由左上角（$x1$，$y1$）和右下角（$x2$，$y2$）给出，它应当与 imagesize 函数中参数相同。bitmap 是一个 void 类型指针，需要复制的屏幕区域将保存在由它所指向的数组中。例如：

```
void *w;
unsigned size;
size=imagesize(10,10,100,100);
w=malloc(size);
getimage(10,10,100,100,w);
```

malloc 函数的作用是取得指向左上角为（10，10）、右下角为（100，100）矩形区域的地址指针。

3.5.3　从内存复制图形到屏幕

```
void far putimage(int x,int y,void *bitmap,int op);
```

该函数将 getimage 函数保存的图形重新送回屏幕。参数（x，y）是恢复显示图形左上角的位置，bitmap 是指向 void 类型的指针，它指向用 getimage 函数复制的数组。参数 op 是一个整型数，是图形复制到屏幕上的显示模式，其取值如表 3.14 所示。

表 3.14　　　　　　　　　　　　　　　　参数 OP 的取值

符号常量	值	含义
COPY_PUT	0	原样拷贝到屏幕
XOR_PUT	1	与屏幕像素异或后拷贝
OR_PUT	2	与屏幕像素或后拷贝
AND_PUT	3	与屏幕像素与后拷贝
NOT_PUT	4	把原来图形的像素取反后拷贝

例如，对于前面例子，用下面语句可以把内存中的图形原样复制到屏幕的（110，10）处：

```
putimage(110,10,W,COPY_PUT);
```

如果想使原来的图形反相显示，则可使用下面语句：

```
putimage(110,10,W,NOT_PUT);
```

如果使用 XOR-PUT，则内存中的像素与当前屏幕上的像素进行异或操作。如果两个像素都为 1，则相应的位被置为 0，从而使原来的图形消失。如果再复制一次，则会重新出现。利用这一

特性，可以实现动画操作。

　　例 3.21　描述一辆汽车在屏幕上由右向左行驶的程序。

```c
#include "graphics.h"
#include "stdio.h"
#include "stdlib.h"
#include "conio.h"
void main()
{
    void *w;
    int driver,mode,i,b;
    driver=VGA;
    mode=VGAMED;
    initgraph(&driver,&mode," ");
    cleardevice();
    setbkcolor(3);
    setcolor(4);
    bar3d(520,245,550,260,8,1);              /*画车身*/
    bar3d(550,230,600,260,8,1);
    circle(535,260,8);                       /*画车轮*/
    circle(575,260,8);
    w=malloc(imagesize(520,220,630,270));    /*检测图形区所占内存区域*/
    getimage(520,220,630,270,w);             /*把图像存入内存*/
    for(i=520;i>0;i--)
    {
        putimage(i-1,216,w,COPY_PUT);        /*显示图像*/
        line(2,265,630,265);                 /*画公路线*/
    }
    getch();                                 /*暂停*/
    closegraph();
}
```

3.6　常用画图函数简介

3.6.1　直线类函数

1．指定两点间画一直线

```c
void far line(int x1,int y1,int x2,int y2);
```

该函数用当前颜色从点（$x1$，$y1$）到点（$x2$，$y2$）画一条直线，当前位置（CP）不变。

2．从当前位置到（x，y）点画一条直线

```c
void far lineto(int x,int y);
```

该函数用当前颜色从当前位置（CP）到（x，y）点画一条直线，并把（CP）位置定位在（x，y）点。

3．从当前坐标以相对增量方式画直线

```c
void far linerel(int deltax, int deltay)
```

该函数从当前位置到相对 CP 位置在 x 方向增大 deltax，在 y 方向增大 deltay 处画一直线。

3.6.2 多边形类函数

1. 画矩形

```
void far rectangle(int left,int top,int right,int bottom);
```

该函数用当前画笔画出由坐标（left，top）及（right，bottom)所定义的矩形。

2. 画多边形

```
void far drawpoly(int numpoints,int *polypoints);
```

该函数用当前画笔画一多边形，多边形的顶点数为 numpoints，*polypoints 指向一个整型数组，共有 numpoints×2 个整数组成，每一对整数给出一个多边形顶点（x，y）坐标。

3.6.3 圆弧类函数

1. 画一圆弧

```
void far arc(int x,int y,int startangle,int endangle,int radius);
```

该函数以（x，y）为圆心，radius 为半径，从起角 startangle 到终角 endangle，以当前颜色画一圆弧。

2. 画一椭圆

```
void far ellipse(int x, int y, int start, int end, int xradius, int yradius);
```

该函数用当前颜色画一椭圆弧，其圆心为（x，y），x 轴、y 轴半径分别为 xradius 和 yradius。起始角和结束角分别为 start 和 end。若起始角 start 为 0°，结束角 end 为 360°，则画的是一个完整的椭圆。

3. 画一圆

```
void far circle(int x, int y, int radius);
```

该函数以（x，y）为圆心，以 radius（用像素表示）为半径，用当前画笔颜色画一圆。

3.6.4 填充类函数

1. 画矩形条

```
void far bar(int left, int top ,int right, int bottom);
```

该函数画一矩形条，该条用当前填充模式和填充色填充。条的左上角由（left，top）给出，条的右下角由（right，bottom）给出。只画矩形条，不画出矩形轮廓，由 setfillstyle()定义填充模式和填充色。

2. 画三维矩形条

```
void far bar3d(int left, int top, int right, int bottom, int depth, int topflag);
```

该函数画一三维矩形条，该条用当前填充模式和填充颜色填充，条左上角由（left，top）给出，条的右下角由（right，bottom）给出，以像素为单位，条形深度由 depth 给出，topflag 不为 0 时则放一个顶盖，否则该三维矩形条无顶盖，由 setfillstyle()函数给出填充模式和颜色。

3. 画多边形并填充

```
void far fillpoly(int numpoints,int *polypoints);
```

该函数用当前画线类型和颜色，画一顶点数为 numpoints 的多边形，然后用当前填充模式和填充颜色填充这个多边形，polypoints 所指数组共有 numpoints×2 个整数，每一对整数对应给出多边形一个顶点的 x 和 y 坐标。由 setfillstyle()函数给出填充模式和颜色。

4. 画一扇形并填充

```
void far pieslice(int x, int y, int stangle, int endangle, int radius);
```

该函数以（x，y）为圆心、radius 为半径、stangle 为起始角、endangle 为终止角画扇形，并且以当前填充模式和颜色填充。该函数用当前画笔画出扇形外廓线，由 setfillstyle() 为函数给出模式和颜色。

5. 画一个椭圆扇区并填充

```
void far sector(int x, int y, int stangle, int endangle, int xradius, int yradius)
```

该函数以（x，y）为圆心、xradius 为水平轴、yradius 为垂直轴、stangle 为起始角、endangle 为终止角画一个椭圆扇区，并用当前填充模式和颜色填充，该函数用当前画笔画出椭圆扇区外廓线，由 setfillstyle() 函数给出模式和颜色。

3.7　绘图程序实例

例 3.22　图 3.5 所示为一幅太极八卦图形，图形主要由画圆函数、画弧函数和画线函数实现，其难点在于坐标点的计算。

图 3.5　八卦图形

程序如下：

```
#include "conio.h"
#include "graphics.h"
void main()
{
    int graphdriver=DETECT,graphmode;          /*自动搜索显示器类型和显示模式*/
    initgraph(&graphdriver,&graphmode,"c:\\TC");
    /*初始化图形系统*/
    setlinestyle(SOLID_LINE,0,THICK_WIDTH);
    circle(300,250,100);
arc(300,200,90,265,50);
    arc(300,300,260,455,50);
    circle(320,200,20);
    circle(280,300,20);
    floodfill(300,240,WHITE);
    floodfill(280,300,WHITE);
//1 乾
line(275,110,325,110);
line(275,120,325,120);
line(275,130,325,130);
```

```
//2 兑
line(197,183,235,147);
line(190,176,228,140);
line(183,169,196,157);
line(206,146,219,133);
//3 离
line(160,225,160,275);
line(170,225,170,245);
line(170,255,170,275);
line(180,225,180,275);
//4 震
line(197,317,233,353);
line(190,324,203,336);
line(213,348,226,360);
line(183,331,196,343);
line(206,355,219,367);
//5 巽
line(376,147,386,159);
line(392,168,402,183);
line(383,140,409,176);
line(390,133,416,169);
//6 坎
line(420,225,420,245);
line(420,255,420,275);
line(430,225,430,275);
line(440,225,440,245);
line(440,255,440,275);
//7 艮
line(375,353,388,340);
line(393,330,407,317);
    line(382,360,394,347);
    line(402,337,414,324);
    line(389,367,421,331);
    //8 坤
    line(275,370,295,370);
    line(305,370,325,370);
    line(275,380,295,380);
    line(305,380,325,380);
    line(275,390,295,390);
    line(305,390,325,390);
    getch();
    closegraph();
}
```

图 3.6 绽放的多彩"玫瑰"图形

例 3.23 图 3.6 所示为一个由正六边形组成的绽放的多彩"玫瑰"图形，多个正六边形依次旋转 10 弧度，向内收缩，制造出动态的效果。在此过程中设置不同的画笔颜色，保存每一个六边形的顶点，清屏后，使之能够从内向外扩张，如此反复，形成绽放的多彩"玫瑰"图形效果。

程序如下：

```
#include "stdio.h"
#include "conio.h"
```

```c
#include "math.h"
#include "graphics.h"
#include "stdlib.h"
#include "time.h"
#define PI 3.1415926
void main()
{
int graphdriver=DETECT,graphmode;                    /*自动搜索显示器类型和显示模式*/
int r;
int i,j,n,k,d,num=0;
float x,y,q;
int a[100][100],b[100][100];
char str1[80],str2[80];
r=200;//外接圆的半径
n=6;//六边形
k=70;//旋转70次
d=10;//每次旋转10弧度
initgraph(&graphdriver,&graphmode,"c:\\TC");         /*初始化图形系统*/
setcolor(35);
settextstyle(1,0,2);
x=(getmaxx()+1)/2.0;
y=(getmaxy()+1)/2.0;
q=360/n;                          /*角增量*/
q=q*PI/180;                       /*将角增量化为弧度*/
for(i=1;i<=n;i++)                 /*计算初始正n边形顶点坐标*/
{
      a[num][i]=(int)((int)x+r*cos((i-1)*q));
      b[num][i]=(int)((int)y-r*sin((i-1)*q));
}
a[num][n+1]=a[num][1];
b[num][n+1]=b[num][1];            /*闭合正n边形，以便连续画线*/
/*--------画k个正多边形----------*/
for(i=1;i<=k;i++)
{
  if(i==1) setlinestyle(0,0,3);
  else setlinestyle(0,0,0);
  setcolor(i);
  delay(50);
  for(j=1;j<=n;j++)               /*画一个正多边形*/
    line(a[num][j],b[num][j],a[num][j+1],b[num][j+1]);
  num++;
    for(j=1;j<=n;j++)             /*计算下一个正多边形顶点坐标*/
    {
      a[num][j]=(int)(a[num-1][j]+(a[num-1][j+1]-a[num-1][j])/d);
        b[num][j]=(int)(b[num-1][j]+(b[num-1][j+1]-b[num-1][j])/d);
      }
    a[num][n+1]=a[num][1];
    b[num][n+1]=b[num][1];
  }
while(!kbhit())//实现不断地向内收缩以及向外扩张
{
    cleardevice();
```

```
            for(i=num;i>=0;i--)
        {
            setcolor(i+1);
            delay(50);
            for(j=1;j<=n;j++)          /*画一个正多边形*/
            line(a[i][j],b[i][j],a[i][j+1],b[i][j+1]);
        }
        cleardevice();
        for(i=0;i<=num;i++)
        {
            setcolor(i+1);
            delay(50);
            for(j=1;j<=n;j++)          /*画一个正多边形*/
            line(a[i][j],b[i][j],a[i][j+1],b[i][j+1]);
        }
    }
    getch();
    closegraph();
}
```

例3.24   图 3.7 所示为用分形的思想完成的一幅太阳雪动画。分形图是一种目前较为流行的艺术图形。所谓分形，就是指组成部分与整体以某种方式相似，局部放大后可以在某种程序上再现整体。图 3.7 所示为由两组分形树和三种分形雪花组成的分形图。分形树由一些分枝构成，就其中某个分枝来看，它具有与整棵树相似的形状，绘制原则是：先按某一方向画一条直线段，然后在此线段上找到一系列节点，在每一节点处向左右偏转 60° 处各画一条分枝，节点位置和节点处所画分枝的长度的比值各按 0.618 分割。雪花由六颗分形树组成。

图 3.7   太阳雪

程序如下：

```
#define g 0.618
#define PAI 3.1416
#include "graphics.h"
#include "math.h"
#include "stdio.h"
#include "conio.h"
#include"time.h"
#include"stdlib.h"
float thita=60.0;
void grow(int x,int y,float lenth,float fai)
{
    int x1,y1;
    int nx,ny,count;
    float nlenth;
```

```
    x1=x+lenth*cos(fai*PAI/180.0);
    y1=y-lenth*sin(fai*PAI/180.0);
    line(x,y,x1,y1);
    if(lenth<10)return;    // lenth 长度小于 10, 函数执行结束
    nlenth=lenth;
    nx=x;
    ny=y;
    for(count=0;count<7;count++)
    {
        nx=nx+nlenth*(1-g)*cos(fai*PAI/180.0);
        ny=ny-nlenth*(1-g)*sin(fai*PAI/180.0);
        grow(nx,ny,nlenth*(1-g),fai+thita);
        grow(nx,ny,nlenth*(1-g),fai-thita);
        nlenth*=g;
    }
}
}

void main()
{
    int gm,gd,i,j;
    int x,y,m;
    detectgraph(&gd,&gm);
    initgraph(&gd,&gm," ");
    setfillstyle(1,14);
    setcolor(RED);
    circle(500,100,20);
    floodfill(500,100,4);
    setfillstyle(1,9);
    setcolor(9);
    sector(600,350,90,270,200,25);
    setcolor(WHITE);
    for(m=0;m<3;m++)  //在不同位置画的两组分形树
    {
        grow(100+m*100,400,150.0,90.0);
        grow(250+m*100,450,120.0,90.0);
    }
    setcolor(WHITE);
    for(j=0;j<700;j++)
    {
        delay(2000);
        //随机选取画雪花位置
        srand(time(NULL));
        x=rand()%600;
        y=rand()%300;
        //三种不同的分形雪花（6 棵树组成一朵雪花）
        for(i=0;i<6;i++)
        {
            grow(x,y,10.0,i*60.0);
            grow(x+10,y-20,20.0,i*60.0);
            grow(x+100,y,5.0,i*60.0);
        }
    }
    getch();
    closegraph();
}
```

例 3.25   图 3.8 所示为一个简单漂亮的小闹钟。用 PaintCircle()函数绘制表盘外观，Draw_shortLine()函数绘制表盘上的短线，DrawhourHand()、DrawminHand()、DrawsecHand()函数分别负责绘制时针、分针和秒针。通过 GetLocalTime(&sys)函数动态获取系统时间，每一秒都要重新计算并绘制时针、分针、秒针；用白色填充时钟内部圆圈，清除上一时刻秒针、分针和时针，从而完成动画效果。

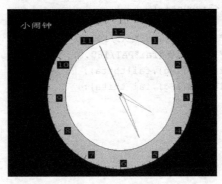

图 3.8   小闹钟

程序如下：

```
#include<stdlib.h>
#include<stdio.h>
#include<math.h>
#include<string.h>
#include"dos.h"
#include"windows.h"
#include"graphics.h"
#include"conio.h"
#define PI 3.1415926
int x;
int y;
int i;
double num_x;
double num_y;
double d;
char str[20];
    double h,m,s;
    SYSTEMTIME sys;
    void My_ID()
    {
        setcolor(9);
        settextstyle(4,0,1);//哥特字体
        outtextxy(40,40,"小闹钟");
    }
    void PaintCircle()//画表盘
    {
        setcolor(BROWN);
        circle(x,y,200);
        setfillstyle(SOLID_FILL,35);
        floodfill(x,y,BROWN);
        setcolor(BLACK);
        setlinestyle(0,0,0);
```

```c
    circle(x,y,150);
    setfillstyle(SOLID_FILL,WHITE);
    floodfill(x,y,BLACK);
    circle(x,y,5);
    setfillstyle(SOLID_FILL,BLACK);
    floodfill(x,y,BLACK);
    d=(150+200)/2;
    for(i=0;i<360;i+=30)
    {
        num_x=x+d*sin(i*PI/180.0);
        num_y=y-d*cos(i*PI/180.0);
        settextstyle(1,0,1);
        setcolor(RED);
        if(i==0)  strcpy(str,"12");
        else
        sprintf(str,"%d",i/30);
        if(strlen(str)==2) num_x-=20;
        outtextxy((int)num_x,(int)num_y,str);
    }
}
void Draw_shortLine()//画短线
{
    int l;
    double x1,y1,x2,y2;
    for(i=0;i<60;i++)
    {
        if(i%5==0)
            l=13;
        else
            l=5;
    x1=x+200*sin(i*6*PI/180);
    y1=y-200*cos(i*6*PI/180);
    x2=x+(200-l)*sin(i*6*PI/180);
    y2=y-(200-l)*cos(i*6*PI/180);
    setcolor(0);
    setlinestyle(0,0,1);
    line((int)x1,(int)y1,(int)x2,(int)y2);
    }
}
void DrawhourHand()//画时针
{
    int H_Length=100;
    double k1,k2,k4;
    double k3=30*PI/180;
    double x1,y1;
    double x2,y2;
    double l=10;
    double to_x=x+H_Length*sin(((int)h%12)*PI/6.0);
    double to_y=y-H_Length*cos(((int)h%12)*PI/6.0);
    setlinestyle(0,0,1);
    setcolor(10);
    k2=atan((to_x-x)*1.0/(y-to_y));
    if((int)h%12>3 && (int)h%12<=9) k2+=PI;
    k1=k2-k3;
    x1=x+l*sin(k1);
```

```
                y1=y-l*cos(k1);
                line(x,y,(int)x1,(int)y1);
                line((int)x1,(int)y1,(int)to_x,(int)to_y);
                k4=k2+k3;
                x2=x+l*sin(k4);
                y2=y-l*cos(k4);
                line(x,y,(int)x2,(int)y2);
                line((int)x2,(int)y2,(int)to_x,(int)to_y);
}
void DrawminHand()//画分针
{
        int M_Length=126;
        double k1,k2,k4;
        double k3=30*PI/180;
        double x1,y1;
        double x2,y2;
        double l=10;
            char s[12];
            double to_x=x+M_Length*sin((int)m*PI/30);
            double to_y=y-M_Length*cos((int)m*PI/30);
            setlinestyle(0,0,1);
            setcolor(5);
            k2=atan((to_x-x)*1.0/(y-to_y));
            if(m>15 && m<=45) k2+=PI;
            k1=k2-k3;
            x1=x+l*sin(k1);
            y1=y-l*cos(k1);
            line(x,y,(int)x1,(int)y1);
            line((int)x1,(int)y1,to_x,to_y);
            k4=k2+k3;;
            x2=x+l*sin(k4);
            y2=y-l*cos(k4);
            line(x,y,(int)x2,(int)y2);
            line((int)x2,(int)y2,to_x,to_y);
}
void DrawsecHand()//画秒针
{
        int S_Length=140;
        double to_x=x+S_Length*sin((int)s*PI/30);
        double to_y=y-S_Length*cos((int)s*PI/30);
        setcolor(BROWN);
        setlinestyle(0,0,2);
        line(x,y,(int)to_x,(int)to_y);
}
void DrawDail()//画整个表
{
        PaintCircle();
        Draw_shortLine();
}
void Dynamic_Digitalwatch()//动态显示时钟
{
        DrawDail();//画静态表
        while(!kbhit())
```

```
            {
              My_ID();
              //用白色填充时钟内部圆圈,达到清除上一时刻秒针、分针和时针效果
              setfillstyle(SOLID_FILL,WHITE);
               floodfill(x,y,BLACK);
              GetLocalTime(&sys);//获得系统时间并实现动态表
               s=sys.wSecond;
               DrawsecHand();
              m=sys.wMinute;
               DrawminHand();
               h=sys.wHour;
               DrawhourHand();
               delay(1000);
            }
        }
    void main()//主函数
    {
            int gd=DETECT,gm=0;
            GetLocalTime(&sys);
            initgraph(&gd,&gm,"");
            x=getmaxx()/2;
            y=getmaxy()/2;
            cleardevice();
            Dynamic_Digitalwatch();//时钟绘制入口函数
            getch();
            closegraph();
            return ;
    }
```

3.8　C++语言环境下绘图

因为 Turbo C 2.0 不支持鼠标,所以使用不太方便,可以选择使用 Borland C++ 3.1 和 Visual C++ 6.0 开发工具。Borland C++ 3.1 与 Turbo C 提供的功能菜单比较类似,Visual C++ 6.0 大家也都比较熟悉,所以对它们各自的功能不作详细介绍,仅对图形编程环境设置进行说明。

3.8.1　Borland C++开发图形程序环境设置

因为 Borland C++ 3.1 在默认情况下,是不引入图形程序包的,所以在使用 Borland C++ 3.1 进行图形程序设计之前,必须要对其图形编程环境进行设置。

(1)选择 Options 菜单下的 Linker 子菜单下的 Libraries 项,选中 Graphics Library 选项,使之支持图形编程。

(2)选择 Options 菜单下的 Directiories 子菜单下的 Include directiories 项和 Library directiories 项,使之能自动找到 Borland C++提供的函数库。如果 Borland C++安装在 "e:\borlandc" 下,则 Include directiories 项设置为 "e:\borlandc \include", Library directiories 项设置为 "e:\borlandc \lib"。

这样设置以后,就可以像 Turbo C 一样使用图形函数了。

3.8.2　在 VC++ 6.0 中使用 Borland 的图形程序包

因为 TC 中的 graphics.h 不是 C 语言中的标准函数，而是由 Borland 公司自行开发的，而且是面向 DOS 的 16 位，无法直接在 VC++ 6.0 中直接使用；出于此目的，需要引入中间媒介——面向 VC++的 graphics.h 头文件，以及包含一些链接函数的 C++程序 winbgi.cpp 和 winbgi.lib，这 3 个文件可以到相关网站下载。

如何使用这些文件呢？有两种方法。

方法一：创建工程之后，在 Source Files 中导入 winbgi.cpp 文件，在 Header Files 中导入 graphics.h 文件，并且将这两个文件和 winbgi.lib 拷贝至该工程所在的目录下。但是这样就需要每次创建一个工程都要把文件拷贝一次。

方法二：分别在 VC 的 "Tools" -> "options" -> "directories" 下 "Include files" 和 "Library files" 中增加路径指向这 3 个文件所在的目录，创建工程之后，在 Source Files 中导入 winbgi.cpp 文件，在 Header Files 中导入 graphics.h 文件。这样就不需要每次创建一个工程都 copy 一次了。

习　　题

1. 编写画一正方形程序，并在其中用不同颜色画 15 个正方形，每一个比前一个稍小。
2. 用不同线型绘制题 1 中的图形。
3. 画一个五颜六色的图。
4. 编写一辆自行车在一公路上由右至左快速行驶的程序。
5. 试自行设计一个美术图案，并且用程序实现。

第4章
二维图形生成和变换技术

由视觉的差异性我们可以看到哪些图形是二维的（平面图形），哪些图形是三维的（立体空间图形）。实际上，在用户坐标系中，如直角坐标系，三维图形分别通过在 x 平面、y 平面和 z 平面的投影就能得到二维图形。因此，我们说，二维图形的生成是三维图形生成的基础，研究计算机图形的生成就必须先从二维图形的生成开始。

在这一章里，主要叙述一些能在指定输出设备上，根据坐标描述构造二维几何图形的方法。我们知道，一幅图最简单的几何成分是点和直线，此外还有曲线、多边形区域、字符串等。本章将着重讨论生成这些图素的基本技术和算法。

为在输出设备上输出一个点，就要把应用程序中的坐标信息转换成所用输出设备的相应指令。对于一个 CRT 监视器来说，输出一个点就是要在指定的屏幕位置上开启（接通）电子束，使该位置上的荧光点辉亮。对于黑白光栅显示器来说，则是要将帧缓存中指定坐标位置处的位置设为"1"，当电子扫视每一条水平扫描线时，一旦遇到帧缓存中值为"1"的点，就发射一亮光，即输出一个点。对于随机扫描显示器，圆点的指令保存在显示文件中，该指令把坐标值转换成偏转电压，并在每一个刷新周期内，使电子束偏转到相应位置。

在图形输出中最基本的图形是直线图形，无论是用绘图仪还是用显示器作为图形输出设备，这两种设备最基本的图形显示模式都是直线方式。绘图仪最基本的走步动作是直线运动，图形显示器屏幕上的像素组成的点阵是直线网格状点阵。各种复杂图形，实际上都是由直线段和曲线段组成的，而图形设备显示曲线段时，可以将其理解为是由一段段细微的直线段拼接而成，因此，所有图形都可以以直线段的生成为基础。这一原理如图 4.1 所示。

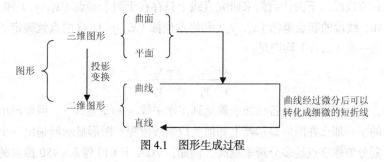

图 4.1　图形生成过程

4.1　基本绘图元素

坐标系有世界坐标系、规范坐标系和设备坐标系 3 种。坐标系统确定之后，需要使用不同的绘图元素来描述图形，它们是点、直线、曲线和其他基本的图形元素。

4.1.1 点

点是图形中最基本的图素，直线、曲线以及其他的图元都是点的集合。在几何学中，一个点既没有大小，也没有维数，点只是表示坐标系统中的一个位置。在计算机图形学中，点是用数值坐标来表示的。在直角坐标系中点由 (x, y) 两个数值组成的坐标表示，在三维坐标系中点由 (x, y, z) 3 个数值组成的坐标表示，如图 4.2 所示。

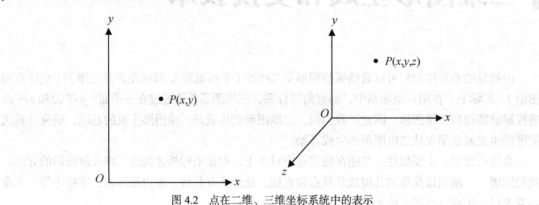

图 4.2　点在二维、三维坐标系统中的表示

4.1.2 直线

直线是点的集合，在几何学中直线被定义为两个点之间的最短距离，也就是说一条直线是指所有在它上面的点的集合。直线是一维的，即它们具有长度但没有维数，如图 4.3 所示。

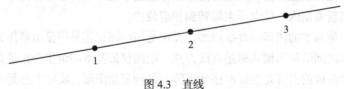

图 4.3　直线

直线可以向一个方向及其相反的方向无限伸长，这不是计算机图形学中所需要的，在图形学中研究的对象是直线段。下面让我们来研究直线上只存在于两个端点 (x_s, y_s) 和 (x_e, y_e) 之间的任意点。例如，线段的起点坐标 (x_s, y_s) 和终点坐标 (x_e, y_e)，这两点就确定了这条线段，并用线段上的任意一点 (x, y) 均满足：

$$\frac{x - x_s}{y - y_s} = \frac{x - x_e}{y - y_e}$$

一般来讲，任何图形输出设备都能准确地画出水平线 x 和垂直线 y，但要画出一条准确的斜线不是件容易的事。那么在图形显示器上如何生成斜线段呢？图形显示器是由一个个排列有序的像素构成的，划分的像素点越多分辨率越高。例如，VGA 卡 640 像素×480 像素的显示器，分成 640 像素×480 像素个网格，网格的单元称为像素，一条线段就是由一些连续可见的像素所组成的，如图 4.4 所示。

由图 4.4 可知，画一条直线实际上是根据一系列计算出来并与该线靠近的像素绘制的。

在绘图设备中，绘图仪绘制线段的笔在 x, y 方向移动。画线时单方向移动一次的距离称为步距，设备的步距越小，绘出的图形越精确。较精密的绘图仪的步距为 0.025mm，则 0.025mm 是一个形成线段的最小单元。绘图仪的精度比图形显示器要高得多，画出的线段比显示的线段好。绘图仪绘画线段过程如图 4.5 所示。

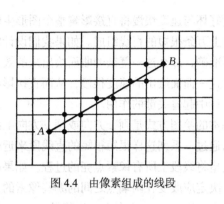

图 4.4 由像素组成的线段

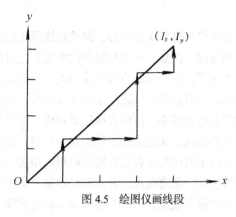

图 4.5 绘图仪画线段

4.1.3 曲线

曲线包括圆、椭圆、弧线和由许多类型的方程所确定的图形。在计算机图形程序设计中最好将曲线定义为不能构成直线的点的集合。曲线被认为是图形学的基础，在生产设计中经常遇到的是曲线问题，这是因为曲线更能满足人们的设计要求。

曲线的生成与直线一样，也是用一系列计算出来并与曲线靠近的像素绘制的。曲线通过具有相同颜色的像素在显示表面上显示出来，曲线并不存在于显示表面上，而是仅存于数据库中。3 次参数曲线图如图 4.6 所示。

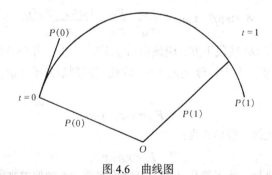

图 4.6 曲线图

4.1.4 区域填充

区域填充是一个彩色或图案区域，可以是均匀的也可以是不均匀的，区域边界可以是直线也可以是曲线。正如多种不同类型的线条一样，可提供不同的内部填充类型用以充满区域内部，填充的类型可能是不同的颜色、不同的灰度或者不同的图案。还可以用方程生成的梯度变化曲线完成填充过程。阴影填充可以通过来自一个光源的投影直线计算出来，因而填充区域中的像素也可以相应地发生变化。用户可根据系统硬件和软件，用一种或几种色彩进行填充，也可使用多种颜色填充区域。阴影填充元素图如图 4.7 所示。

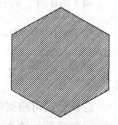

图 4.7 阴影填充元素图

4.2 直线段的生成

直线段是最基本的图形，因此直线段生成的质量好坏与速度快慢将直接影响整个图形生成的质量和速度。例如，一个较复杂的曲面，它可能是由上万条很短的直线组成。如果我们设计的直线段生成算法所产生的直线质量很差、不直或位置不准确，那么这一复杂的曲面绘出来的效果就会很差；同时如果直线段生成的速度很慢，就会使得这一曲面绘出的速度很慢，从而直接影响图形软件运行的效率，所以直线生成算法在图形软件设计中起着关键的作用。

我们知道，无论是绘图仪还是显示器，它们最基本的绘图方式是画 x 方向或画 y 方向上的直线段，由于所画的这种直线段可以很短很短，就可以通过一系列这样很短很短的直线段来近似任意位置上的一条直线段。在光栅显示器上显示图形是指将线段上所有像素点亮的过程。如果已知直线段的两个端点，可以有很多种不同的数学方法来决定应改变在两端点之间的哪些像素的亮度值才能显示出两点间的直线。在绘图仪上绘直线段，主要决定 x、y 方向上的位移量。

生成直线段的算法之间的区别主要是判别和生成 x、y 增量的过程和方法不同，所能适应的设备环境也不同。下面分别介绍几种主要的方法。

4.2.1 逐点比较法

绘图仪中画直线多采用逐点比较法。在绘图过程中，绘图笔每画一步就与规定图形进行比较，然后决定下一步的走向，用步步逼近的方法画出规定的图形。我们以坐标系第一象限中的直线为例，如画直线 OA，画笔当前位置是 M，用 OM 与 OA 间斜率之差来计算偏差 δ，如图 4.8 所示。

$$\delta = \tan\beta - \tan\alpha = \frac{y_M}{x_M} - \frac{y_A}{x_A} = \frac{y_M x_A - y_A x_M}{x_M x_A}$$

当 $\delta < 0$ 时，表示笔在 OA 线段下方，应该向 $+y$ 方向走一步；当 $\delta > 0$ 时，表示笔在 OA 线段上方，应该向 $+x$ 方向走一步。由于分母 $x_M x_A > 0$，因此只需判断分子 $y_M x_A - y_A x_M$ 的正负即可，得偏差公式：

$$F_M = y_M x_A - y_A x_M$$

对任意点，偏差函数的一般形式为：

$$F_i = x_A y_i - y_A x_i$$

其中，x_A，y_A 是终点 A 坐标。为了简化计算，可设法用前一点的偏差来推算后一点的走步方向以及走步后的偏差，这种方法称为递推法。递推公式如下：

当 $F_i \geq 0$ 时，向 $+x$ 方向走一步，此时偏差 $F_{i+1} = F_i - y_A (i = 1, 2, \cdots, n)$；

当 $F_i < 0$ 时，向 $+y$ 方向走一步，此时偏差 $F_{i+1} = F_i + x_A (i = 1, 2, \cdots, n)$。

偏差 F_i 的推算，只用到终点坐标值（x_A, y_A），而与中间点的坐标值无关，且只需进行加减运算。

递推公式可根据图 4.9 所示的用偏差函数判断笔进方向得出。

设笔当前位置为 $M_1(x_1, y_1)$，此时 $F_1 = y_1 x_A - y_A x_1 < 0$，应走 $+y$ 一步到 M_2，即 $x_2 = x_1$，$y_2 = y_1 + 1$，$+1$ 表示走一步。M_2 处的偏差为：

$$F_2 = y_2 x_A - y_A x_2 = y_1 x_A - y_A x_1 + x_A = F_1 + x_A$$

若 $F_2 \geqslant 0$，应走+x 一步到 M_3，则 $x_3 = x_2 + 1$，$y_3 = y_2$，M_3 处的偏差为：

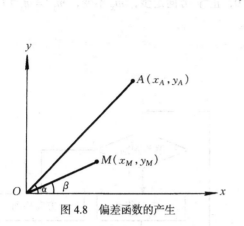

图 4.8　偏差函数的产生

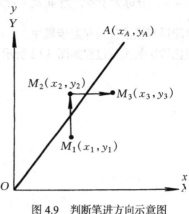

图 4.9　判断笔进方向示意图

$$F_3 = y_3 x_A - y_A x_3 = y_2 x_A - y_A x_2 - y_A = F_2 - y_A$$

这样依次进行下去，就得到上述递推公式。

对于第二、三、四象限的直线如图 4.10 所示，也可类似推出。当直线段处于第二、三、四象限时，偏差值的计算及走步方向如表 4.1 所示。

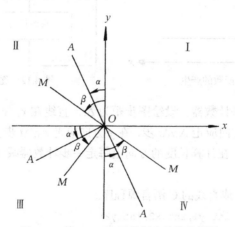

图 4.10　第二、三、四象限中的偏差判别

表 4.1　　　　　　　　　　　　　　　　　　判别式的计算

直线段位置	走步方向	偏差值 $F_K \geqslant 0$	走步方向	偏差值 $F_K < 0$
第一象限	+x	$F_{K+1} = F_K - |y_A|$	+y	$F_{K+1} = F_K + |x_A|$
第三象限	-x		-y	
第二象限	+y	$F_{K+1} = F_K - |x_A|$	-x	$F_{K+1} = F_K + |y_A|$
第四象限	-y		+x	

不失一般性，如果起点 O 不在原点，如图 4.11 所示，则需要将其变换到原点。此时，$\tan\beta = \dfrac{y_M - y_0}{x_M - x_0}$，$\tan\alpha = \dfrac{y_A - y_0}{x_A - x_0}$，$\delta = \tan\beta - \tan\alpha$ 计算出来较为复杂，很难判别正负，因此令

$m_y = y_M - y_0$，$m_x = x_M - x_0$，$d_y = y_A - y_0$，$d_x = x_A - x_0$，则 $\delta = \tan\beta - \tan\alpha = \dfrac{m_y}{m_x} - \dfrac{d_y}{d_x} =$

$\dfrac{m_y d_x - m_x d_y}{m_x d_x}$，分母大于零，当 $m_y d_x - m_x d_y < 0$，正 y 方向走步，m_x 不变，$m_y' = m_y + 1$，依此类推，也能得到递推公式和走步规律。

逐点比较法的执行过程如图 4.12 所示。

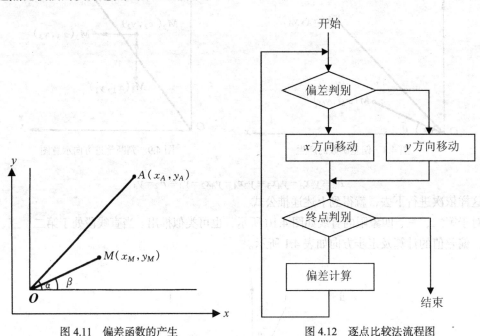

图 4.11 偏差函数的产生　　　　图 4.12 逐点比较法流程图

终点判断通常采用减法计数器：设绘图步距为 Δt，直线在 x，y 方向增量分别为 Δx 和 Δy，从直线起点画到终点在 x 方向应走 $\Delta x/\Delta t$ 步，在 y 方向应走 $\Delta y/\Delta t$ 步。取 $\mathrm{add}(\Delta x/\Delta t, \Delta y/\Delta t)$ 作为长度控制数并存入计数器内，在计算长度的方向上每走一步计数器减 1，直到计数器为 0 时作图停止。

下面给出逐点比较法生成直线的 C 语言源程序。

```
void cb_line(int x1, int y1,int x2,int y2)
{
int dx, dy, n, k, i, f;
int x, y;
dx=abs(x2-x1);
dy=abs(y2-y1);
n=dx+dy;
if(x2>=x1){k= y2>=y1? 1:4;x=x1 ; y= y1;}
else{k=y2>=y1? 2:3;x=x1;y=y1;}
putpixel(x,y,1);
for(i=0,f=0;i<n;i++)
    if (f>=0)
        switch(k){
                case 1:putpixel (x++ ,y,1);f-=dy;break;
                case 2:putpixel (x,y++ ,1);f-=dx;break;
                case 3:putpixel (x-- ,y,1);f-=dy;break;
                case 4:putpixel (x,y-- ,1);f-=dx;break;
        } //注意此时加减的是 dx 和 dy，实际上考虑了起点非原点的情况
```

```
else          //递推公式中加减终点坐标的情形适用于起点在原点的情况
switch(k){
            case 1:putpixel (x,y++ ,l);f+=dx;break;
            case 2:putpixel (x-- ,y,l);f+=dy;break;
            case 3:putpixel (x,y-- ,l);f+=dx;break;
            case 4:putpixel (x++ ,y,l);f+=dy;break;
        }
```

4.2.2 数值微分法

数值微分法即 DDA（Digital Differential Analyzer）法，这是一种基于直线的微分方程来生成直线的方法。

设（x_1，y_1）和（x_2，y_2）分别为所求直线的端点坐标，由直线的微分方程得：

$$\frac{\mathrm{d}y}{\mathrm{d}x} = 直线的斜率 \quad 即 \quad \frac{\Delta y}{\Delta x} = \frac{y_2 - y_1}{x_2 - x_1} \tag{4-1}$$

可通过计算由 x 方向的增量 Δx 引起 y 的改变来生成直线。

由 $y_{i+1} = y_i + \Delta y$（y_i 为直线上某步的初值）

则

$$y_{i+1} = y_i + \frac{y_2 - y_1}{x_2 - x_1} \cdot \Delta x \tag{4-2}$$

也可通过计算由 y 方向的增量 Δy 引起 x 的改变来生成直线。

若设 $x_{i+1} = x_i + \Delta x$ 则由式（4-1）可得：

$$x_{i+1} = x_i + \frac{x_2 - x_1}{y_2 - y_1} \cdot \Delta y \tag{4-3}$$

式（4-2）和式（4-3）是递推的。

本算法的基本思想是：选定 $x_2 - x_1$ 和 $y_2 - y_1$ 中较大者作为步进方向（假设 $x_2 - x_1$ 较大），取该方向上的 Δx 为一个像素单位长，即 x 每次递增一个像素，然后利用式（4-2）计算相应的 y 值，把每次计算出的（x_{i+1}，y_{i+1}）经取整后顺序输出到显示器，则得光栅化后的直线。之所以取 $x_2 - x_1$ 和 $y_2 - y_1$ 中较大者为步进方向，看图 4.13 就自然会明白（如图 4.13 所示，y 方向的步进大于 x 方向的步进）。

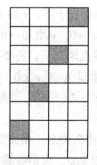 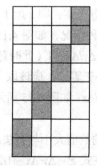

（a）取 Δx 为一个像素单位　　（b）取 Δy 为一个像素单位

图 4.13　取不同的像素单位

下面给出简单的 DDA 算法。选择 Δx 或 Δy 中较大者为一个像素单位，其相应方向的增量为 1，具体算法如下。

```
DDA-line(x1,y1,x2,y2)
int x1, y1, x2, y2;
{
float increx, increy, x, y, length;
int i;
if(abs(x2-x1) > abs(y2-y1))
length = abs(x2-x1);
else
length = abs(y2-y1);
increx = (x2-x1)/length;
increy = (y2-y1)/length;
x=x1;
y=y1;
for(i = 1; i<=length; i++)
  {
 putpixel(int(x+0.5), int(y+0.5), 1);
 x = x+increx;
 y = y+increy;
  }
}
```

4.2.3 Bresenham 法

DDA 法就是根据直线的斜率来计算出下一个 y 值，经取整后以确定下一个像素点，因为进行取整运算，这就难以避免出现所取像素点偏在实际直线某一侧的情况。而 Bresenham 算法根据直线的斜率确定或者选择变量在 x 轴或 y 轴方向每次递增一个单位，其变量的增量值根据实际直线与网格的交点与像素点距离取 0 或 1，这距离称为误差，记作 e。

Bresenham 法最初是为数字绘图仪设计的，但同样也适用于光栅图形显示器，其基本思想是：使得每次只要检查误差项的符号就可以决定实际的增量值，我们先以第 1 个八分图的直线为例，即直线的斜率在 0～1 之间，如图 4.14 所示。若通过（0，0）的直线的斜率大于 1/2，即 $e > 1/2$（如图 4.14 所示的 e_2），它与 $x = 1$ 直线的交点离 $y = 1$ 直线较 $y = 0$ 直线近，因此取像素点（1，1），如果斜率小于 1/2，即 $e < 1/2$（如图 4.14 所示的 e_1），则应取像素点（1，0）。当斜率等于 1/2 时，即 $e = 1/2$，没有确定选择标准，但算法选择（1，1）像素点。

为了简化判断可设 $e' = e - 1/2$，这样只要判断 e' 的符号即可。首先令误差项的初值为 $-1/2$，如果 $e' = \Delta y/\Delta x - 1/2$ 大于或等于零，则 x 加 1，y 加 1；如果小于零，x 加 1，y 值不变。对于下一步误差项的计算，一般分两种情况，如图 4.15 所示，对 $e' \geq 0$，y 增加一步（如图 4.15 所示 e_2 的情况），新的误差项 $e'' = e' + \Delta y/\Delta x - 1$（此时超过 1 个像素点距离了，需要扣除 1，在图 4.14 中实际上 $e'' = 2e_2 - 3/2$，这时小于零了，应该取（2，1）像素点）；对 $e' < 0$，y 没有走步（如图 4.15 所示 e_1 的情况），$e'' = e' + \Delta y/\Delta x$（如图 4.15 所示，实际上 $e'' = 2e_1 - 1/2$，这时大于零了，也应该取（2，1）像素点）。

实际上，误差项 e' 的数值大小与算法的执行没有什么关系，相关的只是 e' 的符号，因而我们可以改变 e' 的定义，在式 $e' = \Delta y/\Delta x - 1/2$ 两边同乘以 $2\Delta x$，可消除除法运算：

令初始　　　$ne = 2\Delta x \, e' = 2*\Delta y - \Delta x$

如果　　　　$ne \geq 0$ 则下一步 $ne' = ne + 2(\Delta y - \Delta x)$

如果　　　　$ne < 0$ 则下一步 $ne' = ne + 2\Delta y$

其中　　　　$ne = 2\Delta x \, e'$

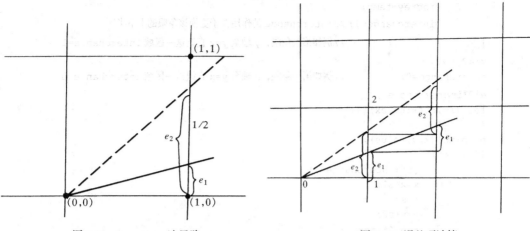

图 4.14　Bresenham 法思路　　　　　　　　图 4.15　误差项计算

　　根据上述的思想，我们可以将算法扩展到任一八分圆坐标空间图，从而形成一般的 Bresenham 算法，如图 4.16 所示为各象限判别条件，其算法如下。

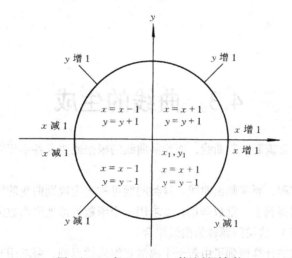

图 4.16　一般 Bresenham 算法判别条件

```
Bresenham-line(x1,y1,x2,y2, value)
Int x1,y1,x2,y2,value;
{
        int sign();
        int x,y,s1,s2,increx,
        increy,temp,interchange;
        int e,i;
        x=x1;
        y=y1;
        s1=sign(x2-x1);     //Sign 函数括号中为正数则其值为1，括号中为0则其值为0，为负数则其值为-1
        s2=sign(y2-y1);
        increx=abs(x2-x1);
        increy=abs(y2-y1);
        if (increy>increx)
        {
                temp=increx;
                increx=increy;
```

```
            increy=temp;
            interchange=1; //interchange的作用在于更换该象限的上下半区
}                          //例如第一象限，y轴至y=x直线这一区域interchange=1
else
interchange=0;             //例如第一象限，x轴至y=x直线这一区域interchange=0
e=2*increy-increx;
for (i=1;i<=increx;i++)
{
putpixel(x,y,value);
if (e>=0)
            {if(interchange=1)
            x=x+s1;
            else
            y=y+s2;
            e=e-2*increx;
}
        if (interchange=1)
        y=y+s2;
        else
        x=x+s1;
        e=e+2*increy
  }
}
```

4.3 曲线的生成

在科学技术领域常常需要绘制曲线，而绘制曲线的根据或要求各不相同，通常遇到的有下述几种情况。

（1）已知曲线的方程，要求画出曲线。这类问题可称之为规则曲线的绘制。

（2）由试验或观测得到了一批数据点，要求用一个函数近似地表明数据点坐标间的关系，并画出函数的图像（曲线）。这类问题称为曲线拟合。

（3）由试验、观测或计算得到了由若干个离散点组成的点列，要求用光滑的曲线把这些离散点连结起来。这类问题称为曲线插值。曲线插值与曲线拟合不同，拟合并不要求曲线通过数据点。

（4）在曲线形状设计中，给定了折线轮廓，要求用曲线逼近这个折线轮廓。这类问题称为曲线逼近。

图4.17　曲线近似

上述各类问题都要求画出曲线，不同的是，第（1）类问题中曲线的方程为已知，而第（2）、（3）、（4）类问题则需要首先找出或构造出曲线的方程，再根据曲线方程画出曲线。除圆等少数曲线外，根据方程画曲线一般是先计算出曲线上一系列适当靠近的点，然后依次将这些点用直线连起来，得到一条由折线表示的近似曲线，如图4.17所示。只要这些点靠得足够近，看起来就是一条光滑的曲线。

4.3.1 圆弧的生成

1. 逐点比较法

逐点比较法绘制圆弧的原理与逐点比较法生成线段类似，也是在图形输出设备上输出逼近欲画的圆弧，如图 4.18 所示。

由图 4.18 可知，用逆时针画第一象限中的 AB 圆弧的过程如下。

（1）从始点（x_A，y_A）开始画起，首先向圆内走一步，也就是先向$-x$方向走一步，然后与所要画的圆弧进行比较。

（2）判断结果，落在圆内时向 y 方向走一步，依此类推，一直到达圆外为止。

（3）当判断结果落在圆外时，向$-x$方向走一步，直到再次到达圆内为止。

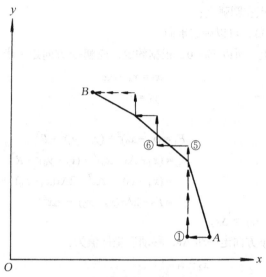

图 4.18　圆弧的生成过程

（4）当画到终点（x_B，y_B）时，终止比较，AB 圆弧绘制结束。

逐点比较法绘制圆弧时一般定为先进后出，有顺圆走向和逆圆走向两种移动规则，如图 4.19 所示。

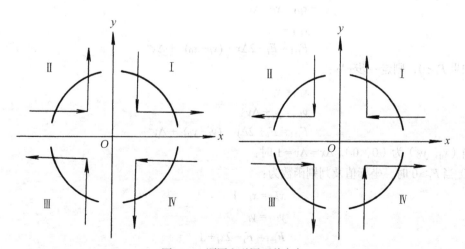

图 4.19　顺圆和逆圆两种走向

从上面绘制圆弧的过程可知，归根到底，逐点比较法的关键就是用什么方法来比较当前点是落在圆内，还是落在圆外，然后决定走向。设圆心为 $O(x_0, y_0)$，起点坐标为 $A(x_A, y_A)$，终点坐标为 $B(x_B, y_B)$，并假定绘图笔当前点位置为 $M(x_M, y_M)$，圆的半径为 R，即

$$R = \sqrt{(x_A - x_0)^2 + (y_A - y_0)^2}$$

而

$$R_M = \sqrt{(x_M - x_0)^2 + (y_M - y_0)^2}$$

为了简化计算，取 $F_M = R_M^2 - R^2$ 作为判别函数，显然：

① $F_M < 0$，表示 M 点在圆弧内；

② $F_M > 0$，表示 M 点在圆弧外；

③ $F_M = 0$，表示 M 点在圆弧上；

因此，根据 F_M 的正负，可以确定走向。

因为起始点 A 在圆上，所以 $F_0 = 0$，根据约定，应朝 $-x$ 方向走一步 Δx，移动后坐标值为：

$$x_1 = x_A - \Delta x$$
$$y_1 = y_A$$

则有

$$
\begin{aligned}
F_1 &= (x_1 - x_0)^2 + (y_1 - y_0)^2 - R^2 \\
&= (x_A - \Delta x - x_0)^2 + (y_A - y_0)^2 - R^2 \\
&= (x_A - x_0)^2 + \Delta x^2 - 2\Delta x(x_A - x_0) + (y_A - y_0)^2 - R^2 \\
&= F_0 - 2\Delta x(x_A - x_0) + \Delta x^2
\end{aligned}
$$

因为 $F_0 = 0$，$(x_A - x_0) \geqslant \Delta x$，

所以 $F_1 < 0$ 应是朝 $+y$ 方向走一步 Δy，移动后坐标值为：

$$x_2 = x_1$$
$$y_2 = y_1 + \Delta y$$
$$
\begin{aligned}
F_2 &= (x_2 - x_0)^2 + (y_2 - y_0)^2 - R^2 \\
&= F_1 + 2\Delta y(y_1 - y_0) + \Delta y^2
\end{aligned}
$$

如此推导下去，对于第 i 步（$i = 0, 1, 2, \cdots, n$），如果 $F_i \geqslant 0$，则走一步 $-\Delta x$：

$$x_{i+1} = x_i - \Delta x$$
$$y_{i+1} = y_i$$
$$F_{i+1} = F_i - 2\Delta x \cdot (x_i - x_0) + \Delta x^2$$

如果 $F_i < 0$，则走一步 $+\Delta y$：

$$x_{i+1} = x_i$$
$$y_{i+1} = y_i + \Delta y$$
$$F_{i+1} = F_i + 2\Delta y \cdot (y_i - y_0) + \Delta y^2$$

当 (x_0, y_0) 为 $(0, 0)$，$\Delta x = \Delta y = 1$ 时：

① 当 $F_i \geqslant 0$ 时，坐标值及判别函数为：

$$x_{i+1} = x_i - 1$$
$$y_{i+1} = y_i$$
$$F_{i+1} = F_i - 2x_i + 1$$

② 当 $F_i < 0$ 时，坐标值及判别函数为：

$$x_{i+1} = x_i$$
$$y_{i+1} = y_i + 1$$
$$F_{i+1} = F_i + 2y_i + 1$$

对于 I、Ⅲ、Ⅳ象限的逆向和顺向圆弧情况，读者可以仿照上述过程自行推导。表 4.2 反映了所有其他情况的判别函数和走步规则，表中 $x'_i = |x_i - x_0|$，$y'_i = |y_i - y_0|$。

表 4.2　　　　　　　　　　　　　各种情况走步规则及判断方法

象限	$F_i \geqslant 0$		$F_i < 0$	
	移动量	运算公式	移动量	运算公式
逆 I	$-\Delta x$	$F_{i+1} = F_i - 2\Delta xx'_i + \Delta x^2$ $\|x_{i+1}\| = \|x_i\| - \Delta x$ $\|y_{i+1}\| = \|y_i\|$	$+\Delta y$	$F_{i+1} = F_i + 2\Delta yy'_i + \Delta y^2$ $\|x_{i+1}\| = \|x_i\|$ $\|y_{i+1}\| = \|y_i\| + \Delta y$
逆Ⅲ	$+\Delta x$		$-\Delta y$	
顺Ⅱ	$+\Delta x$		$+\Delta y$	
顺Ⅳ	$-\Delta x$		$-\Delta y$	
逆Ⅱ	$-\Delta y$	$F_{i+1} = F_i - 2\Delta yy'_i + \Delta y^2$ $\|x_{i+1}\| = \|x_i\|$ $\|y_{i+1}\| = \|y_i\| - \Delta y$	$-\Delta x$	$F_{i+1} = F_i + 2\Delta xx'_i + \Delta x^2$ $\|x_{i+1}\| = \|x_i\| + \Delta x$ $\|y_{i+1}\| = \|y_i\|$
逆Ⅳ	$+\Delta y$		$+\Delta x$	
顺 I	$-\Delta y$		$+\Delta x$	
顺Ⅲ	$+\Delta y$		$-\Delta x$	

终点判断可以采用简单方法，即每走一步 x 或 y，都与终点坐标比较，令终点坐标为 (x_B, y_B)，我们可以假设，当 $|x_i - x_B| < \delta$（δ 为给定某一正整数，如可取为 1），就认为已到达终点。

具体的源代码如下所示。

```
#include "graphics.h"
#include "conio.h"
#include "iostream.h"
#include "math.h"

bool cb_arc(int x0,int y0,int x1,int y1,int x2,int y2,int x3,int y3,int a)
//(x0, y0)表示圆心坐标，(x1, y1)和(x2, y2)表示圆弧两个端点坐标，a为画笔颜色
//(x3, y3)的值要么等同于(x1, y1)，要么等同于(x2, y2)，它决定了谁是起点
{
    int x, y, k;//k 的值用于标识象限和顺逆
    int x4;
    int f=0;//判别函数的初始值为 0
    int s=0;//用来控制是否存在起点
    if(pow(x1-x0,2)+pow(y1-y0,2)!=pow(x2-x0,2)+pow(y2-y0,2))
        return false;   //如果两端点到圆心坐标距离不等，则报错
    if(x2>=x1) {
        if(y2>=y1) {
                if((x3==x2)&&(y3==y2))//如果(x2, y2)为起点，顺 4
                { k=1; s=1; x4=x1; x=x2; y=y2; }
                 else if((x3==x1)&&(y3==y1))//如果(x1, y1)为起点，逆 4
                { k=5; s=1; x4=x2; x=x1; y=y1; }
        }
        else {
                if((x3==x2)&&(y3==y2))//如果(x2, y2)为起点，逆 1
                { k=2; s=1; x4=x1; x=x2; y=y2; }
                 else if((x3==x1)&&(y3==y1))//如果(x1, y1)为起点，顺 1
                { k=6; s=1; x4=x2; x=x1; y=y1; }
        }
    }
```

```
        else {
            if(y2>=y1) {
                        if((x3==x2)&&(y3==y2))//如果(x2, y2)为起点, 逆3
                            { k=7; s=1; x4=x1; x=x2; y=y2; }
                        else if((x3==x1)&&(y3==y1))//如果(x1, y1)为起点, 顺3
                            { k=3; s=1; x4=x2; x=x1; y=y1; }
            }
            else {
                        if((x3==x2)&&(y3==y2))//如果(x2, y2)为起点, 顺2
                            { k=4; s=1; x4=x1; x=x2; y=y2; }
                        else if((x3==x1)&&(y3==y1))//如果(x1, y1)为起点, 逆2
                            { k=8; s=1; x4=x2; x=x1; y=y1; }
            }
        }
    if(s==0) return false;//说明起点不存在, 报错
    putpixel(x,y,a);           //将起点着色
    while(abs(x4-x)>1)        //当画笔坐标与终点坐标无限接近时结束循环
    {
        if(f>=0)
            switch(k){
            case 1:putpixel(x--,y,1);f=f-2*(x-x0)+1;break;//顺4
            case 2:putpixel(x--,y,1);f=f-2*(x-x0)+1;break;//逆1
            case 3:putpixel(x,y++,1);f=f-2*(y-y0)+1;break;//顺3
            case 4:putpixel(x++,y,1);f=f-2*(x-x0)+1;break;//顺2
            case 5:putpixel(x,y++,1);f=f-2*(y-y0)+1;break;//逆4
            case 6:putpixel(x,y--,1);f=f-2*(y-y0)+1;break;//顺1
            case 7:putpixel(x++,y,1);f=f-2*(x-x0)+1;break;//逆3
            case 8:putpixel(x,y--,1);f=f-2*(y-y0)+1;break;//逆2
            }
        else switch(k){
            case 1:putpixel(x,y--,1);f=f+2*(y-y0)+1;break;//顺4
            case 2:putpixel(x,y++,1);f=f+2*(y-y0)+1;break;//逆1
            case 3:putpixel(x--,y,1);f=f+2*(x-x0)+1;break;//顺3
            case 4:putpixel(x,y++,1);f=f+2*(y-y0)+1;break;//顺2
            case 5:putpixel(x++,y,1);f=f+2*(x-x0)+1;break;//逆4
            case 6:putpixel(x++,y,1);f=f+2*(x-x0)+1;break;//顺1
            case 7:putpixel(x,y--,1);f=f+2*(y-y0)+1;break;//逆3
            case 8:putpixel(x--,y,1);f=f+2*(x-x0)+1;break;//逆2
            }
    }
    return true;//画圆弧成功
}
void main()//主函数
{
int driver=DETECT,mode=0;
initgraph(&driver,&mode,""); //图形初始化
if(!cb_arc(20,20,100,20,20,100,20,100,1)) cout<<"ERROR!";
getch();
closegraph();
}
```

2. 数值微分法（DDA 法）

圆弧的 DDA 法和直线段 DDA 法类似，也是根据圆弧的微分方程来实现的，我们以圆心在坐标系原点、半径为 R 的一段圆弧为例来讨论。

圆心在原点 $(0，0)$、半径为 R 的圆方程为：

$$f(x，y) = x^2 + y^2 - R^2$$

它的微分方程为：

$$\frac{\mathrm{d}y}{\mathrm{d}x} = -\frac{x}{y}$$

若令 $\mathrm{d}y = y_{n+1} - y_n$，$\mathrm{d}x = x_{n+1} - x_n$，$x = \varepsilon \cdot x_n$，$y = \varepsilon \cdot y_n$，即可得离散变量微分方程式为：

$$\frac{y_{n+1} - y_n}{x_{n+1} - x_n} = -\frac{\varepsilon \cdot x_n}{\varepsilon \cdot y_n}$$

式中，ε 为一很小的常数。若设 εx_n，εy_n 为用 DDA 法顺时针画第一象限的圆弧在 x，y 方向的增量值，由上式可知，则有：

$$y_{n+1} = y_n - \varepsilon x_n$$
$$x_{n+1} = x_n + \varepsilon y_n \tag{4-4}$$

用矩阵表示为：

$$\begin{bmatrix} y_{n+1} \\ x_{n+1} \end{bmatrix} = \begin{bmatrix} 1 & -\varepsilon \\ \varepsilon & 1 \end{bmatrix} \begin{bmatrix} y_n \\ x_n \end{bmatrix} \tag{4-5}$$

但是，由式（4-4）得：

$$y_{n+1}{}^2 + x_{n+1}{}^2 = (y_n - \varepsilon x_n)^2 + (x_n + \varepsilon y_n)^2$$

$$= (y_n^2 + x_n^2)(1 + \varepsilon^2) > R^2$$

所以式（4-4）表示的并不是一个圆，而是一个半径逐渐增大的螺旋线。要得到圆的方程，必须要使式（4-5）中系数矩阵行列式值为 1。即将式（4-5）中的

$$\begin{vmatrix} 1 & -\varepsilon \\ \varepsilon & 1 \end{vmatrix} = 1 + \varepsilon^2 > 1$$

变为 1。若取

$$\begin{vmatrix} 1 & -\varepsilon \\ \varepsilon & 1 - \varepsilon^2 \end{vmatrix} = 1 - \varepsilon^2 + \varepsilon^2 = 1$$

即能满足要求，即有

$$\begin{bmatrix} y_{n+1} \\ x_{n+1} \end{bmatrix} = \begin{bmatrix} 1 & -\varepsilon \\ \varepsilon & 1 - \varepsilon^2 \end{bmatrix} \begin{bmatrix} y_n \\ x_n \end{bmatrix}$$

也即

$$y_{n+1} = y_n - \varepsilon x_n$$
$$x_{n+1} = \varepsilon y_{n+1} + x_n \tag{4-6}$$

由式（4-6）可知，在计算时我们不用 y_n 的结果，而是直接引用 y_{n+1} 的值，这一点是显然的。由于 y_{n+1} 比 y_n 更为准确，计算 x_{n+1} 时直接用 y_{n+1} 而不用 y_n，其中忽略了极小值 $-\varepsilon^2 \cdot x_n$。

当 ε 较大时作出的图形为椭圆，取较小的 ε 时可提高作图精度，一般取 $\varepsilon = \dfrac{d}{2^n}$，$d$ 为绘图笔

走步步长。若是光栅显示器，则 $d = 1$。

和逐点比较法一样，对于不同的象限以及顺逆时针画图时都要赋给 ε 适当的符号。对于圆心不在原点的圆，可以作坐标轴的平移，把圆心移到原点。ε 取值很小时，虽然画圆的精度提高了，但计算工作量将会增加。

角度 DDA 法比上面介绍的 DDA 法更加容易理解，它实际上就是把圆或圆弧分成 N 等分。用 N 段相邻的直线来逼近圆或圆弧，这种方法显然是建立在直线段生成算法的基础之上的，因而其效率要低些，但很好理解。

圆心在 (x_0, y_0)、半径为 R 的圆参数方程为：

$$\begin{cases} x = x_0 + R\cos\theta \\ y = y_0 + R\sin\theta \end{cases}$$

若将整个圆分成 N 等份，即把 2π 分为 N 等份。每一份 $\Delta\theta = 2\pi/N$，则有参数式递推公式：

$$\begin{cases} x_i = x_0 + R\cos\theta_i \\ y_i = y_0 + R\sin\theta_i \end{cases}$$

其中，$\theta_i = i \times \Delta\theta$

$$i = 0, 1, 2, \cdots, N-1$$

最后将相邻的 (x_i, y_i)，(x_{i+1}, y_{i+1}) 用直线段一一相连就可近似地画出圆。

如果要求只画一段圆弧，如圆弧的起始角为 θ_1，终止角为 θ_2，那么仍用 N 等份表示时，只要将上式中 2π 修改为 $\theta_2 - \theta_1$。

3. 正负法

正负法是利用平面曲线划分正负区域来直接生成圆弧的方法。设要显示圆的圆心在 (x_c, y_c)、半径为 R，令：

$$F(x, y) = (x - x_c)^2 + (y - y_c)^2 - R^2 \tag{4-7}$$

对圆的方程为：

$$F(x, y) = 0$$

当点 (x, y) 在圆内时，有 $F(x, y) < 0$；当点 (x, y) 在圆外时，$F(x, y) > 0$。我们先用正负法生成如图 4.20 所示的 1/8 的圆弧 AB，然后利用映射变换生成整个圆。

首先圆弧 AB 的 A 点为 P_0 (x_0, y_0)，圆弧圆心为 (x_c, y_c)，即

$$x_0 = x_c$$
$$y_0 = y_c + R$$

代入式（4-7）：

$$\begin{aligned} F(x_0, y_0) &= (x_0 - x_c)^2 + (y_0 + R - y_c)^2 - R^2 \\ &= (x_c - x_c)^2 + (y_c + R - y_c)^2 - R^2 \\ &= 0 \end{aligned}$$

当 $F(x_0, y_0) = 0$ 时，点 A 落在圆弧上。

我们由 A 开始向 B 依次寻找逼近圆的像素点，下面分析求得 $P_i(x_i, y_i)$ 和判别函数 $F(x_i, y_i)$ 后，去计算 P_{i+1} 点的 $F(x_{i+1}, y_{i+1})$ 的方法，如图 4.21 所示。

（1）$F(x_i, y_i) \leqslant 0$ 时，要向右走一步，得 P_{i+1}，这是向圆外方向走去，P_{i+1} 的坐标为

$$x_{i+1} = x_i + 1$$

$$y_{i+1} = y_i$$

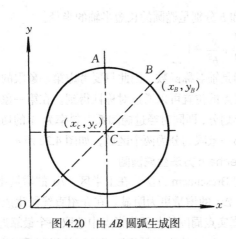

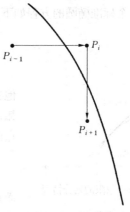

图 4.20　由 AB 圆弧生成图　　　　　　图 4.21　正负法像素选择

代入式（4-7）：

$$F(x_{i+1}, y_{i+1}) = (x_{i+1} - x_c)^2 + (y_i - y_c)^2 - R^2$$
$$= (x_i - x_c)^2 + (y_i - y_c)^2 + 2(x_i - x_c) + 1$$
$$= F(x_i, y_i) + 2(x_i - x_c) + 1 \qquad（4-8）$$

（2）$F(x_i, y_i) > 0$ 时，要向下走一步得 P_{i+1}，这是向圆内方向走去，P_{i+1} 的坐标为

$$x_{i+1} = x_i$$
$$y_{i+1} = y_i - 1$$

代入式（4-7）：

$$F(x_{i+1}, y_{i+1}) = (x_i - x_c)^2 + (y_i - 1 - y_c)^2 - R^2$$
$$= F(x_i, y_i) - 2(y_i - y_c) + 1 \qquad（4-9）$$

式（4-8）和式（4-9）就是计算 $F(x_i, y_i)$ 的递推公式。当判别函数确定后，就可用正负法绘制圆弧。首先规定先向右走一步，其正负法绘制圆弧 C 程序如下。

```
PNARC(R,xc,yc,yB)                 //（xc, yc）为圆心坐标，（xB, yB）为点 B 的坐标
Int R,xc,yc;
{int x,y,f;
  x=xc;
  y=yc+R;
  f=0;
  While(y>yB){lineto(x,y);
        if (f>0) then {f=f-2*(y-yc)+1;
                y=y-1;
                }
        else
              {f=f+2*(x-xc)+1;
              x=x+1;
              }
        }
  if=(y==yB)line to(x,y);
}
```

4.3.2　椭圆的生成

1. 椭圆的特征

主要考虑标准椭圆的生成，中心在原点（中心若不在原点可以通过平移得到），长短半轴都是

对称的。一个标准椭圆的方程如下，其中 a 和 b 分别是椭圆的长短半轴的半径：

$$\frac{x^2}{a^2} + \frac{y^2}{b^2} = 1$$

由于椭圆是轴对称函数，因此只要考虑第一象限的情况，其他象限中像素点的位置可以通过对称性得到。在第一象限的椭圆弧需要做一个划分，即同时经过椭圆弧上斜率为–1 的切线点与原点的直线将第一象限划分为两个区域，如图 4.22 所示。

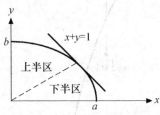

图 4.22　第一象限的划分情况

2. Bresenham 方法生成椭圆

考虑采用 Bresenham 方法，在上半区，Δx 的增量比较重要，而在下半区，Δy 的增量更为明显。在介绍直线段生成的时候，Bresenham 方法实际上就是每一步在某直线真实点周围的若干像素点中选取一个最靠近真实点的像素作为该步的绘制点。同理，在椭圆的 Bresenham 法中也是采用了相同的机制予以实现。为了更加准确的判定出哪个像素点是最近点，引入了一个中点加以辅助判断，因此也将该方法称为中点 Bresenham 算法。

如图 4.23 所示，需要对图 4.22 所示的上半区和下半区分别考虑。为了方便问题的讨论，图 4.23 将虚线圈在坐标轴中圈起的方格区域进行了放大。

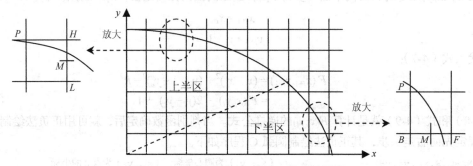

图 4.23　椭圆的中点 Bresenham 算法原理图

对标准方程 $\frac{x^2}{a^2} + \frac{y^2}{b^2} = 1$ 进行改写，可得 $F(x, y) = b^2x^2 + a^2y^2 - a^2b^2 = 0$。先考察图 4.23 所示上半区的放大方格，像素点 $P(x_p, y_p)$ 是当前选取的像素点，由于上半区主要考虑 x 方向上的增量，因此下一步有两个候选的像素点，分别是 $H(x_p + 1, y_p)$ 和 $L(x_p + 1, y_p - 1)$。通过观察，可以判定 H 点距离椭圆的真实点更加靠近，因此下一步应该选取 H 点作为椭圆像素点。当然，计算机必须通过严格的计算才能得出这一结论。引入点 $M(x_p + 1, y_p - 0.5)$ 作为 H 点和 L 点之间的中点，由此可以定义判别公式如下：

$$d_{TM} = F(x_p + 1, y_p - 0.5) = b^2(x_p + 1)^2 + a^2(y_p - 0.5)^2 - a^2b^2$$

（1）如果 $d_{TM} < 0$，就选择像素点 H，并且引入新的中点，即 M 的下一个中点 $M'(x_p + 2, y_p - 0.5)$，此时将 M' 代入判别公式，将得到：

$$d_{TM'} = F(x_p + 2, y_p - 0.5) = b^2(x_p + 2)^2 + a^2(y_p - 0.5)^2 - a^2b^2 = d_{TM} + b^2(2x_p + 3)$$

可知 $b^2(2x_p + 3)$ 为 Δd_{TM}。

（2）如果 $d_{TM} > 0$，就选择像素点 L，并且引入新的中点，即 M 的下一个中点 $M''(x_p + 2, y_p - 1.5)$，此时将 M'' 代入判别公式，将得到：

$$d_{TM''} = F(x_p + 2, y_p - 1.5) = b^2(x_p + 2)^2 + a^2(y_p - 1.5)^2 - a^2b^2 = d_{TM} + b^2(2x_p + 3) + a^2(-2y_p + 2)$$

可知 $b^2(2x_p + 3) + a^2(-2y_p + 2)$ 为 Δd_{TM}。

这样只要根据 Δd_{TM} 的值是否为正或负，就可以完成椭圆弧上半区的绘制工作。

同理，椭圆弧下半区主要考虑 y 方向的步进，通过对图 4.23 所示的下半区放大方格的观察，对于当前像素点 $P(x_p, y_p)$，应当选择像素点 $F(x_p + 1, y_p + 1)$ 作为下一个绘制点。同理引入点 $M(x_p + 0.5, y_p - 1)$ 作为 B 点和 F 点之间的中点，由此可以定义判别公式如下：

$$d_{BM} = F(x_p + 0.5, y_p - 1) = b^2(x_p + 0.5)^2 + a^2(y_p - 1)^2 - a^2b^2$$

（1）如果 $d_{BM} > 0$，就选择像素点 B，并且引入新的中点，即 M 的下一个中点 $M'(x_p + 0.5, y_p - 2)$，此时将 M' 代入判别公式，将得到：

$$d_{BM'} = F(x_p + 0.5, y_p - 2) = b^2(x_p + 0.5)^2 + a^2(y_p - 2)^2 - a^2b^2 = d_{BM} + a^2(-2y_p + 3)$$

可知 $a^2(-2y_p + 3)$ 为 Δd_{BM}。

（2）如果 $d_{BM} < 0$，就选择像素点 F，并且引入新的中点，即 M 的下一个中点 $M''(x_p + 1.5, y_p - 2)$，此时将 M'' 代入判别公式，将得到：

$$d_{BM''} = F(x_p + 1.5, y_p - 2) = b^2(x_p + 1.5)^2 + a^2(y_p - 2)^2 - a^2b^2 = d_{BM} + b^2(2x_p + 2) + a^2(-2y_p + 3)$$

可知 $b^2(2x_p + 2) + a^2(-2y_p + 3)$ 为 Δd_{BM}。

下面来讨论图 4.23 两个区域中点 M 的初始值问题。由于椭圆的起始点为 $(0, b)$，因此第 1 个中点 M_{T0} 的坐标为 $(1, b - 0.5)$，对应的判别公式为 $d_{T0} = F(1, b - 0.5) = b^2 + a^2(-b + 0.25)$。假设上半区的最后一个点的坐标为 (x, y)，则判别所需中点的坐标为 $(x + 0.5, y - 1)$，对应的判别公式为 $d_{B0} = F(x + 0.5, y - 1) = b^2(x + 0.5)^2 + a^2(y - 1)^2 - a^2b^2$。

以下给出了中点 Bresenham 算法绘制第一象限椭圆弧的 C 语言程序。

```
void Mid-BresenhamEllipse(int a, int b, int value)
{int x=0,y=b;
double dt=b*b+a*a*(-b+0.25);
putpixel(x,y,value);   //起点
while(b*b*(x+1)<a*a*(y-0.5)) {        //在上半区，此时法向量的 y 分量比 x 分量大
       if(dt<0)                       //选择 H 点
       dt+=b*b*(2x+3);
       else {                         //选择 L 点
           dt+=b*b(2x+3)+a*a*(-2*y+2);
           y--; }
       x++;
       putpixel(x,y,value);
}
double db=b*b*(x+0.5)*(x+0.5)+a*a*(y-1)*(y-1)-a*a*b*b;
while(y>0){                           //切换到下半区
       if(db<0){                      //选择 F 点
         db+=b*b*(2x+2)+a*a*(-2*y+3);
         x++; }
       else                           //选择 B 点
       db+=a*a*(-2*y+3);
       y--;
       putpixel(x,y,value);
  }
}
```

椭圆在其他象限的绘制只需利用椭圆的对称性稍稍修改上述代码就可以实现。

椭圆的生成实际上是圆的特殊情况，那么中点 Bresenham 算法是否能够用于圆弧的生成呢？答案是肯定的而且更为简便，圆弧具有八方对称性，因此只需要画出 1/8 圆弧就可以了。大家可以进一步思考如何利用中点 Bresenham 算法来画出圆弧，以及和前面介绍的逐点比较法和 DDA 方法生成圆弧的特征进行比较。

4.3.3　规则曲线的生成

所谓规则曲线就是一条曲线可以用标准代数方程来描述。解析几何已经把几何问题和代数问题紧密地结合了起来，例如，在平面直角坐标系内，如果一条曲线上的点都能满足某种条件，而满足该条件的点又均位于这条曲线上，那么我们就可以把这种对应关系写成一个确定的函数式：

$$y = f(x)$$

这个函数式就称为曲线的方程；同样，该曲线即为这个方程的曲线。例如，圆的方程可写成 $x^2 + y^2 = R^2$，椭圆的方程可以写成 $\dfrac{x^2}{a^2} + \dfrac{y^2}{b^2} = 1$。同样，还可以写出比如双曲线、抛物线等的方程。

在绘制这些曲线的时候，我们可以借助各种标准工具，比如画圆可以用圆规，画椭圆也可以用椭圆规。但对于非圆曲线，绘制时的一般方法是借助曲线板。我们先在平面上确定一些满足条件的、位于曲线上的坐标点，然后借用曲线板把这些点分段光滑地连接成曲线。绘出的曲线的精确程度，则取决于我们所选择的数据点的精度和数量。坐标点的精度越高，点的数量取得越多，则连成的曲线越接近于理想曲线。

其实，以上所说的方法就是用计算机来绘制各类曲线的基本原理。图形输出设备的基本动作是显示像素点或者是画以步长为单位的直线段，因此从图形显示器和绘图仪上输出的图形，一般除了水平线和垂直线以外，其他的各种线条，包括直线和曲线，都是由很多的短直线构成的锯齿形线条组成的。从理论上讲，绝对光滑的理想曲线是绘不出来的。

这就告诉了我们一个绘制任何曲线的基本原理，就是要把曲线离散化，把它们分割成很多短直线段，用这些短直线段组成的拆线来逼近曲线。至于这些短直线段取多长，则取决于图形输出设备的精度和我们绘制的曲线所要求的精度，但我们所要求达到的精度不能逾越图形设备实际具有的精度。

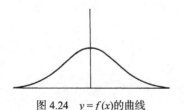

图 4.24　$y = f(x)$ 的曲线

1. 函数 $y = f(x)$ 曲线的生成

绘制曲线 $y = f(x)$，应给出自变量 x 的取值范围 x_1 和 x_2，选取适当 x 增量 Δx，计算出曲线上一系列点的坐标，依次用直线连接即可画出曲线。下面给出用 C 程序生成 $y = e^{-x^2}$ 函数的曲线的例子，该函数曲线图形如图 4.24 所示。

```c
#include<stdio.h>
#include<stdlib.h>
#include<math.h>
#include<graphics.h>
#define FNX(x)(x0+x*s1)/*定义坐标转换式*/
#define FNY(y)(MAXY-y0-y*s1)
#define f(x)exp(-x*x)/*定义曲线函数*/
void setup(void)
int x0,y0,MAXX,MAXY;
float s1;
main()
{ int xs,ys;
```

```
        float x,y,x1,y1,x2,y2,dx,i;
        setup();
        printf("Input x1,x2 and dx: ");
        scanf("%f,%f,%f",&x1,&x2,&dx);
        clearviewport();setcolor(14);
        xs=FNX(x1);ys=FNY(0);moveto(xs-10,ys);
        xs=FNX(x2);lineto(xs+10,ys);
        xs=FNX(0);ys=FNY(0);moveto(xs,ys);
        xs=FNX(0);lineto(xs,ys);
        x=x1;y=f(x); xs=FNX(x);ys=FNY(y);moveto(xs,ys);
        for(i=x1;i<x2;i+=dx){
        x+=dx;y=f(x);xs=FNX(x);ys=FNY(y);moveto(xs,ys);
        getch();restorecrtmode();
}

void setup(void)
{  int driver,mode;
        driver=DETECT;initgraph(&driver,&mode," ");
        MAXX=getmaxx();MAXY=getmaxy();
        Printf("Input Orgin<int>x0,y0: ");/*输入坐标原点*/
        Scanf("%d,%d",&x0,&y0);
        Printf("Input Multiple:");scanf("%f",&s1);/*画图比例系数*/
        Setviewport(0,0,MAXX,MAXY,1);
}
```

程序中函数 setup()的作用是将图形初始化，接受输入图形坐标系原点及绘图比例系数等。

2. 参数方程曲线的生成

用参数方程表示曲线在研究曲线性质和用计算机绘制曲线时是很方便的。参数方程取如下形式：

$$x = f_1(t)$$
$$y = f_2(t)$$

参数 t 在一定取值范围内变动即可算出曲线上一系列点的纵横坐标，从而画出曲线。

下面给出 C 程序绘制椭圆参数方程的曲线例子。椭圆参数方程为：

$$x = a\cos t$$
$$y = b\sin t \quad (t = 0 \sim 2\pi)$$

该方程曲线如图 4.25 所示。

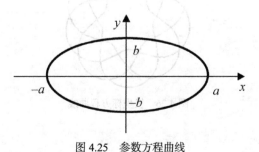

图 4.25　参数方程曲线

```
#include <graphics.h>
#include <math.h>
void ellipse(x0,y0,a,b,dt)
{
        int x,y,n,i;
        float t=0;
```

```
        tl=dt*0.0174533;
        n=360/dt;
        moveto(x0+a,y0);
        for(i=1;i<n;i++)
           {
           t=t+tl;
           x=x0+a*cos(t);
           y=y0+b*sin(t);
           lineto(x,y);
           }
        lineto(x0+a,y0);
}
main()
{
    int i,a=200,x=320,y=240;
    int gdriver=DETECT,gmode;
    initgraph(&gdriver,&gmode,"c:\\TC");
    cleardevice();
    setbkcolor(9);
    setcolor(4);
    for(i=0;i<=200;i=i+10)
    ellipse(x,y,a-i,i,10);
    getch();
    closegraph();
}
```

3. 极坐标方程曲线的生成

极坐标方程形式是 $r=P(\theta)$，式中 r 为向径，θ 为极角。绘图时使用的是直角坐标系，因此在绘制极坐标方程曲线时，需先将点的极坐标（r,θ）转换成直角坐标（x,y），然后才能画出这个点曲线。坐标转换公式为：

$$x = r\cos\theta$$
$$y = r\sin\theta \quad (\theta = 0 \sim 2\pi)$$

下面给出 C 程序绘制极坐标方程 $r = \cos(9\theta/4) + 7/3$ 的曲线的例子，该方程曲线如图 4.26 所示。

图 4.26　极坐标方程曲线

```
#include "stdio.h"
#include "stdlib.h"
#include "math.h"
#include "graphics.h"
#define FNX(x)  (x0+x*s1)
#define FNY(y)  (MAXY-(y0+y*s1))
#define R(theta) cos(9.0f*theta/4.0f)+7.0f/3.0f

int x0,y0,MAXX,MAXY;
```

```
float s1;

void setup(void)
{
    int driver,mode;
    driver=DETECT;initgraph(&driver,&mode,"");
    MAXX=getmaxx();
    MAXY=getmaxy();
    x0=300;
    y0=200;
    s1=20.0f;
    setviewport(0,0,MAXX,MAXY,1);
}

void main()
{
    float x,y,xs,ys,theta,r;
    setup();
    for(theta=0; theta<8*3.14f; theta+=0.1)
    {
        r=R(theta);
        x=r*cos(theta);
        y=r*sin(theta);
        xs=FNX(x);
        ys=FNY(y);
        if(theta==0)
            moveto(xs,ys);
        else lineto(xs,ys);
    }
    getch();
    restorecrtmode();
}
```

4.3.4 自由曲线的生成

什么叫自由曲线？广义地讲，自由曲线是一条无法用标准代数方程来描述的曲线。在实际中，自由曲线应用非常广泛，如轮船船身外形放样时的样条曲线，汽车、飞机及各种产品的外形曲线都可以看成是自由曲线。既然自由曲线应用如此广泛,那么我们如何用计算机生成这样的曲线呢？通常有两类方法。

（1）插值的方法：要求生成的曲线通过每个数据点，即型值点。曲线插值方法有多项式插值、分段多项式插值和样条函数插值等。

（2）拟合的方法：要求生成曲线靠近每个数据点（型值点），但不一定要求通过每个点。拟合方法有最小二乘法、贝塞尔方法和 B 样条方法等。

下面我们主要介绍三次样条插值曲线、贝塞尔曲线、B 样条曲线、最小二乘法曲线拟合等。

1. 三次样条曲线

如图 4.27 所示有若干个离散点，要用一条曲线光滑地通过这些点，我们可以把这条曲线想象成一条具有相当柔韧性的木条，离散点则是固定木条的钉子。在挠度不大的情况下，木条弯曲而不断裂，这样曲线在每个离散点处都保证连续。在放样加工的过程中，一般将这种木条称作样条，此种类型曲线即称为样条曲线。

曲线的形式有许多种，考虑到既要保证一定的精度，又要使计算不至于太复杂，一般我们取三次多项式的曲线作为此种类型曲线的近似曲线，也称之为三次样条曲线。

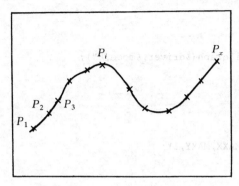

图 4.27　离散点的光滑连接

假设存在 n 个型值点，其坐标值为(x_i, y_i)，$(i = 1, 2, \cdots n-1, n)$，且 $x_1 < x_2 < \cdots < x_n$，又假设 $S_i(x)$ 表示第 i 段的三次多项式函数，如图 4.28 所示，可将 $S_i(x)$ 写成：

$$S_i(x) = a_i + b_i(x - x_i) + c_i(x - x_i)^2 + d_i(x - x_i)^3$$

其中，$S_i(x_i) = y_i$，$S_i(x_{i+1}) = y_{i+1}$，$(i = 1, 2, \cdots, n-1)$，$x \in [x_i, x_{i+1}]$，且 a_i、b_i、c_i 和 d_i 为待定系数。

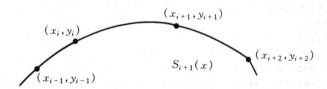

图 4.28　三次样条曲线

我们要求整段曲线必须是连续且在多个样条曲线的连接处平滑过渡，则有相邻两端曲线的交点处一阶导数相等，即 $S_i'(x_{i+1}) = S_{i+1}'(x_{i+1})$，同时二阶导数也要相等，即 $S''_i(x_{i+1}) = S''_{i+1}(x_{i+1})$，也就是具有相同的切线和曲率。

将 x_i，x_{i+1} 处的值代入 $S_i(x)$ 表达式，得：

$$a_i = y_i \tag{4-10}$$
$$a_i + b_i(x_{i+1} - x_i) + c_i(x_{i+1} - x_i)^2 + d_i(x_{i+1} - x_i)^3 = y_{i+1}$$

令 $m_i = x_{i+1} - x_i$，则上式又可写成：

$$a_i + b_i m_i + c_i m_i^2 + d_i m_i^3 = y_{i+1} \tag{4-11}$$

若记 $S_i'(x_i) = y_i'$

因为

$$S_i'(x_i) = b_i + 2c_i(x - x_i) + 3d_i(x - x_i)^2$$

所以

$$b_i = y_i' \tag{4-12}$$

又根据条件：$S_i'(x_{i+1}) = S_{i+1}(x_{i+1}) = y'_{i+1}$ 得

$$b_i + 2c_i m_i + 3d_i m_i^2 = y'_{i+1} \tag{4-13}$$

联立方程式（4-10）、式（4-11）、式（4-12）和式（4-13），得方程组：

$$a_i = y_i$$
$$a_i + b_i m_i + c_i m_i^2 + d_i m_i^3 = y_{i+1}$$
$$b_i = y_i'$$
$$b_i + 2c_i m_i + 3d_i m_i^2 = y'_{i+1}$$

先将 y'_i，y'_{i+1} 看成已知量，解方程组得：

$$a_i = y_i$$

$$b_i = y'_i$$

$$c_i = \frac{3(y_{i+1} - y_i)}{m^2_i} - \frac{2y'_i + y'_{i+1}}{m_i}$$

$$d_i = \frac{y'_{i+1} + y'_i}{m_i^2} - \frac{2(y_{i+1} - y_i)}{m^3_i}$$

由于 y'_i、y'_{i+1} 是未知的，故直接用 b_i、b_{i+1} 来表示，c_i 和 d_i 又可写成：

$$c_i = \frac{3(y_{i+1} - y_i)}{m^2_i} - \frac{2b_i + b_{i+1}}{m_i}$$

$$d_i = \frac{b_i + b_{i+1}}{m_i^2} - \frac{2(y_{i+1} - y_i)}{m^3_i}$$

显然，若求出了 b_i、b_{i+1}，则 a_i、c_i 和 d_i 就全部求出了，这时 $S_i(x)$ 也就确定了。为了求出 $b_i(i = 1, 2, \cdots, n-1)$，我们考虑 $S_i''(x_i)$：

因为 $S_i''(x_i) = 2c_i + 6d_i(x - x_i)$，由条件：

$$S_i''(x_{i+1}) = S_{i+1}''(x_{i+1}) \quad 和 \quad S_{i-1}''(x_i) = S_i''(x_i)$$

而　　$S_{i-1}''(x_i) = 2c_{i-1} + 6d_{i-1}(x_i - x_{i-1}) = 2c_{i-1} + 6d_{i-1}m_{i-1}$

$$S_i''(x_i) = 2c_i$$

所以 $2c_{i-1} + 6d_{i-1}m_{i-1} = 2c_i$

将 c_{i-1}、c_i、d_{i-1} 分别用 b_{i-1}、b_i、b_{i+1} 来替换表示，代入上式，得

$$m_i b_{i-1} + 2(m_{i-1} + m_i)b_i + m_{i-1}b_{i+1} = \frac{3m_{i-1}(y_{i+1} - y_i)}{m_i} + \frac{3m_i(y_i - y_{i-1})}{m_{i-1}}$$

令　　　　　　$\lambda_i = \frac{m_i}{m_i + m_{i-1}}$，$\mu_i = \frac{m_{i-1}}{m_i + m_{i-1}}$

代入上式得

$$\lambda_i b_{i-1} + 2b_i + \mu_i b_{i+1} = R_i (i = 2,3,\cdots, n-2, n-1)$$

其中：

$$R_i = 3\left[\frac{\mu_i(y_{i+1} - y_i)}{m_i} + \frac{\lambda_i(y_i - y_{i-1})}{m_{i-1}}\right]$$

于是有：

$$\lambda_2 b_1 + 2b_2 + \mu_2 b_3 = R_2$$

$$\lambda_3 b_2 + 2b_3 + \mu_3 b_4 = R_3$$

$$\cdots\cdots$$

$$\lambda_{n-2}b_{n-3} + 2b_{n-2} + \mu_{n-2}b_{n-1} = R_{n-2}$$

$$\lambda_{n-1}b_{n-2} + 2b_{n-1} + \mu_{n-1}b_n = R_{n-1}$$

以上是 b_1，b_2，$\cdots$，b_{n-1}，b_n 为未知量的方程组，在数学上称为"三转角"方程或 b 连续性方程，由于有 n 个未知量、$n-2$ 个方程，要使其有唯一解，还缺少两个方程式，此时可以通过增加边界条件来得到两个新的方程。

加边界条件的方法很多，一般都是根据具体问题的需要加以确定，这里我们给出几种常用的边界条件。

（1）夹持端：限定两端切线方向，假设已知 $b_1 = k_1$，$b_n = k_2$，k_1 和 k_2 是已知常数，这实际上增加了两个方程。

（2）抛物端：认为曲线在第 1 段和第 $n-1$ 段（末端）为抛物线，即此二段曲线的二阶导数为常数，也就是 d_1 和 d_{n-1} 都等于 0，因此而得

$$b_1 + b_2 = \frac{2(y_2 - y_1)}{m_1}$$

$$b_{n-1} + b_n = \frac{2(y_n - y_{n-1})}{m_{n-1}}$$

（3）自由端：端点处二阶导数为 0，即 $y_1'' = 0$，$y_n'' = 0$，即对于标准方程 $S_i(x) = a_i + b_i(x - x_i) + c_i(x - x_i)^2 + d_i(x - x_i)^3$ 而言，可求得 $S_i''(x) = 2c_i + 6d_i(x - x_i)$。对于第 1 段曲线，此时 $i = 1$，$S_1(x)$ 的端点分别是 (x_1, y_1) 和 (x_2, y_2)，即 $y_1'' = S_1''(x_1) = 2c_1 + 6d_1(x_1 - x_1) = 0$，可推出 $c_1 = 0$，即 $2b_1 + b_2 = \frac{3(y_2 - y_1)}{m_1}$。对于第 $n-1$ 段曲线，此时 $i = n-1$，因为 $S_{n-1}(x)$ 的端点分别是 (x_{n-1}, y_{n-1}) 和 (x_n, y_n) 两个点，将 $x = x_n$ 代入，可得 $y_n'' = S_{n-1}''(x_n) = 2c_{n-1} + 6d_{n-1}(x_n - x_{n-1}) = 0$，其中 $(x_n - x_{n-1}) = m_{n-1}$；由于 $c_{n-1} = \frac{3(y_n - y_{n-1})}{m_{n-1}^2} - \frac{2b_{n-1} + b_n}{m_{n-1}}$，$d_{n-1} = \frac{b_{n-1} + b_n}{m_{n-1}^2} - \frac{2(y_n - y_{n-1})}{m_{n-1}^3}$，代入 $2c_{n-1} + 6d_{n-1}(x_n - x_{n-1}) = 0$ 整理后可得 $b_{n-1} + 2b_n = \frac{3(y_n - y_{n-1})}{m_{n-1}}$。

由此而得：

$$2b_1 + b_2 = \frac{3(y_2 - y_1)}{m_1}$$

$$b_{n-1} + 2b_n = \frac{3(y_n - y_{n-1})}{m_{n-1}}$$

对于以上 3 种边界条件，我们可以用两个方程统一来表示，即写成：

$$2b_1 + \mu_1 b_2 = R_1$$

$$\lambda_n b_{n-1} + 2b_n = R_n$$

式中各种条件下的系数值如表 4.3 所示。

表4.3 边界条件数值表

边界条件	$\mu_1 \ \lambda_n$	$R_1 \ R_n$	
夹持端	$\mu_1 = 0 \ \lambda_n = 0$	$R_1 = 2k_1$	$R_n = 2k_2$
自由端	$\mu_1 = 1 \ \lambda_n = 1$	$R_1 = \dfrac{3(y_2 - y_1)}{m_1}$	$R_n = \dfrac{3(y_n - y_{n-1})}{m_{n-1}}$
抛物端	$\mu_1 = 2 \ \lambda_n = 2$	$R_1 = \dfrac{4(y_2 - y_1)}{m_1}$	$R_n = \dfrac{4(y_n - y_{n-1})}{m_{n-1}}$

所以，将这两个统一的方程和前面 $n-2$ 个方程组合得：

$$2b_1 + \mu_1 b_2 = R_1$$

$$\lambda_2 b_1 + 2b_2 + \mu_2 b_3 = R_2$$

$$\lambda_3 b_2 + 2b_3 + \mu_3 b_4 = R_3$$

$$\cdots\cdots$$

$$\lambda_{n-2} b_{n-3} + 2b_{n-2} + \mu_{n-2} b_{n-1} = R_{n-2}$$

$$\lambda_{n-1} b_{n-2} + 2b_{n-1} + \mu_{n-1} b_n = R_{n-1}$$

$$\lambda_n b_{n-1} + 2b_n = R_n$$

它们是 n 个未知量和 n 个方程组成的方程组，用矩阵形式表示为：

$$
\begin{bmatrix}
2 & \mu_1 & & & & \\
\lambda_2 & 2 & \mu_2 & & & \\
& \lambda_3 & 2 & \mu_3 & & \\
& & \ddots & \ddots & \ddots & \\
& & & \lambda_{n-1} & 2 & \mu_{n-1} \\
& & & & \lambda_n & 2
\end{bmatrix}
\begin{bmatrix}
b_1 \\ b_2 \\ b_3 \\ \vdots \\ b_{n-1} \\ b_n
\end{bmatrix}
=
\begin{bmatrix}
R_1 \\ R_2 \\ R_3 \\ \vdots \\ R_{n-1} \\ R_n
\end{bmatrix}
$$

　　显然，在上述三对角系数矩阵中。由于 $|\lambda_i| + |\mu_i| = 1(i = 2, 3, \cdots, n-1)$，$0 <= \mu_i$，$\lambda_n <= 1$，主对角线上的元素为 2，对角严格占优势，故方程组的系数矩阵奇异，从而方程组有唯一解。用"追赶法"很容易解这个方程组，并可节省大量的计算时间和存储空间。

　　当求出了所有的 b_i 后，那么所有的 a_i、c_i 和 d_i 也就确定了，从而所有的 $S_i(x)$ 也确定了。这时，每给定一个 x 值，如 $x = x^*$，先判断好 x^* 所在的区间，若 $x_i <= x^* <= x_{i+1}$，则利用 $S_i(x)$ 可计算出 $S(x^*)$ 的函数值，即 $y^* = S(x^*)$。为了画出三次样条曲线，可将 x 从 $x_1 \sim x_n$ 取一系列的值，计算出相应的 $S(x)$，然后用直线段一一连接相邻的 $S(x)$ 点。

2. 贝塞尔（Bezier）曲线

　　前面讨论的三次样条曲线是通过所有指定的数据点，但曲线的形状依赖于边界条件——斜率或二阶导数。用斜率或二阶导数等数字去控制曲线形状，不能提供设计曲线形状所需的直观感觉，也就是曲线的形状和数字之间不一定有明显的关系。此外，三次样条曲线各段都是三次曲线，这对曲线形状设计来说是不够灵活的，不能直观地表示出应该如何修改以及如何控制曲线形状。事实上，设计曲线形状时，设计师常用的做法是先用折线勾画一个轮廓，再用曲线去逼近这个折线轮廓。

　　针对这一问题，法国雷诺公司工程师贝塞尔（Pierre Bézier）在 20 世纪 70 年代初提出了一种描述曲线的方法，就是用光滑参数曲线段逼近折线多边形，这种光滑曲线称为 Bezier 曲线。贝塞尔曲线不要求给出导数，只要给出数据点就可构造曲线，而且曲线次数严格依赖于确定该段曲线的数据点个数，曲线形状依赖于该多边形的形状，只有该多边形第 1 个顶点和最后一个顶点在曲线上。Bezier 曲线及其特征多边形如图 4.29 所示。

　　（1）Bezier 曲线的数学表达式

　　Brzier 曲线是由一组折线来定义的，且第 1 点和最后一点在曲线上，第 1 条和最后一条折线分别表示出曲线在起点和终点处的切线方向。Bezier 曲线通常由（$n+1$）个顶点定义一个 n 次多项式，曲线上各点参数方程式为

$$P(t) = \sum_{i=0}^{n} P_i B_{i,n}(t) \tag{4-14}$$

其中，参数 t 的取值范围为 $[0,1]$，i 是有序集 $0 \sim n$ 中的一个整数值，n 是多项式次数，也是曲线次数，通常由 $n+1$ 个顶点确定的曲线为 n 次曲线。

　　在方程（4-14）中，P_i 是第 i 个顶点的坐标值（x 或 y），$B_{i,n}(t)$ 是伯恩斯坦（Bernstein）多项

式，称为基函数，其定义如下：

$$B_{i,n}(t) = C_n^i t^i (1-t)^{n-i}$$

其中

$$C_n^i = \frac{n!}{i!(n-i)!}$$

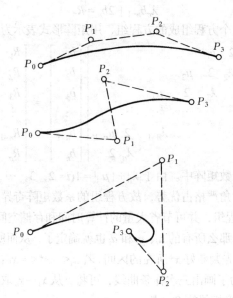

图 4.29　Brezier 曲线及其特征多边形

（2）Bezier 曲线的性质

① BeZier 曲线的起点和终点分别是特征多边形的第 1 个顶点和最后一个顶点。

在曲线的起点处，$t = 0$，代入式（4-14）得：

$$P(0) = \sum_{i=0}^{n} \frac{n!}{i!(n-i)!}(1-0)^{n-i} 0^i P_i$$

上式中除了 $i = 0$ 这一项，其它项都为零，所以 $P(0) = P_0$。

同理，在曲线终点处 $t = 1$，则 $P(1) = P_n$。

② 曲线在起点和终点处的切线分别是特征多边形的第 1 条边和最后一条边，且切矢的模长分别为相应边长的 n 倍。

对式（4-14）求导得：

$$P'(t) = \sum_{i=0}^{n} B'_{i,n}(t) P_i = n\sum_{i=1}^{n} B_{i-1,n-1}(t) P_i - n\sum_{i=0}^{n-1} B_{i,n-1}(t) P_i$$

$$= n\sum_{i=1}^{n} B_{i-1,n-1}(t)(P_i - P_{i-1})$$

于是在曲线的起点和终点处分别有：

$$P'(0) = n(P_1 - P_0) \text{和} P'(1) = n(P_n - P_{n-1})$$

③ 凸包性。对区间[0,1]的任一值 u，点 $P(u)$ 必须落在由特征多边形顶点所张开形成的凸包内，即当特征多边形为凸时，Bezier 曲线也是凸的；当特征多边形有凹有凸时，其曲线的凸凹形状与之对应，且在其凸包范围内，如图 4.30 所示。

④ 几何不变性。由 Bezier 曲线的定义式（4-14）知，曲线的形状由特征多边形的顶点 $P_i(i = 0, 1, \cdots, n)$ 唯一确定，与坐标系的选取无关。这就是几何不变性，Bezier 曲线的几何作图法就是一个很好的例证。

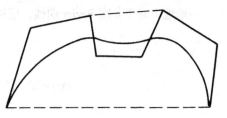

图 4.30　Brizer 曲线凸包性

（3）几个低次 Bezier 曲线

① 一次 Bezier 曲线

当 $n = 1$ 时，式（4-14）为：

$$P(t) = (1 - t)P_0 + tP_1 = (P_1 - P_0)t + P_0$$

表明一次 Bezier 曲线是连接 P_0 和 P_1 的直线段。

② 二次 Bezier 曲线

当 $n = 2$ 时，式（4-14）为：

$$P(t) = (1 - t)^2 P_0 + 2t(1 - t)P_1 + t^2 P_2$$
$$= (P_0 - 2P_1 + P_2)t^2 + (-2P_0 + 2P_1)t + P_0$$

表明二次 Bezier 曲线是一段抛物线。用矩阵表示为：

$$P(t) = [t^2\ t\ 1] \begin{bmatrix} P_0 & -2P_1 & P_2 \\ -2P_0 & 2P_1 & 0 \\ P_0 & 0 & 0 \end{bmatrix}$$

$$= [t^2\ t\ 1] \begin{bmatrix} 1 & -2 & 1 \\ -2 & 2 & 0 \\ 1 & 0 & 0 \end{bmatrix} \begin{bmatrix} P_0 \\ P_1 \\ P_2 \end{bmatrix}$$

③ 三次 Bezier 曲线

当 $n = 3$ 时，式（4-14）为：

$$P(t) = (1 - t)^3 P_0 + 3t(t - 1)^2 P_1 + 3t^2(1 - t)P_2 + t^3 P_3$$
$$= (-P_0 + 3P_1 - 3P_2 + P_3)t^3 + (3P_0 - 6P_1 + 3P_2)t^2 + (-3P_0 + 3P_1)t + P_0$$

用矩阵表示为：

$$P(t) = [t^3\ t^2\ t\ 1] \begin{bmatrix} -P_0 & 3P_1 & -3P_2 & P_3 \\ 3P_0 & -6P_1 & 3P_2 & 0 \\ -3P_0 & 3P_1 & 0 & 0 \\ P_0 & 0 & 0 & 0 \end{bmatrix}$$

$$= [t^3\ t^2\ t\ 1] \begin{bmatrix} -1 & 3 & -3 & 1 \\ 3 & -6 & 3 & 0 \\ -3 & 3 & 0 & 0 \\ 1 & 0 & 0 & 0 \end{bmatrix} \begin{bmatrix} P_0 \\ P_1 \\ P_2 \\ P_3 \end{bmatrix}$$

这里

$$\begin{cases} B_{0,3} = (1 - t)^3 \\ B_{1,3} = 3t(1 - t)^2 \\ B_{2,3} = 3t^2(1 - t) \\ B_{3,3} = t^3 \end{cases} \tag{4-15}$$

一般地，对于 n 次 Bezier 曲线，用矩阵形式可表示为：

$$P(t) = [t^n \quad t^{n-1} \quad \cdots \quad t \quad 1] \cdot T_{(n+1) \times (n+1)} \cdot \begin{bmatrix} P_0 \\ P_1 \\ \vdots \\ \vdots \\ P_{n-1} \\ P_n \end{bmatrix}$$

其中，T 为 $(n+1) \times (n+1)$ 的方阵，第 i 列的各元素为基函数 $B_{i-1,n}(t)$ 中按 t 的降幂排列时的各个系数。

（4）Bezier 曲线计算举例

假定：$P_0[1,1]$，$P_1[2,3]$，$P_2[4,3]$，$P_3[3,1]$ 是一个 Bezier 曲线特征多边形顶点的位置，由式（4-15）计算对应不同 t 值下 $B_{i,3}(t)$ 的值，如表 4.4 所示。

表 4.4 不同 t 值下 $B_{i,3}(t)$ 值

t	$B_{0,3}$	$B_{1,3}$	$B_{2,3}$	$B_{3,3}$
0	1	0	0	0
0.15	0.614	0.325	0.057 4	0.003 4
0.35	0.275	0.444	0.239	0.043
0.5	0.125	0.375	0.375	0.125
0.65	0.043	0.239	0.444	0.275
0.85	0.003 4	0.057 4	0.325	0.614
1	0	0	0	1

求出不同 t 值下 $P(t)$ 值：

$$P(0) = P_0 = [1 \quad 1]$$
$$P(0.15) = 0.614P_0 + 0.325P_1 + 0.057\,4P_2 + 0.003\,4P_3 = [1.5 \quad 1.765]$$
$$P(0.35) = 0.275P_0 + 0.444P_1 + 0.239P_2 + 0.043P_3 = [2.248 \quad 2.367]$$
$$P(0.5) = 0.125P_0 + 0.375P_1 + 0.375P_2 + 0.125P_3 = [2.75 \quad 2.5]$$
$$P(0.65) = 0.043P_0 + 0.239P_1 + 0.444P_2 + 0.275P_3 = [3.122 \quad 2.36]$$
$$P(0.85) = 0.003\,4P_0 + 0.057\,4P_1 + 0.325P_2 + 0.614P_3 = [3.260\,2 \quad 1.764\,6]$$
$$P(1) = P_3 = [3 \quad 1]$$

根据以上这些点可画出三次 Bezier 曲线，如图 4.31 所示。

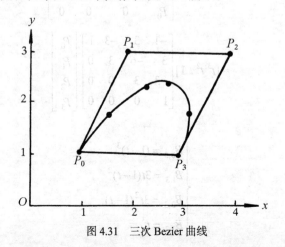

图 4.31　三次 Bezier 曲线

（5）Bezier 曲线的光滑连接

由前面所讨论的 Bezier 曲线数学表达形式以及性质可以看出,对于形状比较复杂的曲线来说,只用一段三次 Bezier 曲线来描述就不够了。一种办法是增加顶点个数,但也增加了 Bezier 曲线的阶次,高次 Bezier 曲线计算比较复杂,而且还有许多理论问题有待于解决。因此,工程上往往使用另一种方法,即用分段三次 Bezier 曲线来描述。将分段的三次 Bezier 曲线连接起来构成三次 Bezier 曲线,其关键问题是如何保证连接处具有连续性。下面讨论两条 Bezier 曲线在连接点处的连续条件。

设两条 Bezier 曲线分别为 n 次 $P(t)$ 和 m 次 $Q(t)$。它们在连接点处为 $P_n = Q_0$,如图 4.32 所示。

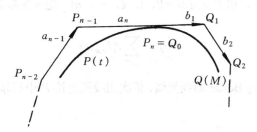

图 4.32　Bezier 的光滑连接

由 Bezier 曲线性质②可得:

$$P'(1) = na_n \qquad Q'(0) = mb_1$$

要保证曲线在连接点处的一阶导数连续,即

$$P'(1) = Q'(0)$$

则

$$na_n = mb_1$$

$$b_1 = \frac{n}{m} a_n = \alpha a_n \qquad (\alpha = \frac{n}{m})$$

即 P_{n-1},$P_n(= Q_0)$,Q_1 三点共线。

图 4.33 所示为三次 Bezier 曲线的连接,其中一条曲线由顶点 P_1、P_2、P_3、P_4 控制,另一条曲线由顶点 P_4、P_5、P_6、P_7 控制,P_4 是两条曲线的公共顶点。当 P_3、P_4、P_5 3 个顶点共线时,这两条三次 Bezier 曲线就在顶点 P_4 处互相切连接,在切点处具有一阶导数连续性,而 P_3、P_4、P_5 的连线是它们的公切线。

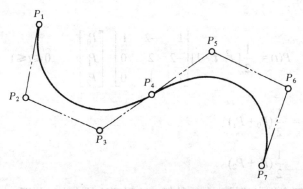

图 4.33　三次 Bezier 曲线连接

3. B 样条（Spline）曲线

在实际应用中，Bezier 曲线存在一些缺点，如特征多边形的 $n+1$ 个顶点决定了曲线，次数 n 不能局部修改，缺乏灵活性。当 n 较大、控制点较多时，Bezier 曲线使用起来很不方便，而且更重要的是，特征多边形对曲线的控制减弱。若使用分段三次 Bezier 曲线代替 n 阶 Bezier 曲线，则对控制点必须附加某些条件，也不便于使用，因此人们拓广了 Bezier 曲线，把 B 样条函数扩展成参数形式的 B 样条曲线，在工程设计中最常用的是二次 B 样条曲线和三次 B 样条曲线。

（1）B 样条曲线的数学表达形式

B 样条曲线是由若干样条曲线段光滑连接而成的。首先定义 B 样条曲线段。

设给定 $n+1$ 个型值点，用 P_i 表示（$i=0,1,2,\cdots,n$）。把 n 次参数曲线段：

$$P(t) = \sum_{i=0}^{n} P_i F_{i,n}(t) \tag{4-16}$$

叫作 n 次 B 样条曲线段。与 Bezier 曲线类似，依次用线段连接 P_i 中相邻两个型值点所得的折线多边形称为 B 特征多边形。

$$F_{i,n} = \frac{1}{n!} \sum_{j=0}^{n-i} (-1)^j C_{n+1}^j (t+n-i-j)^n \tag{4-17}$$

B 样条函数式中 $0 \leq t \leq 1$，$i=0,1,\cdots,n$。

B 样条曲线不同于 Bezier 曲线，它是一段段连接起来的，这一段段 B 样条曲线是自然连接的。

（2）二次 B 样条曲线段

二次 B 样条曲线段 $n=2$，由式（4-17）得：

$$F_{0,2}(t) = \frac{1}{2}(t^2 - 2t + 1)$$

$$F_{1,2}(t) = \frac{1}{2}(-2t^2 + 2t + 1)$$

$$F_{2,2}(t) = \frac{1}{2}t^2$$

代入式（4-16）并整理得：

$$P(t) = \frac{1}{2}[(P_0 - 2P_1 + P_2)t^2 + (-2P_0 + 2P_1)t + (P_0 + P_1)] \tag{4-18}$$

用矩阵形式表示为：

$$P(t) = \frac{1}{2}[t^2 \quad t \quad 1] \begin{bmatrix} 1 & -2 & 1 \\ -2 & 2 & 0 \\ 1 & 1 & 0 \end{bmatrix} \begin{bmatrix} P_0 \\ P_1 \\ P_2 \end{bmatrix} \quad 0 \leq t \leq 1 \tag{4-19}$$

当 $t=0$ 时，$P(0) = \frac{1}{2}(P_0 + P_1)$

当 $t=1$ 时，$P(1) = \frac{1}{2}(P_1 + P_2)$

这表明曲线段的两个端点就是二次 B 特征二边形两边的中点，如图 4.34 所示。

将式（4-18）对 t 求导得：

$$P'(t) = (t-1)P_0 + (-2t+1)P_1 + tP_2$$

于是有：

$$P'(0) = P_1 - P_0$$
$$P'(1) = P_2 - P_1$$

这表明二次样条曲线段两端点切向量就是特征二边形的两个边向量。

如果继 P_0，P_1，P_2 之后还有一些点 P_3，P_4……那么依次地每取三点 P_1，P_2，P_3……都可以得到一段二次 B 样条曲线段，总和起来就得到二次 B 样条曲线，如图 4.35 所示。

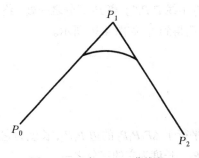

图 4.34 二次 Bezier 曲线段

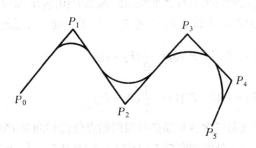

图 4.35 二次 B 样条曲线

若给定 n 个型值点的二次 B 样条曲线式由 $n-2$ 段二次 B 样条曲线段光滑连接而成，那么如图 4.35 所示的曲线就可以由 4 段二次 B 样条曲线连接而成。

（3）三次 B 样条曲线段

三次 B 样条曲线段 $n=3$。由式（4-17）得：

$$F_{0,3}(t) = \frac{1}{6}(-t^3 + 3t^2 - 3t + 1)$$

$$F_{1,3}(t) = \frac{1}{6}(3t^3 - 6t^2 + 4)$$

$$F_{2,3}(t) = \frac{1}{6}(-3t^3 + 3t^2 + 3t + 1)$$

$$F_{3,3}(t) = \frac{1}{6}t^3$$

代入式（4-16）并整理得：

$$P(t) = \frac{1}{6}[(-P_0 + 3P_1 - 3P_2 + P_3)t^3 + (3P_0 - 6P_1 + 3P_2)t^2$$
$$+ (-3P_0 + 3P_2)t + (P_0 + 4P_1 + P_2)] \tag{4-20}$$

用矩阵形式表示为：

$$P(t) = \frac{1}{6}\begin{bmatrix} t^3 & t^2 & t & 1 \end{bmatrix} \begin{bmatrix} -1 & 3 & -3 & 1 \\ 3 & -6 & 3 & 0 \\ -3 & 0 & 3 & 0 \\ 1 & 4 & 1 & 0 \end{bmatrix} \begin{bmatrix} P_0 \\ P_1 \\ P_2 \\ P_3 \end{bmatrix} \tag{4-21}$$

将式（4-20）对 t 求一阶、二阶导数得：

$$P'(t) = \frac{1}{6}[3(-P_0 + 3P_1 - 3P_2 + P_3)t^2 + 2(3P_0 - 6P_1 + 3P_2)t + (-3P_0 + 3P_2)]$$

$$P''(t) = \frac{1}{6}[6(-P_0 + 3P_1 - 3P_2 + P_3)t + 2(3P_0 - 6P_1 + 3P_2)]$$

当 $t = 0$ 时，$P(0) = \frac{1}{6}(P_0 + 4P_1 + P_2) = \frac{1}{3}(\frac{P_0 + P_2}{2}) + \frac{2}{3}P_1$

当 $t = 1$ 时，$P(1) = \frac{1}{6}(P_1 + 4P_2 + P_3) = \frac{1}{3}(\frac{P_1 + P_3}{2}) + \frac{2}{3}P_2$

这表明三次 B 样条曲线段的起点 $P(0)$ 落在 $\Delta P_0 P_1 P_2$ 中线 $P_1 P_1''$ 上离 P_1 三分之一处，终点 $P(1)$ 落在 $\Delta P_1 P_2 P_3$ 中线 $P_2 P_2''$ 上离 P_2 三分之一处（可通过证明得到），如图 4.36 所示。

当 $t = 0$ 时，$P'(0) = \frac{1}{2}(P_2 - P_0)$

当 $t = 1$ 时，$P'(1) = \frac{1}{2}(P_3 - P_1)$

这表明三次 B 样条曲线段的始点处的切向量 $P'(0)$ 平行于 $\Delta P_0 P_1 P_2$ 的边 $P_0 P_2$，长度为它的三分之一；终点处的切向量 $P'(1)$ 平行于 $\Delta P_1 P_2 P_3$ 中的边 $P_1 P_3$，长度为它的三分之一。

当 $t = 0$ 时，$P''(0) = (P_2 - P_1) + (P_0 - P_1)$

当 $t = 1$ 时，$P''(1) = (P_3 - P_2) + (P_1 - P_2)$

这表明起点处的二阶导向量 $P''(0)$ 等于中线向量 $P_1 P_1''$ 的两倍，终点处的二阶导向量 $P''(1)$ 为中线向量 $P_2 P_2''$ 的两倍。

如果 B 特征多边形添加一个顶点 P_4，则由 P_1、P_2、P_3、P_4 4 个顶点可以决定另一段三次 B 样条曲线段，由于前一段的终点位置，一阶、二阶导向量和下一段始点的位置，一阶、二阶导向量仅与 $\Delta P_1 P_2 P_3$ 有关，且都分别相等，这说明 B 样条曲线是二阶连续的。

对于三次 B 样条曲线是由 $n - 3$ 段三次 B 样条曲线段光滑连接而成，n 是给定型值点，如图 4.37 所示，$n = 8$，则共有 $8 - 3 = 5$ 段三次 B 样条曲线段。

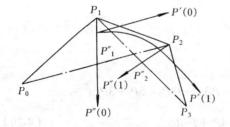

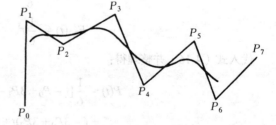

图 4.36 三次 B 样条曲线段   图 4.37 三次 B 样条曲线

例 4.1 试过 4 个型值点 $P_0[1, 1]$、$P_1[2, 3]$、$P_2[4, 3]$、$P_3[3, 1]$ 作 B 样条曲线。

① 求二次 B 样条曲线

将已知点代入式（4-19）可得分段二次 B 样条曲线方程：

$$P_1(t) = \frac{1}{2}[t^2 \quad t \quad 1]\begin{bmatrix} 1 & -2 & 1 \\ -2 & 2 & 0 \\ 1 & 1 & 0 \end{bmatrix}\begin{bmatrix} 1 & 1 \\ 2 & 3 \\ 4 & 3 \end{bmatrix}$$

$$= [0.5 \quad -1]t^2 + [1 \quad 2]t + [1.5 \quad 2]$$

$$P_2(t) = \frac{1}{2}[\; t^2 \quad t \quad 1\;] \begin{bmatrix} 1 & -2 & 1 \\ -2 & 2 & 0 \\ 1 & 1 & 0 \end{bmatrix} \begin{bmatrix} 2 & 3 \\ 4 & 3 \\ 3 & 1 \end{bmatrix}$$

$$= [1.5 \quad -1]t^2 + [2 \quad 0]t + [3 \quad 3]$$

给 t 赋不同值$(0 \le t \le 1)$，可得一批数据点，即可画出二次 B 样条曲线，如图 4.38 所示。

② 求三次 B 样条曲线

将已知点代入式（4-21）得三次 B 样条曲线段方程：

$$P(t) = \frac{1}{6}[\; t^3 \quad t^2 \quad t \quad 1\;] \begin{bmatrix} -1 & 3 & -3 & 1 \\ 3 & -6 & 3 & 0 \\ -3 & 0 & 3 & 0 \\ 1 & 4 & 1 & 0 \end{bmatrix} \begin{bmatrix} 1 & 1 \\ 2 & 3 \\ 4 & 3 \\ 3 & 1 \end{bmatrix}$$

$$= [-\frac{2}{3} \quad 0]t^3 + [\frac{1}{2} \quad -1]t^2 + [\frac{3}{2} \quad 1]t + [\frac{13}{6} \quad \frac{8}{3}]$$

给 t 赋不同值$(0 \le t \le 1)$，可得一批数据点，即可画出三次 B 样条曲线，如图 4.39 所示。

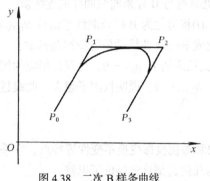 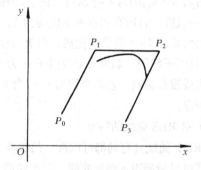

图 4.38　二次 B 样条曲线　　　　　图 4.39　三次 B 样条曲线

4. 有理样条曲线 NURBS

B 样条曲线（包括其特例 Bezier 曲线）比较适合自由型曲线的设计，但是它不适合于除却抛物线之外的二次曲线的精确设计。若要用 Bezier 曲线来表示半圆，则需要用到五次 Bezier 曲线，还要专门设计其控制顶点。在大量的机械设计的零件中经常会有二次曲线弧或者二次曲面表示的形状，隐函数的数学描述方法是一种解决途径，但是这种方法的使用复杂性高且处理难度大。另一种解决方案就是对 B 样条函数进行改造，保留其描述自由型曲线特长的同时扩充其统一表示二次曲线的能力，也就导致了有理样条曲线 NURBS 的诞生。

（1）NURBS 曲线的定义

一段 k 次的 NURBS 曲线是一分段的有理多项式函数，其定义如下：

$$p(t) = \frac{\sum\limits_{i=0}^{n} w_i P_i B_{i,k}(t)}{\sum\limits_{i=0}^{n} w_i B_{i,k}(t)}$$

其中，$P_i(i = 0, 1, \cdots, n)$为控制顶点，w_i是与其相对应的权或权因子。一般情况下要求首末因子（w_0 和 w_n）要大于零，其他因子大于或者等于零，同时保证 k 个权因子不同时为零杜绝出现分母为零的情况；如果出现这种情况则认为 0/0 仍然为零，基函数 $B_{i,k}(t)$由节点矢量 $S = (s_0, s_1, \cdots, s_{n+k+1})$按照德布尔-考克斯公式来递推定义。当所有的权因子都为 1 时，分母的基函数之和为 1，则 $p(t)$ 变成非有理 B 样条曲线。

（2）NURBS 曲线的有理基函数表示方法

NURBS 曲线也可以采用有理基函数的表示方法：

$$p(t) = \sum_{i=0}^{n} P_i R_{i,k}(t)$$

其中，$R_{i,k}(t) = \dfrac{w_i B_{i,k}(t)}{\sum\limits_{j=0}^{n} w_j B_{j,k}(t)}$ 称为有理基函数，它具有如下性质。

① 凸包性：$\sum\limits_{i=0}^{n} R_{i,k}(t) \equiv 1$。

② 局部支撑性：$R_{i,k}(t) > = 0$，当 $t \in [t_i, t_{i+k+1}]$，否则 $R_{i,k}(t) = 0$。

③ 可微性：在节点区间内分母不为 0，$R_{i,k}(t)$ 无限可微；在节点处，若节点的重复度（出现次数）为 f，则 $R_{i,k}(t)$ 为 $k - f$ 次可微的，即在节点处具有与 B 样条曲线同样的连续阶。

④ 一般性：若所有的权因子值均为 1，则 $R_{i,k}(t)$ 将退化为 B 样条曲线基函数 $B_{i,k}(t)$；若节点矢量仅由两端的 $k+1$ 重节点构成，则 $R_{i,k}(t)$ 将退化成 Bezier 曲线的伯恩斯坦基函数。

⑤ 权因子特征：如果某个权因子 w_i 为 0，则其相应的 $R_{i,k}(t) = 0$，也就是相应的控制顶点对曲线的生成没有影响；若某个权因子 w_j 为 1，那么 $R_{j,k}(t) = 1$，说明权因子越大，曲线越靠近相应的控制顶点。

（3）NURBS 曲线的特点

NURBS 曲线具有局部可调性、凸包性、几何和透视投影变换不变性等特点，它采用有理参数多项式可以精确表示圆锥曲线、二次曲面等，为几何造型算法提供了思路。

5. 最小二乘法曲线拟合

在工程设计和试验统计研究中，常常需要对一批实验数据进行分析处理，找出其变化规律。由于实验数据不可避免地会有各种误差，如果用插值法来拟合这批数据，让曲线通过所有数据点，则会使曲线保留全部误差的影响，引起曲线波动变化，不能真实反映数据变化的趋势。如图 4.40 所示，每隔一段时间测量一次某点的温度，理论上温升曲线应该是一条光滑的指数方程曲线。在这种情况下，曲线不一定要严格经过这些数据点，而是要考虑使曲线符合其实际特性，最小二乘法便是一种常用的拟合方法。

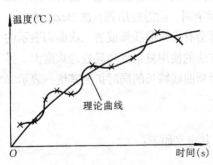
图 4.40 理论曲线与实验数据点

对于有序的一组型值点 $(x_i, y_i)(i = 1, 2, \cdots, n)$ 用一条光滑的曲线 $y = f(x)$ 来拟合，原则上应该使型值点与曲线的偏差为最小。通常把型值点的坐标值与曲线上对应点的坐标值的偏差 $\varepsilon_i = f(x_i) - y_i$ 称为残差，最小二乘法就是使残差的平方和达到最小，即 $\sum\limits_{i=1}^{n} \varepsilon_i^2$ 为最小。

第一步先设定曲线的类型。曲线可以是各种类型的，最常见的是 m 次多项式形式，如二次曲线、三次曲线等。设

$$f(x) = a_0 + a_1x + a_2x^2 + \cdots + a_mx^m = \sum_{i=0}^{m} a_ix^i$$

曲线上对应点与型值点坐标的残差的平方和为 Q。

$$Q = \sum_{i=1}^{n} \varepsilon_i^2 = \sum_{i=1}^{n} [f(x_i) - y_i]^2 = \sum_{i=1}^{n} \left(\sum_{j=0}^{m} a_jx_i^j - y_i \right)^2$$

因为 x_i、y_i 为型值点的坐标值，并由实验得出，故 Q 只是 a_j 的函数。

使 Q 最小也就是使 $\dfrac{\partial Q}{\partial a_k} = 0$，$(k = 0, 1, 2, \cdots, m)$。

m 次的曲线方程，可以列出 $m+1$ 个联立的线性方程组，则可求出 a_0、a_1、$\cdots$、a_m，即 $m+1$ 个系数。这样就得到了曲线的方程式 $y = f(x)$。

例如，有一组数据点 $(x_i, y_i)(i = 1, 2, \cdots, n)$ 近似地呈线性形状，若用一条直线来拟合它们，则设定直线的方程式 $y = a_0 + a_1x$，其残差为：

$$Q = \sum_{i=1}^{n} (a_0 + a_1x_i - y_i)^2$$

对 a_0、a_1 求偏导：

$$\begin{cases} \dfrac{\partial Q}{\partial a_0} = \sum_{i=1}^{n} (a_0 + a_1x_i - y_i) = 0 \\ \dfrac{\partial Q}{\partial a_1} = \sum_{i=1}^{n} (a_0 + a_1x_i - y_i)x_i = 0 \end{cases}$$

联立两个方程式：

$$\begin{cases} na_0 + \sum_{i=1}^{n} x_ia_1 = \sum_{i=1}^{n} y_i \\ \sum_{i=1}^{n} x_ia_0 + \sum_{i=1}^{n} x_i^2a_1 = \sum_{i=1}^{n} x_iy_i \end{cases}$$

用矩阵的方式来表示：

$$\begin{bmatrix} n & \sum_{i=1}^{n} x_i \\ \sum_{i=1}^{n} x_i & \sum_{i=1}^{n} x_i^2 \end{bmatrix} \begin{bmatrix} a_0 \\ a_1 \end{bmatrix} = \begin{bmatrix} \sum_{i=1}^{n} y_i \\ \sum_{i=1}^{n} x_iy_i \end{bmatrix}$$

解上述矩阵方程，即可求出系数 a_0 和 a_1，亦即得到直线方程 $y = a_0 + a_1x$，若用两次曲线 $y = a_0 + a_1x + a_2x^2$ 进行拟合，则其残差为：

$$Q = \sum_{i=1}^{n} (a_0 + a_1x_i + a_2x_i^2 - y_i)^2$$

对 a_0、a_1、a_2 求偏导：

$$\begin{cases} \dfrac{\partial Q}{\partial a_0} = \sum_{i=1}^{n}(a_0 + a_1 x_i + a_2 x_i^2 - y_i) = 0 \\[2mm] \dfrac{\partial Q}{\partial a_1} = \sum_{i=1}^{n}[(a_0 + a_1 x_i + a_2 x_i^2 - y_i)x_i] = 0 \\[2mm] \dfrac{\partial Q}{\partial a_2} = \sum_{i=1}^{n}[(a_0 + a_1 x_i + a_2 x_i^2 - y_i)x_i^2] = 0 \end{cases}$$

整理得：

$$\begin{cases} na_0 + \sum_{i=1}^{n}x_i a_1 + \sum_{i=1}^{n}x_i^2 a_2 = \sum_{i=1}^{n}y_i \\[2mm] \sum_{i=1}^{n}x_i a_0 + \sum_{i=1}^{n}x_i^2 a_1 + \sum_{i=1}^{n}x_i^3 a_2 = \sum_{i=1}^{n}x_i y_i \\[2mm] \sum_{i=1}^{n}x_i^2 a_0 + \sum_{i=1}^{n}x_i^3 a_1 + \sum_{i=1}^{n}x_i^4 a_2 = \sum_{i=1}^{n}x_i^2 y_i \end{cases}$$

令 $\sum_{i=1}^{n}x_i^k = S_k$ $(k = 0,1,2,3,4)$ ， $\sum_{i=1}^{n}x_i^k y_i = p_k$ $(k = 0,\ 1,\ 2)$，则上式简化为：

$$\begin{cases} S_0 a_0 + S_1 a_1 + S_2 a_2 = P_0 \\ S_1 a_0 + S_2 a_1 + S_3 a_2 = P_1 \\ S_2 a_0 + S_3 a_1 + S_4 a_2 = P_2 \end{cases}$$

其中，$S_0 = \sum_{i=1}^{n}x_i^0 = \sum_{i=1}^{n}1 = n$。

矩阵形式为：

$$\begin{bmatrix} S_0 & S_1 & S_2 \\ S_1 & S_2 & S_3 \\ S_2 & S_3 & S_4 \end{bmatrix} \begin{bmatrix} a_0 \\ a_1 \\ a_2 \end{bmatrix} = \begin{bmatrix} P_0 \\ P_1 \\ P_2 \end{bmatrix}$$

解该方程，求出 a_0、a_1、a_2，即可得到两次曲线方程：

$$y = a_0 + a_1 x + a_2 x^2$$

同理，对于 m 次多项式的拟合曲线，可得到统一的矩形方程式：

$$\begin{bmatrix} S_0 & S_1 & \cdots & S_m \\ S_1 & S_2 & \cdots & S_{m+1} \\ \vdots & & & \vdots \\ S_m & S_{m+1} & \cdots & S_{2m} \end{bmatrix} \begin{bmatrix} a_0 \\ a_1 \\ \vdots \\ a_m \end{bmatrix} = \begin{bmatrix} P_0 \\ P_1 \\ \vdots \\ P_m \end{bmatrix}$$

$$S_k = \sum_{i=1}^{n}x_i^k \quad (k = 0,\ 1,\ 2,\ \cdots,\ 2m)$$

$$P_k = \sum_{i=1}^{n}x_i^k y_i \quad (k = 0,\ 1,\ 2,\ \cdots,\ m)$$

可以看出，上列系数矩阵为一对称矩阵，其左下脚到右上角的主对角线都是 S_m，与其平行的线上的元素也都相同，可以用高斯列主元消元法，方便地解得方程的解。

例 4.2 设有一组数据如表 4.5 第（2）列和第（3）列所示，我们要用二次多项式曲线来最好地拟合这组数据。

表 4.5 测量数据及其各项计算值

（1）	（2）	（3）	（4）	（5）	（6）	（7）	（8）
i	x_i	y_i	$x_i y_i$	x_i^2	$x_i^2 y_i$	x_i^3	x_i^4
1	1	2	2	1	2	1	1
2	3	7	21	9	63	27	81
3	4	8	32	16	128	64	256
4	5	10	50	25	250	125	625
5	6	11	66	36	386	216	1 296
6	7	11	77	49	539	343	2 401
7	8	10	80	64	640	512	4 096
8	9	9	81	81	729	729	6 561
9	10	8	80	100	800	1 000	10 000
$\sum_{i=1}^{9}$	53	76	489	381	3 547	3 017	25 317

令二次多项式方程为：

$$y = f(x) = a_0 + a_1 x + a_2 x^2$$

根据前面所述，要求 a_0、a_1、a_2 必须先算出 S_0、S_1、S_2、S_3、S_4 和 P_0、P_1、P_2。由

$$S_k = \sum_{i=1}^{n} x_i^k \quad (k = 0,1,2,3,4)，得：$$

$$S_0 = 9$$

$$S_1 = \sum_{i=1}^{9} x_i = 53$$

$$S_2 = \sum_{i=1}^{9} x_i^2 = 381$$

$$S_3 = \sum_{i=1}^{9} x_i^3 = 3\ 017$$

$$S_4 = \sum_{i=1}^{9} x_i^4 = 25\ 317$$

$$P_0 = \sum_{i=1}^{9} y_i = 76$$

$$P_1 = \sum_{i=1}^{9} x_i y_i = 489, \quad P_2 = \sum_{i=1}^{9} x_i^2 y_i = 3\ 547$$

我们得出联立方程组如下：

$$\begin{cases} 9a_0 + 53a_1 + 381a_2 = 76 \\ 53a_0 + 381a_1 + 3017a_2 = 489 \\ 381a_0 + 3017a_1 + 25317a_2 = 3547 \end{cases}$$

求解得
$$a_0 = -1.459\ 7,\quad a_1 = 3.605\ 3,\quad a_2 = -0.267\ 6$$
因此，所求出的二次多项式曲线方程为：
$$y = f(x) = -1.459\ 7 + 3.605\ 3x - 0.267\ 6x^2$$
二次多项式曲线如图 4.41 所示。

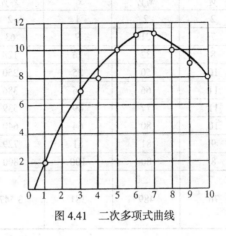

图 4.41　二次多项式曲线

4.4　区域填充

区域是指相互连通的一组像素的集合。区域通常由一个封闭的轮廓来定义，处于一个封闭轮廓线内的所有像素点即构成一个区域。所谓区域填充就是将区域内的像素置成新的颜色值或图案。区域填充是计算机绘图的一种基本操作，相当一部分绘图都要用到它。区域填充要解决两个问题：一是确定需要填充哪些像素，二是确定用什么颜色或图案。

4.4.1　多边形区域填充

一种常用的填充方法是按扫描线顺序，计算扫描线与多边形区间，再用要求的颜色或图案显示这些区间像素，从而完成多边形填充。

1. 边相关性及边记录

多边形填充首先需要求出扫描线与边界的交点，利用边的相关性可以简单有效地解决这个问题。当一条扫描线 y_i 与多边形的某一边线有交点时，其相邻扫描线 y_{i+1} 一般也与该边线相交（除非 y_{i+1} 超出了该边线所在区间），而且扫描线 y_{i+1} 与该边线的交点，很容易从前一条扫描线 y_i 与该边的交点递推求得。如图 4.42（a）所示，第 y_i 条扫描线与某边线 AB 的交点是（x_i, y_i），则第 y_{i+1} 条扫描线与 AB 的交点为

$$y_{i+1} = y_i + 1,\qquad x_{i+1} = x_i + 1/m$$

式中，m 是这条边的斜率，$m = 1/\Delta x$。

利用边的这种相关性，不必算出边线与各条扫描线的全部交点，只需以边线为单位，对每条边建立一个边记录，其内容包括：该边 y 的最大值 $y_{\max}$，该边底端的 x 坐标 x_i，从一条扫描线到下一条扫描线间的 x 增量 $1/m$，以及指示下一个边记录地址的指针，如图 4.42（b）所示。

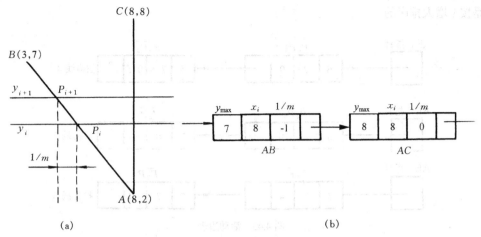

图 4.42　边相关性及边记录

2. 边表（ET）和活动边表（AET）

（1）边表（ET）。边表是一个包含多边形全部边记录的表，又称 ET 表，它按 y 坐标（与扫描线一一对应）递增（或递减）的顺序存放区域边界的所有边。每个 y 坐标值存放一个或几个边记录。当某条扫描线 y_i 碰到多边形边界的新边时（以边线底端为准），则在 ET 表中相应的 y 坐标值处写入一个边记录。当同时有多条边进入时，则在 ET 表中按链表结构写入相应数目的多个记录，这些记录是按边线较低端点的 x 值增加的顺序排列的。当没有新边加入时，表中对应的 y 坐标值处存储内容为空白。我们以图 4.43 所示的多边形为例，建立其边表 ET，如图 4.44 所示。

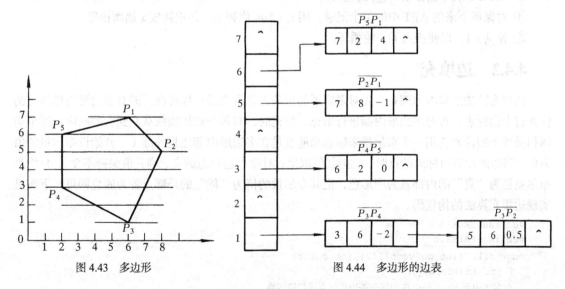

图 4.43　多边形　　　　　　　　图 4.44　多边形的边表

注意，在 ET 表中：①与 x 轴平行的边不计入；②多边形的顶点分为两大类，一类是局部极值点，如图 4.43 所示的 P_1、P_3；另一类是非极值点，如图 4.43 所示的 P_2、P_4、P_5。当扫描线与第一类顶点相遇时，应看作两个点；当扫描线与第二类顶点相遇时，应视为一个点。

（2）活动边表（AET）。活动边表是一个只与当前扫描线相交的边记录链表，又称 AET 表。随着扫描线从一条到另一条的转换，AET 表也应随之变动，利用上式可以算出 AET 表中 x 域中的新值 x_i。凡是与这一条扫描线相交的任何新边都加到 AET 表中，而与之不相交的边又被从 AET 表中删除。图 4.45 所示为图 4.43 中多边形在扫描线为 4、5、6 时的 AET 表。AET 表中的记录顺

序仍是按 x 增大排序的。

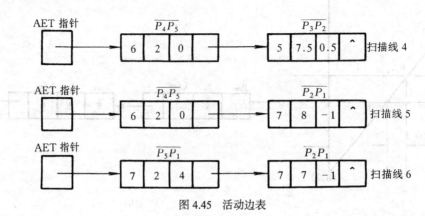

图 4.45　活动边表

3. 算法过程

（1）根据给出的顶点坐标数据，按 y 递增顺序建立如图 4.44 所示的 ET 表。

（2）根据 AET 指针，使之为空。

（3）使 $y = Y_{min}$（Y_{min} 为顶点坐标中最小 y 值）。

（4）反复做下述各步，直至 $y = Y_{max}$（顶点坐标中 y 的最大值）或 ET 与 AET 为空。

① 将 ET 表加入到 AET 中，并保持 AET 链中的记录按 x 值增大排序。

② 对扫描线 y_i 依次成对取出 AET 中 x_i 值，并在每对 x_i 之间填上所要求的颜色或图案。

③ 从 AET 表中删去 $y_i = y_{max}$ 的记录。

④ 对保留下来的 AET 中的每个记录，用 $x_i + 1/m$ 代替 x_i，并重新按 x 递增排序。

⑤ 使 $y_i + 1$，以便进入下一轮循环。

4.4.2　边填充

边填充算法的基本原理是：先对多边形的每条边进行直线扫描转换，即对多边形边界经过的像素打上边标志，再对多边形内部进行填充。填充时，对每条扫描线依从左到右的顺序，逐个访问扫描线上的像素，用一个布尔量来标志当前点是在多边形内部还是外部（一开始设布尔量的值为假，当碰到设有边标志的点时，就把其值取反；对没有边标志的点，则其值保持不变），再将其布尔量值为"真"的内部置为图形色，把其布尔量的值为"假"的外部点置为底色即可。下面是实现边填充算法的伪代码。

```
#define TRUE 1
#define FALSE 0
edge_fill (int polygon[][2],int color)
  { int inside,x,y;
  //对多边形 polygon 中的每一条边进行直线扫描转换
   inside=FALSE;
  for (每条与多边形 polygon 相交的扫描线 y)
     for (扫描线上每个像素点 x){
      if (像素 x 被打上了边标志) inside= !(inside);
      if (inside==TRUE) putpixel(x,y,color);
        else putpixel (x,y,back_color);
        }
}
```

　　如果用软件实现，边填充算法与多边形区域填充算法的执行速度几乎是相同的。但是，由于边填充算法最适合具有帧缓冲存储器的图形系统，在帧缓冲存储器中应用该算法时，不必建立和维护边表以及对它进行排序，所以边填充算法比较适合用硬件来实现，此时其执行速度必比多边形区域填充要快一个数量级以上。

4.4.3　种子填充

　　以上讨论的多边形区域填充算法是按扫描线的顺序进行的，而种子填充算法采用的是不同的原理。它的基本思路是：首先假设在多边形区域的内部，至少有一个像素点（称为种子）是已知的，然后算法开始搜索与种子点相邻且位于区域内的其他像素。如果相邻点不在区域内，那么到

达区域的边界；如果相邻点位于区域内，那么这一点就成为新的种子点，然后继续递归地搜索下去。这种算法比较适用于光栅扫描设备。

（a）四连通区域　　　　（b）八连通区域

图 4.46　两类连通区域示意图

　　区域的连通情况可以分为四连通和八连通两种。四连通区域是指各像素在水平和垂直 4 个方向上是连通的，如图 4.46（a）所示。八连通区域是指各像素在水平、垂直以及 4 个对角线方向上都是连通的，如图 4.46（b）所示。

　　在种子填充算法中，如果允许从 4 个方向搜寻下一个像素点，则该算法称为四向算法；如果允许从 8 个方向搜寻下一个像素点，则该算法称为八向算法。一个八向算法可以用在四连通区域的填充上，也可用在八连通区域的填充上；而一个四向算法只能用于填充四连通区域。无论是四向算法还是八向算法，它们的填充算法的基本思想是相同的。为简单起见，下面只讨论四向种子填充算法。

1. 简单种子填充算法

　　这是对定义区域进行填充的算法，此算法所采用的基本方法是：将 (x, y) 点与边界值相比较，检测该点的像素是否处在区域之内；同时与新值相比，以确定该点是否已被访问过。这种测试的前提条件是：在初始状态下，区域内没有一个像素已被设置为新值；同时允许新值等于边界值。

　　如果用堆栈的方法来实现简单种子填充算法，则算法的基本步骤如下。

　　（1）种子像素压入堆栈。

　　（2）当堆栈非空时，重复执行以下操作。

　　① 从堆栈中推出一个像素，并将该像素置成所要的值。

　　② 对于每个与当前像素邻接的四连通像素，进行上述两部分的测试。

　　③ 若所测试的像素在区域内且又未被填充过，则将该像素压入堆栈。

　　上述简单种子填充算法操作过程非常简单，但却要进行深度的递归，这不仅要花费许多时间，降低了算法的效率，而且还要花费许多空间构造堆栈结构。图 4.47 所示为由顶点（1，1）、（8，1）、（8，4）、（6，6）及（1，6）所决定的边界定义的多边形区域，种子像素为（4，3）。当用堆栈方法对其进行填充时，可以看到有些像素被多次压入到栈内，而且堆栈变得很大。如果按照右、上、

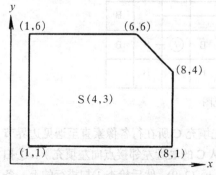

图 4.47　填充边界定义的区域

左、下顺序进行填充时，当算法进行到像素（5，5）时，堆栈的深度为 23 层，栈内包含很多重复

的和不必要的信息。解决这一问题的方法是使堆栈极小化，即在任意不间断的扫描线段中，只取一个种子像素，这称为扫描线种子填充算法。

2．扫描线种子填充算法

种子填充的递归算法程序简单清楚。但由于多层递归，系统堆栈反复进出既费时又占用很多内存，因此许多改进的算法相继出现，其中扫描线种子填充算法是具有代表性的一种。

扫描线种子填充算法适用于边界定义的四连通区域。区域可凹可凸，还可以包括一个或多个孔。在边界定义区域外或与其邻接的区域中像素的值或颜色不同于填充区域或多边形的值或颜色。借助于堆栈，算法可分为以下 5 步。

（1）初始化。把算法设置的堆栈置为空，将给定的种子像素坐标 (x, y) 压入堆栈。

（2）出栈。如果堆栈为空，算法结束，否则从包含种子像素的堆栈中取出栈顶元素 (x, y) 作为种子像素。

（3）区间填充。沿当前扫描线对种子像素的左右像素进行填充（此处规定按照先右后左的次序进行，像素值为 new_color），直至遇到边界像素为止，从而填满包含种子像素的区间。

（4）定范围。以 x_L 和 x_R 分别表示步骤（3）区间内最左和最右的两个像素。

（5）进栈。在 $x_L \leq x \leq x_R$ 中，检查与当前扫描线相邻的上下两条扫描线（此处规定按照先上后下的次序进行）是否全为边界像素（boundary_color）或者前面已经填充过的像素（new_color），是则转到步骤（2），否则在 $x_L \leq x \leq x_R$ 范围中把每一个区间的最右像素作为种子像素压入堆栈，再转到步骤（2）继续执行。

图 4.48 所示为用上述算法进行填充的一个例子。图中，B 是边界点，C 是最初种子点，加圆圈的数字代表执行的步骤（例如①代表执行的第 1 步），不加圆圈的数字代表区间最右元素的位置标识，也是入栈的先后次序标识。

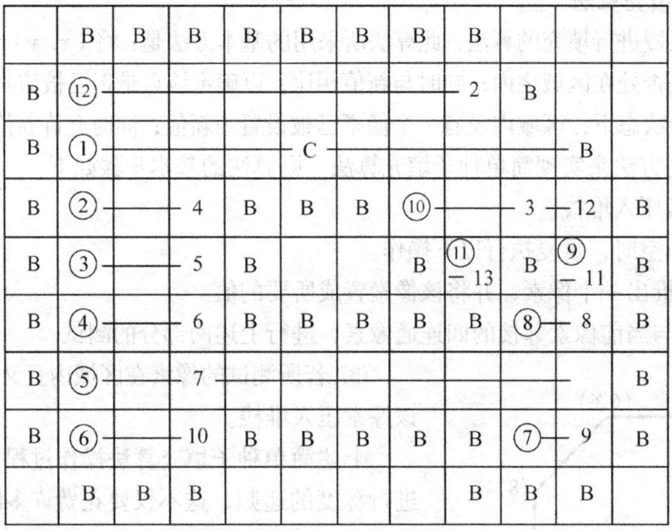

图 4.48　扫描线种子点填充图

根据图 4.48 所示内容，执行上述算法的流程如下：首先填充 C 所在行各像素直至遇见边界节点（先从 C 的最近右邻接点开始向右填充，遇见边界后再从 C 的最近左邻接点向左填充），①扫描行所在的最左像素的坐标为 $x_{LC}(2, 1)$，最右像素的坐标为 $x_{RC}(2, 9)$，然后检查①扫描行的上一条扫描线，可发现该扫描线对应区间的最右元素为标识 2，将标识 2 压入堆栈中，然后再检查①扫描行的下一条扫描线，此时有两个区间，一是先进行的右边⑩扫描行区间，此时为什么选择压栈的最右像素是标识 3 而不是标识 12 的原因在于标识 12 超过了 $x_{RC}(2, 9)$ 最右边界的范围，接下来是左边②扫描行所在区间最右元素标识 4 入栈，此时栈中的像素点从上至下分别是 4-3-2。4 出栈后扫描其所在行区间，由于其上一行已经扫描完毕，紧接着将下一行在其范围之内的最右标识 5 压栈，此时栈中像素点从上至下分别是 5-3-2。5 出栈后，6 和 7 依次入栈并出栈，当 7 出栈后，8、9、10 依次入栈，此时栈中像素点从上至下分别是 10-9-8-3-2。等到标识 11 出栈后，应当是标识 12 入栈并出栈，因此⑩扫描行的填充是由标识 12 完成的，标识 3 并没有发挥作用。最后出栈的是标识 2，此时扫描填充结束。

4.5　二维图形变换

在计算机图形显示或绘图输入过程中，往往需要对图形指定部分的形状、尺寸大小及显示方向进行修改，以达到改变整幅图形的目的，这就需要对图形进行平移、旋转、缩小或放大等变换操作。图形变换是计算机绘图的基本技术之一，利用它可以用一些很简单的图组合成相当复杂的图，可以把用户坐标系下的图形变换到设备坐标系下。利用图形变换还可以实现二维图形和三维图形之间的转换，甚至还可以把静态图形变为动态图形，从而实现景物画面的动态显示，下面主要讨论二维图形变换。

图形变换有两种形式：一种是图形不动，坐标系变动，即变换前与变换后的图形是针对不同的坐标而言的，称之为坐标模式变换，也称视象变换；另一种是坐标系不动，图形改变，即变换前与变换后的坐标值是针对同一坐标系而言的，称之为图形模式变换，也称几何变换。实际应用中第 2 种图形变换更具有实际意义，我们讨论的图形变换主要是属于第 2 种变换。

4.5.1　二维图形几何变换的基本原理

1．几何变换

在计算机绘图应用中，经常要实现从一个几何图形到另一个几何图形的变换。例如，将图沿某一方向平移一段距离，将图形旋转一定的角度，或将图形放大，把图形缩小等。这些图形变换的效果虽然各不相同，本质上却都是依照一定的规则，将一个几何图形的点都变为另一个几何图形的确定的点，这种变换过程称为几何变换。

几何变换的规则是变换可以用函数来表示。由于一个二维图形可以分解成点、直线和曲线。把曲线离散化，它可以用一串短直线段来逼近；而直线段可以是一系列点的集合，因此点是构成图形的基本几何元素之一。我们先来讨论点的几何变换的函数表示。例如，设 (x, y) 是二维图形上的任意一点，欲将图形在坐标平面内沿 x 坐标轴平移一段距离 a，那么图形中的任意一点都跟着平移，则其新坐标为：

$$\begin{cases} x' = x + a \\ y' = y \end{cases}$$

计算机绘图是用形、数结合的方法，对所绘的图形用数学的方法加以表示，即平时所说的建立数学模型。而通过适当数学模型使图形信息化，正是实现计算机绘图及图形显示所必不可少的条件。因此，图形的几何变换是计算机绘图中极为重要的一个组成部分。

二维平面图形的几何变换是指在不改变图形连线次序的情况下，对一个平面点集进行的线性变换。

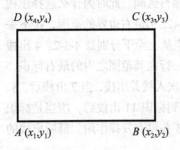

图 4.49　长方形

二维平面图形的轮廓线，不论是由直线段组成（多边形），还是由曲线段组成，都可以用它的轮廓线上顺序排列的平面点集来描述，如长方形 $ABCD$ 是由 4 个角点 $A(x_1, y_1)$、$B(x_2, y_2)$、$C(x_3, y_3)$ 和 $D(x_4, y_4)$ 顺序连接而成，为了使画出的图形是闭合的，首尾两点必须连接，如图 4.49 所示。

二维平面图形变换的结果有两种，一种是使图形产生位置的改变，另一种是使图形产生变换，如把图形放大。

对二维图形进行几何变形有 5 种基本变换形式，即平移、旋转、比例、对称和错切，如图 4.50 所示。

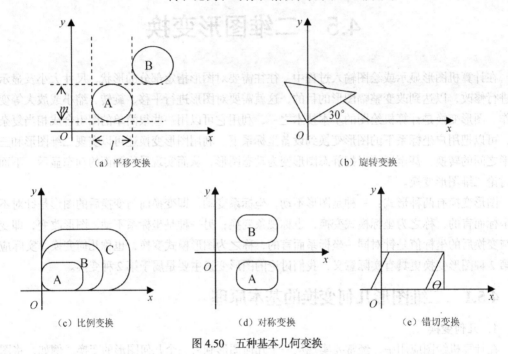

（a）平移变换　　　　　　　　　　（b）旋转变换

（c）比例变换　　　　（d）对称变换　　　　（e）错切变换

图 4.50　五种基本几何变换

2. 基本几何变换的解析表示

（1）平移变换

平面上一点 $P(x, y)$，如果在 x 轴方向的平移增量为 t_x，在 y 轴方向平移增量为 t_y 时，则平移后所得新点 $P'(x', y')$ 坐标表达式为：

$$x' = x + t_x, \qquad y' = y + t_y$$

我们把这一变换称为平移变换。

如果对一图形的每个点都进行上述变换，即可得到该图形的平移变换。实际上，直线的平移变换可以通过对其定义端点的平移变换来实现。对于其他类型的变换，这种处理方法也是可行的。

平移变换只改变图形的位置，不改变图形的大小和形状。平移变换的几何表示如图 4.51 所示。

（2）比例变换

一个图形中的坐标点（x, y），若在 x 轴方向有一个比例系数 S_x，在 y 轴方向有一个比例系数 S_y，则该图形的新坐标点(x', y')的表达式为：

$$x' = xS_x \qquad y' = yS_y$$

这一变换称为比例变换。

比例变换不仅改变图形的位置，而且改变图形的大小，如图 4.52 所示。

（3）旋转变换

若图形中的坐标点(x, y)绕坐标原点逆时针旋转一个角度θ，则该点变换后的新坐标(x', y')与变换前的坐标(x, y)的关系为：

$$x' = x\cos\theta - y\sin\theta$$
$$y' = x\sin\theta + y\cos\theta$$

这一变换即为绕原点的旋转变换。旋转变换只能改变图形的方位，而图形的大小和形状不变，如图 4.53 所示。

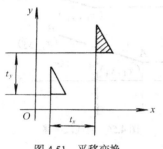
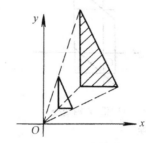
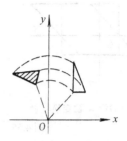

图 4.51　平移变换　　　　图 4.52　比例变换　　　　图 4.53　绕原点旋转变换

（4）对称变换

如果经过变换后所得到的图形与变换前的图形关于 x 轴是对称的，则称此变换为关于 x 轴的对称变换。经过这一变换后的坐标点(x', y')与变换前的对应坐标点(x, y)的关系为：

$$x' = x, \quad y' = -y$$

与此类似，若变换前后的图形关于 y 轴对称，则称为关于 y 轴的对称变换。这一变换前后点的坐标间的关系为：

$$x' = -x, \quad y' = y$$

当图形对 x 轴和 y 轴都进行对称变换时，即得相对于原点的中心对称变换。这一变换前后点的坐标之间的关系为：

$$x' = -x, \quad y' = -y$$

对称变换只改变图形方位，不改变其形状和大小。对称变换的几何表示如图 4.54 所示。

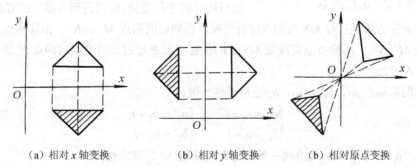

　（a）相对 x 轴变换　　　　（b）相对 y 轴变换　　　　（b）相对原点变换

图 4.54　二维图形对称变换

（5）错切变换

如果变换前坐标点(x, y)与变换后对应的新坐标点(x', y')的关系为：

$$x' = x + cy, \quad y' = y$$

我们称这一变换为沿 x 轴的错切变换，式中 c 为错切系数。

与此类似，若变换前后对应点的坐标关系为：

$$x' = x, \qquad y' = y + bx$$

则称此变换为沿 y 轴的错切变换，其中 b 为错切系数。

错切变换不仅改变图形的形状，而且改变图形的方位，但图形中的平行关系不变，如图 4.55 所示。

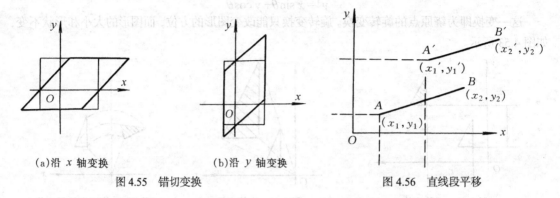

(a)沿 x 轴变换　　　　(b)沿 y 轴变换

图 4.55　错切变换　　　　　　　　图 4.56　直线段平移

一般把上述变换统称为基本的图形变换，绝大部分复杂的图形变换都可以通过这些基本变换的适当组合来实现。

3. 二维图形几何变换的基本原理

我们知道，任意一个计算机平面图形，无论图案多么复杂，其最终均可看成为由一系列直线段组成，而每条直线段均是由两点确定的，那么对平面图形进行几何变换，需要对图形中的每一点进行变换，还是仅需对组成这幅图形的直线段进行几何变换，还是仅需对直线段的端点进行几何变换呢？我们看一个简单的例子，即平面坐标系中有一直线段 MN，将它分别沿 x 方向、y 负方向分别平行移 t 个单位后，得到直线段 $M'N'$，假设 MN 两端点坐标分别为 (a_1, b_1)、(a_2, b_2)，如图 4.57 所示。我们来验证，只需对 MN 的两端点进行同样的平移变换，就可得到变换后的直线 $M'N'$。

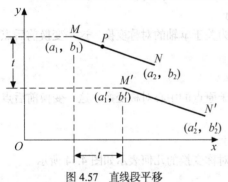

图 4.57　直线段平移

这里采用的验证方法是：对 MN 两端点进行变换后得到新的两点 M'、N'，由这两点连线成一条新的直线段 $M'N'$，再检查原直线段 MN 上的任意一点 P 经过相应变换后的点 P' 是否存在于新直线段 $M'N'$ 上。

对 MN 的两端点 (a_1, b_1)、(a_2, b_2) 进行平移，得：

$$\begin{cases} a_1' = a_1 + t \\ b_1' = b_1 - t \end{cases} \qquad \begin{cases} a_2' = a_2 + t \\ b_2' = b_2 - t \end{cases}$$

由 (a_1', b_1')，(a_2', b_2') 组成一条新的直线段 $M'N'$，其方程为：

$$\frac{y - b_1'}{b_2' - b_1'} = \frac{x - a_1'}{a_2' - a_1'}$$

即

$$\frac{y - b_1 + t}{b_2 - b_1} = \frac{x - a_1 - t}{a_2 - a_1} \qquad (4\text{-}22)$$

在原直线段 MN 上任取一点 $P(c, d)$，显然满足直线段 MN 的方程

$$\frac{d-b_1}{b_2-b_1}=\frac{c-a_1}{a_2-a_1} \tag{4-23}$$

对（c，d）作同样的平移变换，得 P'

$$\begin{cases} c'=c+t \\ d'=d-t \end{cases}$$

将 P'（c'，d'）代入新的直线 $M'N'$ 的方程（4-22）中，

左边 $= \dfrac{d'-b_1+t}{b_2-b_1}=\dfrac{(d-t)-b_1+t}{b_2-b_1}=\dfrac{d-b_1}{b_2-b_1}$

右边 $= \dfrac{c'-a_1-t}{a_2-a_1}=\dfrac{(c+t)-a_1-t}{a_2-a_1}=\dfrac{c-a_1}{a_2-a_1}$

根据式（4-23）可知，左边=右边，这就说明线段 MN 上任意一点对应于直线段 $M'N'$ 上相应的某一点。反之我们用类似的方法可证明 $M'N'$ 上的任意一点经反变换后对应于 MN 上相应的某一点。所以，我们得到结论：对直线段进行平移变换只需将其端点进行同样的变换后连线即可。用同样的方法，我们可进一步证明：对直线段进行比例、旋转、对称、错切等几何变换也只要对该直线段的端点进行同样的变换即可。可以说，对图形作几何变换，其实质就是对点作几何变换。

4.5.2 几何变换的矩阵表示形式

1. 变换矩阵

任何一个复杂图形都是由任意多个有序点集连线而成。在解析几何学中，在二维空间内，平面上的点可以用一行两列矩阵 $\begin{bmatrix} x & y \end{bmatrix}$ 或两行一列矩阵 $\begin{bmatrix} x \\ y \end{bmatrix}$ 来表示。由此，一个由 n 个点的坐标组成的复杂图形可以用 $n \times 2$ 阶矩阵表示

$$\begin{bmatrix} x_1 & y_1 \\ x_2 & y_2 \\ x_3 & y_3 \\ \vdots & \vdots \\ x_n & y_n \end{bmatrix}$$

这种图形的表示法称为二维图形的矩阵表示法。

由此可知，图形的变换可用矩阵运算来实现，具体说就是由构成图形的点集的矩阵与 $T=\begin{bmatrix} a & b \\ c & d \end{bmatrix}$ 矩阵的乘法运算，即

$$\begin{bmatrix} x_1 & y_1 \\ x_2 & y_2 \\ \vdots & \\ x_n & y_n \end{bmatrix}\begin{bmatrix} a & b \\ c & d \end{bmatrix}=\begin{bmatrix} ax_1+cy_1 & bx_1+dy_1 \\ ax_2+cy_2 & bx_2+dy_2 \\ \vdots & \vdots \\ ax_n+cy_n & bx_n+dy_n \end{bmatrix}$$

我们称 $T=\begin{bmatrix} a & b \\ c & d \end{bmatrix}$ 为二维图形变换矩阵，其中点集中任意一点$(x，y)$变换后坐标为

$$\begin{bmatrix} x & y \end{bmatrix}\begin{bmatrix} a & b \\ c & d \end{bmatrix}=\begin{bmatrix} ax+cy & bx+dy \end{bmatrix}=\begin{bmatrix} x' & y' \end{bmatrix}$$

式中，$\begin{bmatrix} x' y' \end{bmatrix}$是变换后坐标。

$$\begin{cases} x' = ax + cy \\ y' = bx + dy \end{cases}$$

上式是我们熟悉的关于直角坐标变换因子。由上式可知，变换矩阵 $\boldsymbol{T} = \begin{bmatrix} a & b \\ c & d \end{bmatrix}$ 中各元素决定着图形各种不同的变换。

2. 二维基本变换的矩阵表示

（1）比例变换

若令变换矩阵 $\boldsymbol{T} = \begin{bmatrix} a & 0 \\ 0 & d \end{bmatrix}$

则写成矩阵形式为

$$\begin{bmatrix} x & y \end{bmatrix} \begin{bmatrix} a & 0 \\ 0 & d \end{bmatrix} = \begin{bmatrix} ax & dy \end{bmatrix} = \begin{bmatrix} x' & y' \end{bmatrix}$$

① 若取 $a = 3$，$d = 1$ 对点（2，3）做变换，则

$$\begin{bmatrix} x' & y' \end{bmatrix} = \begin{bmatrix} 2 & 3 \end{bmatrix} \begin{bmatrix} 3 & 0 \\ 0 & 1 \end{bmatrix} = \begin{bmatrix} 6 & 3 \end{bmatrix}$$

可以看出，$a > 1$，$d = 1$，变换后图形沿 x 方向放大，如图 4.58（a）所示。

显然，当 $0 < a < 1$，$d = 1$ 时，使图形沿 x 方向缩小。

当 $a = 1$，$d > 1$ 时，则使图形沿 y 方向放大，如图 4.58（b）所示。

② 若取 $a = 1$，$d = 0$，图形沿 y 方向压缩成线段，如图 4.58（c）所示。

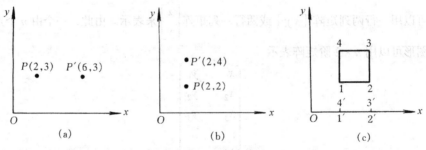

图 4.58 比例变换

$$\begin{array}{c} 点\ x\ \ y \\ \begin{array}{c} 1 \\ 2 \\ 3 \\ 4 \end{array} \begin{bmatrix} 2 & 2 \\ 4 & 2 \\ 4 & 4 \\ 2 & 4 \end{bmatrix} \end{array} \begin{bmatrix} 1 & 0 \\ 0 & 0 \end{bmatrix} = \begin{array}{c} 点\ x'\ \ y' \\ \begin{bmatrix} 2 & 0 \\ 4 & 0 \\ 4 & 0 \\ 2 & 0 \end{bmatrix} \begin{array}{c} 1' \\ 2' \\ 3' \\ 4' \end{array} \end{array}$$

当 $a = 1$，$d = 1$，变换后图形没有变化，称这种变换矩阵为恒等矩阵。

③ 若 $a = d \neq 1$ 时，对图 4.59（a）中所示矩形 1234 做变换，则

$$\begin{array}{c} 1 \\ 2 \\ 3 \\ 4 \end{array} \begin{bmatrix} 2 & 2 \\ 4 & 2 \\ 4 & 4 \\ 2 & 4 \end{bmatrix} \begin{bmatrix} 1.5 & 0 \\ 0 & 1.5 \end{bmatrix} = \begin{bmatrix} 3 & 3 \\ 6 & 3 \\ 6 & 6 \\ 3 & 6 \end{bmatrix} \begin{array}{c} 1' \\ 2' \\ 3' \\ 4' \end{array}$$

各点在 x，y 两个方向产生相等的比例变换，即变换后图形和变换前图形相似，相似中心为坐标原点。

若 $a \neq d$ 时，使图形在 x 和 y 两个方向产生不相等比例变换。图 4.59（b）所示为 $a = 2$，$d = 1.5$ 时对图 4.59（a）中矩形 1234 的变换结果。

图 4.59（c）所示为取 $a = 2$，$d = 0.5$ 对矩形 1234 的变换结果，变换后图形在 x 方向放大，在 y 方向缩小。

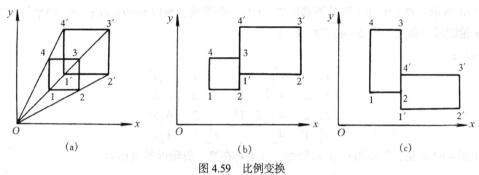

图 4.59　比例变换

（2）对称变换

令变换矩阵 T 中 $a = -1$，$d = 1$，即 $T = \begin{bmatrix} -1 & 0 \\ 0 & 1 \end{bmatrix}$，使图形对 y 轴对称，例如：

$$\begin{matrix} 1 \\ 2 \\ 3 \end{matrix} \begin{bmatrix} 2 & 2 \\ 4 & 6 \\ 1 & 5 \end{bmatrix} \begin{bmatrix} -1 & 0 \\ 0 & 1 \end{bmatrix} = \begin{bmatrix} -2 & 2 \\ -4 & 6 \\ -1 & 5 \end{bmatrix} \begin{matrix} 1' \\ 2' \\ 3' \end{matrix}$$

如图 4.60（a）所示。

当 $a = 1$，$d = -1$ 时，图形对 x 轴对称，即 $T = \begin{bmatrix} 1 & 0 \\ 0 & -1 \end{bmatrix}$。

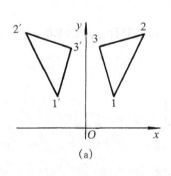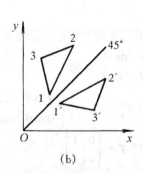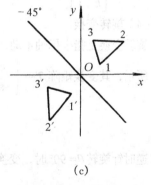

图 4.60　对称变换

当 $T = \begin{bmatrix} 0 & 1 \\ 1 & 0 \end{bmatrix}$ 时，图形对 +45° 线对称，如图 4.60（b）所示。

当 $T = \begin{bmatrix} 0 & -1 \\ -1 & 0 \end{bmatrix}$ 时，图形对 -45° 线对称，如图 4.60（c）所示。

（3）错切变换

当变换矩阵中的 $a = d = 1$，b 与 c 中一个为零、另一个为正数或负数时，即 $T = \begin{bmatrix} 1 & k \\ 0 & 1 \end{bmatrix}$，它

对图形的作用是使图形产生沿一个坐标方向的错切。

$$\begin{bmatrix} x' & y' \end{bmatrix} = \begin{bmatrix} x & y \end{bmatrix} \begin{bmatrix} 1 & k \\ 0 & 1 \end{bmatrix} = \begin{bmatrix} x & kx+y \end{bmatrix}$$

由此可见，点的 x 坐标不变，$y'=kx+y$，即在原来坐标上加上 kx，便是沿 $+y$ 方向移动 kx 值，如图 4.61 所示。点（0，0）则是不移动的。k 是一个常数，所以 $\tan\theta=kx/x=k$，即平行 x 轴的线段对 x 轴倾斜 θ 角度。当 $\theta=45°$ 时，$k=1$。

例如：

$$\begin{matrix} 1 \\ 2 \\ 3 \\ 4 \end{matrix} \begin{bmatrix} -1 & 1 \\ 2 & -1 \\ 2 & 4 \\ -1 & 4 \end{bmatrix} \begin{bmatrix} 1 & 1 \\ 0 & 1 \end{bmatrix} = \begin{bmatrix} -1 & -2 \\ 2 & 1 \\ 2 & 6 \\ -1 & 3 \end{bmatrix} \begin{matrix} 1' \\ 2' \\ 3' \\ 4' \end{matrix}$$

由图 4.62 可见，图形沿 $+y$ 方向错切，这是对在第一象限内的点而言。

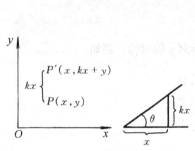

图 4.61 沿 $+y$ 方向错切变换

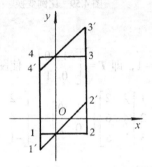

图 4.62 沿 y 方向错切变换

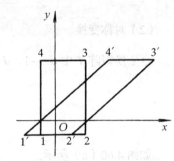

图 4.63 沿 $+x$ 方向错切变换

当 $\boldsymbol{T} = \begin{bmatrix} 1 & 0 \\ k & 1 \end{bmatrix}$ 时，它使第一象限内图形沿 $+x$ 方向错切，如图 4.63 所示。

（4）旋转变换

旋转变换是指坐标轴不动，点或图形绕坐标原点旋转 θ 角，以逆时针方向旋转取正值。如图 4.64 所示，其变换矩阵 $\boldsymbol{T} = \begin{bmatrix} \cos\theta & \sin\theta \\ -\sin\theta & \cos\theta \end{bmatrix}$，则

$$\begin{bmatrix} x' & y' \end{bmatrix} = \begin{bmatrix} x & y \end{bmatrix} \begin{bmatrix} \cos\theta & \sin\theta \\ -\sin\theta & \cos\theta \end{bmatrix}$$

逆时针旋转 $\theta=90°$ 时，变换矩阵 $\boldsymbol{T} = \begin{bmatrix} 0 & 1 \\ -1 & 0 \end{bmatrix}$。

顺时针旋转 $\theta=-90°$ 时，$\boldsymbol{T} = \begin{bmatrix} 0 & -1 \\ 1 & 0 \end{bmatrix}$。

$\theta=180°$ 时，$\boldsymbol{T} = \begin{bmatrix} -1 & 0 \\ 0 & -1 \end{bmatrix}$。

图 4.65 所示为矩形旋转 30° 的情况，其坐标变换如下：

$$\begin{bmatrix} -2 & -1 \\ 2 & -1 \\ 2 & 1 \\ -2 & 1 \end{bmatrix} \begin{bmatrix} 0.866 & 0.5 \\ -0.5 & 0.866 \end{bmatrix} = \begin{bmatrix} -1.232 & -1.866 \\ 2.232 & 0.134 \\ 1.232 & 1.866 \\ -2.232 & -0.134 \end{bmatrix}$$

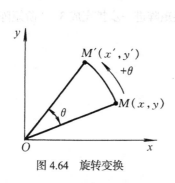

图 4.64   旋转变换

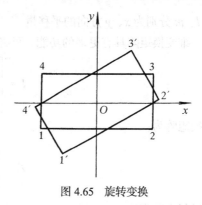

图 4.65   旋转变换

4.5.3   二维图形齐次坐标矩阵变换

1. 齐次坐标与平移变换

前面 4 种变换都可以通过变换矩阵 $T = \begin{bmatrix} a & b \\ c & d \end{bmatrix}$ 来实现，那么它是否适合于平移变换呢？若实现平移变换，变换前后的坐标必须满足下面的关系：

$$\begin{cases} x' = x + t_x \\ y' = y + t_y \end{cases}$$

这里 t_x、t_y 是平移量，应为常数，但是应用上述的变换矩阵对点进行变换：

$$\begin{bmatrix} x & y \end{bmatrix} \begin{bmatrix} a & b \\ c & d \end{bmatrix} = \begin{bmatrix} ax+cy & bx+dy \end{bmatrix} = \begin{bmatrix} x' & y' \end{bmatrix}$$

而这里的 cy、bx 均非常量，因此用原来的 2×2 的变换矩阵是无法实现平移变换的，我们把 2×2 矩阵扩充为 3×2 矩阵，即令：

$$T = \begin{bmatrix} a & b \\ c & d \\ l & m \end{bmatrix}$$

但这样又带来新的问题，二维图形的点集矩阵是 $n \times 2$ 阶的，而变换矩阵是 3×2 阶的，根据矩阵乘法规则，它们是无法相乘的。为此，我们把点向量也作扩充，将 $[x \quad y]$ 扩充为 $[x \, y \, 1]$，即把点集矩阵扩充为 $n \times 3$ 阶矩阵。这样，点集矩阵与变换矩阵即可以进行乘法运算：

$$\begin{bmatrix} x & y & 1 \end{bmatrix} \begin{bmatrix} a & b \\ c & d \\ l & m \end{bmatrix} = \begin{bmatrix} ax+cy+l & bx+dy+m \end{bmatrix}$$

平移变换矩阵：

$$T_t = \begin{bmatrix} 1 & 0 \\ 0 & 1 \\ l & m \end{bmatrix}$$

对点进行平移变换：

$$\begin{bmatrix} x & y & 1 \end{bmatrix} \begin{bmatrix} 1 & 0 \\ 0 & 1 \\ l & m \end{bmatrix} = \begin{bmatrix} x+l & y+m \end{bmatrix} = \begin{bmatrix} x' & y' \end{bmatrix}$$

这里 l、m 分别为 x、y 方向的平移量。

为使二维变换矩阵具有更多的功能，可将 3×2 变换矩阵进一步扩充成 3×3 阶矩阵，即

$$\boldsymbol{T} = \begin{bmatrix} a & b & p \\ c & d & q \\ l & m & s \end{bmatrix}$$

则平移变换矩阵为：

$$\boldsymbol{T}_t = \begin{bmatrix} 1 & 0 & 0 \\ 0 & 1 & 0 \\ l & m & 1 \end{bmatrix}$$

对点进行平移变换：

$$\begin{bmatrix} x & y & 1 \end{bmatrix} \begin{bmatrix} 1 & 0 & 0 \\ 0 & 1 & 0 \\ l & m & 1 \end{bmatrix} = \begin{bmatrix} x+l & y+m & 1 \end{bmatrix} = \begin{bmatrix} x' & y' & 1 \end{bmatrix}$$

例如，设 $l = 20$，$m = 20$，对图 4.66 所示的字母 T 作平移变换得：

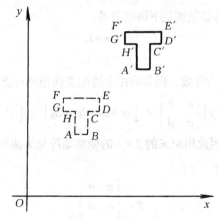

图 4.66　平移变换

$$\begin{array}{c} A \\ B \\ C \\ D \\ E \\ F \\ G \\ H \end{array} \begin{bmatrix} 16 & 20 & 1 \\ 20 & 20 & 1 \\ 20 & 28 & 1 \\ 24 & 28 & 1 \\ 24 & 32 & 1 \\ 12 & 32 & 1 \\ 12 & 28 & 1 \\ 16 & 28 & 1 \end{bmatrix} \begin{bmatrix} 1 & 0 & 0 \\ 0 & 1 & 0 \\ 20 & 20 & 1 \end{bmatrix} = \begin{bmatrix} 36 & 40 & 1 \\ 40 & 40 & 1 \\ 40 & 48 & 1 \\ 44 & 48 & 1 \\ 44 & 52 & 1 \\ 32 & 52 & 1 \\ 32 & 48 & 1 \\ 36 & 48 & 1 \end{bmatrix} \begin{array}{c} A' \\ B' \\ C' \\ D' \\ E' \\ F' \\ G' \\ H' \end{array}$$

如上讨论，在平移变换中，我们将 $[x\ y]$ 扩充为 $[x\ y\ 1]$，实际上是由二维向量变为三维向量，但 $[x\ y\ 1]$ 可以看作是 $z = 1$ 平面上的点，也就是说，经此扩充后，图形落在了 $z = 1$ 的平面上，它对图形的形状没有影响。

这种用 $n+1$ 维向量表示 n 维向量的方法称之为齐次坐标法。

2. 二维图形齐次坐标矩阵变换

对于前面介绍的基本变换可用二维图形齐次坐标变换矩阵的一般表达式表示。

$$T = \begin{bmatrix} a & b & p \\ c & d & q \\ l & m & s \end{bmatrix}$$

这 3×3 矩阵中各元素功能一共可分成 4 块，即

$$T = \begin{bmatrix} a & b & p \\ c & d & q \\ l & m & s \end{bmatrix}$$

其中，$\begin{bmatrix} a & b \\ c & d \end{bmatrix}$ 这个 2×2 子矩阵可以实现图形的比例、对称、错切、旋转等基本变换；

$[\, l \quad m\,]$ 可以实现图形平移变换；

$[\, p \quad q\,]$ 可以实现图形透视变换；

$[\, s\,]$ 可以实现图形全比例变换。

例如，用矩阵 $T = \begin{bmatrix} 1 & 0 & 0 \\ 0 & 1 & 0 \\ 0 & 0 & s \end{bmatrix}$ 对图形进行变换：

$$[\, x \quad y \quad 1\,] \begin{bmatrix} 1 & 0 & 0 \\ 0 & 1 & 0 \\ 0 & 0 & s \end{bmatrix} = [\, x \quad y \quad s\,] \text{等价于归一化矩阵} \begin{bmatrix} \dfrac{x}{s} & \dfrac{y}{s} & 1 \end{bmatrix}$$

（1）当 $s < 1$ 时，图形产生整体比例放大。

（2）当 $s > 1$ 时，图形产生整体比例缩小。

（3）当 $s = 1$ 时，图形大小不变。

由此表明，齐次坐标的应用，扩大了变换矩阵功能，只要对矩阵中有关元素赋以不同的值，即可达到预期的变换目的。

下面把二维图形齐次坐标基本变换矩阵列在表 4.6 中。

表 4.6　　　　　　　　　　　　　　　二维图形基本变换矩阵

变换矩阵名称	变换矩阵	矩阵元素的意义及说明
恒等变换	$T = \begin{bmatrix} 1 & 0 & 0 \\ 0 & 1 & 0 \\ 0 & 0 & 1 \end{bmatrix}$	图形变换前后无变化
比例变换	$T = \begin{bmatrix} a & 0 & 0 \\ 0 & d & 0 \\ 0 & 0 & 1 \end{bmatrix}$	a 为 x 向的缩放因子 d 为 y 向的缩放因子
全比例变换	$T = \begin{bmatrix} 1 & 0 & 0 \\ 0 & 1 & 0 \\ 0 & 0 & s \end{bmatrix}$	s 为全图的缩放因子
对称变换	$T = \begin{bmatrix} 1 & 0 & 0 \\ 0 & -1 & 0 \\ 0 & 0 & 1 \end{bmatrix}$	对 x 轴对称
	$T = \begin{bmatrix} -1 & 0 & 0 \\ 0 & 1 & 0 \\ 0 & 0 & 1 \end{bmatrix}$	对 y 轴对称

续表

变换矩阵名称	变换矩阵	矩阵元素的意义及说明
对称变换	$T = \begin{bmatrix} 0 & -1 & 0 \\ -1 & 0 & 0 \\ 0 & 0 & 1 \end{bmatrix}$	对 $-45°$ 线对称
	$T = \begin{bmatrix} 0 & 1 & 0 \\ 1 & 0 & 0 \\ 0 & 0 & 1 \end{bmatrix}$	对 $45°$ 线对称
	$T = \begin{bmatrix} -1 & 0 & 0 \\ 0 & -1 & 0 \\ 0 & 0 & 1 \end{bmatrix}$	对坐标原点对称
错切变换	$T = \begin{bmatrix} 1 & 0 & 0 \\ c & 1 & 0 \\ 0 & 0 & 1 \end{bmatrix}$	沿 x 向错切
	$T = \begin{bmatrix} 1 & b & 0 \\ 0 & 1 & 0 \\ 0 & 0 & 1 \end{bmatrix}$	沿 y 向错切
旋转变换	$T = \begin{bmatrix} \cos\theta & \sin\theta & 0 \\ -\sin\theta & \cos\theta & 0 \\ 0 & 0 & 1 \end{bmatrix}$	θ 是旋转角逆时针为正，顺时针为负
平移变换	$T = \begin{bmatrix} 1 & 0 & 0 \\ 0 & 1 & 0 \\ l & m & 1 \end{bmatrix}$	l 是 x 向的平移量，m 是 y 向的平移量

4.5.4 组合变换

上述的 5 种二维图形几何变换是二维图形几何变换中的最基本的几何变换。由于在进行这些基本的几何变换时，我们给定了一些特定的约束条件，如旋转变换是指绕坐标原点的旋转，比例变换是关于坐标原点的放大或缩小等，因而这些变换是几何变换中的一些简单情形。实际中的二维图形作几何变换时要复杂得多，往往是多种基本的几何变换组合而成的，因此我们把由若干个基本的几何变换组合成为一个几何变换的过程称为组合变换，也称为几何变换的级联。

1. 绕任意点作旋转变换

平面图形绕任意点 $p(x_p, y_p)$ 旋转 α 角，需要通过以下几个步骤来实现。

（1）将旋转中心平移到原点，变换矩阵为

$$T_1 = \begin{bmatrix} 1 & 0 & 0 \\ 0 & 1 & 0 \\ -x_p & -y_p & 1 \end{bmatrix}$$

（2）将图形绕坐标系原点旋转 α 角，变换矩阵为

$$T_2 = \begin{bmatrix} \cos\alpha & \sin\alpha & 0 \\ -\sin\alpha & \cos\alpha & 0 \\ 0 & 0 & 1 \end{bmatrix}$$

（3）将旋转中心平移回到原来位置，变换矩阵为

$$T_3 = \begin{bmatrix} 1 & 0 & 0 \\ 0 & 1 & 0 \\ x_p & y_p & 1 \end{bmatrix}$$

因此，绕任意点 p 的旋转变换矩阵为

$$T = T_1 T_2 T_3 = \begin{bmatrix} 1 & 0 & 0 \\ 0 & 1 & 0 \\ -x_p & -y_p & 1 \end{bmatrix} \begin{bmatrix} \cos\alpha & \sin\alpha & 0 \\ -\sin\alpha & \cos\alpha & 0 \\ 0 & 0 & 1 \end{bmatrix} \begin{bmatrix} 1 & 0 & 0 \\ 0 & 1 & 0 \\ x_p & y_p & 1 \end{bmatrix}$$

展开得

$$T = \begin{bmatrix} \cos\alpha & \sin\alpha & 0 \\ -\sin\alpha & \cos\alpha & 0 \\ x_p(1-\cos\alpha)+y_p\sin\alpha & -x_p\sin\alpha+y_p(1-\cos\alpha) & 1 \end{bmatrix}$$

显然，当 $x_p = 0$，$y_p = 0$ 时，即为对原点的旋转变换矩阵。

2．对任意点作比例变换

设任意一点 $p(x_p, \; y_p)$，作比例变换需通过以下步骤来完成。

（1）将 P 点移到坐标原点，变换矩阵为

$$T_1 = \begin{bmatrix} 1 & 0 & 0 \\ 0 & 1 & 0 \\ -x_p & -y_p & 1 \end{bmatrix}$$

（2）作关于原点的比例变换，变换矩阵为

$$T_2 = \begin{bmatrix} a & 0 & 0 \\ 0 & d & 0 \\ 0 & 0 & 1 \end{bmatrix}$$

（3）对原点作反平移变换

$$T_3 = \begin{bmatrix} 1 & 0 & 0 \\ 0 & 1 & 0 \\ x_p & y_p & 1 \end{bmatrix}$$

对任意点 P 作比例变换，其变换矩阵为

$$T = T_1 T_2 T_3 = \begin{bmatrix} 1 & 0 & 0 \\ 0 & 1 & 0 \\ -x_p & -y_p & 1 \end{bmatrix} \begin{bmatrix} a & 0 & 0 \\ 0 & d & 0 \\ 0 & 0 & 1 \end{bmatrix} \begin{bmatrix} 1 & 0 & 0 \\ 0 & 1 & 0 \\ x_p & y_p & 1 \end{bmatrix}$$

$$T = \begin{bmatrix} a & 0 & 0 \\ 0 & d & 0 \\ x_p(1-a) & y_p(1-d) & 1 \end{bmatrix}$$

3．对任意直线作对称变换

如图 4.67 所示，设任意直线的方程为 $Ax + By + C = 0$，直线在 x 轴和 y 轴上的截距分别 $-C/A$ 和 $-C/B$，直线与 x 轴的夹角为 α，$\alpha = \arctan(-A/B)$。

对任意直线的对称变换由以下几个步骤来完成。

（1）平移直线，使其通过原点（可以沿 x 向和 y 向平移，这里沿 x 向将直线平移到原点），变换矩阵为

$$T_1 = \begin{bmatrix} 1 & 0 & 0 \\ 0 & 1 & 0 \\ C/A & 0 & 1 \end{bmatrix}$$

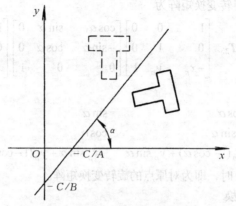

图 4.67　对任意直线对称变换

（2）绕原点旋转，使直线与某坐标轴重合（这里以与 x 轴重合为例），变换矩阵为

$$T_2 = \begin{bmatrix} \cos(-\alpha) & \sin(-\alpha) & 0 \\ -\sin(-\alpha) & \cos(-\alpha) & 0 \\ 0 & 0 & 1 \end{bmatrix} = \begin{bmatrix} \cos\alpha & -\sin\alpha & 0 \\ \sin\alpha & \cos\alpha & 0 \\ 0 & 0 & 1 \end{bmatrix}$$

（3）对坐标轴对称变换（这里是对 x 轴），其变换矩阵为

$$T_3 = \begin{bmatrix} 1 & 0 & 0 \\ 0 & -1 & 0 \\ 0 & 0 & 1 \end{bmatrix}$$

（4）绕原点旋转，使直线回到原来与 x 轴成 α 角的位置，变换矩阵为

$$T_4 = \begin{bmatrix} \cos\alpha & \sin\alpha & 0 \\ -\sin\alpha & \cos\alpha & 0 \\ 0 & 0 & 1 \end{bmatrix}$$

（5）平移直线，使其回到原来的位置，变换矩阵为

$$T_5 = \begin{bmatrix} 1 & 0 & 0 \\ 0 & 1 & 0 \\ -C/A & 0 & 1 \end{bmatrix}$$

通过以上 5 个步骤，即可实现图形对任意直线的对称变换，其组合变换矩阵为

$$T = T_1 T_2 T_3 T_4 T_5 = \begin{bmatrix} \cos 2\alpha & \sin 2\alpha & 0 \\ \sin 2\alpha & -\cos 2\alpha & 0 \\ (\cos 2\alpha - 1)C/A & \sin 2\alpha C/A & 1 \end{bmatrix}$$

综上所述，复杂变换是通过基本变换组合而成的，由于矩阵乘法不适用于交换律，即 $[A][B] \neq [B][A]$，因此组合变换顺序不能颠倒，顺序不同则变换结果不同。

例 4.3　$\triangle ABC$ 各顶点坐标为 $A(3, 0)$、$B(4, 2)$、$C(6, 0)$，使其绕原点逆时针转 $90°$，再向 x 方向平移 2，y 方向平移 -1，如图 4.68 所示。

因 $\theta = 90°$，变换矩阵为

$$\begin{bmatrix} \cos 90° & \sin 90° & 0 \\ -\sin 90° & \cos 90° & 0 \\ 2 & -1 & 1 \end{bmatrix} = \begin{bmatrix} 0 & 1 & 0 \\ -1 & 0 & 0 \\ 2 & -1 & 1 \end{bmatrix}$$

则

$$\begin{matrix} A \\ B \\ C \end{matrix} \begin{bmatrix} 3 & 0 & 1 \\ 4 & 2 & 1 \\ 6 & 0 & 1 \end{bmatrix} \begin{bmatrix} 0 & 1 & 0 \\ -1 & 0 & 0 \\ 2 & -1 & 1 \end{bmatrix} = \begin{bmatrix} 2 & 2 & 1 \\ 0 & 3 & 1 \\ 2 & 5 & 1 \end{bmatrix} \begin{matrix} A' \\ B' \\ C' \end{matrix}$$

如果先进行平移变换，再进行旋转变换，则矩阵为

$$\boldsymbol{T} = \begin{bmatrix} 1 & 0 & 0 \\ 0 & 1 & 0 \\ t_x & t_y & 1 \end{bmatrix} \begin{bmatrix} \cos\theta & \sin\theta & 0 \\ -\sin\theta & \cos\theta & 0 \\ 0 & 0 & 1 \end{bmatrix} = \begin{bmatrix} \cos\theta & \sin\theta & 0 \\ -\sin\theta & \cos\theta & 0 \\ t_x\cos\theta - t_y\sin\theta & t_x\sin\theta + t_y\cos\theta & 1 \end{bmatrix}$$

$$\begin{matrix} A \\ B \\ C \end{matrix} \begin{bmatrix} 3 & 0 & 1 \\ 4 & 2 & 1 \\ 6 & 0 & 1 \end{bmatrix} \begin{bmatrix} 0 & 1 & 0 \\ -1 & 0 & 0 \\ 1 & 2 & 1 \end{bmatrix} = \begin{bmatrix} 1 & 5 & 1 \\ -1 & 6 & 1 \\ 1 & 8 & 1 \end{bmatrix} \begin{matrix} A' \\ B' \\ C' \end{matrix}$$

由于变换顺序不同，其结果也不同。

例 4.4 设有一个三角形 ABC，其 3 个顶点坐标为 $A(2，4)$、$B(2，2)$、$C(5，3)$，求对于直线 $-2x + 3y + 3 = 0$ 的对称变换后的 $\triangle A'B'C'$。

$$\alpha = \arctan(-A/B) = \arctan(2/3) \approx 33°41'$$

$$\boldsymbol{T} = \begin{bmatrix} \cos 2\alpha & \sin 2\alpha & 0 \\ \sin 2\alpha & -\cos 2\alpha & 0 \\ (\cos 2\alpha - 1)C/A & \sin 2\alpha C/A & 1 \end{bmatrix} = \begin{bmatrix} 0.3838 & 0.923 & 0 \\ 0.923 & -0.3838 & 0 \\ 0.9243 & -1.3845 & 1 \end{bmatrix}$$

$$\begin{matrix} A \\ B \\ C \end{matrix} \begin{bmatrix} 2 & 4 & 1 \\ 2 & 2 & 1 \\ 5 & 3 & 1 \end{bmatrix} \boldsymbol{T} = \begin{bmatrix} 5.3839 & -1.0737 & 1 \\ 3.5379 & -0.3061 & 1 \\ 5.6123 & 2.0791 & 1 \end{bmatrix} \begin{matrix} A' \\ B' \\ C' \end{matrix}$$

变换后的 $\triangle A'B'C'$ 如图 4.69 所示。

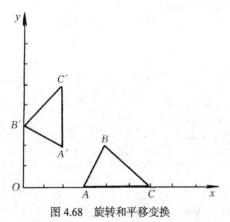

图 4.68 旋转和平移变换

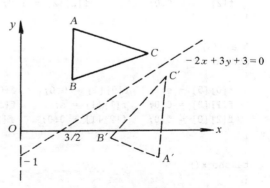

图 4.69 对直线对称变换图形

4.5.5 二维图形变换程序设计

例 4.5 编写一个通用子程序，其功能可以完成坐标变换，基本二维图形变换（平移、旋转、比例、对称）以及图形元素矩阵和变换矩阵相乘。

```
double sin(),cos();
double xmax = 639.0, ymax = 399.0;
double f[3][3], xx, yy;

scx(xj)
double xj;
{
    int x;
    x = (int)(xj+xmax/2);
    return(x);
}

scy(yi)
double yi;
{
    int y;
    y = ymax-(int)(yi+(ymax/2));
    return(y);
}

parallel(dx,dy)
double dx,dy;
{
    f[0][0] = 1.0;   f[0][1] = 0.0;   f[0][2] = 0.0;
    f[1][0] = 0.0;   f[1][1] = 1.0;   f[1][2] = 0.0;
    f[2][0] = dx;    f[2][1] = dy;    f[2][2] = 1.0;
}

rotate(theta)
double theta;
{
    double th;
    th = theta/180 * 3.1415927;
    f[0][0] = cos(th);      f[0][1] = sin(th);
    f[0][2] = 0.0;          f[1][0] = -sin(th);
    f[1][1] = cos(th);      f[1][2] = 0,0; f[2][0] = 0.0;
    f[2][1] = 0.0;          f[2][2] = 1.0;
}

scale(s)
double s;
{
    f[0][0] = s;     f[0][1] = 0.0;   f[0][2] = 0.0;
    f[1][0] = 0.0;   f[1][1] = s;     f[1][2] = 0.0;
    f[2][0] = 0.0;   f[2][1] = 0.0;   f[2][2] = 1.0;
}

taisho_x()
{
    f[0][0] = 1.0;   f[0][1] = 0.0;   f[0][2] = 0.0;
    f[1][0] = 0.0;   f[1][1] = -1.0;  f[1][2] = 0.0;
    f[2][0] = 0.0;   f[2][1] = 0.0;   f[2][2] = 1.0;
}

taisho_y()
{
```

```
    f[0][0] =-1.0;      f[0][1] = 0.0;      f[0][2] = 0.0;
    f[1][0] = 0.0;      f[1][1] = -1.0;     f[1][2] = 0.0;
    f[2][0] = 0.0;      f[2][1] = 0.0;      f[2][2] = 1.0;
}

taisho_o()
{
    f[0][0] =-1.0;      f[0][1] = 1.0;      f[0][2] = 0.0;
    f[1][0] = 0.0;      f[1][1] = -1.0;     f[1][2] = 0.0;
    f[2][0] = 0.0;      f[2][1] = 0.0;      f[2][2] = 1.0;
}

taisho_xy()
{
    f[0][0] = 0.0;    f[0][1] = 1.0;      f[0][2] = 0.0;
    f[1][0] = 1.0;    f[1][1] = 0.0;      f[1][2] = 0.0;
    f[2][0] = 0.0;    f[2][1] = 0.0;      f[2][2] = 1.0;
}

taishl(aa, bb, cc)
{
    float y,p;
    y = bb * bb - aa * aa;
    p = aa * aa+bb * bb;
    f[0][0] = -y/p;        f[2][1] = -2 * aa * bb/p;     f[2][2] = 0.0;
    f[1][0] = -2 * aa * bb/p;    f[1][1] = -y/p;         f[1][2] = 0.0;
    f[2][0] = -2 * aa * cc/p;    f[2][1] = -2 * bb * cc/p;    f[2][2] = 1.0;
}

axis()
{
    line(scx(0), scy(-ymax/2), scx(0), scy(ymax/2));
    line(scx(-xmax/2), scy(0.0), scx(xmax/2), scy(0.0));
}

tuoq(a,b)
double a,b;
{
    f[0][0] = 1.0;    f[0][1] = b;    f[0][2] = 0.0;
    f[1][0] = a;      f[1][1] = 1.0;  f[1][2] = 0.0;
    f[2][0] = 0.0;    f[2][1] = 0.0;  f[2][2] = 1.0;
}

affinex(x, y, d)
double x, y, d;
{
    xx = x * f[0][0]+y * f[1][0]+d * f[2][0];
    return(xx);
}

affiney(x, y, d)
double x, y, d;
{
    yy= x * f[0][1]+y * f[1][1]+d * f[2][1];
    return(yy);
}
```

程序中的函数说明如下。

1. scx(x_i)和 scy(y_i)

将实际的 x 坐标值和 y 坐标值转换为屏幕坐标。本程序使用的坐标系以屏幕中心为坐标原点。x 的取值范围为 $-319 \leqslant x \leqslant 319$，$y$ 值的取值范围为 $-199 \leqslant y \leqslant 199$。对于分辨率为 640 像素×400 像素的屏幕坐标系，其坐标原点在屏幕左上角，右下角坐标为（639，399），调用 scx(x_i)、scy(y_i)函数可实现坐标转换。

2. Parallel(dx, dy)

该函数完成平移变换。dx、dy 分别为 x 轴方向与 y 轴方向的平移量。

3. rotate(theta)

该函数完成以原点为中心的旋转变换，旋转角为 theta。

4. scale(s)

该函数完成比例变换，x、y 轴方向的比例系数为 s。

5. taisho_x()

   taisho_y()

   taisho_o()

   taisho_xy()

   taishl(aa, bb, cc)

这 5 个函数实现对称变换，对称轴依次是 x 轴、y 轴、原点、45°直线（过原点）、任意直线。

6. affinex(x,y,d)

   affiney(x,y,d)

这两个函数完成图形元素矩阵与变换矩阵相乘。

该子程序可以存贮在硬盘当前目录下，在其他绘图程序中使用#include "affine.c"（affine.c 是子程序名字）即可。

例 4.6 将一四边形作平移变换，形成如图 4.70 所示图形。

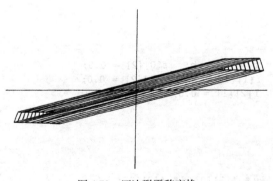

图 4.70　四边形平移变换

```
# include<graphics.h>
# include"affine.c"
main()
{
    int    driver = DETECT, mode;
    static double x1[] = {0.0,
    10.0, 100.0, 110.0,0.0};
    static double y1[] = {0.0,
```

```
    50.0, 50.0, -10.0,0.0};
    static double x2[5], y2[5];
    int i;
    double x, xx, yy;
    initgraph(&driver, &mode, " ");
    axis();
    for(x= -300; x<=200; x=x+10)
    {
         parallel(x,x/2);
         for(i = 0; i<=4; i++)
         {
         x2[i] = affinex(x1[i], y1[i], 1.0);
         y2[i] = affiney(x1[i], y1[i], 1.0)/2;
         }
         for(i = 0; i<=3; i++)
         {
         line(scx(x2[i]), scy(y2[i]), scx(x2[i+1]),
         scy(y2[i+1]));
         }
    }
    getch();
    closegraph();
    }
```

例 4.7 将四边形以原点为中心，以 10°为间隔作 360°旋转，如图 4.71 所示。

```
# include "affine.c"
#include <graphics.h>
main()
{
    int    graphdriver = DETECT,graphmode;
    static double x1[] = {0.0,10.0,
    100.0,ll0.0,0.0};
    static double y1[] = {0.0,50.0,50.0,0.0,0.0};
    static double x2[5];
    static double y2[5];
    int    i;
    double r,xx, yy;
    initgraph(&graphdriver,&grapmode," ");
    for (r = 0; r<=360; r = r+10)
    {
       rotate(r);
       for(i = 0; i<=4;i++)
       {
       x2[i] = affinex(xl[i], y1[i], 1.0);
       y2[i] = affiney(xl[i], y1[i], 1.0)/2;
       }
       for(i = 0; i<=3;i++)
       {
       line(scx(x2[i]),scy(y2[i]),
       scx(x2[i+l]),scy(y2[i+1]));
       }
    }
    getch();
    closegraph();
    }
```

例 4.8 将一四边形沿椭圆轨道旋转平移，如图 4.72 所示。

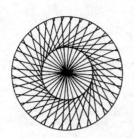

图 4.71　四边形旋转变换

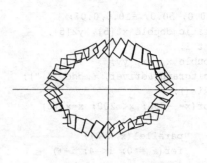

图 4.72　四边形旋转

```c
# include <graphics.h>
# include "affine.c"
# define  PI 3.1415926
main()
{
    int   driver = DETECT,mode;
    static double x1[] = {-20.0,  0.0,  30.0,  10.0,  -20.0 };
    static double y1[] = {  0.0, 17.0, -10.0, -20.0,   0.0 };
    static double x2[5], y[5];
    int   i;
    double sin(), cos(), r;
    initgraph(&driver, &mode,"");
    axis();
    for(r = 0; r < 360; r = r+10)
    {
        rotate(r);
        for(i = 0; i < = 4,; i++)
        {
            x2[i] = affinex (x1[i],y1[i],1.0);
            y2[i] = affiney (x1[i],y1[i],1.0);
        }
        parallel(-cos(r/180 * PI) * 150.0, sin(r/180 * PI) * 100.0);
        for(i = 0;i < = 4; i++)
        {
            x2[i] = affinex(x2[i],y2[i], 1.0);
            y2[i] = affiney(x2[i],y2[i], 1.0);
        }
        for(i = 0; i < = 3;i++)
        {
            line(scx(x2[i]), scy(y2[i])), scx(x2[i+1]), scy(y2[i+1]));
        }
    }
    getch();
    closegraph();
}
```

4.6　二维图像裁剪

为了描述图形对象，我们必须存储它的全部信息，但有时为了达到分区描述或重点描述某一部分的目的，往往将要描述的部分置于一个窗口之内，而将窗口之外的部分"剪掉"，这个处理过程叫做裁剪。裁剪在计算机图形处理中具有十分重要的意义。裁剪实质上是从数据集合中抽取信息的过程，这个过程是通过一定计算方法实现的。裁剪就是将指定窗口作为图形边界，从一幅大的画面中抽取所需的具体信息，以显示某一局部画面或视图。在实际应用中，经常会遇到一些大而复杂的图形，如集成电路布线图、建筑结构图、地形地貌图等，由于显示屏幕的尺寸及其分辨率的限制，这样复杂的图形往往不能全部显示出来，即使将它们采用比例变换后全部显示在同一屏幕上，也只能表现一个大致轮廓，并且图形拥挤不清，因此对复杂图形一般只能显示它的局部内容。我们在研究某复杂图形时，往往对某特定画面感兴趣，在这种情况下，我们将这一特定区域放大后显示出来，而把周围画面部分全部擦除，这样可清晰地观察其细节部分。另一方面，我们希望将有限的屏幕区分成若干块，每一块用于显示不同图形信息，如不同的图形、菜单命令、系统信息等。裁剪通常是对用户坐标系中窗口边界进行裁剪，然后把窗口内部映像映射到视区中；也有的首先将图形映射到设备坐标系中（如显示屏），然后针对视区边界进行裁剪。在下面的讨论中，我们假定裁剪是针对用户坐标中窗口边界进行的，裁剪完成后，再把窗口内图形映射到视区。所以裁剪的目的是显示可见点和可见部分，删除视区外的部分。例如，图 4.73（a）所示定义了一个矩形窗口 $A'B'C'D'$，窗口内会有 $E'F'G'$ 的一部分，而直线段 $E'G'$、$F'G'$ 都有一部分在窗口外。然后将落在窗口内这部分图形传送到视图区内显示，如图 4.73（b）所示。此时，窗口外那部分被裁剪掉。

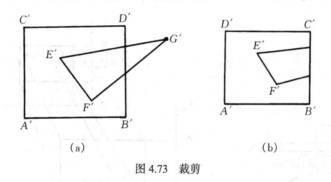

（a）　　　　　　　　　　　　　（b）

图 4.73　裁剪

4.6.1　窗口区和视图区

进行图形设计时，图形输出程序中的图形都是在用户坐标系中定义的，如直角坐标系。此坐标系拥有的区域在理论上是无限的，在使用时可以把它当作是一个有限的矩形区，称之为用户域。用户可以在用户域中指定任意区域输出到屏幕上，这个指定区域称为窗口区，简称窗口（Window）。图 4.74（a）所示的矩形 ABCD 就是我们定义的一个窗口。我们可用该矩形的左下角和右上角两点坐标来定义其大小和位置，因此定义窗口的目的就是选取用户所定义的图形中需要观察的那一部分图形。

实际上我们是在设备坐标系下看到输出的图形，例如我们的显示器，在其上将定义视图区，简称视图（Viewport），是在屏幕上一个小于或等于屏幕区域的一个矩形块。同样也是用该矩形左下角和右上角两点坐标来定义大小和位置。视图区可用来显示某一窗口内的图形。所以人们利用窗口来选择需要观察的那一部分图形，而利用视图区来指定这一部分图形在屏幕上的显示位置。图 4.74 所示为窗口与视图的关系。

在交互式图形设计中，通常把一个屏幕分为几个视图区，每个视图区都有各自用途，如图 4.75 所示，视图区 1 为用户图形区，视图区 2 为命令区，视图区 3 是信息区。同时用户图形区还可分为各个子区，以满足用户显示多层窗口的需要。

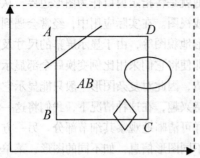 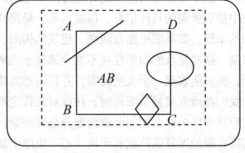

（a）用户坐标系下定义的窗口与图形　　　　（b）设备坐标系下定义的视图与图形

图 4.74　窗口与视图关系

由于窗口和视图是在不同坐标系中定义的，因此，在把窗口中图形信息送到视图区之前，必须进行坐标变换，即把用户坐标系的坐标值转化为设备（屏幕）坐标系的坐标值，这个变换称窗口—视图变换。

如图 4.76 所示，设在用户坐标系下定义的窗口为左下角点坐标(W_{xl}, W_{yb})，右上角点坐标(W_{xr}, W_{yt})；在设备坐标系中定义的视区为左下角点坐标(V_{xl}, V_{yb})，右上角点坐标(V_{xr}, V_{yt})。由图可知：

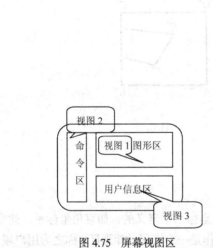 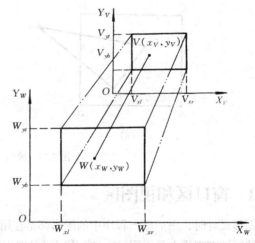

图 4.75　屏幕视图区　　　　　　　图 4.76　窗口—视图变换

$$\begin{cases} \dfrac{x_V - V_{xl}}{V_{xr} - V_{xl}} = \dfrac{x_W - W_{xl}}{W_{xr} - W_{xl}} \\[2mm] \dfrac{y_V - V_{yb}}{V_{yt} - V_{yb}} = \dfrac{y_W - W_{yb}}{W_{yt} - W_{yb}} \end{cases} \tag{4-24}$$

由式（4-24）得窗口中一点 $W(x_W, y_W)$ 变换到视区中对应的点 $V(x_V, y_V)$ 二者之间的关系为：

$$\begin{cases} x_V = \dfrac{V_{xr} - V_{xl}}{W_{xr} - W_{xl}}(x_W - W_{xl}) + V_{xl} \\[2mm] y_V = \dfrac{V_{yt} - V_{yb}}{W_{yt} - W_{yb}}(y_W - W_{yb}) + V_{yb} \end{cases} \tag{4-25}$$

设

$$a = \frac{V_{xr} - V_{xl}}{W_{xr} - W_{xl}},$$

$$b = V_{xl} - \frac{V_{xr} - V_{xl}}{W_{xr} - W_{xl}} \cdot W_{xl}$$

$$c = \frac{V_{yt} - V_{yb}}{W_{yt} - W_{yb}},$$

$$d = V_{yb} - \frac{V_{yt} - V_{yb}}{W_{yt} - W_{yb}} \cdot W_{yb}$$

则式（4.25）可写成：

$$\begin{cases} x_V = ax_W + b \\ y_V = cy_W + d \end{cases}$$

写成矩阵形式：

$$[x_V \quad y_V \quad 1] = [x_W \quad y_W \quad 1] \cdot \begin{bmatrix} a & 0 & 0 \\ 0 & c & 0 \\ b & d & 1 \end{bmatrix}$$

由此可见窗口—视图变换是比例变换和平移变换的组合变换。先进行平移变换，将窗口左下角坐标移到用户坐标原点，接着进行比例变换，使窗口中各点比例变换到设备坐标系（屏幕）中，最后再作平移交换，使原点移到视图左下角。

通过窗口—视图变换，我们就实现了将用户坐标系中窗口区中任意一点转换成设备坐标系中屏幕视图区中一点的变换，从而就可以把实际物体以图形的方式显示在显示器上。但要注意：为了使经过窗口—视图变换后的图形在视图区中输出时不产生失真，在定义窗口和视图时必须保证窗口区和视图区高度和宽度之间的比例相同。

4.6.2　直线段裁剪

裁剪的过程就是对窗口内每个图形元素都划分成可见部分和不可见部分。裁剪可以在各种不同类型的图形元素上实现，如点、向量、直线段、字符、边形等。

裁剪算法中最基本的情况是点的裁剪。判断某一点 $P(x_W, y_W)$ 是否可见，可以利用下列一对不等式来确定该点是否在窗口范围内，如图 4.77 所示。

$$W_{xl} \leqslant x_W \leqslant W_{xr}$$

$$W_{yb} \leqslant y_W \leqslant W_{yt}$$

满足上述两个不等式的点即在窗口内，属于可见的点，应该保留；反之，则该点不可见，应予舍弃。

点的裁剪虽然很简单，但要把所有的图形元素转换成点，然后用上述不等式判别是否可见，那是很不现实的。这样的裁剪过程所用时间就会过长，不经济。因此，要求有一种适合较大的图形元素，且比较有效的裁剪方法。直线段是组成一切其他图形的基础，任何图形（包括曲线、字符和多边形）一般都能用不同直线段组合形成。

对于任意一条直线段，它相对于一个已定义的窗口位置关系不外乎有 4 种可能，如图 4.78 所示。

（1）直线段完全被排斥在窗口的边框之外，如图 4.78 所示的线段 a。

（2）直线段完全被包含在窗口之内，如图 4.78 所示的线段 b。

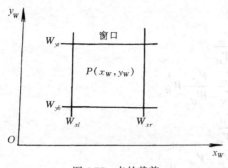

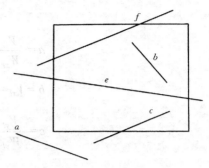

图 4.77 点的裁剪　　　　　　图 4.78 窗口和直线段位置关系

（3）直线段和窗口的一条边框相交，使得该直线段被相交点分成两截，其中的一个截段落在窗口之内，而另一个截段留在窗口之外，如图 4.78 所示的线段 c。

（4）直线段贯穿整个窗口，这样直线段就与窗口的两条边框相交，使得原直线段被分成三个截段，其中只能有一个截段落在窗口内，而另外的两段都处于窗口之外，如图中的线段 e 和 f。

归纳以上 4 种情况，可以得出这样一个结论：对于任意一条直线段，它要么被完全排斥在窗口之外，如上述的情况（1）；要么在窗口内留下一个可见段，并且只能有一个可见段，如上所述的情况（2）、（3）和（4）。因为一条直线段可以由它的两个端点来唯一地确定，所以要确定一条直线段上位于窗口以内的可见段，仅需求得它的两个可见端点就行了。

直线段裁剪方法有多种，在此我们介绍以下几种。

1. 编码裁剪法

这一方法是由库恩和萨瑟兰德（Cohen 和 Sutherland）提出的，该方法是把包含窗口的平面区域沿窗口的 4 条边线分成 9 个区域，如图 4.79 所示。

每个区域用一个 4 位代码来表示，代码中每一位

图 4.79 窗口代码表示

分别是 0 或 1，是按照窗口边线来确定的。下面给出编码规则，其中最右边的位是第 1 位，依次第 2、3、4 位。

第 1 位置置 1——该端点位于窗口左侧。

第 2 位置置 1——该端点位于窗口右侧。

第 3 位置置 1——该端点位于窗口下面。

第 4 位置置 1——该端点位于窗口上面。

否则，相应位置 0。

由编码规则可知，若线段两端点编码均为零，则两点均在窗口内，线段完全可见。因此，要判断两端点线段与窗口的对应关系，可用两个端点编码逐位取逻辑"与"。根据图形中直线两端点 P_1、P_2，按其所在区域赋予相应代码，以 C_1 和 C_2 表示，然后再根据端点对直线进行可见和不可见的判断。下面给出直线段裁剪编码的算法步骤。

（1）当两端点 $P_1(x_1, y_1)$ 和 $P_2(x_2, y_2)$ 在区域 0000 中，即满足点的裁剪不等式：

$$W_{xl} \leqslant (x_1, x_2) \leqslant W_{xr}$$

$$W_{yb} \leqslant (y_1, y_2) \leqslant W_{yt}$$

则两端点代码 $C_1 = C_2 = 0$ 表示均在窗口内，应全部保留。

（2）当两个端点在窗口边线外的同侧位置，则它们的 4 位代码中有一相同位，同时为 "1"，显然两个端点代码的逻辑乘不等于零，即 $C_1 \wedge C_2 \neq 0$。此检查判断直线在窗口外，应全部舍弃。

（3）如果直线两端点不符合上述两种情况，不能简单地全部保留或全部舍弃直线时，则需计算出直线与窗口边线的交点，将直线分段后继续进行检查判断。这样可以逐段地舍弃位于窗口外的线段，保留剩在窗口内的线段。

如图 4.80 所示，用编码裁剪算法对 P_1P_2 线段裁剪，在具体实现时可能会出现这样的情况：例如 P_2 的编码为 1001，则说明它位于窗口的左侧和上侧，因此将会求得 P_2 与窗口的两个交点，一个是与上方的交点标记为 C，一个是与左侧的交点标记为 D，实际上我们需要的是左交点 D，DP_1 是最终显示的直线段。可见，求出两个交点后需要再判别一下哪个交点的坐标在窗口内，那么那个交点是有效的。

下面介绍交点的求法。

设直线的两端点坐标为 $P_1(x_1, y_1)$ 和 $P_2(x_2, y_2)$，如图 4.81 所示，直线与窗口 4 条边线的交点坐标可分别由下列公式确定（利用相似直角三角形比例关系）：

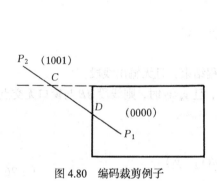

图 4.80　编码裁剪例子

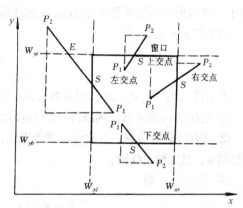

图 4.81　直线与窗口边界交点

左交点：
$$x = W_{xl}$$
$$y = \frac{y_2 - y_1}{x_2 - x_1}(W_{xl} - x_1) + y_1$$

右交点：
$$x = W_{xr}$$
$$y = \frac{y_2 - y_1}{x_2 - x_1}(W_{xr} - x_1) + y_1$$

下交点：
$$y = W_{yb}$$
$$x = \frac{x_2 - x_1}{y_2 - y_1}(W_{yb} - y_1) + x_1$$

上交点：$y = W_{yt}$
$$x = \frac{x_2 - x_1}{y_2 - y_1}(W_{yt} - y_1) + x_1$$

2．矢量裁剪法

矢量裁剪法与上面所介绍的算法相类似，只是判别端点是否落在窗口框内所采用的过程不同。如图 4.82 所示，我们同样用 4 条窗口边框直线把平面分割成 9 个区域，每一个区域分别标上相应的编号。

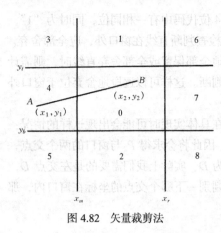

图 4.82　矢量裁剪法

我们以图 4.82 所示线段 AB 为例，对线段的两点同时判断，如线段与 4 边有交点时，则求其交点，进行有选择的连接。设线段始点、终点坐标分别为 (x_1, y_1) 和 (x_2, y_2)，而窗口左下角、右上角坐标分别为 (x_m, y_b) 和 (x_r, y_t)，0 区为窗口区。矢量裁剪法算法步骤如下。

（1）线段 AB 满足下述 4 个条件之一，即

$$x_m > \max(x_1, x_2); \quad x_r < \min(x_1, x_2)$$
$$y_b > \max(y_1, y_2); \quad y_t < \min(y_1, y_2)$$

则线段 AB 不会处于窗口内，过程就此结束，且无输出线段。

（2）若 AB 满足 $x_m \leq x_1 \leq x_r$ 且 $y_b \leq y_1 \leq y_t$，则 AB 始点 A 在 0 区内，那么窗口内可见线段的新始点坐标即为

$$x_s = x_1 \qquad y_s = y_1$$

否则，AB 与窗口的关系及新始点 (x_s, y_s) 坐标的求解公式可讨论如下。

（3）若 $x_1 < x_m$ 则

$$x_s = x_m$$
$$y_s = y_1 + (x_m - x_1)(y_2 - y_1)/(x_2 - x_1)$$

若求得 y_s 满足 $y_b \leq y_s \leq y_t$，则求解有效；否则：

① 若 (x_1, y_1) 在 4 区，则线段 AB 与窗口无交点，过程结束，且无输出线段；

② 若 (x_1, y_1) 在 5 区，且 $y_s > y_t$，或者当 (x_1, y_1) 在 3 区，且 $y_s < y_b$ 时，则线段 AB 与窗口无交点，过程结束，且无输出线段；

③ 若 $y_1 < y_b$，则

$$\begin{cases} x_s = x_1 + (y_b - y_1)(x_2 - x_1)/(y_2 - y_1) \\ y_s = y_b \end{cases} \tag{4-26}$$

若为 $y_1 > y_t$，则

$$\begin{cases} x_s = x_1 + (y_t - y_1)(x_2 - x_1)/(y_2 - y_1) \\ y_s = y_t \end{cases} \tag{4-27}$$

式（4-26）和式（4-27）求出的 x_s 如果满足 $x_m \leq x_s \leq x_r$，则结果有效，否则线段 AB 与窗口无交点，过程结束，且无输出线段。

（4）当 $x_1 > x_r$ 时，可用以上类似的过程求出线段 AB 与窗口右边框的交点。

（5）当 (x_1, y_1) 在 1、2 区时，即可用式（4-26）和式（4-27）求出线段 AB 与窗口上、下两边框的交点。如求得的 x_s 满足 $x_m \leq x_s \leq x_r$，则求解结果有效，否则线段 AB 与窗口无交点，过程结束，且无输出线段。

以上过程，仅求得了线段 AB 在窗内的可见段的起点坐标 (x_s, y_s)。同样，用类似的过程，可以求出线段 AB 在窗口内的可见段的终点坐标 (x_e, y_e)。

3. 中点分割裁剪法

上面介绍的两种方法都要计算直线段与窗口边界的交点，这不可避免地要进行大量的乘除运算，势必会降低程序的执行效率。而中点分割裁剪法却只需用到加法和除 2 运算，而除 2 运算在计算机中可以简单地用右移一位来完成，从而提高算法的效率。

中点分割裁剪法的基本思想是：分别寻找直线段两个端点各自对应最远的可见点，只要该线段能在窗口内留下一个可见段，那么这个最远的可见点只有两种选择，要么是直线段的一个相应端点，要么是在不断中点再分过程中产生的某个子段的中点。

图 4.83 所示的直线段 e 说明该线段处于窗口内的可见段部分是线段 S_1S_2，S_1 和 S_2 是可见段的两个端点，其中 S_2 是距原线段端点 P_1 最远的可见点；同样，S_1 是距原线段端点 P_2 最远的可见点。

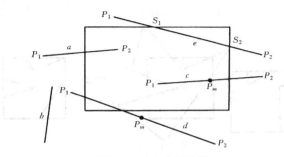

图 4.83　中点分割裁剪

下面，我们以找出直线段 P_1P_2 上离 P_1 点最远的可见点为例，来对中点再分割裁剪算法加以说明。算法步骤如下。

（1）检验直线段 P_1P_2 是否完全被排斥在窗口之外。如果是，过程结束且无输出线段（如图 4.83 所示的线段 b）；否则继续执行下一步。

（2）检验点 P_2 是否可见。如果是，则 P_2 点就是离 P_1 点最远的可见点，过程结束（如图 4.83 所示的线段 a）。如果 P_2 点是不可见的（如图 4.83 所示的线段 c 或线段 d），那么继续执行下一步。

（3）分割直线段 P_1P_2 于中点 P_m（这是为了估计离 P_1 点最远的可见点，把它简单地取作中点）。如果线段 P_mP_2 被完全排斥在窗口之外，那么原估计还不足（如图 4.82 所示的线段 d），便以线段 P_1P_m 作为新的 P_1P_2 线段从算法的第 1 步重新开始执行。反之，则以线段 P_mP_2 为新的线段 P_1P_2（如图 4.83 所示的线段 c）从算法的第 1 步重新开始执行。

反复执行上述 3 步，直至找到离 P_1 点最远的可见点为止。

这个过程确定了距离 P_1 点最远的可见点。然后对调该线段的两个端点，以线段 P_2P_1 为新的 P_1P_2 线段，重新开始实施该算法过程，就可以确定出距离 P_2 点最远的可见点。这样，位于窗口内可见段的两个可见端点就确定了。

从这个算法我们可以看到，整个裁剪过程总是在执行第 1 步或第 2 步时结束。这种结果表明：被裁剪的线段要么完全处于窗口之外而被排除掉；要么能在窗口内得到一个距对应端点最远的可见点，这个可见点可能是原直线段的一个端点，也可能是线段在被不断地中点再分过程中，最终得到的刚好是和窗口边框相重合的那个中点。

这里要注意的是：在判断中点和窗口边框相重合时，一般不需要坐标值一定相等，也不大可能，只要在精度许可的前提下，给出一个误差允许范围即可。

4.6.3　多边形裁剪

前面我们讨论了直线段裁剪，多边形裁剪是以直线段裁剪为基础，但又不同于直线段的裁剪。多边形裁剪要比一条直线段裁剪复杂得多。图 4.84 所示为用一个矩形窗口去裁剪多边形将会遇到的各种不同情况，其中图 4.84（a）所示为一个完整的多边形被裁剪成两个独立的多边形；图 4.84

（b）所示为一个凹多边形被裁剪成几个小多边形；图 4.84（c）所示为多边形 G 经矩形窗口裁剪后出现 G_1 和 G_2 两个多边形，究竟是 G_1 还是 G_2 呢？裁剪多边形要解决两个问题，一是一个完整的封闭多边形经裁剪后一般不再是封闭的，需要用窗口边界适当部分来封闭它；二是矩形窗口的 4 个角点在裁剪中是否要与其他交点连线。由于这两个问题使得我们不能简单地应用直线段裁剪方法，而需要去研究适合多边形裁剪特点的算法。

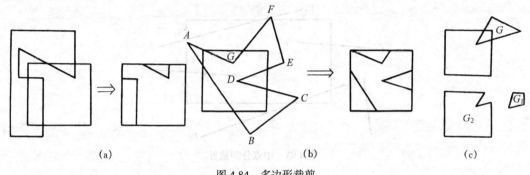

图 4.84　多边形裁剪

多边形裁剪方法很多，例如逐边裁剪法、双边裁剪法、分区编码裁剪法等，这里仅介绍逐边裁剪法。

逐边裁剪法是萨瑟兰德（I.E.Sutherland）和霍德曼（Hodgman）在 1974 年提出的。这种算法采用了分割处理、逐边裁剪的方法。算法的依据是：简单地通过对单一边或面的裁剪实现对多边形的裁剪。现讨论窗口为矩形的裁剪，先用窗口的第 1 条边界对要裁剪的多边形进行裁剪，去掉窗口外的图形，保留窗口内的图形，形成一个新的多边形。然后，再用第 2 条边界对这个新的多边形进行裁剪，再次生成一个新的多边形。依次用第 3、第 4 条边界重复进行裁剪，形成了最后裁剪出来的多边形，整个裁剪过程结束，如图 4.85 所示。

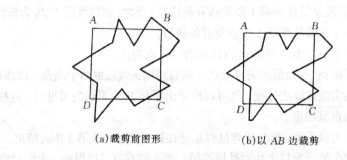

（a）裁剪前图形　　　　　　　　（b）以 AB 边裁剪

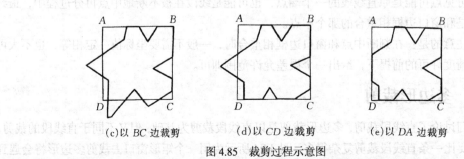

（c）以 BC 边裁剪　　　　（d）以 CD 边裁剪　　　　（e）以 DA 边裁剪

图 4.85　裁剪过程示意图

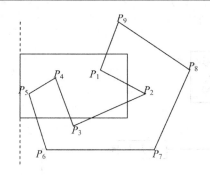

输入：P_4—P_5—P_6—P_7—P_8—P_9—P_1—P_2—P_3

输出：P_5—P_6—P_7—P_8—P_9—P_1—P_2—P_3—P_4

（a）以左边界裁剪

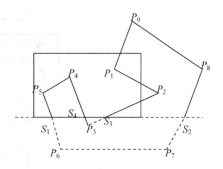

输入：P_5—P_6—P_7—P_8—P_9—P_1—P_2—P_3—P_4

输出：S_1—S_2—P_8—P_9—P_1—P_2—P_3—S_4—P_4—P_5

（b）以下边界裁剪

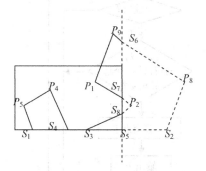

输入：S_1—S_2—P_8—P_9—P_1—P_2—P_3—S_4—P_4—P_5

输出：S_5—S_6—P_9—P_1—S_7—S_8—S_3—S_4—P_4—P_5—S_1

（c）以右边界裁剪

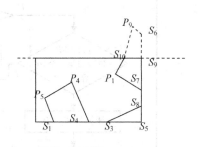

输入：S_5—S_6—P_9—P_1—S_7—S_8—S_3—S_4—P_4—P_5—S_1

输出：S_9—S_{10}—P_1—S_7—S_8—S_3—S_4—P_4—P_5—S_1—S_5

（d）以上边界裁剪

图 4.86　边界裁剪示意图

　　如上所述，以图 4.86 为例，按照左、下、右、上的次序依次对图中的多边形进行裁剪。不失一般性，以 P_4 为起始点，在图 4.86（a）中，以左边界裁剪多边形，由于整个多边形位于左边界向右的可见域，因此输出仍为原多边形。以起始边 P_4P_5 为例，皆位于右方可见域，类似于这种情况，只需要输出边的末点 P_5 即可。图 4.86（a）的裁剪输出结果将作为图 4.86（b）的输入，此次以下边界裁剪多边形，首先是 P_5P_6 边，P_5 在可见的一侧，而 P_6 在不可见的一侧，也即是由可见域离开窗口进入不可见域的情况，此时需要求出直线段与下边界的交点 S_1 并将其输出，由于 P_6 不可见则不输出；接下来的 P_6P_7 边皆位于下边界的下方，属于不可见域，因此都不输出，以后遇见这种情况都这样处理；P_7P_8 边恰好与 P_5P_6 边相反，是由 P_7 所在的不可见域进入 P_8 所在的可见域，此时需要求出直线段与窗口的交点 S_2，同时由于 P_8 位于可见域，因此也必须输出；紧接着 3 条边相比于下边界而言皆是可见的；P_2P_3 边的情况类似于 P_5P_6 边，因此输出与下边界的交点 S_3；P_3P_4 边的情况类似于 P_7P_8 边，因此输出与下边界的交点 S_4 以及位于可见域的 P_4，裁剪后的多边形如图 4.86（c）所示。在图 4.86（c）中，按照上述的规则，裁剪得到新的多边形如图 4.86（d）所示。

　　由于在这一剪取方法中，被裁取多边形的每一边是依次处理的，故只需作少许变动，就可用类似的子程序可以处理多边形的每一边。需要注意的是，最后一个顶点需要作特殊处理。图 4.87 所示为逐边裁剪法框图。

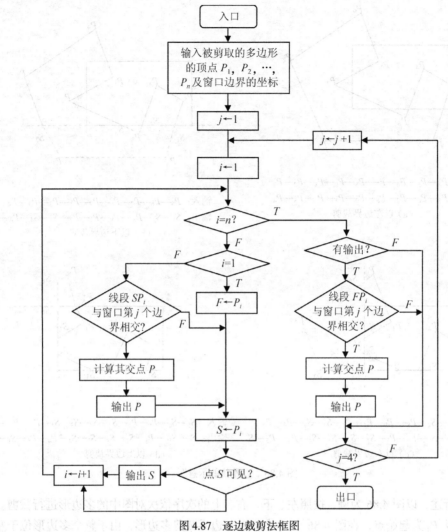

图 4.87　逐边裁剪法框图

逐边裁剪算法是一个通用的剪取算法，任一多边形无论是凸多边形还是凹多边形均可用这一算法进行剪取。这一算法简单，易于程序实现，但计算量较大，需要比较大的存储区来存放剪取过程中待剪取的多边形。

4.6.4　其他类型图形裁剪

1. 曲线的裁剪

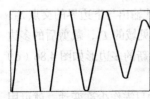

图 4.88　曲线的裁剪

绘制曲线通常采取用直线段逼近的办法，曲线的剪裁则可用线段的剪裁来解决。由于逼近时总是将线段取得很短，所以，为了节省计算时间，可以免去计算剪裁的交点，只要线段端点中至少有一个在窗外，就将该线段略去不画，达到剪裁的结果。这当然是一种近似的办法，然而也能保证一定的精度，且提高了裁剪的效率。

采用这个办法，不必编写专门的裁剪程序，只需在画曲线的程序中加入少量的判别就可以了。曲线的裁剪如图 4.88 所示。

2. 字符裁剪

字符可看作是短直线段的集合，因此如果要对每个字符作精确的裁剪，如图 4.89（a）所示，则可以用上述裁剪直线的方法进行裁剪，但是这种裁剪速度缓慢，并且不能与硬件字符发生器相兼容。

如果把每个字符看做是不可分割的整体，那么对每一个字符串就可用逐字裁剪的方法，把每个字符用一矩形（字符框）包围起来（见图 4.89（b）），然后检测该字符框中的某一点（如顶点或中心点）的可见性，把该点与窗口进行比较，如果在窗口内，就显示该字符，否则就舍弃不显示。另外也可以用整个字符框的界线或其对角线与窗口进行比较，当字符框或对角线完全在窗口内时才显示该字符。

裁剪字符串的一种粗略方法，是把一个字符串作为不可分割的整体来处理，用一个字符串框封闭起来（见图 4.89（c）），检测这个字符串框上的某一点、界线的对角线或者界线本身的可见性。若在窗口内，就显示整串字符，否则整串字符就不显示。

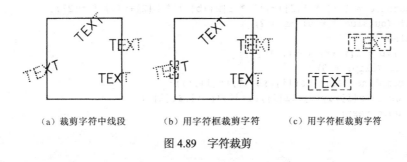

（a）裁剪字符中线段　　　（b）用字符框裁剪字符　　　（c）用字符框裁剪字符

图 4.89　字符裁剪

4.6.5　二维图形裁剪程序设计

例 4.9　使用编码裁剪法裁剪一个斜放的矩形和十字叉，程序在裁剪后不作窗口—视图变换。

```
# include < graphics.h >
# include < math.h >
# define FNB(y) MAXY-y
void clipdraw(void);
void clipline(int * lcode, int * rcode,int * bcode,
              int * tcode, int * i);
void code(int * xi, int * yi, int * lcode, int * rcode, int * bcode, int * tcode);
int x[3], y[3], MAXY;
int W1 = 90, W2 = 270, W3 = 40, W4 = 160 ;
main()
{
  int j, driver = DETECT, mode;
  int a[6][4] = {110, 10, 290, 70, 290, 70, 250, 190, 70, 130,70,
                 130,110, 10, 160, 10,160, 180, 10, 100, 300, 100};
  initgraph(&driver, &mode,"");
  MAXY = getmaxy();
  setcolor(RED);
  rectangle(W1, FNB(W3), W2, FNB(W4));
  for (j=0; j<=5; j++)
  {
    x[1] = a[j][0]; y[1] = a[j][1];
    x[2] = a[j][2]; y[2] = a[j][3];
    setcolor(WHITE);
```

```
        line (x[1], FNB(y[l]), x[2], FNB(y[2]));
        clipdraw();
    }
    getch();
    closegragh();
}
void clipdraw(void)
{
    int l[3],r[3],b[3],t[3],outside,clip,i;
    for (i = 1;i < = 2;i++)
    {
        code(&x[i],&y[i],&l[i],&r[i],&b[i],&t[i]);
    }
    for (i = 1;i< = 2;i++)
    {
        test:
        outside = l[1] * l[2]+r[1] * r[2]+b[1] * b[2]+t[1] * t[2];
        if (outside ! = 0)  i = 2;
        else
        { clip = l[i]+r[i]+b[i]+t[i];
          if (clip! = 0)
        { clipline (&l[i],&r[i],&b[i],&t[i],&i);
          code(&x[i],&y[i],&l[i],&r[i],&b[i],&t[i]);
          goto test;
        }
      }
    }
    if (outside ! =0) return;
    setcolor(BLUE);
    line (x[1],FNB(y[1]),x[2],FNB(y[2])));
    return;
}
void clipline (int * lcode, int * rcode, int * bcode, int * tcode, int * i)
{
 if ( * lcode== l)
   {
   y[ * i] = y[1]+(y[2] - y[1]) * (W1 - x[1])/(x[2] - x[1]);
   x[ * i] = W1; return;
   }
   if ( * rcode = = 1)
   {
   y[ * i] = y[1]+(y[2] - y[1]) * (W2 - x[1])/(x[2] - x[1]);
   x[ * i] = w2; return;
   }
   if ( * bcode = = 1)
   {
   x[ * i] = x[1]+(x[2] - x[1]) * (W3 - y[1])/(y[2] - y[1]);
   y[ * i] = W3; return;
   }
   if ( * tcode = = 1) {
   x[ * i] = x[1]+(x[2] - x[1]) * (W4 - y[1])/(y[2] - y[1]);
   y[ * i] = W4; return;
   }
```

```
}
void code(int*xi,int*yi, int*lcode,int*rcode,
          int*bcode,int *tcode)
  {
*lcode = 0;*rcode = 0;*bcode = 0;*tcode = 0;
 if (* xi < W1) *lcode = 1;
 if (* xi > W2) *rcode = 1;
 if (* yi < W3) *bcode = 1;
 if (*yi>W4) *tcode = 1;
 return;
}
```

例 4.10　编写裁剪圆和椭圆的程序。曲线裁剪可用线段裁剪的方法来解决。

```
# include <graphics.h>
# include <math.h>
int xc = 240, yc = 195, n = 60, rx = 120, ry = 80, i,
    xL = 100, xr = 299, yt= 100,yb = 241, x1, y1;
float x, y, p = 30.0, th, cp,sp;
main()
{
   int y = 0;
   int driver =DETECT, mode = 0;
   initgraph(&driver, &mode, "");
   setbkcolor(1);
   setcolor(14);
   p = p/57.3; cp = cos(p); sp = sin(p);
   rectangle(100, 100, 299, 241);
   for (i=0;i<=n;i++)
   {
   th = 6.2832/n;
   x = rx* cos(i*th);
   y = ry* sin(i*th);
   x1= xc+x*cp-y*sp;
   y1= yc-x*sp-y*cp;
   if (x1<xL || x1>xr || y1<yt || y1>yb)
   continue;
   j++;
   if (j==1) moveto(x1,y1);
   lineto(x1,y1);
   }
   getch():
   closegraph();
}
```

4.7　反走样技术

4.7.1　走样和反走样的定义

前面介绍的各种光栅化算法，如非水平亦非垂直的直线或多边形边界进行扫描转换时，或多或少会产生锯齿或阶梯状，如图 4.90 所示。由于直线和多边形边界的数学描述是连续的，而在光栅显示器中，像素点占有一定面积是离散的。我们把这种用离散量表示连续量引起的失真称为走样（Aliasing）。走样是数字化发展的必然产物。所谓的反走样（Antialiasing）技术，就是减缓或者消除走样效果的技术。

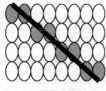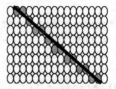

（a）原有分辨率　　　　　　　　　　（b）分辨率放大1倍

图4.90　两种不同分辨率下的直线显示

光栅图形的走样除了会产生阶梯或者锯齿形状之外，还有可能会造成细节或纹理绘制失真。微小图形的丢失，体现在静态画面中将无法显示，在动态画面中则若隐若现，导致闪烁和跳跃。图4.91说明了这样一个例子，如果认为像素的属性由中心点来决定，那么在图4.91所示的第1行中，没有覆盖到像素中心点的细微形体就将丢失（用虚线表示）；而在图4.91所示的第2行中，第1帧和第3帧的小月亮都无法显示，导致观察者看到了闪烁不稳定的动画。

目前有两类反走样的方法，第1类方法是通过提高采样频率（提高光栅分辨率）来显示图形的细节。例如，图4.90中图（a）和图（b）两幅图形的对比，可以明显发现分辨率提高之后，较好地改善了图形显示的走样现象，但是锯齿和阶梯状仍然存在。而且提高分辨率的方法将需要硬件和扫描运算时间的支持，实现起来是很困难的。基于此，可以将显示器看成比实际更加细腻的网格，在这种假想的高分辨率上对光栅进行计算，采用某种平均算法得到较低分辨率的像素的属性，并把结果转换到较低分辨率的显示器上进行显示。我们将这

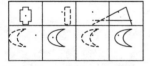

图4.91　细微形体和动画的走样

种方法称之为超采样（Supersampling）或者后置滤波（有些书中也称为过取样）。

第2类反走样技术是根据图形在每个像素点上的覆盖程度来确定像素点的最终亮度，此时将像素点当成了一个有面积的平面区域而并非一个点，这种方法称之为区域采样（Area Sampling）或者前置滤波。

下面分别对这两类方法进行介绍。

4.7.2　超采样

可以将每个显示像素再细分成 $n \times n$ 个子像素，然后在子像素级进行光栅化，如果某一个像素区域内被激活的子像素有 m 个，那么该像素点的显示亮度可以近似认为是 m/n^2。这种方法直观简单，但是有时候需要更加精确的信息。对于一个像素所在的区域，更加精确地显示应该要考虑到对应于该区域中心的"点"，也就是说，位于区域中心子像素的属性值（颜色、亮度等）应当比位于区域边侧的子像素在整个像素的显示属性中起着更重要的作用，这就涉及加权平均的方法。图4.92所示为3种不同的加权方法，假设一个像素被划分为 3×3 的子像素区域，其中带圈的数字表示中心子像素所占的权重。

图4.92　用于加权平均的子像素划分

4.7.3   区域采样

1. 简单区域采样

前面介绍的各种方法从本质上来说都是把像素的属性值归结于中心的某一点的属性，但实际上像素并不是简单的一个点，而是一个有限的区域，屏幕上的直线段也不是数学意义上无宽度的理想直线，而是占有一个或者多个像素单位宽度的线条。如图 4.93 所示，直线段就好比是狭长的矩形，它和像素点之间有交集，求出相交区域的面积后，根据面积的大小来确定该像素的亮度值，这要求显示器各像素可以用多级灰度显示。

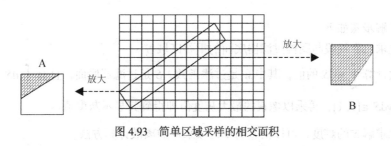

图 4.93   简单区域采样的相交面积

如果求得的相交面积大，那么像素就更深一些，反之像素就应该更浅一些，这种做法将产生模糊的边界，因此可以减缓锯齿效果。图 4.93 所示 A 像素点区域与直线相交面积较小（假定直线的斜率与直线的精确起点位置是已知的，可以利用求三角形面积的方法求得阴影面积），像素的灰度不如 B 像素点区域来得深。

对于 B 像素点区域面积的求法可以利用前面介绍的方法，将 B 区域继续细分成 $n \times n$ 的网格，算出阴影面积所占有的网格数目 m，那么 m/n^2 就是其近似的覆盖度。

简单区域采样存在两个缺陷：一是无论上述像素点区域和理想直线的距离如何，各区域相同的面积覆盖率将产生相同的灰度值，这仍然有可能产生锯齿效应；二是沿理想直线方向的相邻两个像素，有时候由于相交面积的差异会产生较大的灰度差，这实际上是不合理的。克服上述两个缺陷的方法是采用加权区域采样。

2. 加权区域采样

图 4.93 所示的简单区域采样是一种使用盒式滤波器进行前置滤波后再采样的方法。盒式滤波器的工作原理如图 4.94（a）所示。图中的正方体代表盒式滤波器，底面为一个像素区域，它是一个二维加权函数 w，函数 w 的定义域为整个平面，在与直线段有交集的每一像素区域上取值为 1，其他像素区域则取值为 0。直线段经过的某个像素区域，该像素最终显示的灰度值可以通过该区域与直线段相交部分对函数 w 求积分得到。实质上就是求该相交区域各边垂直向上切割盒式立方体所得子体的体积，由于 w 取值为 1，故积分值就等于相交区域的面积。

以上描述的是盒式滤波器的工作原理，受此启发，加权区域采样可以将盒式滤波器替换成为圆锥滤波器，也就是将加权函数 w 置换成圆锥函数。如图 4.94（b）所示，圆锥的底面圆形中心就是当前某像素的中心，半径为一个像素单位，同理可以假设锥高为 1。当直线段与当前像素相交时，直线段的两边侧垂直向上切割圆锥体所得的子体的体积作为像素灰度值分配的参考。加权区域采样优于简单区域采样的特征主要体现在两个方面：一是接近理想直线的像素将被分配更多的灰度值；二是相邻两个像素的滤波器相交，直线段经过该相交区域时，将对这两个像素都分配以适当的灰度值，这有利于缩减直线段上相邻像素的灰度差。

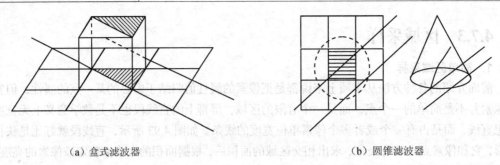

（a）盒式滤波器　　　　　　　　　　　　　　　（b）圆锥滤波器

图 4.94　区域采样

具体的求解步骤如下。

（1）首先求出直线段与圆锥过滤器底面的重叠区域 S'。

（2）其次计算 $\int_{S'} w \mathrm{d}S$ 的值，其中 w 是过滤函数，S 是过滤器底面，且有 $\int_{S'} \mathrm{d}S = 1$。

（3）$\int_{S'} w \mathrm{d}S \in [0, 1]$，再乘以像素的最大灰度值即得到其显示灰度值。

为了简化求解 S' 的难度，可以借鉴简单区域采样的离散计算方法。

（1）将每一像素均匀细分为 $n \times n$ 的网格，计算每个子像素对原像素亮度的贡献 $w_i = \int_{S_i} w \mathrm{d}S$

$(i = 1, \cdots, n)$，其中 $\int_{S_i} \mathrm{d}S$ 就是 $1/n$。

（2）计算所有中心落在直线段内的子像素的集合 F。

（3）计算 F 中的所有子像素对原像素亮度的贡献之和，再乘以像素的最大灰度值即得到其显示灰度值。

习　题

1. 为什么说直线生成算法是二维图形生成技术的基础？

2. 根据 DDA 画直线算法，编一程序求(0，0)到(4，12)和(0，0)到(12，4)的直线。

3. 根据逐点比较法编一程序画一段圆弧，其圆心为(0，0)，圆弧两点为 $A(5，0)$ 和 $B(0，5)$。

4. 编一程序用角度 DDA 法画一圆。

5. 如果线段端点坐标值不是整数，采用 DDA 算法产生的直线和将端点坐标值先取整后再用 Bresenham 算法产生的直线是否完全相同？为什么？能否扩充整数 Bresenham 算法使之能够处理当线段端点坐标值不是整数的情况。

6. 若采用 Bresenham 算法实现画圆，写出算法实现的具体流程（包括判别公式推导等）。

7. 已知 4 个型值点：(1.0，2.0)、(2.5，3.5)、(4.0，4.5)、(5.0，4.0)，求各段三次样条曲线。$S_i(X)$（$i = 1$，2，3），设边界条件为抛物线端。

8. 设 4 个点坐标值为 $P_0[5，5]$、$P_1[10，15]$、$P_2[15，10]$、$P_3[10，5]$，绘一个三次 Bezier 曲线。

9. 编写一个绘制 Bezier 曲线的程序。

10. 编写一个绘制 B 样条曲线的程序。

11. 简述 NURBS 曲线产生的背景和特点。

12. 将下列数据

$$x \quad 2 \quad 6 \quad 10 \quad 12 \quad 14 \quad 16$$
$$y \quad 3 \quad 8 \quad 11 \quad 13 \quad 15 \quad 17$$

按最小二乘法曲线拟合，分别求一次和二次多项式曲线，拟合以上数据，并且画图表示。

13. 设五边形的 5 个顶点坐标是（10，10）、（15，5）、（12，5）、（8，2）和（4，5），利用多边形区域填充算法，编一程序生成一个实心图。

14. 已知多边形各顶点坐标为（2，2）、（2，4）、（8，6）、（12，2）、（8，1）、（6，2）和（2，2），在用多边形区域填充时，请写出 ET 及全部 AET 内容。

15. 用扫描线种子填充算法，编写一个填充多边形区域的程序。

16. 已知四边形各顶点坐标为（0，0）、（20，0）、（20，15）和（0，15），对此图形分别进行下列比例变换。

（1）使长度方向缩小一半，高度方向增长一倍。

（2）使整个图形放大一倍。

17. 已知三角形各顶点坐标为（10，10）、（10，30）和（30，15），试对其进行下列变换，写出变换矩阵，画出变换后的图形。

（1）沿 x 向平移 20，沿 y 向平移 15，再绕原点旋转 90°。

（2）绕原点旋转 90°，再沿 x 向平移 20，沿 y 向平移 15。

18. 已知直线方程如下：

（1）$y = kx + b$

（2）$x/a + y/b = 1$ $(a \neq 0，b \neq 0)$

试导出图形对该直线进行对称变换的变换矩阵。

19. 编一程序实现直线编码裁剪法。

20. 编一程序实现直线中点分割裁剪法。

21. 什么是反走样技术？比较超采样和区域采样的异同点。

第 5 章
三维图形生成和变换技术

5.1　三维图形的概念

　　本章主要包括三维图形的概念、自由曲面的生成、三维图形变换、三维图形裁剪和消隐技术等内容。在第 4 章里我们叙述了二维图形生成原理和变换技术，本章将讲述三维图形生成和变换技术。在计算机图形学中最重要的部分是三维图形的生成与变换。目前，三维图形技术已经在实际中得到广泛的应用。三维图形生成比二维图形生成要复杂得多，其根本原因在于我们使用的图形输入设备和输出设备基本上都是二维的，用这些二维的图形设备去表现空间三维实体自然会增加许多复杂性，尤其是需要运用许多与处理二维图形不同的方法去处理三维图形。

　　在计算机图形学研究中，三维图形概念有几种，一种是采用线框图构成的三维图形，这是最基本、最简单的，它实际上是在二维屏幕上展示具有三维视觉效果的图形；另一种是三维实体图形，它是采用各种颜色图案、纹理等填充过的图形，在视觉上也具有三维效果；再有一种是三维立体图形，它借助于光照、浓淡和明暗技术，产生真正的三维立体效果。这些三维图形都是我们在计算机图形学中要研究和予以实现的内容。

　　三维图形的应用可以根据所处理的图形是一个真实的物体，还是一个设计的新物体类型来分类。我们可以通过对一个三维空间物体进行近似的描述，采用该描述数据构造相应的三维图形。例如，立方体图形可以描述成线框结构或者平面集合，或者描述成曲线、曲面集合等，也可以将立方体通过构造和变换产生新的图形和物体，以组成新的三维空间形状，这在计算机和辅助设计中应用很广。例如，汽车和飞机的主体就是通过表面图形的各种拼接及安排，直至达到某些设计指标。无论何种应用，三维立体图形的描述都是在一个世界坐标系统中予以说明，然后再映射到显示器或其他输出设备的二维坐标系统上。

5.2　自由曲面的生成

　　在计算机出现之前以及在计算几何没有很好地发展之前，对于一些工程实际中应用的复杂自由曲面，如飞机、船舶、汽车等几何外形的描述以及地形形状的表示，传统的处理办法是用一组或几组平行平面去截这个曲面，画出几组截交线来表示这个曲面。例如，船体就是用互相正交的三组平面截得的纵剖线、横剖线和水平线表示的；地面则是用一组水平面截得等高线表示的，这实际上是把曲面问题转化成了曲线问题。这种处理办法称为曲线网格表示法。正是利用这些曲线网格来近似地表示自由曲面，因此，在产生一张曲面时，我们可以利用一系列的纵横交错且相互平行的样条曲线来构造曲面，如图 5.1 所示。然而，我们如何确定这张曲面上任意一点的位置呢？很明显，如果这点恰好落在某一条网格线上，如图 5.1 所示的 P_1 点，那么就可以根据这条网格线的函数表示来计算这一点的位置（坐标）；若这一点不在任何网格线上，如图 5.1 中的 P_2 点，那么就无法计算出该点的精确位置，只能用离该点最近一条网格线上的点近似地表示。这使得本来精度不很高的近似曲面在这一点的精度更低，所以用这种方法来产生曲面只适合于一部分精度要求不太高的场合。我们可以把平面里自由曲线生成方法加以推广，借助于曲面的解析表达式来处理有关曲面问题。

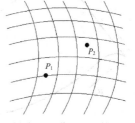

图 5.1　曲面的网格

曲面的种类繁多，为便于讨论，将曲面分为两类：一类是规则曲面，如柱、锥、椭球、环、双曲面、抛物面等，它可以用参数方程解析地描述；另一类为不规则曲面，如 Coons 曲面、Bezier 曲面、B 样条曲面等，这是构造某种曲面的方程问题，也是下面要讨论的重点。

5.2.1　空间曲面的参数表示

在三维空间内，一张任意曲面的一段可以用两个参数的曲面矢量方程或参数方程表示，可以写成：

$$r(u,v) = [x(u,v), y(u,v), z(u,v)] \tag{5-1}$$

或
$$\begin{cases} x = x(u,v) \\ y = y(u,v) \\ z = z(u,v) \end{cases} \quad \begin{bmatrix} u_0 \leqslant u \leqslant u_1 \\ v_0 \leqslant v \leqslant v_1 \end{bmatrix}$$

式中 u，v 为参数。

三维空间任意曲面的图形如图 5.2 所示，曲面有两簇参数曲线，或称坐标曲线，通常简称为 u 线和 v 线。当 $u = u_i$ 时，代入式（5-1）得

$$r(u_i, v) = [x(u_i, v), y(u_i, v), z(u_i, v)]$$

上式是曲面上一条参数曲线 $r(u_i, v)$，即一条 v 线。当 $v = v_j$ 时，代入式（5-1）得

$$r(u, v_j) = [x(u, v_j), y(u, v_j), z(u, v_j)]$$

上式则是另一条参数曲线 $r(u, v_j)$，或称 u 线。上述两条参数曲线 $r(u_i, v)$ 和 $r(u, v_j)$ 的交点则是 $r(u_i, v_j)$。事实上，用 $u = u_i$，$v = v_j$ 代入式（5-1）也得到曲面上同一点位置矢量 $r(u_i, v_j)$

$$r(u_i, v_j) = [x(u_i, v_j), y(u_i, v_j), z(u_i, v_j)]$$

例如，图 5.3 所示的平面片方程为

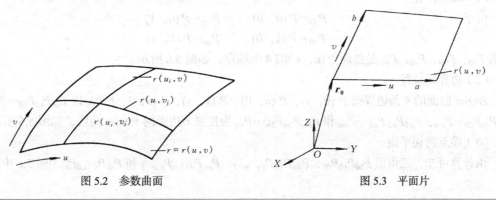

图 5.2　参数曲面　　　　　　　　　　　　　　　图 5.3　平面片

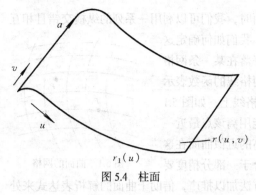

图 5.4 柱面

$$r(u,v) = r_0 + au + bv \qquad (0 \leqslant u, v \leqslant 1)$$

式中，矢量 r_0 为平面上一点的位置矢量，a 和 b 为常矢量，且 a 不平行于 b，该平面片是由矢量 a 和 b 张成的四边形。

又如图 5.4 所示，以固定方向长度为 a 的直线段作为母线沿给定一条空间曲线 $r_1(u)$ 移动生成一个柱面，其方程为

$$r(u,v) = r_1(u) + av \qquad (0 \leqslant u, v \leqslant 1)$$

式中 a 是沿母线方向的常矢量。

5.2.2 Bezier（贝塞尔）曲面

如前所述，Bezier 曲线是一条与控制多边形顶点位置有严格关联关系的曲线，Bezier 曲线形状趋向于特征多边形形状，阶次由控制多边形顶点的个数来决定。Bezier 曲面是由 Bezier 曲线拓广而来，它也是以 Bernstein 函数作为基函数，是由 Bernstein 函数构造空间点阵列的位置来控制的。

1. Bezier 曲面的数学表达形式

在三维空间里，给定 $(n+1) \times (m+1)$ 个点的空间点 $P_{ij}(i = 0, 1, \cdots, n; j = 0, 1, \cdots, m)$，称 $n \times m$ 次参数曲面：

$$P(u,v) = \sum_{i=0}^{n} \sum_{j=0}^{m} P_{ij} B_{i,n}(u) B_{j,m}(v) \qquad (0 \leqslant u, v \leqslant 1)$$

为 $n \times m$ 次 Bezier 曲面。

P_{ij} 是 $P(u,v)$ 的控制顶点，$B_{i,n}(u)$ 和 $B_{j,m}(v)$ 为 Bernstein 基函数，具体表示为

$$B_{i,n}(u) = C_n^i u^i (1-u)^{n-i}$$

$$B_{j,m}(v) = C_m^j v^j (1-v)^{m-j}$$

如果用一系列直线段将相邻的点 P_{i0}，P_{i1}，$\cdots$，$P_{im}(i = 0, 1, \cdots, n)$ 和 P_{0j}，P_{1j}，$\cdots$，$P_{nj}(j = 0, 1, \cdots, m)$ 一一连接起来组成一张空间网格，称这张网络为 $m \times n$ 次曲面特征网格。图 5.5 所示为 3×3 次曲面特征网格。

类似于 Bezier 曲线情况，特征网格框定了 $P(u, v)$ 的大致形状，$P(u, v)$ 是对特征网格的逼近。

2. Bezier 曲面的性质

Bezier 曲面有类似于 Bezier 曲线的性质。

（1）端点位置

由于

$$P_{00} = P(0, 0) \qquad P_{0m} = P(0, 1)$$
$$P_{n0} = P(1, 0) \qquad P_{nm} = P(1, 1)$$

说明 P_{00}、P_{0m}、P_{n0}、P_{nm} 是曲面 $P(u, v)$ 的 4 个端点，如图 5.6 所示。

（2）边界线位置

Bezier 曲面的 4 条边界线 $P(0, v)$、$P(u, 0)$、$P(1, v)$、$P(u, 1)$ 分别是以 $P_{00}P_{01}P_{02}\cdots P_{0m}$、$P_{00}P_{10}P_{20}\cdots P_{n0}$、$P_{n0}P_{n1}P_{n2}\cdots P_{nm}$ 和 $P_{0m}P_{1m}P_{2m}\cdots P_{nm}$ 为控制多边形的 Bezier 曲线，如图 5.6 所示。

（3）端点的切平面

由计算可知，三角形 $P_{00}P_{10}P_{01}$、$P_{0m}P_{1m}P_{0, m-1}$、$P_{nm}P_{n-1,m}P_{n,m-1}$ 和 $P_{n0}P_{n-1,0}P_{n1}$（图 5.6 中打上

斜线的三角形）所在的平面分别在点 P_{00}、P_{0m}、P_{nm} 和 P_{n0} 与曲面 $P(u,v)$ 相切。

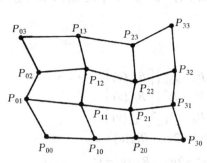

图 5.5　Bezier 曲面特征网格

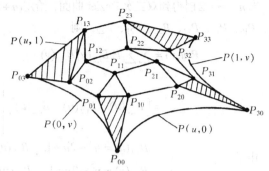

图 5.6　Bezier 曲面端点的切平面和边界

（4）凸包性

曲面 $P(u,v)$ 位于其控制顶点 $P_{ij}(i=0，1，2，\cdots，n；j=0，1，2，\cdots，m)$ 的凸包内。

（5）几何不变性

曲面 $P(u,v)$ 的形状和位置与坐标系选择无关，仅和点 P_{00}、P_{01}、$\cdots$、P_{nm} 位置有关。

3. 几个低次的 Bezier 曲面

（1）双一次 Bezier 曲面

当 $n=m=1$ 时，得双一次 Bezier 曲面，给定 $(n+1)\times(m+1)=2\times2=4$ 个控制点，即 P_{00}、P_{01}、P_{10} 和 P_{11}，则

$$P(u,v)=\sum_{i=0}^{1}\sum_{j=0}^{1}P_{ij}B_{i,1}(u)B_{j,1}(v)$$

$$=\begin{bmatrix} B_{0,1}(u) & B_{1,1}(u) \end{bmatrix}\begin{bmatrix} P_{00} & P_{01} \\ P_{10} & P_{11} \end{bmatrix}\begin{bmatrix} B_{01}(v) \\ B_{11}(v) \end{bmatrix}$$

由于
$$B_{0,1}(u)=1-u,\quad B_{1,1}(u)=u$$
$$B_{0,1}(v)=1-v,\quad B_{1,1}(v)=v$$

所以 $P(u,v)=\begin{bmatrix} 1-u & u \end{bmatrix}\begin{bmatrix} P_{00} & P_{01} \\ P_{10} & P_{11} \end{bmatrix}\begin{bmatrix} 1-v \\ v \end{bmatrix}=(1-u)(1-v)P_{00}+u(1-v)P_{10}+(1-u)vP_{01}+uvP_{11}$

它其实是一个马鞍面（双曲抛物面）上的一块曲面片，如图 5.7 所示。

在上式中，当 $u=0$ 和 $u=1$ 时，得到的两条边界为直线段；同样，当 $v=0$ 和 $v=1$ 时，得到两条边界也是直线段。所以双一次 Bezier 曲面是由 4 条直线段包围而成。

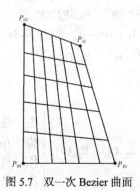

图 5.7　双一次 Bezier 曲面

（2）双二次 Bezier 曲面

当 $n=m=2$ 时得到双二次 Bezier 曲面，给定 $(n+1)\times(m+1)=3\times3=9$ 个控制点，即 P_{00}、P_{01}、P_{02}、P_{10}、P_{11}、P_{12}、P_{20}、P_{21}、P_{22}，则

$$P(u,v)=\sum_{i=0}^{2}\sum_{j=0}^{2}P_{ij}B_{i,2}(u)B_{j,2}(v)$$

$$=\begin{bmatrix}B_{0,2}(u) & B_{1,2}(u) & B_{2,2}(u)\end{bmatrix}\begin{bmatrix}P_{00} & P_{01} & P_{02}\\ P_{10} & P_{11} & P_{12}\\ P_{20} & P_{21} & P_{22}\end{bmatrix}\begin{bmatrix}B_{0,2}(v)\\ B_{1,2}(v)\\ B_{2,2}(v)\end{bmatrix}$$

由于

$$B_{0,2}(u)=u^2-2u+1,\quad B_{1,2}(u)=-2u^2+2u,\quad B_{2,2}(u)=u^2$$

$$B_{0,2}(v)=v^2-2v+1,\quad B_{1,2}(v)=-2v^2+2v,\quad B_{2,2}(v)=v^2$$

所以

$$P(u,v)=\begin{bmatrix}u^2 & u & 1\end{bmatrix}\begin{bmatrix}1 & -2 & 1\\ -2 & 2 & 0\\ 1 & 0 & 0\end{bmatrix}\begin{bmatrix}P_{00} & P_{01} & P_{02}\\ P_{10} & P_{11} & P_{12}\\ P_{20} & P_{21} & P_{22}\end{bmatrix}\begin{bmatrix}1 & -2 & 1\\ -2 & 2 & 0\\ 1 & 0 & 0\end{bmatrix}\begin{bmatrix}v^2\\ v\\ 1\end{bmatrix}$$

当 u 取定值时，是关于 v 的二次参数曲线即抛物线；同样，当 v 取定值时，是关于 u 的二次参数曲线。当 $u=0$ 和 $u=1$ 时，两条边界是抛物线段；同样，$v=0$ 和 $v=1$ 时，另外两条边界也是抛物线段，所以双二次 Bezier 曲面是由 4 条抛物线段包围而成，如图 5.8 所示。显然，中间的一个顶点的变化对边界曲线不产生影响，这意味着在周边 8 点不变的情况下，适当选择中心顶点的位置可以控制曲面凹凸，这种控制方式是极其直观的，而且极其简易。

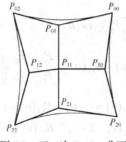

图 5.8 双二次 Bezier 曲面

（3）双三次 Bezier 曲面

当 $n=m=3$ 时，得到双三次 Bezier 曲面，给定 $(n+1)\times(m+1)=4\times4=16$ 个控制点，$P_{ij}(i=0,1,2,3;\ j=0,1,2,3)$。

由于

$$B_{0,3}(u)=1-3u+3u^2-u^3\quad B_{1,3}(u)=3u-6u^2+3u^3$$

$$B_{2,3}(u)=3u^2-3u^3\quad B_{3,3}(u)=u^3$$

$$B_{0,3}(v)=1-3v+3v^2-v^3\quad B_{1,3}(v)=3v-6v^2+3v^3$$

$$B_{2,3}(v)=3v^2-3v^3\quad B_{3,3}(v)=v^3$$

所以

$$P(u,v)=\sum_{i=0}^{3}\sum_{j=0}^{3}P_{ij}B_{i,3}(u)B_{j,3}(v)$$

$$=\begin{bmatrix}B_{0,3}(u) & B_{1,3}(u) & B_{2,3}(u) & B_{3,3}(u)\end{bmatrix}\begin{bmatrix}P_{00} & P_{01} & P_{02} & P_{03}\\ P_{10} & P_{11} & P_{12} & P_{13}\\ P_{20} & P_{21} & P_{22} & P_{23}\\ P_{30} & P_{31} & P_{32} & P_{33}\end{bmatrix}\begin{bmatrix}B_{0,3}(v)\\ B_{1,3}(v)\\ B_{2,3}(v)\\ B_{3,3}(v)\end{bmatrix}$$

$$= \begin{bmatrix} u^3 & u^2 & u & 1 \end{bmatrix} \begin{bmatrix} -1 & 3 & -3 & 1 \\ 3 & -6 & 3 & 0 \\ -3 & 3 & 0 & 0 \\ 1 & 0 & 0 & 0 \end{bmatrix} \begin{bmatrix} P_{00} & P_{01} & P_{02} & P_{03} \\ P_{10} & P_{11} & P_{12} & P_{13} \\ P_{20} & P_{21} & P_{22} & P_{23} \\ P_{30} & P_{31} & P_{32} & P_{33} \end{bmatrix} \begin{bmatrix} -1 & 3 & -3 & 1 \\ 3 & -6 & 3 & 0 \\ -3 & 3 & 0 & 0 \\ 1 & 0 & 0 & 0 \end{bmatrix} \begin{bmatrix} v^3 \\ v^2 \\ v \\ 1 \end{bmatrix}$$

令　$U = \begin{bmatrix} u^3 & u^2 & u & 1 \end{bmatrix}$

$$N = \begin{bmatrix} -1 & 3 & -3 & 1 \\ 3 & -6 & 3 & 0 \\ -3 & 3 & 0 & 0 \\ 1 & 0 & 0 & 0 \end{bmatrix} = N^T$$

$$P = \begin{bmatrix} P_{00} & P_{01} & P_{02} & P_{03} \\ P_{10} & P_{11} & P_{12} & P_{13} \\ P_{20} & P_{21} & P_{22} & P_{23} \\ P_{30} & P_{31} & P_{32} & P_{33} \end{bmatrix}$$

$$V = \begin{bmatrix} v^3 & v^2 & v & 1 \end{bmatrix}$$

$$P(u,v) = UNPN^TV^T$$

图 5.9 所示为双三次 Bezier 曲面片。

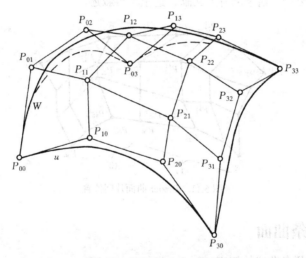

图 5.9　双三次 Bezier 曲面

矩阵 P 表示双三次 Bezier 曲面片特征多面体 16 个控制顶点的位置向量。显而易见这 16 个控制点中只有 4 个顶点 P_{00}、P_{03}、P_{30} 和 P_{33} 位于 Bezier 曲面上。P 矩阵中周围的 12 个控制点定义了 4 条三次 Bezier 曲线，即边界曲线。其余的 4 个点 P_{11}、P_{21}、P_{12} 和 P_{22} 与边界曲线无关，但影响曲面片的形状。

4. Bezier 曲面的拼接

单个 Bezier 曲面可以通过以下两步生成。

（1）固定 v，随着 u 变化可得一簇 Bezier 曲线。

（2）固定 u，随着 v 变化可得一簇 Bezier 曲线。

Bezier 曲面是由 Bezier 曲线交织而成的曲面。

然而一个复杂的曲面往往不能用单一的 Bezier 曲面来实现，要用几块 Bezier 曲面拼接起来。以下讨论两张双三次 Bezier 曲面的拼接。

如图 5.10 所示，给出了两个相邻的 Bezier 曲面片，我们分别将它命名为 $P^{(1)}(u,v)$ 和 $P^{(2)}(u,v)$。

如果对 $0 \leqslant v \leqslant 1$ 中所有的 v，有 $P^{(1)}(1,v) = P^{(2)}(0,v)$，就可以得到跨界位置处曲面函数的连续性。这也就意味着：两曲面片间的一个公共边界需要两个特征多边形之间的一个共同边界多边形，如图 5.11 所示。图中 $P_{33}^{(1)} = P_{03}^{(2)}$，$P_{32}^{(1)} = P_{02}^{(2)}$，$P_{31}^{(1)} = P_{01}^{(2)}$，$P_{30}^{(1)} = P_{00}^{(2)}$ 即表示两个曲面相接处共用的多边形边界。

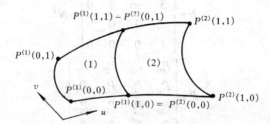

图 5.10　两个相邻的 Bezier 曲面片

要使跨界处一阶导数连续，即曲面在跨界处光滑，对 $0 \leqslant v \leqslant 1$ 中的所有 v，曲面片（1）在 $u=1$ 的切平面必须与曲面片（2）在 $u=0$ 的切平面重合，如图 5.11 所示，即边界处切平面重合。要讨论这一点，情况比较复杂，请参阅有关文献，这里不再叙述。

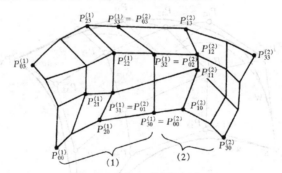

图 5.11　Bezier 曲面片间位置

5.2.3　B 样条曲面

B 样条曲面是 B 样条曲线的拓广。

1. B 样条曲面的数学表达形式

在三维空间里，给定 $(n+1) \times (m+1)$ 个点，用向量 P_{ij}（$i = 0$，1，…，n；$j = 0$，1，…，m）表示，称 $P(u,v) = \sum\limits_{i=0}^{n} \sum\limits_{j=0}^{m} P_{ij} F_{i,n}(u) F_{j,m}(v)$（$0 \leqslant u$，$v \leqslant 1$）为 $n \times m$ 次 B 样条曲面。

P_{ij} 是 $P(u,v)$ 的控制顶点，$F_{i,n}(u)$ 和 $F_{j,m}(v)$ 为 B 样条基函数，具体表示为

$$F_{i,n}(u) = \frac{1}{n!} \sum_{k=0}^{n-i} (-1)^k C_{n+1}^k (u+n-i-k)^n$$

$$F_{j,m}(v) = \frac{1}{m!} \sum_{k=0}^{m-j} (-1)^k C_{m+1}^k (v+m-j-k)^m$$

如果用一系列直线段将相邻的点 P_{i0}，P_{i1}，$\cdots$，P_{im}（$i=0, 1, \cdots, n$）和 P_{0j}，P_{1j}，$\cdots$，P_{nj}（$j=0$，$1, \cdots, m$）一一连接起来，组成一张空间网格，称这张网格为 $n \times m$ 次 B 样条曲面特征网格，如图 5.12 所示。

2. 几个低次 B 样条曲面

（1）双一次 B 样条曲面

当 $n=m=1$ 时，得双一次 B 样条曲面，给定 $(n+1) \times (m+1) = 2 \times 2 = 4$ 个控制点，即 P_{00}、P_{01}、P_{10} 和 P_{11}。

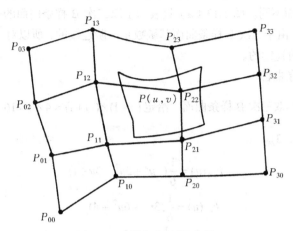

图 5.12 B 样条曲面特征网格

由于
$$F_{0,1}(u) = 1-u \qquad F_{1,1}(u) = u$$

$$F_{0,1}(v) = 1-v \qquad F_{1,1}(v) = v$$

所以，双一次 B 样条曲面为

$$P(u,v) = \sum_{i=0}^{1} \sum_{j=0}^{1} P_{ij} F_{i,1}(u) F_{j,1}(v)$$

$$= \begin{bmatrix} 1-u & u \end{bmatrix} \begin{bmatrix} P_{00} & P_{01} \\ P_{10} & P_{11} \end{bmatrix} \begin{bmatrix} 1-v \\ v \end{bmatrix}$$

与双一次 Bezier 曲面一样，双一次 B 样条曲面也是双曲抛物面（马鞍面）上一片曲面。

（2）双二次 B 样条曲面

当 $n=m=2$ 时，得双二次 B 样条曲面，给定 $(n+1) \times (m+1) = 3 \times 3 = 9$ 个控制点，即 P_{00}、P_{01}、P_{02}、P_{10}、P_{11}、P_{12}、P_{20}、P_{21} 和 P_{22}。

由于
$$F_{0,2}(u) = \frac{1}{2}(u^2 - 2u + 1) \qquad F_{1,2}(u) = \frac{1}{2}(-2u^2 + 2u + 1)$$

$$F_{2,2}(u) = \frac{1}{2}u^2$$

$$F_{0,2}(v) = \frac{1}{2}(v^2 - 2v + 1) \qquad F_{1,2}(v) = \frac{1}{2}(-2v^2 + 2v + 1)$$

$$F_{2,2}(v) = \frac{1}{2}v^2$$

所以，双二次 B 样条曲面为

$$P(u,v)=\sum_{i=0}^{2}\sum_{j=0}^{2}P_{ij}F_{i,2}(u)F_{j,2}(v)$$

$$=\frac{1}{4}\begin{bmatrix}u^2 & u & 1\end{bmatrix}\begin{bmatrix}1 & -2 & 1\\ -2 & 2 & 0\\ 1 & 1 & 0\end{bmatrix}\begin{bmatrix}P_{00} & P_{01} & P_{02}\\ P_{10} & P_{11} & P_{12}\\ P_{20} & P_{21} & P_{22}\end{bmatrix}\begin{bmatrix}1 & -2 & 1\\ -2 & 2 & 1\\ 1 & 0 & 0\end{bmatrix}\begin{bmatrix}v^2\\ v\\ 1\end{bmatrix}$$

当 u 和 v 取定值时，曲面的 v 线和 u 线也都是抛物线。图 5.13（a）所示为双二次 B 样条曲面与特征网格的关系。由图可知，曲面不经过任何一个网格顶点。B 样条曲面 4 个角点不在给定位置上，这与 Bezier 曲面不同。图 5.13（a）只表示了双二次 B 样条曲面的一片，如果网格向外扩展，曲面也相应延伸。由于二次 B 样条曲面基函数是一阶连续的，所以对于两片双二次 B 样条曲面片，其连接亦是一阶连续的。

（3）双三次 B 样条曲面

当 $n=m=3$ 时，得双三次 B 样条曲面，给定 $(n+1)\times(m+1)=4\times4=16$ 个控制点，即 P_{ij}（$i=0$, 1, 2, 3; $j=0$, 1, 2, 3）。

由于

$$F_{0,3}(u)=\frac{1}{6}(-u^3+3u^2-3u+1)$$
$$F_{1,3}(u)=\frac{1}{6}(3u^3-6u^2+4)$$
$$F_{2,3}(u)=\frac{1}{6}(-3u^3+3u^2+3u+1)$$
$$F_{3,3}(u)=\frac{1}{6}u^3$$
$$F_{0,3}(v)=\frac{1}{6}(-4v^3+3v^2-3v+1)$$
$$F_{1,3}(v)=\frac{1}{6}(3v^3-6v^2+4)$$
$$F_{2,3}(v)=\frac{1}{6}(-3v^3+3v^2+3v+1)$$
$$F_{3,3}(v)=\frac{1}{6}v^3$$

所以，双三次 B 样条曲面为：

$$P(u,v)=\sum_{i=0}^{3}\sum_{j=0}^{3}P_{ij}F_{i,3}(u)F_{j,3}(v)$$

$$=\begin{bmatrix}u^3 & u^2 & u & 1\end{bmatrix}\frac{1}{36}\begin{bmatrix}-1 & 3 & -3 & 1\\ 3 & -6 & 3 & 0\\ -3 & 0 & 3 & 0\\ 1 & 4 & 1 & 0\end{bmatrix}\begin{bmatrix}P_{00} & P_{01} & P_{02} & P_{03}\\ P_{10} & P_{11} & P_{12} & P_{13}\\ P_{20} & P_{21} & P_{22} & P_{23}\\ P_{30} & P_{31} & P_{32} & P_{33}\end{bmatrix}\begin{bmatrix}-1 & 3 & -3 & 1\\ 3 & -6 & 0 & 4\\ -3 & 3 & 3 & 1\\ 1 & 0 & 0 & 0\end{bmatrix}\begin{bmatrix}v^3\\ v^2\\ v\\ 1\end{bmatrix}$$

令 $U=\begin{bmatrix}u^3 & u^2 & u & 1\end{bmatrix}$

$$N=1/6\begin{bmatrix}-1 & 3 & -3 & 1\\ 3 & -6 & 3 & 0\\ -3 & 0 & 3 & 0\\ 1 & 4 & 1 & 0\end{bmatrix}$$

$$P = \begin{bmatrix} P_{00} & P_{01} & P_{02} & P_{03} \\ P_{10} & P_{11} & P_{12} & P_{13} \\ P_{20} & P_{21} & P_{22} & P_{23} \\ P_{30} & P_{31} & P_{32} & P_{33} \end{bmatrix}$$

$$V = \begin{bmatrix} v^3 & v^2 & v & 1 \end{bmatrix}$$

$$P(u,v) = UNPN^T V^T$$

双三次 B 样条曲面与双二次 B 样条曲面特征网格关系如图 5.13（b）所示。双三次 B 样条曲面片 4 个角点不在给定的点的位置上。如果将网格向外扩展，曲面也相应延伸，而且由于三次 B 样条基函数是二阶连续的，所以双三次 B 样条曲面也二阶连续。

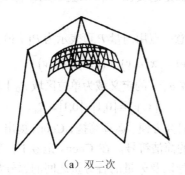 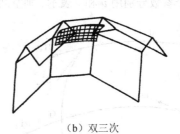

（a）双二次　　　　　　　　　　　　　　　（b）双三次

图 5.13　双二与双三次 B 样条曲面特征网格

5.2.4　Coons（孔斯）曲面

Coons 曲面是 1964 年由孔斯（Coons）提出的构造曲面的方法，这种方法的基本思想是将任意复杂的曲面分割成若干小块，而每小块用参数方程来描述，即用 4 条边界曲线来定义，再通过适当地选择块与块之间的连接条件，使边界上一阶导数和二阶导数连续，最后获得整个曲面。

1. 混合函数

Coons 在他所研究的孔斯曲面中，定义了 4 个一元三次函数 $F_0(u)$、$F_1(u)$、$G_0(u)$、$G_1(u)$，它们的功能是用 4 条给定的边界曲线生成一张曲面。

定义在区间 $[0,1]$ 上 4 个三次函数

$$\begin{cases} F_0(u) = 2u^3 - 3u^2 + 1 \\ F_1(u) = -2u^3 + 3u^2 \\ G_0(u) = u^3 - 2u^2 + u \\ G_1(u) = u^3 - u^2 \end{cases} \quad (0 \le u \le 1) \qquad (5\text{-}2)$$

称为三次混合函数。具有下列性质：

$$\begin{cases} F_0(0)=1 \\ F'_0(0)=0 \end{cases} \quad \begin{cases} F_0(1)=0 \\ F'_0(1)=0 \end{cases} \quad \begin{cases} F_1(0)=0 \\ F'_1(0)=0 \end{cases} \quad \begin{cases} F_1(1)=1 \\ F'_1(1)=0 \end{cases}$$

$$\begin{cases} G_0(0)=0 \\ G'_0(0)=1 \end{cases} \quad \begin{cases} G_0(1)=0 \\ G'_0(1)=0 \end{cases} \quad \begin{cases} G_1(0)=0 \\ G'_1(0)=0 \end{cases} \quad \begin{cases} G_1(1)=0 \\ G'_1(1)=1 \end{cases}$$

我们构造这样一段曲线 $P(u)$，来理解这 4 个混合函数的功能。若要求 $u=0$ 时 $P(0)=A_0$ 且 $u=0$ 处切向量 $P'(0)=B_0$，$u=1$ 时，$P(1)=A_1$，且 $u=1$ 处的切向量 $P'(1)=B_1$。显然，根据上述 4

个一元三次函数 $F_0(u)$、$F_1(u)$、$G_0(u)$ 和 $G_1(u)$ 的端点性质，我们很容易得到：

$$P(u) = A_0 F_0(u) + A_1 F_1(u) + B_0 G_0(u) + B_1 G_1(u) \qquad 0 \leq u \leq 1$$

由此我们可以看出 4 个函数 $F_0(u)$、$F_1(u)$、$G_0(u)$ 和 $G_1(u)$ 在 $P(u)$ 的表示中所起作用：$F_0(u)$ 和 $F_1(u)$ 用于控制两个端点($x = 0$) 和($x = 1$) 的函数值，而 $G_0(u)$ 和 $G_1(u)$ 却用来控制两个端点 ($x = 0$) 和 ($x = 1$) 的切向量。正是由于 $F_0(u)$、$F_1(u)$、$G_0(u)$ 和 $G_1(u)$ 的上述作用，使得它们被用来定义双三次 Coons 曲面。

2. 双三次 Coons 曲面

Coons 曲面有几种类型，双三次曲面是其中最有实用价值的一种。在几何造型计算中使用的 Coons 曲面，都是这种双三次曲面。双三次 Coons 曲面是定义在一个单位区域 R_0 上，并用向量方式表示的双参数向量方程。

设两个参数分别用 u 和 v 表示，则空间曲面上任意一点用向量 P 可表示为 $P(u,v)$，其分量形式为 $P(u,v) = [x(u,v), y(u,v), z(u,v)]$。

其中参数 u、v 的定义域为单位区域 R_0 上的值，即

$$(x,y) \in [0,1] \times [0,1] = R_0 。$$

为了研究方便、运算简捷，Coons 提出了一套表示参数曲面的简洁符号。在 Coons 记号中，参数 u 和 v 之间的逗号以及矢量的各分量之间的逗号都省略掉。当仅在讨论一张曲面时，向量函数 $P(u,v)$ 前面字母 P 连同其后圆括号也一起省略掉。符号 u_0、u_1、$0v$ 和 $1v$ 分别表示曲面的 4 条边界曲线，曲面的 4 个角点则简记为 00、01、10 和 11，如图 5.14 所示。

曲面的偏导向量的记号是：

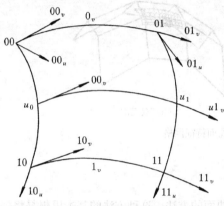

图 5.14　Coons 曲面边界曲线和角点

$$uv_u = \frac{\partial(uv)}{\partial u} \qquad\qquad uv_{uv} = \frac{\partial^2(uv)}{\partial u \partial v}$$

$$0v_u = \frac{\partial(uv)}{\partial u}\Big|_{u=0} \qquad\qquad u0_v = \frac{\partial(uv)}{\partial v}\Big|_{v=0}$$

$$10_{uv} = \frac{\partial^2(uv)}{\partial u \partial v}\Big|_{\substack{u=1 \\ v=0}} \qquad\qquad \cdots\cdots$$

其中，$0v_u$、$1v_u$、$u0_v$ 和 $u1_v$ 分别为边界 $0v$、$1v$、$u0$ 和 $u1$ 上的斜率。

00_u、01_u、10_u 和 11_u 是在 4 个角点 u 向切矢。

00_v、01_v、10_v 和 11_v 是在 4 个角点 v 向切矢。

00_{uv}、01_{uv}、10_{uv} 和 11_{uv} 是 4 个角点混合偏导，又称扭矢。

由式（5-2），我们得到 4 个混合函数的矩阵，表示形式如下：

$$\begin{bmatrix} F_0(u) & F_1(u) & G_0(u) & G_1(u) \end{bmatrix} = \begin{bmatrix} u^3 & u^2 & u & 1 \end{bmatrix} \begin{bmatrix} 2 & -2 & 1 & 1 \\ -3 & 3 & -2 & -1 \\ 0 & 0 & 1 & 0 \\ 1 & 0 & 0 & 0 \end{bmatrix}$$

令

$$U = \begin{bmatrix} u^3 & u^2 & u & 1 \end{bmatrix}$$

$$M = \begin{bmatrix} 2 & -2 & 1 & 1 \\ -3 & 3 & -2 & -1 \\ 0 & 0 & 1 & 0 \\ 1 & 0 & 0 & 0 \end{bmatrix}$$

于是有

$$\begin{bmatrix} F_0 & F_1 & G_0 & G_1 \end{bmatrix} = UM$$

以上是自变量 u 以行矩阵 $\begin{bmatrix} F_0 & F_1 & G_0 & G_1 \end{bmatrix}$ 的形式来表示，若自变量 v 以列矩阵 $\begin{bmatrix} F_0 \\ F_1 \\ G_0 \\ G_1 \end{bmatrix}$ 的形式来表

示，即

$$\begin{bmatrix} F_0 \\ F_1 \\ G_0 \\ G_1 \end{bmatrix} = \begin{bmatrix} 2 & 3 & 0 & 1 \\ -2 & 3 & 0 & 0 \\ 1 & -2 & 1 & 0 \\ 1 & -1 & 0 & 0 \end{bmatrix} \begin{bmatrix} v^3 \\ v^2 \\ v \\ 1 \end{bmatrix}$$

于是有

$$\begin{bmatrix} F_0 \\ F_1 \\ G_0 \\ G_1 \end{bmatrix} = M^T V^T$$

根据点动生线、线动生面的几何原理，把 U 和 V 取作两个独立参数，即得一张 Coons 双三次曲面片，其数学表达式如下：

$$UV = \begin{bmatrix} F_0 F_1 G_0 G_1 \end{bmatrix} \begin{bmatrix} 00 & 01 & 00_v & 01_v \\ 10 & 11 & 10_v & 11_v \\ 00_u & 01_u & 00_{uv} & 01_{uv} \\ 10_u & 11_u & 10_{uv} & 11_{uv} \end{bmatrix} \begin{bmatrix} F_0 \\ F_1 \\ G_0 \\ G_1 \end{bmatrix} = UMCM^T V^T$$

式中，C 称为角点信息矩阵。

$$C = \left[\begin{array}{cc|cc} 00 & 01 & 00_v & 01_v \\ 10 & 11 & 10_v & 11_v \\ \hline 00_u & 01_u & 00_{uv} & 01_{uv} \\ 10_u & 11_u & 10_{uv} & 11_{uv} \end{array} \right] = \left[\begin{array}{c|c} 角点 & v切矢量 \\ \hline u切矢量 & 扭矢 \end{array} \right]$$

这里角点信息矩阵 C 的元素可以分成 4 组，其左上角一块代表 4 个角点的位置矢量，右上角和左下角表示边界曲线在角点 v 方向和 u 方向的切矢量，右下角是 4 个角点的混合偏导数，表示角点扭矢。其中前 3 组信息可以完全决定 4 边边界曲线位置的形状，而第 4 组与 4 条边界曲线形状无关，反映 R_0 的内部曲面形状变化。

两个 Coons 曲面片的连接条件由角点信息矩阵可以求出。连接有两种情况，如图 5.15 所示。

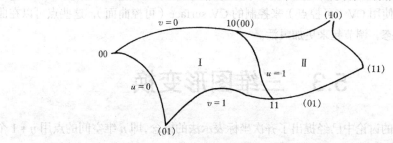

图 5.15　曲面片的连接

（1）沿 $u=1$ 的连接，为保证曲面片 I 与 II 的连接是光滑的，两个曲面片的角点信息矩阵必须满足下述关系。其中 K 是与 I 和 II 两个曲面片交界处有关的相关系数。

$$(10)^{\text{I}} = (00)^{\text{II}} \qquad (10_u)^{\text{I}} = K \cdot (00_u)^{\text{II}}$$
$$(11)^{\text{I}} = (01)^{\text{II}} \qquad (11_u)^{\text{I}} = K \cdot (01_u)^{\text{II}}$$
$$(10v)^{\text{I}} = (00v)^{\text{II}} \qquad (10_{uv})^{\text{I}} = K \cdot (00_{uv})^{\text{II}}$$
$$(11v)^{\text{I}} = (01v)^{\text{II}} \qquad (11_{uv})^{\text{I}} = K \cdot (01_{uv})^{\text{II}}$$

上述关系相当于角点信息矩阵 C 中第 2 行与第 1 行对应元素的对换，第 4 行与第 3 行对应元素的对换，可以简写为

$$C_{2j}^{\text{I}} = C_{1j}^{\text{II}}$$
$$C_{4j}^{\text{I}} = K \cdot C_{3j}^{\text{II}}$$

（2）沿 $v=1$ 连接时应有

$$C_{i2}^{\text{I}} = C_{i1}^{\text{II}}$$

两种情况下，C^{I} 及 C^{II} 的其他元素可以是任选的。

5.2.5 NURBS（非均匀有理 B 样条）曲面

对 NURBS 曲线进行扩展后可以得到 NURBS 曲面，NURBS 曲面可以用如下数学表达式来定义：

$$P(u,v) = \frac{\sum_{i=0}^{m}\sum_{j=0}^{n} \omega_{ij} P_{ij} N_{i,p}(u) N_{j,q}(v)}{\sum_{i=0}^{m}\sum_{j=0}^{n} \omega_{ij} N_{i,p}(u) N_{j,q}(v)} = \sum_{i=0}^{m}\sum_{j=0}^{n} P_{ij} R_{i,p;j,q}(u,v) \qquad u,v \in [0,1]$$

其中

$$R_{i,p;j,q}(u,v) = \frac{\omega_{ij} N_{i,p}(u) N_{j,q}(v)}{\sum_{r=0}^{m}\sum_{s=0}^{n} \omega_{rs} N_{r,p}(u) N_{s,q}(v)}$$

规定 4 角点处用正权因子，即 $\omega_{00}, \omega_{m0}, \omega_{0n}, \omega_{mn} > 0$，而其余 $\omega_{ij} \geqslant 0$。

上述 NURBS 曲面的数学式决定了 NURBS 曲面是一类通用的灵活曲面，利用它用户可以生成具有各种各样形状的曲面，如旋转面、直纹面、推挤面等，NURBS 曲面拥有一些良好的性质，如通过选择合适的 CV 控制点和权值就能够得到精确的二次曲面以及对于投影变换具有不变性等，因此高级三维软件当中一般都支持这种曲面建模方式。NURBS 能够很好地控制物体表面的曲线度，从而保证了创建出的造型能够更加形象逼真。目前，NURBS 已经成为曲面造型中最为广泛应用的技术。

在 3ds Max 中有两种 NURBS 曲面：一种是用点来控制的 Point surface（点曲面），这些点总是在曲面上；另一种使用 CV（可控点）来控制的 CV surface（可控曲面），这些点可以在曲面的外部来控制曲面的形态，调节起来更加灵活。

5.3 三维图形变换

在二维图形变换的讨论中已经提出了齐次坐标表示法的概念，即 n 维空间的点用 $n+1$ 个数表示。因此，对于三维空间点需要用 4 个数来表示，而相应的变换矩阵为 4×4 阶矩阵。

如果用$[x \quad y \quad z \quad 1]$表示变换前三维空间的一个点，用$[x' \quad y' \quad z' \quad 1]$表示变换后的结果，则空间点的变换式为

$$[x \quad y \quad z \quad 1] \cdot T = [x' \quad y' \quad z' \quad 1]$$

式中，T 为三维图形变换矩阵，它是一个 4×4 阶方阵，即

$$T = \left[\begin{array}{ccc|c} a & b & c & p \\ d & e & f & q \\ g & h & i & r \\ \hline l & m & n & s \end{array}\right]$$

我们将 4×4 阶方阵分成 4 个子矩阵，其各自作用如下。

3×3 子矩阵 $\begin{bmatrix} a & b & c \\ d & e & f \\ g & h & i \end{bmatrix}$ 可使三维图形实现比例、对称、错切和旋转变换。

1×3 子矩阵 $[l \quad m \quad n]$ 可使图形实现平移变换。

3×1 子矩阵 $\begin{bmatrix} p \\ q \\ r \end{bmatrix}$ 可使图形实现透视变换。

1×1 子矩阵 $[s]$ 可使图形实现全比例变换。

下面介绍三维图形的变换，为了表示清楚三维空间点或立体位置，我们选择右手坐标系，即右手的食指和中指分别指向 x 和 y 轴方向；而大姆指指向 z 轴的正方向，3 个轴互相垂直，如图 5.16 所示。

图 5.16　右手坐标系

5.3.1　三维图形几何变换

1. 三维比例变换

关于原点的比例变换的变换矩阵为

$$T = \begin{bmatrix} a & 0 & 0 & 0 \\ 0 & e & 0 & 0 \\ 0 & 0 & i & 0 \\ 0 & 0 & 0 & s \end{bmatrix}$$

主对角线上元素 a、e、i 和 s 的作用是使空间立体产生局部或总体比例变换。

（1）局部比例变换

在 3×3 子矩阵中主对角线上元素 a、e 和 i 控制比例变换，令其余元素为零，则空间立体点$(x,$

$y，z$)的比例变换为

$$[x \quad y \quad z \quad 1] \begin{bmatrix} a & 0 & 0 & 0 \\ 0 & e & 0 & 0 \\ 0 & 0 & i & 0 \\ 0 & 0 & 0 & 1 \end{bmatrix} = [ax \quad ey \quad iz \quad 1] = [x' \quad y' \quad z' \quad 1]$$

即 $x'=ax$，$y'=ey$，$z'=iz$。由此可知，空间点$(x，y，z)$坐标分别按比例系数 a、e 和 i 进行变换，可使整个图形按比例放大或缩小。

当 $a=e=i=1$ 时，图形不变，是恒等变换。

当 $a=e=i>1$ 时，图形放大。

当 $a=e=i<1$ 时，图形缩小。

当 $a \neq e \neq i$ 时，立体各向缩放比例不同，这时立体要产生类似变化。

例 5.1 设变换矩阵 $\boldsymbol{T} = \begin{bmatrix} 2 & 0 & 0 & 0 \\ 0 & 4 & 0 & 0 \\ 0 & 0 & 3 & 0 \\ 0 & 0 & 0 & 1 \end{bmatrix}$，对单位立体进行变换。

$$\begin{bmatrix} 0 & 0 & 0 & 1 \\ 0 & 0 & 1 & 1 \\ 0 & 1 & 0 & 1 \\ 0 & 1 & 1 & 1 \\ 1 & 0 & 0 & 1 \\ 1 & 0 & 1 & 1 \\ 1 & 1 & 0 & 1 \\ 1 & 1 & 1 & 1 \end{bmatrix} \begin{bmatrix} 2 & 0 & 0 & 0 \\ 0 & 4 & 0 & 0 \\ 0 & 0 & 3 & 0 \\ 0 & 0 & 0 & 1 \end{bmatrix} = \begin{bmatrix} 0 & 0 & 0 & 1 \\ 0 & 0 & 3 & 1 \\ 0 & 4 & 0 & 1 \\ 0 & 4 & 3 & 1 \\ 2 & 0 & 0 & 1 \\ 2 & 0 & 3 & 1 \\ 2 & 4 & 0 & 1 \\ 2 & 4 & 3 & 1 \end{bmatrix}$$

如图 5.17 所示，空间立体由正方体变成长方体。虚线表示变换前的立方体，实线表示变换后的长方体。

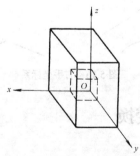

图 5.17 三维局部比例变换

（2）全比例变换

全比例变换矩阵为

$$\boldsymbol{T} = \begin{bmatrix} 1 & 0 & 0 & 0 \\ 0 & 1 & 0 & 0 \\ 0 & 0 & 1 & 0 \\ 0 & 0 & 0 & s \end{bmatrix}$$

$$\begin{bmatrix} x & y & z & 1 \end{bmatrix} \begin{bmatrix} 1 & 0 & 0 & 0 \\ 0 & 1 & 0 & 0 \\ 0 & 0 & 1 & 0 \\ 0 & 0 & 0 & s \end{bmatrix} = \begin{bmatrix} x & y & z & s \end{bmatrix} = \begin{bmatrix} x/s & y/s & z/s & 1 \end{bmatrix}$$

$$= \begin{bmatrix} x' & y' & z' & 1 \end{bmatrix}$$

即 $x' = x/s$，$y' = y/s$，$z' = z/s$，由此可知：

当 $s > 1$ 时，则立体各方向等比例缩小；

当 $0 < s < 1$ 时，则立体各方向等比例放大。

例 5.2　设 $s = 0.5$，对单位立体进行全比例变换。

变换结果如图 5.18 所示。

$$\begin{bmatrix} 0 & 0 & 0 & 1 \\ 0 & 0 & 1 & 1 \\ 0 & 1 & 0 & 1 \\ 0 & 1 & 1 & 1 \\ 1 & 0 & 0 & 1 \\ 1 & 0 & 1 & 1 \\ 1 & 1 & 0 & 1 \\ 1 & 1 & 1 & 1 \end{bmatrix} \begin{bmatrix} 1 & 0 & 0 & 0 \\ 0 & 1 & 0 & 0 \\ 0 & 0 & 1 & 0 \\ 0 & 0 & 0 & 0.5 \end{bmatrix} = \begin{bmatrix} 0 & 0 & 0 & 1 \\ 0 & 0 & 2 & 1 \\ 0 & 2 & 0 & 1 \\ 0 & 2 & 2 & 1 \\ 2 & 0 & 0 & 1 \\ 2 & 0 & 2 & 1 \\ 2 & 2 & 0 & 1 \\ 2 & 2 & 2 & 1 \end{bmatrix}$$

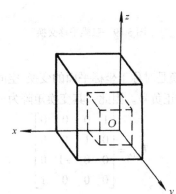

图 5.18　三维全比例变换

2. 三维平移交换

平移变换是使立体在空间平移一段距离，其形状和大小保持不变。变换矩阵为

$$T = \begin{bmatrix} 1 & 0 & 0 & 0 \\ 0 & 1 & 0 & 0 \\ 0 & 0 & 1 & 0 \\ l & m & n & 1 \end{bmatrix}$$

$$\begin{bmatrix} x & y & z & 1 \end{bmatrix} \begin{bmatrix} 1 & 0 & 0 & 0 \\ 0 & 1 & 0 & 0 \\ 0 & 0 & 1 & 0 \\ l & m & n & 1 \end{bmatrix} = \begin{bmatrix} x+l & y+m & z+n & 1 \end{bmatrix}$$

$$= \begin{bmatrix} x' & y' & z' & 1 \end{bmatrix}$$

即 $x' = x+l$，$y' = y+m$，$z' = z+n$。l、m、n 分别为沿 x、y、z 轴方向的平移量，由它们的正负

来决定立体平移方向。

例 5.3 设变换矩阵中 $l=3$，$m=3$，$n=3$。试对单位立体进行平移变换。

$$\begin{bmatrix} 0 & 0 & 0 & 1 \\ 0 & 0 & 1 & 1 \\ 0 & 1 & 0 & 1 \\ 0 & 1 & 1 & 1 \\ 1 & 0 & 0 & 1 \\ 1 & 0 & 1 & 1 \\ 1 & 1 & 0 & 1 \\ 1 & 1 & 1 & 1 \end{bmatrix} \begin{bmatrix} 1 & 0 & 0 & 0 \\ 0 & 1 & 0 & 0 \\ 0 & 0 & 1 & 0 \\ 3 & 3 & 3 & 1 \end{bmatrix} = \begin{bmatrix} 3 & 3 & 3 & 1 \\ 3 & 3 & 4 & 1 \\ 3 & 4 & 3 & 1 \\ 3 & 4 & 4 & 1 \\ 4 & 3 & 3 & 1 \\ 4 & 3 & 4 & 1 \\ 4 & 4 & 3 & 1 \\ 4 & 4 & 4 & 1 \end{bmatrix}$$

变换结果如图 5.19 所示。

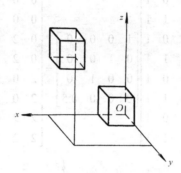

图 5.19 三维平移交换

3. 三维对称变换

在三维空间最简单的对称变换是对称于坐标平面的变换。空间一点对 xOy 坐标面对称变换时，点的 (x, y) 坐标不变，只改变 z 的正负号。因此，其变换矩阵为

$$T_{xOy} = \begin{bmatrix} 1 & 0 & 0 & 0 \\ 0 & 1 & 0 & 0 \\ 0 & 0 & -1 & 0 \\ 0 & 0 & 0 & 1 \end{bmatrix}$$

变换结果如图 5.20 所示。

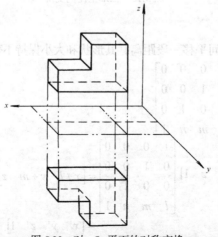

图 5.20 对 xOy 平面的对称变换

同理，对 xOz 坐标的对称变换矩阵和对 yOz 坐标面的对称变换矩阵分别为

$$T_{xOz} = \begin{bmatrix} 1 & 0 & 0 & 0 \\ 0 & -1 & 0 & 0 \\ 0 & 0 & 1 & 0 \\ 0 & 0 & 0 & 1 \end{bmatrix} \qquad T_{yOz} = \begin{bmatrix} -1 & 0 & 0 & 0 \\ 0 & 1 & 0 & 0 \\ 0 & 0 & 1 & 0 \\ 0 & 0 & 0 & 1 \end{bmatrix}$$

4. 三维错切变换

三维立体的某个面沿指定轴向移动属于三维错切，三维错切是由 3×3 子矩阵中非主对角线元素各项产生的，其变换矩阵为

$$T = \begin{bmatrix} 1 & b & c & 0 \\ d & 1 & f & 0 \\ g & h & 1 & 0 \\ 0 & 0 & 0 & 1 \end{bmatrix}$$

变换结果为

$$\begin{bmatrix} x & y & z & 1 \end{bmatrix} \cdot T = \begin{bmatrix} x+dy+gz & bx+y+hz & cx+fy+z & 1 \end{bmatrix}$$
$$= \begin{bmatrix} x' & y' & z' & 1 \end{bmatrix}$$

即
$$x' = x+dy+gz \quad y' = bx+y+hz \quad z' = cx+fy+z$$

T 中第 1 列元素 d 和 g 产生沿 x 轴方向错切，第 2 列元素 b 和 h 产生沿 y 轴方向错切，第 3 列元素 c 和 f 产生沿 z 轴方向错切。错切变换时，一个坐标方向的变化受另外两个坐标变化的影响，因此按错切方向不同可实现 6 种错切变换，如表 5.1 所示。

表 5.1　　　　　　　　　　　　　错切变换

错切方向	变换矩阵	含义
要求沿 x 方向错切	$T_1 = \begin{bmatrix} 1 & 0 & 0 & 0 \\ d & 1 & 0 & 0 \\ 0 & 0 & 1 & 0 \\ 0 & 0 & 0 & 1 \end{bmatrix}$	$d>0$ 沿 $+x$ 方向错切 $d<0$ 沿 $-x$ 方向错切 错切平面沿 x 轴方向 移动且离开 y 轴
	$T_2 = \begin{bmatrix} 1 & 0 & 0 & 0 \\ 0 & 1 & 0 & 0 \\ g & 0 & 1 & 0 \\ 0 & 0 & 0 & 1 \end{bmatrix}$	$g>0$ 沿 $+x$ 方向错切 $g<0$ 沿 $-x$ 方向错切 错切平面沿 x 轴方向 移动且离开 z 轴
要求沿 y 方向错切	$T_3 = \begin{bmatrix} 1 & 0 & 0 & 0 \\ 0 & 1 & 0 & 0 \\ 0 & h & 1 & 0 \\ 0 & 0 & 0 & 1 \end{bmatrix}$	$h>0$ 沿 $+y$ 方向错切 $h<0$ 沿 $-y$ 方向错切 错切平面沿 y 轴方向 移动且离开 z 轴
	$T_4 = \begin{bmatrix} 1 & b & 0 & 0 \\ 0 & 1 & 0 & 0 \\ 0 & 0 & 1 & 0 \\ 0 & 0 & 0 & 1 \end{bmatrix}$	$b>0$ 沿 $+y$ 方向错切 $b<0$ 沿 $-y$ 方向错切 错切平面沿 y 轴方向 移动且离开 x 轴
要求沿 z 方向错切	$T_5 = \begin{bmatrix} 1 & 0 & c & 0 \\ 0 & 1 & 0 & 0 \\ 0 & 0 & 1 & 0 \\ 0 & 0 & 0 & 1 \end{bmatrix}$	$c>0$ 沿 $+z$ 方向错切 $c<0$ 沿 $-z$ 方向错切 错切平面沿 z 轴方向 移动且离开 x 轴

续表

错切方向	变换矩阵	含义
要求沿 z 方向错切	$$T_6 = \begin{bmatrix} 1 & 0 & 0 & 0 \\ 0 & 1 & f & 0 \\ 0 & 0 & 1 & 0 \\ 0 & 0 & 0 & 1 \end{bmatrix}$$	$f>0$ 沿 $+z$ 方向错切 $f<0$ 沿 $-z$ 方向错切 错切平面沿 z 轴方向 移动且离开 y 轴

例 5.4 将一单位立方体进行错切变换，使错切平面沿 x 方向移动并离开 y 轴。

令变换矩阵

$$T = \begin{bmatrix} 1 & 0 & 0 & 0 \\ 1.5 & 1 & 0 & 0 \\ 0 & 0 & 1 & 0 \\ 0 & 0 & 0 & 1 \end{bmatrix}$$

$$\begin{bmatrix} 0 & 0 & 0 & 1 \\ 0 & 0 & 1 & 1 \\ 1 & 0 & 1 & 1 \\ 1 & 0 & 0 & 1 \\ 0 & 1 & 0 & 1 \\ 0 & 1 & 1 & 1 \\ 1 & 1 & 1 & 1 \\ 1 & 1 & 0 & 1 \end{bmatrix} \cdot T = \begin{bmatrix} 0 & 0 & 0 & 1 \\ 0 & 0 & 1 & 1 \\ 1 & 0 & 1 & 1 \\ 1 & 0 & 0 & 1 \\ 1.5 & 1 & 0 & 1 \\ 1.5 & 1 & 1 & 1 \\ 2.5 & 1 & 1 & 1 \\ 2.5 & 1 & 0 & 1 \end{bmatrix}$$

变换结果如图 5.21 所示。错切平面 *EFGH* 垂直于 y 轴，沿 x 轴正向移动。

5. 三维旋转变换

三维旋转变换是指空间立体绕坐标轴旋转 θ 角，正负按右手定则确定，即右手姆指指向转轴正向，其余 4 个手指指向便是 θ 角正角，如图 5.22 所示。

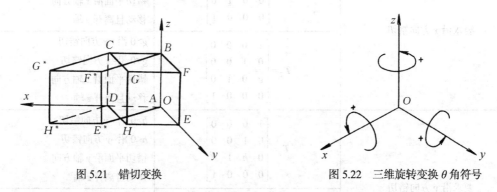

图 5.21 错切变换　　　　　　图 5.22 三维旋转变换 θ 角符号

旋转变换前后立体的大小和形状不发生变化，只是空间位置相对原位置发生了变化。当空间立体绕某一坐标轴旋转时，立体上各点在此轴坐标值不变，而在该坐标轴所垂直的另两坐标轴所组成的坐标面上的坐标值相当于一个二维的旋转变换。

（1）绕 z 轴旋转 θ 角

空间主体绕 z 轴旋转时，立体上各顶点 z 坐标不变，x、y 坐标的变化相当于二维平面内绕原点旋转。所以绕 z 轴旋转矩阵为

$$T = \begin{bmatrix} \cos\theta & \sin\theta & 0 & 0 \\ -\sin\theta & \cos\theta & 0 & 0 \\ 0 & 0 & 1 & 0 \\ 0 & 0 & 0 & 1 \end{bmatrix}$$

变换结果为

$$[x \quad y \quad z \quad 1] \cdot T = [x\cos\theta - y\sin\theta \quad x\sin\theta + y\cos\theta \quad z \quad 1]$$
$$= [x' \quad y' \quad z' \quad 1]$$

即　　　　　$x' = x\cos\theta - y\sin\theta$　　　　$y' = x\sin\theta + y\cos\theta$　　　　$z' = z$

（2）绕 x 轴旋转 θ 角

空间立体绕 x 轴旋转时，立体上各顶点 x 坐标不变，y、z 坐标的变化相当于二维平面的点绕原点旋转，所以绕 x 轴旋转矩阵为

$$T = \begin{bmatrix} 1 & 0 & 0 & 0 \\ 0 & \cos\theta & \sin\theta & 0 \\ 0 & -\sin\theta & \cos\theta & 0 \\ 0 & 0 & 0 & 1 \end{bmatrix}$$

变换结果为

$$[x \quad y \quad z \quad 1] \cdot T = [x \quad y\cos\theta - z\sin\theta \quad y\sin\theta + z\cos\theta \quad 1]$$
$$= [x' \quad y' \quad z' \quad 1]$$

即　　　　　$x' = x$　　　　$y' = y\cos\theta - z\sin\theta$　　　　$z' = y\sin\theta + z\cos\theta$

（3）绕 y 轴旋转 θ 角

空间立体绕 y 轴旋转时，立体上各顶点 y 坐标不变，x、z 坐标的变化相当于二维平面内的点绕原点旋转，所以绕 y 轴旋转矩阵为

$$T = \begin{bmatrix} \cos\theta & 0 & -\sin\theta & 0 \\ 0 & 1 & 0 & 0 \\ \sin\theta & 0 & \cos\theta & 0 \\ 0 & 0 & 0 & 1 \end{bmatrix}$$

变换结果为

$$[x \quad y \quad z \quad 1] \cdot T = [x\cos\theta + z\sin\theta \quad y \quad -x\sin\theta + z\cos\theta \quad 1]$$
$$= [x' \quad y' \quad z' \quad 1]$$
$$x' = x\cos\theta + z\sin\theta$$

即
$$y' = y$$
$$z' = -x\sin\theta + z\cos\theta$$

图 5.23 所示为立方体分别绕 x、y 和 z 轴旋转 90° 的变换情况。

6. 三维组合变换

上面我们讨论的三维图形变换中的变换矩阵是针对原点或者坐标轴的，如果要针对任意一个参考点，或者针对空间中任意一条直线（轴）、任意一个平面来进行变换，则前述的变换矩阵就不能直接使用。对于上述情况就需要进行三维图形的组合变换。下面我们介绍沿任意轴旋转的组合变换。

（1）使立体绕通过原点任意轴旋转 θ 角的变换

如图 5.24 所示，设 ON 为过坐标原点的一根任意轴，它对 3 根坐标轴的前方向余弦分别为

$$\begin{cases} n_1 = \cos\alpha \\ n_2 = \cos\beta \\ n_3 = \cos\gamma \end{cases}$$

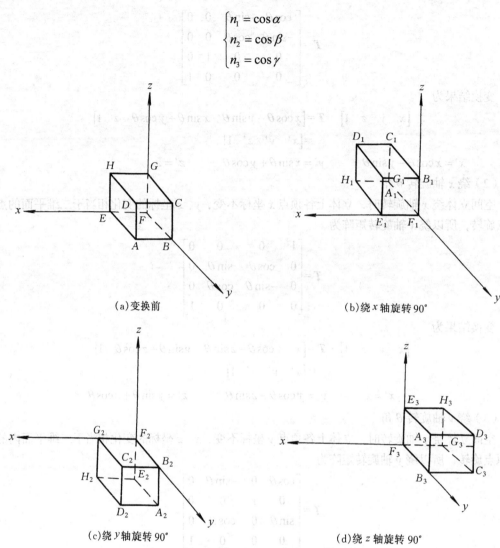

(a)变换前   (b)绕 x 轴旋转 $90°$

(c)绕 y 轴旋转 $90°$ (d)绕 z 轴旋转 $90°$

图 5.23 立体绕各坐标轴旋转变换

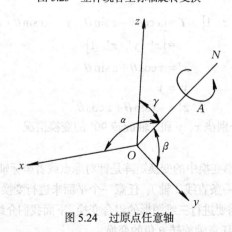

图 5.24 过原点任意轴

假设在 Oz 轴上取一个单位矢量 K，将 K 绕 y 轴旋转 θ_1 角，再绕 z 轴旋转 θ_2 角，使其与 ON 重合，这样便可得出 ON 轴方向余弦与 θ_1、θ_2 的关系：

$$[n_1 \quad n_2 \quad n_3] = [0 \quad 0 \quad 1 \quad 1] \begin{bmatrix} \cos\theta_1 & 0 & -\sin\theta_1 & 0 \\ 0 & 1 & 0 & 0 \\ \sin\theta_1 & 0 & \cos\theta_1 & 0 \\ 0 & 0 & 0 & 1 \end{bmatrix} \begin{bmatrix} \cos\theta_2 & \sin\theta_2 & 0 & 0 \\ -\sin\theta_2 & \cos\theta_2 & 0 & 0 \\ 0 & 0 & 1 & 0 \\ 0 & 0 & 0 & 1 \end{bmatrix}$$

$$= [\sin\theta_1\cos\theta_2 \quad \sin\theta_1\sin\theta_2 \quad \cos\theta_1 \quad 1]$$

即

$$n_1 = \sin\theta_1\cos\theta_2 \quad n_2 = \sin\theta_1\sin\theta_2 \quad n_3 = \cos\theta_1$$

① 取图形中一点随 ON 轴先绕 z 轴旋转 $-\theta_2$ 角，变换矩阵为

$$T_1 = \begin{bmatrix} \cos\theta_2 & -\sin\theta_2 & 0 & 0 \\ \sin\theta_2 & \cos\theta_2 & 0 & 0 \\ 0 & 0 & 1 & 0 \\ 0 & 0 & 0 & 1 \end{bmatrix}$$

② 再绕 y 轴旋转 $-\theta_1$ 角，使 ON 轴与 Oz 轴重合，其变换矩阵为

$$T_2 = \begin{bmatrix} \cos\theta_1 & 0 & \sin\theta_1 & 0 \\ 0 & 1 & 0 & 0 \\ -\sin\theta_1 & 0 & \cos\theta_1 & 0 \\ 0 & 0 & 0 & 1 \end{bmatrix}$$

③ 使变换后的 A 点绕 z 轴旋转 θ 角，其变换矩阵为

$$T_3 = \begin{bmatrix} \cos\theta & \sin\theta & 0 & 0 \\ -\sin\theta & \cos\theta & 0 & 0 \\ 0 & 0 & 1 & 0 \\ 0 & 0 & 0 & 1 \end{bmatrix}$$

④ 使 ON 轴连同旋转变换后 A 点再沿 y 轴旋转 θ_1 角，其变换矩阵为

$$T_4 = \begin{bmatrix} \cos\theta_1 & 0 & -\sin\theta_1 & 0 \\ 0 & 1 & 0 & 0 \\ \sin\theta_1 & 0 & \cos\theta_1 & 0 \\ 0 & 0 & 0 & 1 \end{bmatrix}$$

⑤ 再绕 z 轴旋转 θ_2 角，其变换矩阵为

$$T_5 = \begin{bmatrix} \cos\theta_2 & \sin\theta_2 & 0 & 0 \\ -\sin\theta_2 & \cos\theta_2 & 0 & 0 \\ 0 & 0 & 1 & 0 \\ 0 & 0 & 0 & 1 \end{bmatrix}$$

故绕过原点的任意轴旋转 θ 角后，变换矩阵为

$$T_R = T_1 \cdot T_2 \cdot T_3 \cdot T_4 \cdot T_5 =$$

$$\begin{bmatrix} n_1^2 + (1-n_1^2)\cos\theta & n_1 n_2(1-\cos\theta) + n_3\sin\theta & n_1 n_3(1-\cos\theta) - n_2\sin\theta & 0 \\ n_1 n_2(1-\cos\theta) - n_3\sin\theta & n_2^2 + (1-n_2^2)\cos\theta & n_2 n_3(1-\cos\theta) + n_1\sin\theta & 0 \\ n_1 n_3(1-\cos\theta) + n_2\sin\theta & n_2 n_3(1-\cos\theta) - n_1\sin\theta & n_3^2 + (1-n_3^2)\cos\theta & 0 \\ 0 & 0 & 0 & 1 \end{bmatrix}$$

（2）绕通过任意点 $P_0(x_0, y_0, z_0)$ 的轴旋转 θ 角

① 进行平移变换使旋转轴通过坐标原点，其变换矩阵为

$$T_1 = \begin{bmatrix} 1 & 0 & 0 & 0 \\ 0 & 1 & 0 & 0 \\ 0 & 0 & 1 & 0 \\ -x_0 & -y_0 & -z_0 & 1 \end{bmatrix}$$

② 使立体绕过原点的轴旋转 θ 角，其变换矩阵为 $T_2 = T_R$。

③ 进行平移变换使旋转轴回到原来位置，其变换矩阵为

$$T_3 = \begin{bmatrix} 1 & 0 & 0 & 0 \\ 0 & 1 & 0 & 0 \\ 0 & 0 & 1 & 0 \\ x_0 & y_0 & z_0 & 1 \end{bmatrix}$$

变换矩阵为

$$T = T_1 \cdot T_2 \cdot T_3 = T_1 \cdot T_R \cdot T_3$$

5.3.2 三维图形平行投影变换

通常图形输出设备（显示器、绘图仪等）都是二维的，用这些二维设备来输出三维图形，就得把三维坐标系下图形上各点的坐标转化为某一平面坐标系下的二维坐标，也就是将 (x, y, z) 变换为 (x', y') 或 (x', z') 或 (y', z')。这种把三维物体用二维图形表示的过程称为三维投影变换。这种变换方式有很多种，在实际中，根据不同目的或需要而采用不同的变换方式。三维投影变换大致的分类如图 5.25 所示。

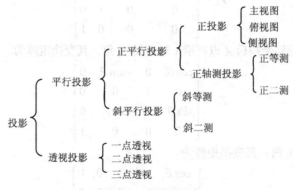

图 5.25 投影的分类

平行投影是将物体上所有点都沿着一组平行线投影到投影平面，而透视投影是所有点沿着一组汇聚到一个称为投影中心的位置的线进行投影，两种方法如图 5.26（a）、（b）所示。

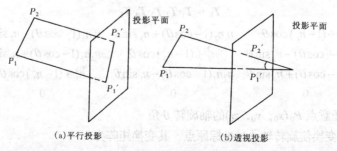

(a)平行投影   (b)透视投影

图 5.26 平行和投影平面

1．正平行投影变换

投影方向垂直于投影平面时称正平行投影。

（1）正投影变换

在工程上将三维坐标系 $Oxyz$ 中的 3 个坐标平面分为 H 面（xOy 平面）、V 面（xOz 平面）和 W 面（yOz 平面），如图 5.27 所示。

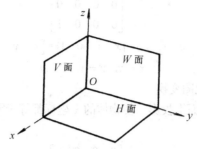

图 5.27　三维坐标系中的 3 个平面

所谓正投影就是三维图形上各点分别向某一坐标平面作垂线，其垂足便称为该三维点的投影点，将所有投影点按原三维图形中点与点之间的对应关系一一连起来便得到了一平面图形，这一平面图形称为三维图形在该平面上的正投影，如图 5.28 所示。在 V 面上的投影图形称主视图，在 H 面上的投影图形称俯视图，在 W 面上的投影图形称侧视图。

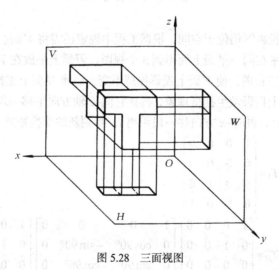

图 5.28　三面视图

① 正面（V 面）投影主视图变换

正面投影是物体在 xOz 平面上的投影，使物体的 y 坐标都等于零，x 和 z 坐标不变，其变换矩阵为

$$T_V = \begin{bmatrix} 1 & 0 & 0 & 0 \\ 0 & 0 & 0 & 0 \\ 0 & 0 & 1 & 0 \\ 0 & 0 & 0 & 1 \end{bmatrix}$$

$$[x \quad y \quad z \quad 1] \cdot T_V = [x \quad 0 \quad z \quad 1] = [x' \quad y' \quad z' \quad 1]$$

即

$$x' = x, \quad y' = 0, \quad z' = z$$

② 水平面（H 面）投影俯视图变换

水平面投影是物体在 xOy 平面上投影，使物体的 z 坐标都等于零，x 和 y 坐标不变，其变换矩阵为

$$T_H = \begin{bmatrix} 1 & 0 & 0 & 0 \\ 0 & 1 & 0 & 0 \\ 0 & 0 & 0 & 0 \\ 0 & 0 & 0 & 1 \end{bmatrix}$$

$$[x \quad y \quad z \quad 1]\, T_H = [x \quad y \quad 0 \quad 1] = [x' \quad y' \quad z' \quad 1]$$

即
$$x' = x, \quad y' = y, \quad z' = 0$$

③ 侧面（W 面）投影侧视图变换

侧面投影是物体在 yOz 平面上投影，使物体的 x 坐标都等于零，y 和 z 坐标不变，其变换矩阵为

$$T_W = \begin{bmatrix} 0 & 0 & 0 & 0 \\ 0 & 1 & 0 & 0 \\ 0 & 0 & 1 & 0 \\ 0 & 0 & 0 & 1 \end{bmatrix}$$

$$[x \quad y \quad z \quad 1]\, T_W = [0 \quad y \quad z \quad 1] = [x' \quad y' \quad z' \quad 1]$$

即
$$x' = 0, \quad y' = y, \quad z' = z$$

④ 三视图

上面投影后的三面投影图仍位于空间，根据工程中规定还需将 V 面、H 面和 W 面上得到的 3 个正投影以一定方式展平在同一平面上而得到 3 个视图，习惯上是放在 V 面上。

为了在 V 面上构成三视图，使 V 面上投影保持不变，而使 H 面上正投影绕 x 轴逆转 $90°$ 到 V 面，为了防止与原 V 面上投影发生拥挤现象，再让它向 $-z$ 轴方向平移一段距离 n。同样，使 W 面上正投影绕 z 轴正转 $90°$，再向 $-x$ 方向移一段距离 l，得到新的变换矩阵为

$$T_V = \begin{bmatrix} 1 & 0 & 0 & 0 \\ 0 & 0 & 0 & 0 \\ 0 & 0 & 1 & 0 \\ 0 & 0 & 0 & 1 \end{bmatrix}$$

$$T_H = \begin{bmatrix} 1 & 0 & 0 & 0 \\ 0 & 1 & 0 & 0 \\ 0 & 0 & 0 & 0 \\ 0 & 0 & 0 & 1 \end{bmatrix} \begin{bmatrix} 1 & 0 & 0 & 0 \\ 0 & \cos 90° & -\sin 90° & 0 \\ 0 & \sin 90° & \cos 90° & 0 \\ 0 & 0 & 0 & 1 \end{bmatrix} \begin{bmatrix} 1 & 0 & 0 & 0 \\ 0 & 1 & 0 & 0 \\ 0 & 0 & 1 & 0 \\ 0 & 0 & -n & 1 \end{bmatrix}$$

$$= \begin{bmatrix} 1 & 0 & 0 & 0 \\ 0 & 0 & -1 & 0 \\ 0 & 0 & 0 & 0 \\ 0 & 0 & -n & 1 \end{bmatrix}$$

$$T_W = \begin{bmatrix} 0 & 0 & 0 & 0 \\ 0 & 1 & 0 & 0 \\ 0 & 0 & 1 & 0 \\ 0 & 0 & 0 & 1 \end{bmatrix} \begin{bmatrix} \cos 90° & \sin 90° & 0 & 0 \\ -\sin 90° & \cos 90° & 0 & 0 \\ 0 & 0 & 1 & 0 \\ 0 & 0 & 0 & 1 \end{bmatrix} \begin{bmatrix} 1 & 0 & 0 & 0 \\ 0 & 1 & 0 & 0 \\ 0 & 0 & 1 & 0 \\ -l & 0 & 0 & 1 \end{bmatrix}$$

$$= \begin{bmatrix} 0 & 0 & 0 & 0 \\ -1 & 0 & 0 & 0 \\ 0 & 0 & 1 & 0 \\ -l & 0 & 0 & 1 \end{bmatrix}$$

除上述方法外，还可以先将立方体绕坐标轴 x（或 z）旋转 90°，再平移 n（或 l），最后作正投影变换得出三视图。其实两种方法得到的结果是一样。

所以，要得到一个三维实体在 V 面上的三视图，必须将三维实体上各点分别乘以新的变换矩阵 T_V、T_H、T_W，即

$$T_V = \begin{bmatrix} 1 & 0 & 0 & 0 \\ 0 & 0 & 0 & 0 \\ 0 & 0 & 1 & 0 \\ 0 & 0 & 0 & 1 \end{bmatrix} \quad T_H = \begin{bmatrix} 1 & 0 & 0 & 0 \\ 0 & 0 & -1 & 0 \\ 0 & 0 & 0 & 0 \\ 0 & 0 & -n & 1 \end{bmatrix} \quad T_W = \begin{bmatrix} 0 & 0 & 0 & 0 \\ -1 & 0 & 0 & 0 \\ 0 & 0 & 1 & 0 \\ -l & 0 & 0 & 1 \end{bmatrix}$$

例 5.5　由图 5.29（a）所示的立体图，求出三视图，并使各投影保持间距为 20mm。

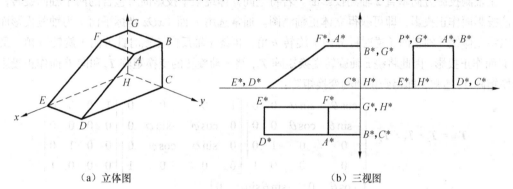

（a）立体图　　　　　　　　　　　　　　（b）三视图

图 5.29　正投影变换

V 面投影：

$$\begin{array}{c} A \\ B \\ C \\ D \\ E \\ F \\ G \\ H \end{array} \begin{bmatrix} 12 & 15 & 25 & 1 \\ 0 & 15 & 25 & 1 \\ 0 & 15 & 0 & 1 \\ 35 & 15 & 0 & 1 \\ 35 & 0 & 0 & 1 \\ 12 & 0 & 25 & 1 \\ 0 & 0 & 25 & 1 \\ 0 & 0 & 0 & 1 \end{bmatrix} \begin{bmatrix} 1 & 0 & 0 & 0 \\ 0 & 0 & 0 & 0 \\ 0 & 0 & 1 & 0 \\ 0 & 0 & 0 & 1 \end{bmatrix} = \begin{bmatrix} 12 & 0 & 25 & 1 \\ 0 & 0 & 25 & 1 \\ 0 & 0 & 0 & 1 \\ 35 & 0 & 0 & 1 \\ 35 & 0 & 0 & 1 \\ 12 & 0 & 25 & 1 \\ 0 & 0 & 25 & 1 \\ 0 & 0 & 0 & 1 \end{bmatrix} \begin{array}{c} A^* \\ B^* \\ C^* \\ D^* \\ E^* \\ F^* \\ G^* \\ H^* \end{array}$$

H 面投影：

$$\begin{array}{c} A \\ B \\ C \\ D \\ E \\ F \\ G \\ H \end{array} \begin{bmatrix} 12 & 15 & 25 & 1 \\ 0 & 15 & 25 & 1 \\ 0 & 15 & 0 & 1 \\ 35 & 15 & 0 & 1 \\ 35 & 0 & 0 & 1 \\ 12 & 0 & 25 & 1 \\ 0 & 0 & 25 & 1 \\ 0 & 0 & 0 & 1 \end{bmatrix} \begin{bmatrix} 1 & 0 & 0 & 0 \\ 0 & 0 & -1 & 0 \\ 0 & 0 & 0 & 0 \\ 0 & 0 & -20 & 1 \end{bmatrix} = \begin{bmatrix} 12 & 0 & -35 & 1 \\ 0 & 0 & -35 & 1 \\ 0 & 0 & -35 & 1 \\ 35 & 0 & -35 & 1 \\ 35 & 0 & -20 & 1 \\ 12 & 0 & -20 & 1 \\ 0 & 0 & -20 & 1 \\ 0 & 0 & -20 & 1 \end{bmatrix} \begin{array}{c} A^* \\ B^* \\ C^* \\ D^* \\ E^* \\ F^* \\ G^* \\ H^* \end{array}$$

W 面投影：

$$
\begin{array}{c}
A \\ B \\ C \\ D \\ E \\ F \\ G \\ H
\end{array}
\begin{bmatrix}
12 & 15 & 25 & 1 \\
0 & 15 & 25 & 1 \\
0 & 15 & 0 & 1 \\
35 & 15 & 0 & 1 \\
35 & 0 & 0 & 1 \\
12 & 0 & 25 & 1 \\
0 & 0 & 25 & 1 \\
0 & 0 & 0 & 1
\end{bmatrix}
\begin{bmatrix}
0 & 0 & 0 & 0 \\
-1 & 0 & 0 & 0 \\
0 & 0 & 1 & 0 \\
-20 & 0 & 0 & 1
\end{bmatrix}
=
\begin{bmatrix}
-35 & 0 & 25 & 1 \\
-35 & 0 & 25 & 1 \\
-35 & 0 & 0 & 1 \\
-35 & 0 & 0 & 1 \\
-20 & 0 & 0 & 1 \\
-20 & 0 & 25 & 1 \\
-20 & 0 & 25 & 1 \\
-20 & 0 & 0 & 1
\end{bmatrix}
\begin{array}{c}
A^* \\ B^* \\ C^* \\ D^* \\ E^* \\ F^* \\ G^* \\ H^*
\end{array}
$$

执行正投影变换所得的三视图如图 5.29（b）所示。

（2）正轴测投影变换

① 正轴测投影变换矩阵

正轴测投影方向垂直 z 轴测投影面。若将空间立体绕某个投影面所包含的两个轴向旋转，再向该投影面作正投影，即可获得立体正轴测图。通常选用 V 面（xOz 坐标平面）为轴测投影面，所以将立体绕 z 轴正向（逆时针方向）旋转 θ 角，再绕 x 轴反向（顺时针方向）旋转 φ 角，最后向 V 面作正投影。因此将绕 z 轴旋转变换矩阵 T_z，绕 x 轴旋转的变换矩阵 T_x 和向 V 面作正投影的变换矩阵 T_V 连乘，即得到正轴测变换矩阵：

$$
\begin{aligned}
T_{正} = T_z \cdot T_x \cdot T_V &=
\begin{bmatrix}
\cos\theta & \sin\theta & 0 & 0 \\
-\sin\theta & \cos\theta & 0 & 0 \\
0 & 0 & 1 & 0 \\
0 & 0 & 0 & 1
\end{bmatrix}
\begin{bmatrix}
1 & 0 & 0 & 0 \\
0 & \cos\varphi & -\sin\varphi & 0 \\
0 & \sin\varphi & \cos\varphi & 0 \\
0 & 0 & 0 & 1
\end{bmatrix}
\begin{bmatrix}
1 & 0 & 0 & 0 \\
0 & 0 & 0 & 0 \\
0 & 0 & 1 & 0 \\
0 & 0 & 0 & 1
\end{bmatrix} \\
&=
\begin{bmatrix}
\cos\theta & 0 & -\sin\theta\sin\varphi & 0 \\
-\sin\theta & 0 & -\cos\theta\sin\varphi & 0 \\
0 & 0 & \cos\varphi & 0 \\
0 & 0 & 0 & 1
\end{bmatrix}
\end{aligned}
$$

对于立体上任一顶点 $A(x，y，z)$ 正轴测变换投影结果为

$$
\begin{aligned}
A \cdot T_{正} &=
\begin{bmatrix} x & y & z & 1 \end{bmatrix}
\begin{bmatrix}
\cos\theta & 0 & -\sin\theta\sin\varphi & 0 \\
-\sin\theta & 0 & -\cos\theta\sin\varphi & 0 \\
0 & 0 & \cos\varphi & 0 \\
0 & 0 & 0 & 1
\end{bmatrix} \\
&= \begin{bmatrix} x\cos\theta - y\sin\theta & 0 & -x\sin\theta\sin\varphi - y\cos\theta\sin\varphi + z\cos\varphi & 1 \end{bmatrix} \\
&= \begin{bmatrix} x' & y' & z' & 1 \end{bmatrix}
\end{aligned}
$$

变换后点 A' 坐标为

$$ x' = x\cos\theta - y\sin\theta, y' = 0 $$
$$ z' = -(x\sin\theta\sin\varphi + y\cos\theta\sin\varphi) + z\cos\varphi $$

将 θ 和 φ 值代入正轴测变换矩阵 $T_{正}$，再将立体顶点位置矩阵乘此变换矩阵 $T_{正}$，可获得立体顶点正轴测图位置矩阵，最后依次将各顶点连线，即可得到立体的正轴测图。选用不同的 θ 值和 φ 值，则产生不同的正轴测图。工程中常用的有正等测图、正二测图等。

例 5.6 设 $\theta = 30°$，$\varphi = 45°$，对图 5.30（a）所示边长为 30 的立方体进行正轴测投影变换。

所得变换矩阵为

$$T_{正} = \begin{bmatrix} \cos 30° & 0 & -\sin 30° \sin 45° & 0 \\ -\sin 30° & 0 & -\cos 30° \sin 45° & 0 \\ 0 & 0 & \cos 45° & 0 \\ 0 & 0 & 0 & 1 \end{bmatrix} = \begin{bmatrix} 0.87 & 0 & -0.35 & 0 \\ -0.5 & 0 & -0.61 & 0 \\ 0 & 0 & 0.71 & 0 \\ 0 & 0 & 0 & 1 \end{bmatrix}$$

对立体进行变换得

$$\begin{matrix} O \\ A \\ B \\ C \\ D \\ E \\ F \\ G \end{matrix} \begin{bmatrix} 0 & 0 & 0 & 1 \\ 0 & 0 & 30 & 1 \\ 30 & 0 & 30 & 1 \\ 30 & 30 & 30 & 1 \\ 0 & 30 & 30 & 1 \\ 30 & 0 & 0 & 1 \\ 30 & 30 & 0 & 1 \\ 0 & 30 & 0 & 1 \end{bmatrix} \cdot T_{正} = \begin{bmatrix} 0 & 0 & 0 & 1 \\ 0 & 0 & 21.3 & 1 \\ 26.1 & 0 & 10.8 & 1 \\ 11.1 & 0 & -7.5 & 1 \\ -15 & 0 & 3 & 1 \\ 26.1 & 0 & -10.5 & 1 \\ 11.1 & 0 & -28.8 & 1 \\ -15 & 0 & -18.3 & 1 \end{bmatrix} \begin{matrix} O' \\ A' \\ B' \\ C' \\ D' \\ E' \\ F' \\ G' \end{matrix}$$

其轴测投影效果如图 5.30（b）所示。

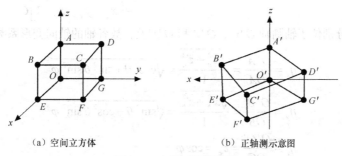

（a）空间立方体　　　　　　　　（b）正轴测示意图

图 5.30　立体正轴测投影

如图 5.31 所示，进行轴测投影变换后，立体上原来的坐标轴 Ox、Oy、Oz 变换成轴测图上轴测 $O'x'$、$O'y'$、$O'z'$。下面我们讨论变换的轴向变形系数和轴间角。

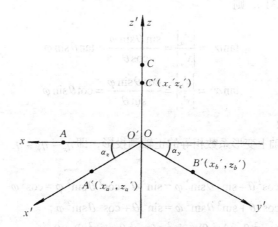

图 5.31　轴向变形系数和轴间角

a. 轴向变形系数

取 3 根坐标轴上的点，它们的齐次坐标分别为 $A[1\ \ 0\ \ 0\ \ 1]$、$B[0\ \ 1\ \ 0\ \ 1]$ 和 $C[0\ \ 0\ \ 1$

1]，对它们分别进行正轴测投影变换得

$$A\begin{bmatrix}1 & 0 & 0 & 1\end{bmatrix}\begin{bmatrix}\cos\theta & 0 & -\sin\theta\sin\varphi & 0\\ -\sin\theta & 0 & -\cos\theta\sin\varphi & 0\\ 0 & 0 & \cos\varphi & 0\\ 0 & 0 & 0 & 1\end{bmatrix}=\begin{bmatrix}\cos\theta & 0 & -\sin\theta\sin\varphi & 1\end{bmatrix}$$

$$=\begin{bmatrix}x'_a & y'_a & z'_a & 1\end{bmatrix}A'$$

$$B\begin{bmatrix}1 & 0 & 0 & 1\end{bmatrix}\begin{bmatrix}\cos\theta & 0 & -\sin\theta\sin\varphi & 0\\ -\sin\theta & 0 & -\cos\theta\sin\varphi & 0\\ 0 & 0 & \cos\varphi & 0\\ 0 & 0 & 0 & 1\end{bmatrix}=\begin{bmatrix}-\sin\theta & 0 & -\cos\theta\sin\varphi & 1\end{bmatrix}$$

$$=\begin{bmatrix}x'_b & y'_b & z'_b & 1\end{bmatrix}B'$$

$$C\begin{bmatrix}0 & 0 & 1 & 1\end{bmatrix}\begin{bmatrix}\cos\theta & 0 & -\sin\theta\sin\varphi & 0\\ -\sin\varphi & 0 & -\cos\theta\sin\varphi & 0\\ 0 & 0 & \cos\varphi & 1\\ 0 & 0 & 0 & 1\end{bmatrix}=\begin{bmatrix}0 & 0 & \cos\varphi & 1\end{bmatrix}$$

$$=\begin{bmatrix}x'_c & y'_c & z'_c & 1\end{bmatrix}C'$$

A'、B'和C'分别位于轴测轴$O'x'$、$O'y'$和$O'z'$上，故各轴的轴向变形系数为

$$\eta_x=\frac{O'A'}{OA}=\frac{\sqrt{x_a'^2+z_a'^2}}{1}=\sqrt{\cos^2\theta+\sin^2\theta\sin^2\varphi}$$

$$\eta_y=\frac{O'B'}{OB}=\frac{\sqrt{x_b'^2+z_b'^2}}{1}=\sqrt{\sin^2\theta+\cos^2\theta\sin^2\varphi}$$

$$\eta_z=\frac{O'C'}{OC}=z'_c=\cos\varphi$$

b. 轴间角

由上述A、B、C 3点的变换可知，$O'z'$轴和Oz轴重合，设$O'x'$轴、$O'y'$轴和水平轴的夹角分别为α_x和α_y（见图5.31），则

$$\tan\alpha_z=\frac{|z'_a|}{|x'_a|}=\frac{\sin\theta\sin\varphi}{\cos\theta}=\tan\theta\sin\varphi$$

$$\tan\alpha_y=\frac{|z'_b|}{|x'_b|}=\frac{\cos\theta\sin\varphi}{\sin\theta}=\cot\theta\sin\varphi$$

② 正等测投影变换

正等测投影为3根轴上变形系数相等的正轴测投影，即$\eta_x=\eta_y=\eta_z$。

由此可得

$$\cos^2\theta+\sin^2\theta\sin^2\varphi=\sin^2\theta+\cos^2\theta\sin^2\varphi=\cos^2\varphi$$

由 $$\cos^2\theta+\sin^2\theta\sin^2\varphi=\sin^2\theta+\cos^2\theta\sin^2\varphi$$

$$(\cos^2\theta-\sin^2\theta)-\sin^2\varphi(\cos^2\theta-\sin^2\theta)=0$$

$$\cos2\theta(1-\sin^2\varphi)=0$$

可得 $$\cos2\theta\cos2\varphi=0$$

在正轴测投影变换中，一般 $\varphi \neq 90^\circ$，即 $\cos^2 \varphi \neq 0$，所以 $\cos 2\theta = 0$。

$$2\theta = \pm 90^\circ$$

$$\theta = \pm 45^\circ$$

取

$$\theta = 45^\circ$$

将 $\theta = 45^\circ$ 代入 $\sin^2 \theta + \cos^2 \theta \sin^2 \varphi = \cos^2 \varphi$ 中得

$$\frac{1}{2} + \frac{1}{2}\sin^2 \varphi = \cos^2 \varphi$$

$$\sin^2 \varphi = \frac{1}{3}$$

$$\sin \varphi = \pm \sqrt{3}/3$$

$$\varphi = \pm 35^\circ 16'$$

取

$$\varphi = 35^\circ 16'$$

将 $\theta = 45^\circ$，$\varphi = 35^\circ 16'$ 代入 $\boldsymbol{T}_\text{正}$ 得正等测投影变换矩阵：

$$\boldsymbol{T}_{\text{正等}} = \begin{bmatrix} 0.707 & 0 & -0.408 & 0 \\ -0.707 & 0 & -0.408 & 0 \\ 0 & 0 & 0.816 & 0 \\ 0 & 0 & 0 & 1 \end{bmatrix}$$

轴向变形系数：

$$\eta_x = \eta_y = \eta_z = \cos 35^\circ 16' \approx 0.8165$$

轴间角：

$$\tan \alpha_x = \tan \theta \sin \varphi = \tan 45^\circ \sin 35^\circ 16' = \sqrt{3}/3$$

$$\alpha_x = 30^\circ$$

$$\tan \alpha_x = \cot \theta \sin \varphi = \tan 45^\circ \sin 35^\circ 16' = \sqrt{3}/3$$

$$\alpha_y = 30^\circ$$

图 5.32（b）所示为图 5.32（a）的正等测图。

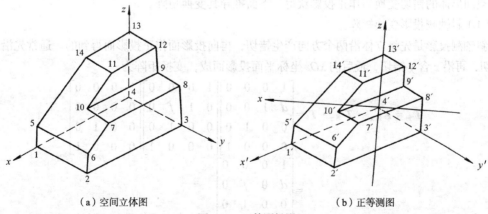

（a）空间立体图 　　　　　　　　　　（b）正等测图

图 5.32　正等测投影

③ 正二测投影变换

正二测投影一般取 x 和 z 轴变形系数相等，且为 y 轴变形系数二倍，即 $\eta_x = 2\eta_y = \eta_z$，

由 $\eta_x = 2\eta_y = \eta_z$ 得

$$\begin{cases} \cos^2\theta + \sin^2\theta\sin^2\varphi = \cos^2\varphi \\ 4\sin^2\theta + 4\cos^2\theta\sin^2\varphi = \cos^2\varphi \end{cases}$$

$$(\cos^2\theta - \sin^2\theta) - \sin^2\varphi(\cos^2\theta - \sin\theta) = 3/4\cos^2\varphi$$

$$\cos 2\theta\cos^2\varphi = 3/4\cos^2\varphi$$

$$\cos 2\theta = 3/4$$

$$\begin{cases} \theta = 20°42' \\ \varphi = 19°28' \end{cases}$$

将 θ 和 φ 代入 $T_{正}$ 得正二测投影变换矩阵为

$$T_{正二} = \begin{bmatrix} 0.935 & 0 & -0.118 & 0 \\ -0.354 & 0 & -0.312 & 0 \\ 0 & 0 & 0.943 & 0 \\ 0 & 0 & 0 & 1 \end{bmatrix}$$

轴向变形系数：

$$\eta_x = \eta_z = \cos 19°28' \approx 0.94$$
$$\eta_y = 1/2 \qquad \eta_x = 0.47$$

轴间角：

$$\tan\alpha_x = \tan 20°42' \cdot \sin 19°28' = 0.12599$$
$$\alpha_x = 7°10'$$
$$\tan\alpha_y = \cot 20°42' \cdot \sin 19°28' = 0.8819$$
$$\alpha_y = 41°25'$$

图 5.33 所示为图 5.32（a）的正二测图。

2. 斜平行投影（斜轴测投影）变换

投影方向不垂直于投影面的平行投影称为斜平行投影，又称斜轴测投影。这种投影可以通过三维空间形体的错切变换后作正投影获得。下面推导其变换矩阵。

（1）斜轴测投影变换矩阵

斜轴测投影是先将立体沿两个方向产生错切，再向投影面作正投影而得到的。通常先沿 x 含 y 错切，再沿 z 含 y 错切，最后向 xOz 坐标平面投影而成，变换矩阵为

$$T_{斜} = T_{错x} \cdot T_{错z} \cdot T_V = \begin{bmatrix} 1 & 0 & 0 & 0 \\ d & 1 & 0 & 0 \\ 0 & 0 & 1 & 0 \\ 0 & 0 & 0 & 1 \end{bmatrix} \begin{bmatrix} 1 & 0 & 0 & 0 \\ 0 & 1 & f & 0 \\ 0 & 0 & 1 & 0 \\ 0 & 0 & 0 & 1 \end{bmatrix} \begin{bmatrix} 1 & 0 & 0 & 0 \\ 0 & 0 & 0 & 0 \\ 0 & 0 & 1 & 0 \\ 0 & 0 & 0 & 1 \end{bmatrix}$$

$$= \begin{bmatrix} 1 & 0 & 0 & 0 \\ d & 0 & f & 0 \\ 0 & 0 & 1 & 0 \\ 0 & 0 & 0 & 1 \end{bmatrix}$$

变换矩阵中元素 d、f 取不同的值，即可得到任意的斜轴测投影。d、f 的正负可以改变斜轴测的方向。下面分析变形系数和轴间角。

① 轴向变形系数

用与正轴测投影同样的方法，如图 5.34 所示，对距原点为单位长度的点 $A\begin{bmatrix}1 & 0 & 0 & 1\end{bmatrix}$、$B\begin{bmatrix}0 & 1 & 0 & 1\end{bmatrix}$ 和 $C\begin{bmatrix}0 & 0 & 1 & 1\end{bmatrix}$ 进行斜轴测投影变换。

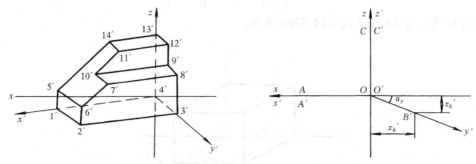

图 5.33　正二测图　　　　　　　图 5.34　轴向变形系数和轴间角

$$A\begin{bmatrix}1 & 0 & 0 & 1\end{bmatrix}\begin{bmatrix}1 & 0 & 0 & 0\\ d & 0 & f & 0\\ 0 & 0 & 1 & 0\\ 0 & 0 & 0 & 1\end{bmatrix}=\begin{bmatrix}1 & 0 & 0 & 1\end{bmatrix}=\begin{bmatrix}x'_a & y'_a & z'_a & 1\end{bmatrix}A'$$

$$B\begin{bmatrix}0 & 1 & 0 & 1\end{bmatrix}\begin{bmatrix}1 & 0 & 0 & 0\\ d & 0 & f & 0\\ 0 & 0 & 1 & 0\\ 0 & 0 & 0 & 1\end{bmatrix}=\begin{bmatrix}d & 0 & f & 1\end{bmatrix}=\begin{bmatrix}x'_b & y'_b & z'_b & 1\end{bmatrix}B'$$

$$C\begin{bmatrix}0 & 0 & 1 & 1\end{bmatrix}\begin{bmatrix}1 & 0 & 0 & 0\\ d & 0 & f & 1\\ 0 & 0 & 1 & 0\\ 0 & 0 & 0 & 1\end{bmatrix}=\begin{bmatrix}0 & 0 & 1 & 0\end{bmatrix}=\begin{bmatrix}x'_c & y'_c & z'_c & 1\end{bmatrix}C'$$

变换后 A 与 A' 点重合，C 与以 C' 点重合，即 Ox 与 $O'x'$ 重合，Oz 与 $O'z'$ 重合，因此轴向变形系数为 $\eta_x=\eta_z=1$。

$$\eta_y=\sqrt{{x'_b}^2+{z'_b}^2}=\sqrt{d^2+f^2}$$

② 轴间角

由上面对 A、B、C 3 点的变换可以看出，只有 $O'y'$ 轴与水平轴有一夹角 α_y，如图 5.34 所示，且

$$\tan\alpha_y=z'_b/x'_b=f/d$$

（2）斜等测投影变换

斜等测投影定义为

$$\alpha_y=45°$$

$$\eta_x=\eta_y=\eta_z=1$$

即

$$\begin{cases}\tan45°=f/d\\ 1=\sqrt{d^2+f^2}\end{cases}$$

解得：

$$d=f=\pm\sqrt{2}/2=\pm0.707$$

d 和 f 的正负决定沿 x 轴和沿 z 轴的错切方向，可视具体情况而定。

这样我们得到常用斜等测变换矩阵为

$$\boldsymbol{T}_{\text{斜等}} = \begin{bmatrix} 1 & 0 & 0 & 0 \\ 0.707 & 0 & -0.707 & 0 \\ 0 & 0 & 1 & 0 \\ 0 & 0 & 0 & 1 \end{bmatrix}$$

图 5.35 所示为单位正六面体斜等测投影图。

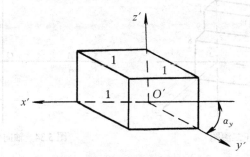

图 5.35　斜等测投影

（3）斜二测投影变换

在斜轴测图中，常用的是斜二测图，斜二测投影定义为

$$\alpha_y = 45°$$
$$\eta_x = \eta_z = 1$$
$$\eta_y = 1/2$$

即
$$\begin{cases} \tan 45° = f/d \\ 1/2 = \sqrt{d^2 + f^2} \end{cases}$$

解得：
$$d = f = \pm\sqrt{1/8} = \pm 0.354$$

在画斜二测投影图时，为了增强图形立体感，往往使立体沿$-z$方向错切，故 f 取负值，而 d 的正负决定沿 x 轴的错切方向，可视具体情况而定，因此，斜二测投影变换矩阵为

$$\boldsymbol{T}_{\text{斜二}} = \begin{bmatrix} 1 & 0 & 0 & 0 \\ 0.354 & 0 & -0.354 & 0 \\ 0 & 0 & 1 & 0 \\ 0 & 0 & 0 & 1 \end{bmatrix}$$

图 5.36 所示为单位正六面体的斜二测投影图。从图中可以看出，这种图形的真实感较强。

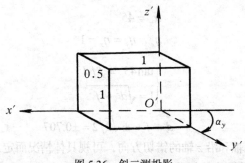

图 5.36　斜二测投影

5.3.3　三维图形透视投影变换

透视投影属于中心投影，透视图也是一种将三维物体用二维平面来表达的立体图。与轴测图不同，它是用中心投影法，通过空间一点（即投影中心）将立体投射到投影面上所得到的投影图，如图 5.37 所示。投影中心又称为视点，它相当于观察者的眼睛。投影面置于视点与立体之间，将立体上各点与视点相连所得到的投影线分别与投影面相交，其交点就是立体上相应点的透视投影，再将其依次相连，即获得具有真实立体感的透视图。

透视投影可用矩阵变换方法获得，在 4×4 阶变换矩阵中第 4 列元素 p、q、r、s 称为透视参数，若赋其非零数值即形成透视变换矩阵。

$$T = \begin{bmatrix} a & b & c & p \\ d & e & f & q \\ g & h & i & r \\ l & m & n & s \end{bmatrix}$$

1. 点的透视变换

如图 5.38 所示，在 y 轴上取一点 E 为视点，投影面取 xOz 面（V 面），E 点到 V 面的距离记为 d，对于空间里任一点，$D(x, y, z)$ 与视点 E 的连线 DE 与 V 面的交点为 $D'(x', y', z')$，即为 D 的透视投影，同样 A 的透视投影为 A'，B 的透视投影为 B'，C 的透视投影为 C'。根据图 5.38 可以找到空间点坐标与点的透视投影坐标的关系。

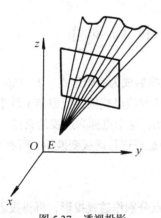

图 5.37　透视投影

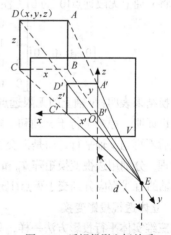

图 5.38　透视投影坐标关系

因为 $\triangle BCE$ 与 $\triangle B'C'E$ 相似，所以，$\dfrac{x'}{x} = \dfrac{d}{-y + d}$，即 $x' = \dfrac{x}{1 - \dfrac{y}{d}}$。

同理可得：

$\dfrac{z'}{z} = \dfrac{d}{-y + d}$，即 $z' = \dfrac{z}{1 - \dfrac{y}{d}}$

设 $q = -\dfrac{1}{d}$，则 $x' = \dfrac{x}{1 + qy}$，$z' = \dfrac{z}{1 + qy}$

若用矩阵表示上述关系式，则有

$$[x \quad y \quad z \quad 1]\begin{bmatrix} 1 & 0 & 0 & 0 \\ 0 & 1 & 0 & q \\ 0 & 0 & 1 & 0 \\ 0 & 0 & 0 & 1 \end{bmatrix}\begin{bmatrix} 1 & 0 & 0 & 0 \\ 0 & 0 & 0 & 0 \\ 0 & 0 & 1 & 0 \\ 0 & 0 & 0 & 1 \end{bmatrix} = [x \quad y \quad z \quad 1]\begin{bmatrix} 1 & 0 & 0 & 0 \\ 0 & 0 & 0 & q \\ 0 & 0 & 1 & 0 \\ 0 & 0 & 0 & 1 \end{bmatrix}$$

透视变换　　向 V 面变换

$$= [x \quad 0 \quad z \quad (1+qy)] = \begin{bmatrix} \dfrac{x}{1+qy} & 0 & \dfrac{z}{1+qy} & 1 \end{bmatrix}$$

$$= [x' \quad y' \quad z' \quad 1]$$

令 $T_p = \begin{bmatrix} 1 & 0 & 0 & 0 \\ 0 & 1 & 0 & q \\ 0 & 0 & 1 & 0 \\ 0 & 0 & 0 & 1 \end{bmatrix}$ 为视点在 y 轴上透视变换矩阵。

同理，视点在 x 轴上透视变换矩阵 T_p 和视点在 z 轴上透视变换矩阵 T_r 分别为

$$T_p = \begin{bmatrix} 1 & 0 & 0 & p \\ 0 & 1 & 0 & 0 \\ 0 & 0 & 1 & 0 \\ 0 & 0 & 0 & 1 \end{bmatrix}, \qquad T_r = \begin{bmatrix} 1 & 0 & 0 & 0 \\ 0 & 1 & 0 & 0 \\ 0 & 0 & 1 & r \\ 0 & 0 & 0 & 1 \end{bmatrix}$$

现将 y 轴上无限远点 $[0\,1\,0\,0]$（注意无限远点第四维齐次坐标为 0）作透视变换，其结果为

$$[0 \quad 1 \quad 0 \quad 0]\begin{bmatrix} 1 & 0 & 0 & 0 \\ 0 & 1 & 0 & q \\ 0 & 0 & 1 & 0 \\ 0 & 0 & 0 & 1 \end{bmatrix} = [0 \quad 1 \quad 0 \quad q] = [0 \quad 1/q \quad 0 \quad 1]$$

变换结果表明：y 轴上的无限远点 $[0\,1\,0\,0]$ 进行透视变换后成为有限远点 $[0 \quad 1/q \quad 0 \quad 1]$。由此可以证明，原来平行于 x 轴和 z 轴的直线变换后仍平行于对应坐标轴，但原与 y 轴平行的直线变换后不再与 y 轴平行，而是汇交于 y 轴上一点 $(0, 1/q, 0)$，这个点称为透视的灭点。

同理，分别用透视变换矩阵 T_p 和 T_r 对 x 轴和 z 轴上无限远点进行透视变换后，所有平行于 x 轴和 z 轴的直线都应分别交于灭点 $(1/p, 0, 0)$ 和 $(0, 0, 1/r)$。

2. 立体透视投影变换

和三维实体平行投影方法一样，只要将三维实体上各个点分别作透视投影，再将投影后得到的各个点按原来点与点之间的关系用线段一一连接，便可得到三维实体的透视投影。

由前述可知，透视变换矩阵 T_p、T_q 和 T_r 分别改变了三维实体中沿 x 方向 y 方向以及 z 方向的平行线段的平行性，形成 3 个灭点 $(1/p, 0, 0)$、$(0, 1/q, 0)$ 和 $(0, 0, 1/r)$。然而，如果用 T_p、T_q 和 T_r 中任意两个矩阵去作用三维实体，那么就会改变三维实体沿两个坐标轴方向的平行线段的平行性，并形成两个灭点。同样地，如果用 3 个矩阵 T_p、T_q 和 T_r 一同作用于三维实体，那么就会改变三维实体中沿 3 个坐标轴方向的平行线段的平行性，并形成 3 个灭点，所以根据透视投影中灭点的多少透视投影又可分为一点透视、二点透视和三点透视。

（1）一点透视

一点透视就是只有一个灭点的透视，一般采用透视变换矩阵 T_q 作为一点透视的透视变换矩阵。对于图 5.39（a）所示立方体作透视变换后，只有一个方向的棱线汇交于灭点，其他两个方向

的棱线仍是相互平行的。为了使透视投影后的图具有立体感，我们在透视投影变换之前，要对三维实体先作平移变换，其沿着 x 方向、y 方向和 z 方向的平移量分别为 l、m、n，然后再进行透视变换，最后再向 V 面作正投影，其一点透视投影变换矩阵为

$$
T_1 = \begin{bmatrix} 1 & 0 & 0 & 0 \\ 0 & 1 & 0 & 0 \\ 0 & 0 & 1 & 0 \\ l & m & n & 1 \end{bmatrix} \begin{bmatrix} 1 & 0 & 0 & 0 \\ 0 & 1 & 0 & q \\ 0 & 0 & 0 & 0 \\ 0 & 0 & 0 & 1 \end{bmatrix} \begin{bmatrix} 1 & 0 & 0 & 0 \\ 0 & 0 & 0 & 0 \\ 0 & 0 & 1 & 0 \\ 0 & 0 & 0 & 1 \end{bmatrix}
$$

平移变换　　透视变换　向 V 面正投影变换

$$
= \begin{bmatrix} 1 & 0 & 0 & 0 \\ 0 & 0 & 0 & q \\ 0 & 0 & 1 & 0 \\ l & 0 & n & mq+1 \end{bmatrix}
$$

例 5.7　对图 5.39（a）作一点透视。令 $q = -0.5$，$l = 1$，$m = -2$，$n = -1.5$。

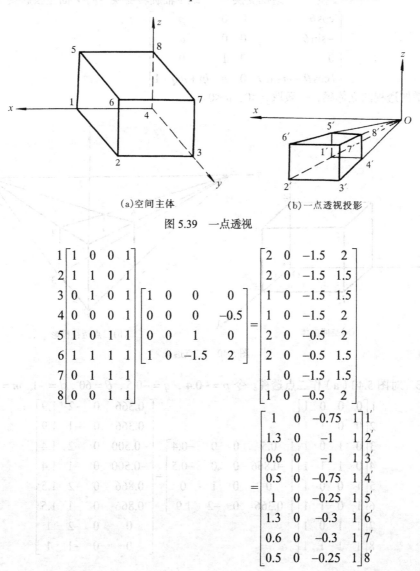

（a）空间主体　　　　　　　　　　（b）一点透视投影

图 5.39　一点透视

$$
\begin{array}{c}
\begin{matrix}1\\2\\3\\4\\5\\6\\7\\8\end{matrix}
\begin{bmatrix} 1 & 0 & 0 & 1 \\ 1 & 1 & 0 & 1 \\ 0 & 1 & 0 & 1 \\ 0 & 0 & 0 & 1 \\ 1 & 0 & 1 & 1 \\ 1 & 1 & 1 & 1 \\ 0 & 1 & 1 & 1 \\ 0 & 0 & 1 & 1 \end{bmatrix}
\begin{bmatrix} 1 & 0 & 0 & 0 \\ 0 & 0 & 0 & -0.5 \\ 0 & 0 & 1 & 0 \\ 1 & 0 & -1.5 & 2 \end{bmatrix}
=
\begin{bmatrix} 2 & 0 & -1.5 & 2 \\ 2 & 0 & -1.5 & 1.5 \\ 1 & 0 & -1.5 & 1.5 \\ 1 & 0 & -1.5 & 2 \\ 2 & 0 & -0.5 & 2 \\ 2 & 0 & -0.5 & 1.5 \\ 1 & 0 & -1.5 & 1.5 \\ 1 & 0 & -0.5 & 2 \end{bmatrix}
\end{array}
$$

$$
= \begin{bmatrix} 1 & 0 & -0.75 & 1 \\ 1.3 & 0 & -1 & 1 \\ 0.6 & 0 & -1 & 1 \\ 0.5 & 0 & -0.75 & 1 \\ 1 & 0 & -0.25 & 1 \\ 1.3 & 0 & -0.3 & 1 \\ 0.6 & 0 & -0.3 & 1 \\ 0.5 & 0 & -0.25 & 1 \end{bmatrix}
\begin{matrix}1'\\2'\\3'\\4'\\5'\\6'\\7'\\8'\end{matrix}
$$

变换结果如图 5.39（b）所示，从图中可以发现，凡原来与 x 轴平行的线段仍平行于 x 轴；凡原来平行于 z 轴的线段仍平行于 z 轴；原来与 y 轴平行的线段不再平行于 y 轴，而汇聚于灭点 $(0, 1/q, 0)$，即 $(0, -2, 0)$，灭点在 V 面上投影和坐标原点重合。

（2）二点透视

二点透视就是具有两个灭点的透视，一般以 T_p 和 T_q 作为二点透视的透视变换矩阵。对立方体作透视变换后，除垂直方向棱线互相平行外，另外两个方向的棱线分别汇交于灭点，如图 5.40 所示。为了使二点透视后的投影有一恰当的位置，通常对立体进行平移、透视、绕 z 轴转 θ 角，于是总的变换矩阵 T_2 为

$$T_2=\begin{bmatrix}1&0&0&0\\0&1&0&0\\0&0&1&0\\l&m&n&1\end{bmatrix}\cdot\begin{bmatrix}1&0&0&p\\0&1&0&q\\0&0&1&0\\0&0&0&1\end{bmatrix}\cdot\begin{bmatrix}\cos\theta&\sin\theta&0&0\\-\sin\theta&\cos\theta&0&0\\0&0&1&0\\0&0&0&1\end{bmatrix}\cdot\begin{bmatrix}1&0&0&0\\0&0&0&0\\0&0&1&0\\0&0&0&1\end{bmatrix}$$

平移变换　　　透视变换　　　绕 z 轴旋转变换　向 V 面正投影变换

$$=\begin{bmatrix}\cos\theta&0&0&p\\-\sin\theta&0&0&q\\0&0&1&0\\l\cos\theta-m\sin\theta&0&n&lp+mq+1\end{bmatrix}$$

为了增加透视图立体感，一般取 $p<0$，$q<0$。

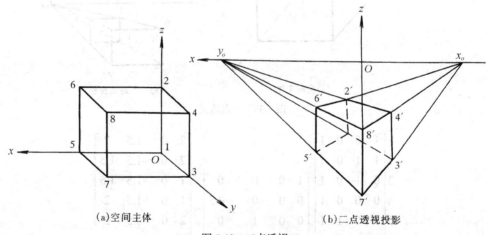

（a）空间主体　　　　　　　　　（b）二点透视投影

图 5.40　二点透视

例 5.8　对图 5.40（a）作二点透视。令 $p=-0.4$，$q=-0.5$，$\theta=60°$，$l=-1$，$m=-1$，$n=-2$。

$$\begin{array}{c}1\\2\\3\\4\\5\\6\\7\\8\end{array}\begin{bmatrix}0&0&0&1\\0&0&1&1\\0&1&0&1\\0&1&1&1\\1&0&0&1\\1&0&1&1\\1&1&0&1\\1&1&1&1\end{bmatrix}\begin{bmatrix}0.5&0&0&-0.4\\-0.866&0&0&-0.5\\0&0&1&0\\0.366&0&-2&1.9\end{bmatrix}=\begin{bmatrix}0.366&0&-2&1.9\\0.366&0&-1&1.9\\-0.500&0&-2&1.4\\-0.500&0&-1&1.4\\0.866&0&-2&1.5\\0.866&0&-1&1.5\\0&0&-2&1\\0&0&-1&1\end{bmatrix}$$

$$
=\begin{bmatrix}
0.193 & 0 & -1.050 & 1 \\
0.193 & 0 & -0.526 & 1 \\
-0.357 & 0 & -1.428 & 1 \\
-0.357 & 0 & -0.714 & 1 \\
0.577 & 0 & -1.333 & 1 \\
0.577 & 0 & -0.666 & 1 \\
0 & 0 & -2 & 1 \\
0 & 0 & -1 & 1
\end{bmatrix}
$$

变换结果如图 5.40（b）所示。

（3）三点透视

三点透视就是有 3 个灭点的透视。对立方体作透视变换后 3 个方向的棱线分别交汇于 3 个不同的灭点，如图 5.41 所示。三点透视首先将对立体进行平移，然后再进行透视变换，接着将变换后立体绕 z 轴和 x 轴分别旋转 θ_1 和 θ_2 角，最后向 V 面正投影。其变换矩阵为

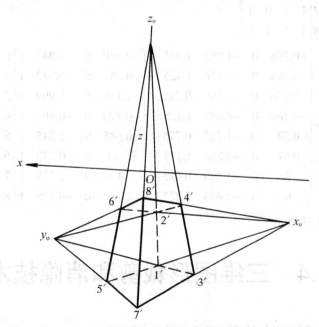

图 5.41　三点透视投影

$$
T_3 = \begin{bmatrix}
1 & 0 & 0 & 0 \\
0 & 1 & 0 & 0 \\
0 & 0 & 1 & 0 \\
l & m & n & 1
\end{bmatrix} \cdot \begin{bmatrix}
1 & 0 & 0 & p \\
0 & 1 & 0 & q \\
0 & 0 & 1 & r \\
0 & 0 & 0 & 1
\end{bmatrix} \cdot \begin{bmatrix}
\cos\theta_1 & \sin\theta_1 & 0 & 0 \\
-\sin\theta_1 & \cos\theta_1 & 0 & 0 \\
0 & 0 & 1 & 0 \\
0 & 0 & 0 & 1
\end{bmatrix} \cdot \begin{bmatrix}
1 & 0 & 0 & 0 \\
0 & \cos\theta_2 & \sin\theta_2 & 0 \\
0 & -\sin\theta_2 & \cos\theta_2 & 0 \\
0 & 0 & 0 & 0
\end{bmatrix}
$$

$\qquad$ 平移变换 $\qquad$ 透视变换 $\qquad$ 绕 z 轴旋转变换 $\qquad$ 绕 x 轴旋转变换

$$
\cdot \begin{bmatrix}
1 & 0 & 0 & 0 \\
0 & 0 & 0 & 0 \\
0 & 0 & 1 & 0 \\
0 & 0 & 0 & 1
\end{bmatrix}
$$

向 V 面作正投影

$$
= \begin{bmatrix}
\cos\theta_1 & 0 & \sin\theta_1\sin\theta_2 & p \\
-\sin\theta_1 & 0 & \cos\theta_1\sin\theta_2 & q \\
0 & 0 & \cos\theta_2 & r \\
l\cos\theta_1 - m\sin\theta_1 & 0 & \sin\theta_2(l\sin\theta_1 - m\cos\theta_1) + n\cos\theta_2 & lp+mp+nr+1
\end{bmatrix}
$$

例 5.9 对图 5.40（a）作三点透视。令 $p=-0.3$，$q=-0.3$，$r=-0.35$，$\theta_1=30°$，$\theta_2=30°$，$l=-1$，$m=-1$，$n=-1.5$。

$$
\begin{array}{c}
1 \\ 2 \\ 3 \\ 4 \\ 5 \\ 6 \\ 7 \\ 8
\end{array}
\begin{bmatrix}
0 & 0 & 0 & 1 \\
0 & 0 & 1 & 1 \\
0 & 1 & 0 & 1 \\
0 & 1 & 1 & 1 \\
1 & 0 & 0 & 1 \\
1 & 0 & 1 & 1 \\
1 & 1 & 0 & 1 \\
1 & 1 & 1 & 1
\end{bmatrix}
\cdot
\begin{bmatrix}
0.866 & 0 & 0.250 & -0.30 \\
-0.50 & 0 & 0.433 & -0.30 \\
0 & 0 & 0.866 & 0.35 \\
-0.366 & 0 & -1.982 & 1.075
\end{bmatrix}
$$

$$
=
\begin{bmatrix}
-0.366 & 0 & -1.982 & 1.075 \\
-0.366 & 0 & -1.116 & 1.425 \\
-0.866 & 0 & -1.549 & 0.775 \\
-0.866 & 0 & -0.683 & 1.125 \\
0.50 & 0 & -1.732 & 0.775 \\
0.50 & 0 & -0.866 & 1.125 \\
0 & 0 & -1.299 & 0.475 \\
0 & 0 & -0.433 & 0.825
\end{bmatrix}
=
\begin{bmatrix}
-0.340 & 0 & -1.844 & 1 \\
-0.257 & 0 & -0.783 & 1 \\
-1.118 & 0 & -1.999 & 1 \\
-0.770 & 0 & -0.607 & 1 \\
-0.645 & 0 & -2.245 & 1 \\
0.444 & 0 & -0.770 & 1 \\
0 & 0 & -2.735 & 1 \\
0 & 0 & -0.525 & 1
\end{bmatrix}
\begin{array}{c}
1' \\ 2' \\ 3' \\ 4' \\ 5' \\ 6' \\ 7' \\ 8'
\end{array}
$$

变换结果如图 5.41 所示。

5.4　三维图形裁剪和消隐技术

5.4.1　三维图形的裁剪

1. 三维图形裁剪概述

在二维图形裁剪过程中，图形视见区域是一个矩形窗口，落在此窗口内的图形均可在屏幕视图区中显示输出；而在三维观察空间内，物体的视见区域是一个三维区域，和二维平面中定义窗口相类似，我们也可以在三维空间中定义一个子空间，称这个三维子空间为三维窗口。常用的三维窗口有两种形状：一种是平行投影立方体的三维窗口，如图 5.42（a）所示；另一种是透视投影的棱台，如图 5.42（b）所示。

组成三维窗口的 6 个面，把整个三维空间分割成两部分：窗口内部分和窗口外部分。把落在窗口内的立体或部分立体从整个空间的立体群中分离出来，这就是三维裁剪所要做的工作。

三维裁剪的过程包含两个基本阶段。第 1 阶段是几何处理阶段，在这个阶段中所做的工作是用窗口平面去裁切立体。第 2 阶段是拓扑处理阶段，在这个阶段中所要做的工作是把经截切后残留下来的信息重新组成新的立体模型。

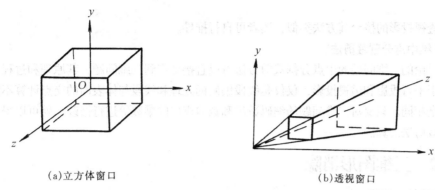

(a)立方体窗口　　　　　　　　　(b)透视窗口

图 5.42　三维裁剪窗口

在三维图形处理过程中，只有经过三维裁剪后，才能对经裁剪后保留下来的立体进行消隐处理，最后送去作二维图形显示。

2. 三维编码裁剪法

如图 5.42（a）所示，立方体裁剪窗口 6 个面的方程分别是：$-x-1=0$；$x-1=0$；$-y-1=0$；$y-1=0$；$-z-1=0$；$z-1=0$。设空间任意两点 $p_1(x_1, y_1, z_1)$ 和 $p_2(x_2, y_2, z_2)$，直线段 p_1p_2 端点和 6 个面的关系可转换为一个 6 位二进制代码表示，其定义如下。

第 1 位为 1，点在裁剪窗口的上面，即 $y>1$。

第 2 位为 1，点在裁剪窗口的下面，即 $y<-1$。

第 3 位为 1，点在裁剪窗口的右面，即 $x>1$。

第 4 位为 1，点在裁剪窗口的左面，即 $x<-1$。

第 5 位为 1，点在裁剪窗口的前面，即 $z>1$。

第 6 位为 1，点在裁剪窗口的后面，即 $z<-1$。

如同二维线段对矩形窗口的编码裁剪算法一样，若一条线段的两端点的编码都是零，则线段落在窗口的空间内；若两端点编码的逻辑与（逐位进行）为非零，则此线段在窗口空间以外；否则，需对此线段作分段处理，即要计算此线段和窗口空间相应平面的交点，并取有效交点。对任意一条三维线段的参数方程可写成：

$$\begin{cases} x = x_1 + (x_2 - x_1)t = x_1 + p \cdot t \\ y = y_1 + (y_2 - y_1) = y_1 + q \cdot t \qquad t \in [0,1] \\ z = z_1 + (z_2 - z_1)t = z_1 + r \cdot t \end{cases}$$

裁剪空间六个平面方程的一般表达式为

$$ax + by + cz + d = 0$$

把直线方程代入平面方程，求得

$$t = -(ax_1 + by_1 + (z_1 + d)/(ap + dq + cr))$$

如求一条直线与裁剪空间上平面的交点，即将 $y-1=0$ 代入，得 $t = \dfrac{(1-y_1)}{q}$。如 t 不在 $0 \sim 1$ 的闭区间内，则交点在裁剪空间以外；否则将 t 代入直线方程可求得：$x = x_1 + \dfrac{1-y_1}{q} \cdot p$，$z = z_1 + \dfrac{1-y_1}{q} \cdot r$；这时三维线段与裁剪窗口的有效点为 $(x_1 + \dfrac{1-y_1}{q} \cdot p1, \ z_1 + \dfrac{1-y_1}{q} \cdot r, \ 1)$。

类似地可求得其他 5 个面与直线段的有效交点。连接有效交点可得到落在裁剪窗口内的有效线段。

对于透视投影的棱台其方法类似，读者可自行推导。

3. 三维中点分割裁剪法

前面讨论的二维问题的中点分割裁剪方法可以直接推广到三维问题，其原理和过程是完全相同的。对于平行投影和透视投影，仅仅是线段编码的处理和线段与体表面的交点计算不同，其他部分则完全相同。只要对二维问题的编码数组和裁剪窗口的维数等进行修改，就可以得出对三维中点分割裁剪法的算法。

5.4.2　三维图形消隐

1. 消隐技术概述

在现实世界中，当我们观察空间任何一个不透明的物体时，只能看到物体上朝向我们的那部分表面，而其余的表面（一般是朝向物体背面）是不可能被我们看见的。在用计算机生成立体图形时，物体的所有部分都将被表现出来，不管是可见的还是不可见的。这样的图形所表示的物体形状是不清楚的，甚至是不确定的。下面这个简单例子，可以说明这一点。图 5.43（a）所示为一个立方体的线条画，它的所有的边均无一遗漏，全部画出。但是这个立方体，可以有两种解释：其一是从立方体的左上方向下看，这时应该看到的是图 5.43（b）的图形；其二是从立方体的右下方向上看，这时应该看到的是图 5.43（c）的图形。我们在观察图 5.43（b）和图 5.43（c）时，根据图形立即可以知道观察点及观察方向，不会产生在看到图 5.43（a）时的那种二义性，这是因为这两个图都根据假定的观察点和观察方向消除了不可见线段的缘故。

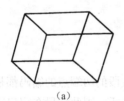 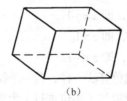 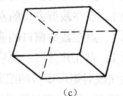

(a)　　　　　　　　　　　(b)　　　　　　　　　　　(c)

图 5.43　立方体线框图和消隐图

为了得到一个确定的、立体感强的投影图，就需要消除隐藏线和隐藏面，也就是在给定的投影图中，确定物体哪些边、面是可见的，哪些边、面是不可见的；并消除那些不可见的棱线和表面，这就是所谓消隐问题。消隐问题是计算机中引人注目的难题之一。目前，虽已提出了多种算法，但仍吸引着人们探索新的有效的解决方法，主要是寻求正确可靠、占用存储空间少、运算速度快的消隐算法。

所有的隐线、隐面消除算法均和某种排序算法有关。排序的主要依据是被显示的点、线、面或体与观察点之间的几何距离。因为一个显示对象离观察点越远，那么它越有可能被其他物体所遮挡，这是排序的基本前提。当然，在确定了不同的对象离观察点的不同距离以后，还要对它们在 x 方向和 y 方向进行比较，以确定某个较远的对象实际上是否真的被较近的对象所遮挡。一般说来，究竟对哪个方向先比较或排序，消隐算法的效率影响不大，但对内存或其他要求可能有一定影响。决定消隐算法效率的主要因素是所使用的排序过程的效率。提高效率的主要途径是充分利用画面的相关性，也就是画面的某些性质在一些相邻的局部区域中是相同的或者相差甚微的这一特征。

消隐算法一般可以分为两类，区分的依据是消隐算法是在哪种空间中实现的。如果算法是在显示对象的物理坐标系中实现的，那么这种算法称为物体空间算法。如果算法是在显示图形的屏幕坐标上实现的，那么这种算法就称为图像空间算法。物体空间算法有比较高的精度，生成的图形即使放大一定倍数后仍有令人满意的效果，因此在比较精密的工程对象显示方面有较多的应用。图像空间算法在精度上不及前者，它最多到屏幕分辨率时就无法再提高精度。但是这种方法的计算效率比较高，其主要原因就是在图像空间中各种相关性可以方便地得到充分的应用。正因为如此，所以有许多方法是在图像空间中实现的。当然，也有个别的方法有一部分在物体空间中实现。

消隐技术的研究工作是从 20 世纪 60 年代初开始的，当时图形输出设备只能产生线框图，因此人们的研究工作集中在隐藏线的消除上。到了 20 世纪 60 年代末，由于光栅扫描图形显示器的问世，产生了浓淡图，于是开始研究隐藏面的消除。人们对消隐问题进行了大量的研究，发表的有关文章和算法数以百计，特别是近年来计算机硬件技术的飞速发展，有些消隐算法已经固化，从而提高了处理速度。即使是这样，消隐问题仍是计算机图形学研究的重点课程之一。

2. 几种消隐方法

（1）背面消除

背面消除虽不是一个完整的隐面消除方法，但它是隐面消除算法中的关键部分。在消隐问题中，单个凸多边体是最简单的情形。凸多边体是这样的形体：连接形体上不属于同一表面的任意两点的线段完全位于形体的内部。对于单个凸多面体背面消除即可达到隐面消除的目的。

假设给定视点位置，为了决定一个面相对于视点为可见还是不可见，我们以图 5.44 为例予以说明。定义垂直于物体平面且背离物体的直线向量为平面法线向量，定义从视点到物体表面上任一点直线方向为视线向量方向，那么利用这两个矢量之间夹角可以进行背面测试，只有当两个矢量之间夹角小于 90° 时面为可见面。

如图 5.45 所示，在某一表面内取两个向量 $p(p_1, p_2, p_3)$ 和 $q(q_1, q_2, q_3)$，它们向量积 $p \times q$ 是一个与该向量所确定的平面垂直的法向量 $n = p \times q$，n 方向由右手法则定义，食指指向 p 的方向，中指指向 q 的方向，拇指所指的方向则是 n 的方向。

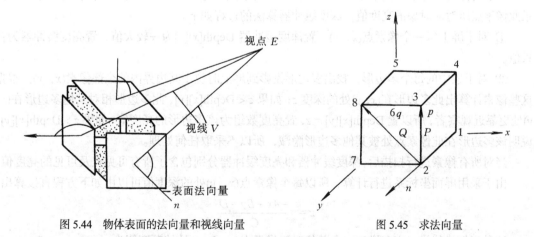

图 5.44　物体表面的法向量和视线向量　　　　图 5.45　求法向量

为了得到符合上述要求的 p 和 q，对所要考虑的表面按逆时针方向取出 2、3、8 号 3 个顶点，由 2 号点到 3 号点决定 p，由 2 号点到 8 号点决定 q，根据 2、3、8 号顶点坐标容易算出 p 和 q的各分向量 $p1$、$p2$、$p3$ 和 $q1$、$q2$、$q3$。

根据 p 和 q，就可算出 n

因为 $\qquad\qquad n = p \times q$

$$n = (n_1,\ n_2,\ n_3)$$

所以 $\qquad\qquad n_1 = p_2 q_3 - q_2 p_3$

$$n_2 = p_3 q_1 - q_3 p_1$$

$$n_3 = p_1 q_2 - q_1 p_2$$

视线向量 $v = (v1,\ v2,\ v3)$，由视点和 2 号坐标可求分向量 v_1、v_2 和 v_3。

法向量 n 和视线向量 v 之间夹角有如下关系：

$$v \cdot n = |v| \cdot |n| \cos \theta$$

由于模总是正的，所以数量积 $v \cdot n$ 符号只取决于 $\cos \theta$。这就是说，如果能够算得数量积 $v \cdot n$，便可根据它的正负号判定 θ 的大小和范围。若数量积大于 0，则 $\theta < 90°$，否则 $\theta \geqslant 90°$。如前所述，$\theta < 90°$ 时表示面可见，否则为不可见。数量积的计算可按下式进行：

$$v \cdot n = v_1 n_1 + v_2 n_2 + v_3 n_3$$

综合上述，为了决定一个凸形多面体的不可见面，需要对每一个面进行以下工作。

① 求平面的法向量 n。

② 求平面的视线向量 v。

③ 计算 $v \cdot n$。

④ 根据 $v \cdot n$ 符号判别该面是否可见。

对于一个单一的凸多面体而言，背面消除可以完全消除不可见的面，而对于一个多个物体组成的复杂体，仅仅经过背面消除是不够的，还需作进一步测试。但是，背面消除是一个关键的步骤，简单地经过这个过程就可以消去大约 50% 的隐藏面。

（2）深度缓冲器法

深度缓冲器方法是图像空间中一种常用的方法。这种方法的基本思想是：对于显示屏上的每一个像素点 (x, y)，测试一系列平面，记录下位于此像素投射线上最靠近观察点的平面的深度。除了深度外，一般还需记录下用以显示此对象的亮度值。

一般的深度缓冲器算法采用两个数组，一个用来记录每一个像素点的深度值，另一个用来记录此像素点所对应对象的亮度值，深度缓冲器算法的过程如下。

① 对于屏上每一个像素点 (x, y)，置深度缓冲器 Depth$[x][y]$ 为一较大值，置亮度缓冲器为背景值。

② 对于景中的每个多边形，找出多边形投影到屏上时位于其边界内的全部像素 (x, y)。根据这些像素计算出此多边形在 (x, y) 处的深度 z；如果 $z < $ Depth$[x][y]$，此多边形相对其他多边形在 (x, y) 处更靠近观察者，所以置 Depth$[x][y] = z$，置亮度数组为该多边形的亮度值。如果 $z > $ Depth$[x][y]$，说明该多边形在此像素点处被其他多边形隐藏，所以不采取任何处理。

当对所有像素进行扫描后，深度缓冲器和亮度缓冲器分别包含了所有可见点及可见的亮度值。

由于采用屏面坐标系进行计算，所以每个像素点 (x, y) 处的深度值可以由如下方程直接算出：

$$z = \frac{-Ax - By - D}{C}$$

这种当扫描线沿 x 方向增加一个单位时，像素点 $(x+1, y)$ 处的深度值为

$$Z' = \frac{-A(x+1) - By - D}{C}$$

或 $\qquad\qquad z' = z - \dfrac{A}{C}$

同理，当 $y = y - 1$ 时，像素点$(x, y-1)$处的深度值为

$$z' = \frac{-Ax - B(y+1) - D}{C}$$

或

$$z' = z + \frac{B}{C}$$

深度缓冲器方法是一种比较简单的隐面消除方法，已应用在许多图像显示系统中。

（3）画家方法

所谓画家方法就是按照画家作画的过程形成一幅图像的方法。它是根据物体的远近程度的不同来完成隐面消除的。画家方法过程是：首先画底色，然后是最远物体，其后根据物体由远向近一层层覆盖。图 5.46 所示的物体按 C、B、A 次序进行显示。

画家方法也称表优先级法。这种方法的效率介于物体空间算法和图像空间算法之间，它在物体空间预先计算物体各个可见性优先级，然后在图像空间产生消隐图。它以深度优先级进行排序，按照多边形离观察者的远近来建立一张深度优先级表，离观察者远的优先级低，近的优先级高。当深度优先级表确定以后，画面中任意两个图形元素在深度上均不重叠，从而解决消隐问题。表优先级算法的基本思想是建好深度优先级表后，从优先级低的多边形开始，依次把多边

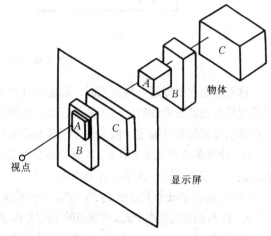

图 5.46　画家方法显示过程

形颜色填入帧缓冲存储器中以形成多边形图形，直到优先级最高的多边形图形送入帧缓冲器后，整幅图就显示好了。这一处理过程与画家创作一幅画的过程类似。

在建立深度优先表时，对于比较简单的画面，可直接按画中各元素的最大或最小 z 值排序，如图 5.47（a）所示的情形。但是，对于比较复杂的画面，若按最大或最小 z 值建立深度优先表，就容易出现错误的结果，如图 5.47（b）所示。若按最大 z 值对图形元素 A、B 进行排序，则在深度优先表中，A 应排在 B 的前面。按照这一顺序写入帧缓存器，B 将部分地遮挡 A。然而实际上是 A 部分地遮挡 B。为了得到正确的处理结果需要在深度优先表中交换 A、B 的位置。

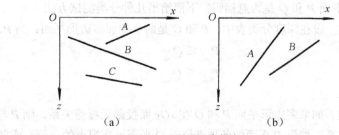

图 5.47　图形元素优先级

建立深度优先表时，常常出现的另一个问题是多边形的相互覆盖或多边形的相互贯穿。如图 5.48（a）所示，A 在 B 的前面，B 在 C 的前面，而 C 反过来又在 A 的前面。多边形相互贯穿时，也会出现类似的覆盖情况，如图 5.48（b）所示，P 部分位于 Q 的前面，而 Q 部分又在 P 的前面。

在这两个例子中，都无法根据物体的 z 值来建立确定的深度优先表。解决的方法是对多边形进行子分割，就是利用多边形所在平面间的交线来分割多边形，如图 5.48 中的虚线。经过分割后的多边形就可以按 z 坐标值的大小进行排序，从而建立正确的深度优先表。

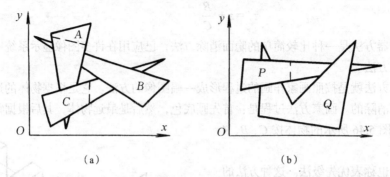

（a） （b）

图 5.48 多边形相互覆盖

这种方法在处理每一幅画面时，动态地计算并产生一个深度优先表，在通过一系列检验确定其深度优先表的正确性后，写入帧缓存器，否则重新计算并产生一个新的深度优先表。下面给出这种算法过程的简单描述（假定每个形体自隐面已消除）。

① 计算多边形最大 z 值 z_{max}，并以此值的优先级进行排序，建立初步的深度优先表。按 z 值从大到小对多边形进行排序，并记 $P_1 P_2 \cdots P_n$。

② 检查表中每个多边形 $P_2 P_3 \cdots P_n$ 与 P_1 的关系。

a. 若 P_1 的最近顶点 $P_1 z_{min}$ 离视点的距离比 $P_2 P_3 \cdots P_n$ 的最远顶点离视点的距离还远，即 $P_j z_{max} \leqslant P_1 z_{min}$（$j$ 为 2，3，$\cdots$，n），则 P_1 不遮挡其他多边形，转到⑤，否则进行下一步。

b. 若不满足 a，将 $P_j z_{max} \leqslant P_1 z_{min}$ 的多边形记为 Q_i（$i = 1$，2，$\cdots k$），置 $i = 1$ 检查 P_1 是否遮挡多边形 Q_i。若遮挡，则转到③，否则进行下一步。

c. 判断是 $i \leqslant k (k \leqslant n)$，若成立置 $i = i + 1$，转到 d，否则转到⑤。

d. 检查 P_1 是否遮挡 Q_i，若遮挡，则转到③，否则转到 c。

③ 变换 P_1 与 Q_i 在表中位置，对重新排列结果重复上述试验，即转到②，若所得检验结果需要再次交换 P_1 和 Q_i 的位置，则表明 P_1 和 Q_i 之间存在交叉覆盖情况，这时转到④。

④ 用 P_1 所在面与 Q_i 所在面的交线分割多边形 P_1，并且从表中删除多边形 P_1，转到①。

⑤ 将 P_1 写入帧缓存器并以 P_2 代替 P_1，转到②。

如何来确定两个平面 P 和 Q 是否遮挡呢？下面给出几种分类测试方法。

① 深度覆盖测试。设在深度分类表中，P 和 Q 是两个相邻多边形平面，当 P、Q 满足条件

$$P_{z_{min}} \leqslant Q_{z_{min}}$$
$$P_{z_{max}} \leqslant Q_{z_{min}}$$

时，P 位于 Q 之前。

② 面积覆盖测试。如果多边形平面 P 和 Q 在 xOy 面投影无覆盖关系，则 P 与 Q 分离。

③ 两平面前后关系。如果 P 平面的各顶点位于 Q 平面远离视点的一侧，或者 Q 顶点都在 P 的靠近视点一侧，则 P 不遮挡 Q。

④ 平面分解。如果上述测试全部失败，则必须求出交线，对平面进行分解。

（4）Warnock 方法

Warnock 算法也可叫做区域细分算法，这种算法在图像空间中实现，它既可以用于消除隐藏

线，也可以用于消除隐藏面，它适用于解决多边形所表示的画面的消隐问题。

Warnock 算法遵循"细分与占领"的设计思想。首先在图像空间中设置一个窗口，用递归过程来判定窗口内是否有可见的目标（多边形）。当判定的窗口中不包含任何多边形或者窗口内只有与一个多边形的相交部分时，称这个多边形为可见。这时可直接显示该窗口。否则，就将该窗口分割成若干较小的窗口，直到被分割的子窗口所包含的画面足够简单，可直接显示为止。

每分割一次窗口，就把上述判断推理的原则递归地应用到每个较小的窗口中去。当窗口变得较小时，每块面积上重叠的多边形就越少，且越容易检测其可见性。当子窗口的尺寸已达到给定显示设备的分辨率时，则计算子窗口所相交的多边形的深度，并以深度离观察点最近的多边形的光照或颜色显示该像素点。

Warnock 算法是一种所谓分而治之的算法，是一个递推的四等分过程，它把整个屏幕称为窗口。每一次把矩形的窗口等分成四个相等的小矩形，分成的小矩形也称为窗口。每分割一次窗口，均要把显示的多边形和窗口的关系作一判断。多边形与窗口之间存在以下 4 种关系，如图 5.49 所示。

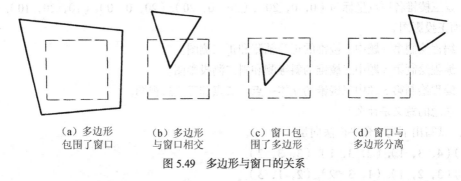

（a）多边形　　　（b）多边形　　　（c）窗口包　　　（d）窗口与
包围了窗口　　　与窗口相交　　　围了多边形　　　多边形分离

图 5.49　多边形与窗口的关系

当窗口与每个多边形关系确定后，有些窗口内的图形便可显示输出，另外一些还需进一步细化，Warnock 方法具体过程表述如下。

① 设置一个与图形视见区域同样大小的窗口，并取为当前窗口。

② 确定当前窗口与多边形的关系。

③ 检验当前窗口是否需要再分割，原则上有以下几种。

a. 若画面中所有多边形与当前窗口分离，则此窗口为空，不需要再分割，以背景的明暗度或颜色显示窗口，并转到步骤⑤。

b. 若当前窗口中仅包含一个多边形，则此窗口内多边形外区域作为背景显示，多边形内区域以该多边形的明暗度或颜色显示，并转到步骤⑤。

c. 若窗口与一多边形相交，则窗口中多边形外的区域按背景显示，相交多边形位于窗口内的区域以该多边形的明暗度或颜色显示，并转到步骤⑤。

d. 若当前窗口为一多边形所包围，且窗口内无其他多边形或相交多边形部分，则该窗口以包围多边形相应的明暗度或颜色显示，并转到步骤⑤。

e. 若当前窗口至少为一个多边形所包围，且此多边形离视点最近，则这一窗口按此多边形相对应的明暗度或颜色显示，并转到步骤⑤。

f. 若不属于上述五种情况中的任意一种情况，这时进行下一步。

④ 对当前窗口进行再分割，并取其中一个子窗口作为新的当前窗口。将其他 3 个子窗口存入窗口堆栈，转到步骤②。

⑤ 若窗口堆栈为空，则算法执行结束。否则，从堆栈中取出一窗口作为新的当前窗口，并转

到步骤②。

确定窗口与多边形的关系有多种方法，有兴趣的读者可参阅有关资料。

习 题

1. 试编写一个绘制 Bezier 曲面的程序。

2. 已知 $n \times m$ 个 B 特征网格顶点 B_{ij}($i = 1, 2, \cdots n; j = 1, 2, \cdots m$)，试编写一个输出 3 次 B 样条曲面的程序。

3. 给定一个单位立方体，一个顶点在（0，0，0），相对的另一个顶点在（1，1，1），过这两个顶点连接一条直线，将单位立方体绕该直线旋转 θ 角，试导出变换矩阵。

4. 编一程序对立方体作平移、旋转和投影等变换。

5. 设三棱锥各顶点坐标为（0，0，20）、（20，0，20）、（20，0，0）、（10，20，10），试编程绘制三面正投影图。

6. 编程绘制第 5 题中三棱锥的正等轴测和正二测图。

7. 编程绘制第 5 题中三棱锥的斜等测和斜二测投影图。

8. 编程绘制第 5 题中三棱锥的立体一点、二点和三点透视图。

9. 消隐的意义是什么？

10. 试写出下列三角平面法向量。

（1）（4，3，1)，（2，3，1)，（3，3，2）

（2）（3，2，1)，（1，3，2)，（2，1，3）

11. 试述单个凸多面体消隐的基本方法。

12. 请写出实现深度缓冲器算法的伪代码。

13. 试述画家算法的基本思想。

14. 试述基本的 Warnock 算法思想。

第6章
真实感图形生成技术

6.1　概　　述

　　真实感图形的显示是使用计算机产生与照片同样的黑白图像或彩色图像。它与电视画面有很大区别，电视画面是由实际物体拍摄而成，而计算机产生的画面是在没有实物模型的条件下，产生人们所构思的各种景物的真实图形。也就是说，它是建立在对物体及自然界的数学描述的基础上或建立在计算机对人眼所观察的物体与自然界的模拟上的。

　　用计算机生成三维形体的真实感图形，是计算机图形学研究的重要内容之一。它综合利用了数学、计算机科学和其他学科知识。近几年来随着多色彩高分辨率光栅图形设备的普及，真实感图形绘制技术在各个领域中得到了广泛的应用，日益受到人们重视，且发展速度极快。

　　利用计算机绘制真实感图形在许多领域都需要。例如，在产品的计算机辅助设计中，设计者总希望看一下自己的初步设计究竟是什么样子，特别是产品外形设计，如汽车、建筑等，希望有一幅足够逼真的图像。过去往往用人工绘图或制作实物模型来检查设计效果，而且随着方案的修改，要反复绘图或反复制作模型，耗费大量人力和物力。而采用计算机图形显示技术，就可很方便地在屏幕上显示产品的具有真实感的图像，而且可以从各种不同角度去观察产品外形，如果发现不合适的地方，可在屏幕上直接对产品外形进行交互式修改。这种技术大大节约了人力和物力，并使设计周期缩短、质量提高。

　　真实感图形生成技术在计算机动画片制作、城市规划、分子结构的研究、影视广告、医学、气象学、地质学、考古学等领域都有广泛的应用。

　　多年前，计算机图形还只是面向规则的形体，如机械、建筑物的设计与显示等。而现在计算机图形已经能够相当逼真地模拟很多自然景物和自然现象，如森林、树木、山脉、河流、波浪、云彩、火焰等。众多自然景物和现象在各种不同天气和光照条件下的情况已能很好地得到模拟。此外，微观世界或宏观世界中许多看不到的物理现象，如分子结构、星体运行等，也可以借助计算机图形有力地帮助人们进行直观的观察和形象的理解。近年来计算机图形更是作为强有力的工具，用于所谓科学计算的可视化这一新领域，用图形模式及时准确地显示科学计算的结果。

　　人们总是希望计算机生成的图形跟人们平常肉眼看到的实际物体一样，因此要求生成的图形具有以下特点。

　　（1）能反映物体表面颜色和亮度的细微变化。

（2）能表现物体的质感。

（3）能通过光照下物体的阴影，极大地改善场景的深度感和层次感，充分体现物体间的相互遮挡关系。

（4）能模拟透明物体的透明效果和镜面物体的镜像效果。

用计算机生成真实感图形时必须完成4个基本任务。

（1）用数学方法建立所需三维场景的几何描述，并将其输入至计算机。

（2）将三维几何描述转换为二维透视图。

（3）确定场景中的可见面，主要采用前面所讲的消隐算法。

（4）计算场景中的可见面颜色，也就是根据基于光学物理的光照明模型，计算可见面投射到观察者眼中的光亮度大小和色彩分量，并将它们转换成适合图形设备的颜色值，从而确定投影画面上每一像素的颜色，最终生成图形。

光学物理是真实感图形的重要基础理论，因为真实感图形是通过景物表面的颜色和明暗色调来表现景物的几何形状、空间位置以及表面材料的。

生成真实感图形技术关键在于充分考察影响物体的外观因素，如物体本身形状、物体表面特性、物体光源等。此外，还要建立合适的光照模型，并通过显示算法将物体在显示器上显示出来。

6.2 简单光照模型

在大自然中观察一个物体时，我们的眼睛能看到它的明暗、色彩和形状，都是由于物体"发出"的光到达人眼的结果。如果我们能计算出物体上每一个可见点所"发出"的光强度和色彩，把它转化为显示屏幕上相应像素的灰度和色彩强度，就能得到物体的真实感图形。光照模型就是模拟光在物体间的传递过程，以确定物体可见表面每一点的亮度和颜色。

当光照射到一个物体表面时，它可能被吸收、反射或透射，其中入射到表面上的一部分光能被吸收并转化为热，其余部分被反射或透射，正是反射或透射部分的光使物体可见。如果入射光全部被吸收，物体将不可见，该物体称为黑体。一个物体表面呈现的颜色是由物体表面向视线方向辐射的光能中各种波长的分布所决定的。光能中被吸收、反射或透射的数量决定于光的波长，若入射光中所有波长的光被吸收的量近似相等，则在白光的照射下，物体呈现灰色；若几乎所有光均被吸收，物体呈现黑色；若其中只有一小部分被吸收，则物体呈白色；若某些波长的光被有选择地予以吸收，则离开物体表面的光将具有不同的能量分布，这时物体呈现颜色。例如，当一束白光照射在一个除红光波长外均被吸收的不透明物体表面上，则物体表面是红色。由此可知，物体的表面颜色决定于不被吸收（即反射或透射）的那部分光的波长分布。

在现实世界中，光照射到景物表面产生的现象是很复杂的。它与光源的性质、形状、数量、位置有关，还与物体的几何形状、光学性质和表面纹理等许多因素有关，甚至与人眼对光的生理与心理视觉因素有关。我们不可能把这一切都准确计算出来，只需要找出主要因素，建立数学模型就可以。为了模拟光能在场景中的传播与分布，需要提出一种光照模型。现在已提出多种光照模型，有的简单，但逼真度不很高；有的考虑全面、逼真度很高，但计算复杂，计算量大得惊人。要求逼真到什么程度，决定于应用场合，因此可根据应用场合来选择哪一种光照模型比较适合。

下面讨论不包含透射光的简单光照模型。假设物体不透明，那么物体表面呈现的颜色仅由其反射光决定，通常人们把反射光考虑成3个分量的组合，这3个分量分别是环境反射光、漫反射光和镜面反射光。

6.2.1 环境反射光

环境反射光是由于邻近物体所造成的光多次反射所产生的。光是来自四面八方的，如从墙壁、地板及天花板等反射回来的光，是一种分布光源。通常我们将这种光产生的效应简化为它在各个方向都有均匀的光强度 I_a，当环境光从物体表面反射出来时，无论是从哪一点上反射出来，只要能到达视点，那么我们看到的光有同一强度。于是，一个可见物体在仅有环境光照明的条件下，其上各点明暗程度完全一样，分不出哪处明亮、哪处暗淡。其光亮度可表示为

$$I_e = I_a K_a$$

式中：I_e——物体的环境光反射亮度；

I_a——环境光亮度；

K_a——物体表面的环境光反射系数（$0 \leqslant K_a \leqslant 1$）。

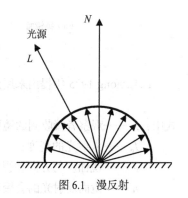

图 6.1 漫反射

6.2.2 漫反射光

漫反射光是由特定光源在物体表面反射光中那些向空间各方向均匀反射出去的光，如图 6.1 所示。这种光的反射强度与观察点的位置是无关的，它的光强度与入射光的方向和反射点处表面法线间夹角余弦成正比，即漫反射光的强度计算可用朗伯（Lambert）定律来计算。

设物体表面在 P 点法线为 N，从 P 点指向光源的向量为 L，两者夹角为 θ。于是，点 P 处漫反射光的强度为

$$I_d = I_p K_d \cos \theta$$

式中：I_d——表面漫反射光的亮度；

I_p——入射光的光亮度；

K_d——漫射系数（决定于表面材料及入射光的波长）$0 \leqslant K_d \leqslant 1$；

θ——入射光线与法线间的夹角，$0 \leqslant \theta \leqslant \pi/2$。

于是，当物体表面垂直于入射光方向时（N、L 方向一致）看上去最亮。当 θ 越来越大，接近 90° 时，则看上去越来越暗。

6.2.3 镜面反射光

有许多物体，如擦亮的金属、光滑的塑料等，受光照射后表现出特有光泽，给人感觉并非那样呆板。如果一个点光源照射到一个抛光的金属球时，在球上形成一块特别亮的区域，呈现"高光"，它是光源在金属球面上产生的镜面反射光。

镜面反射光是朝一定方向的反射光。对于一个理想的镜面，入射到表面上的光严格地遵守光的反射定律：朝一个方向——镜面反射方向反射出去，如图 6.2（a）所示；只有在反射方向上，观察者才能看到从镜面反射出来的光线，而在其他方向都看不到反射光。对于这种光滑的反射面，镜面的反射光的光强比漫反射光的光强和环境反射光的光强高出很多倍。

对于一般光滑表面，由于表面具有一定粗糙度，其表面实际上是由许多朝向不同的微小表面组成，其镜面反射光散布在反射方向周围，如图 6.2（b）所示。

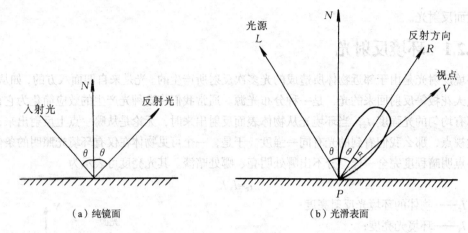

（a）纯镜面　　　　　　　　　　　　　（b）光滑表面

图 6.2　镜面反射

B.T.Phong 1975 年提出来用余弦函数的幂次来模拟镜面反射光的空间分布，可表示为

$$I_s = I_p K_s \cos^n \varphi$$

式中：I_s——观察者接收到的镜面反射光亮度；

　　　I_p——入射光的亮度；

　　　φ——镜面反射方向和视线方向的夹角；

　　　n——镜面反射光的会聚系数（与物体表面光滑度有关），一般取 1～2 000；

　　　K_s——镜面反射系数（与材料性质和入射光波长有关）。

对于较光滑的表面，其镜面反射光会聚程度较高，n 值较大。而较粗糙面的镜面反射光呈发散状态，n 值较小。当视点取在镜面反射方向附近时，观察者接受到镜面的反射光较强，而偏离这一方向观察时，接受到的镜面反射光就会减弱，故"高光"随着观察者的位置变化而移动。另外，由于镜面反射光是经物体外表面直接反射而产生的，与漫反射光不同，"高光"具有与入射光同样的性质，而与物体颜色无关。例如，当白光照射在涂着蓝色的物体上时，反射生成的高光仍为白色而不是蓝色。

6.2.4　Phong 光照模型

综上所述，从视点观察到物体表面上任一点亮度 I 应为环境光、漫反射光、镜面反射光的总和，即

$$I = I_e + I_d + I_s$$

即　　　　　　$I = I_e K_a + I_p (K_d \cos\theta + K_s \cos^n \varphi)$

当光源不只一个，而是有 m 个光源，则上式可写为

$$I = I_a K_a + \sum_{i=1}^{m} I_{pi}(K_d \cos\theta_i + K_s \cos^n \varphi_i)$$

这就是简单光照模型。

令 L 为入射光方向单位矢量，N 为表面法线单位矢量，R 为反射光方向单位矢量，V 为视线方向单位矢量，如图 6.3 所示，则余弦函数可用矢量点积来表示，即

$$(L \cdot N) = \cos\theta \qquad (R \cdot V) = \cos\varphi$$

即　　　　　　$I = I_a K_a + I_p [K_d (L \cdot N) + K_s (R \cdot V)^n]$

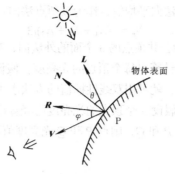

图 6.3　Phong 模型中各方向矢量

对于彩色显示，可把光源分成红、绿、蓝（R、G、B）三基色光，对每一基色分别用相应的算式来计算，即

$$I_r = I_a K_{ar} + I_p [K_{dr}(L \cdot N) + K_s(R \cdot V)^n]$$

$$I_g = I_a K_{ag} + I_p [K_{dg}(L \cdot N) + K_s(R \cdot V)^n]$$

$$I_b = I_a K_{ab} + I_p [K_{db}(L \cdot N) + K_s(R \cdot V)^n]$$

上式中镜面反射光一项对 3 个式子都是一样的。

6.3　明暗处理方法

上一节介绍了简单照明模型，使我们在给定条件下，只要知道物体表面某一点的法线就可以算出该点反射光的强度。因此，知道了可见面上所有点的法线，也就可以计算出每一点的明暗程度。从理论上讲，这已经解决了任意表面的明暗度的计算问题。对于表面是弯曲的形体，计算出曲面每一点的法线，然后再按照模型来计算每一点的明暗程度，计算工作量太大。为了提高计算速度，我们用平面多面体来逼近弯曲表面形体。对于平面多边形来说，由于它的每个表面都是平面，而在同一平面上，任一点法线都是一样，因此只要用一个固定的强度值来表示面上所有点（即整个面）的明暗程度就可以了，这样使得计算工作大为简化。

如果原来的形体的表面为划分得十分精细的平面多面体所逼近，这样也确实能够产生相当好的图像，特别是在表面弯曲得不是太厉害且光源与视点离它们又比较远时会更好一点。然而实际上，当我们观看一个光的强度在固定区域时，我们会发觉，在这个区域的边缘上所感受到的光亮度往往会超过实际值。于是，原来是具有同样亮度的区域，看上去好像是一个明暗不同的区域，这种由于人的视觉所造成的现象称为马赫带效应。它在光强度发生急剧变化的地方都会出现，它使得在边缘两边的物体表面看上去或者是更亮了，或者是更暗了。

因此，当相邻的两个平面多边形的法向变化很大，从而它们光强度相差也很大时，马赫带效应就会使图形看上去很不光滑，有明显的一块一块拼接起来的痕迹，从而使图形真实感降低，为此我们可用下面两种方法来克服固定强度的缺陷。

6.3.1　哥罗德（Gouraud）强度插值法

假定我们已经用平面多面体相当好地逼近了原形体，知道了每个面的外法向及每个顶点位置等有关该多面体的各种信息。哥罗德强度插值法首先计算每个顶点的法向。具体计算办法是：求

出与该顶点相邻的多面体各面的法向平均值，作为该顶点法向。例如图 6.4 所示的 P 点为

$$N_p = (N_1 + N_2 + N_3)/3$$

其中，N_1、N_2、N_3 分别是以 P 为公共顶点的 3 个面的外法向；N_p 是 P 点外法向。

求出每个顶点法向后，就可计算出每个顶点的光亮度，假设它们为 I_1, I_2, $\cdots$, I_m。其中 m 是顶点数，有了各顶点的光亮度，就可用双线性插值的方法求出多边形每一点的光亮度。

图 6.5 所示为一个三角形，假设 3 个顶点的光亮度已经算出，若要计算一条扫描线上的光亮度，这条扫描线与三角形交点为 P 和 Q，则点 P 和 Q 光亮度值可进行如下计算：

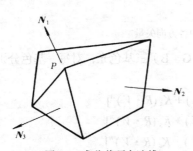

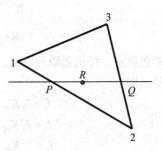

图 6.4　求公共顶点法线　　　　　　　图 6.5　光亮度的双线性插值

$$I_P = I_1 \cdot \frac{y_P - y_2}{y_1 - y_2} + I_2 \cdot \frac{y_1 - y_P}{y_1 - y_2}$$

$$I_Q = I_3 \cdot \frac{y_Q - y_2}{y_3 - y_2} + I_2 \cdot \frac{y_3 - y_Q}{y_3 - y_2}$$

式中的 y 为各点投影到屏幕后的 y 轴坐标。

计算出了多边形边上的每一点的光亮度，就可以用扫描线方法沿水平方向插值来计算出多边形内部各点的光亮度值，如图 6.5 所示的点 R 的光亮度可以用下式计算：

$$I_R = I_P \cdot \frac{x_Q - x_R}{x_Q - x_P} + I_Q \cdot \frac{x_R - x_P}{x_Q - x_P}$$

式中，x 是各点投影到屏幕后 x 轴坐标。

采用 Gouraud 明暗处理不但可以克服用多边形小平面逼近曲面的光亮度不连续现象，而且计算量还很小。为了进一步提高计算效率，可用线性插值增量法计算，其运算量仅涉及一次加法运算。设将 PQ 分成若干等份，每一段距离增量为 Δx，其相应的光亮度增量对每一小段都是一样，即

$$\Delta I_R = \frac{\Delta x}{x_Q - x_P}(I_Q - I_P)$$

若计算出第 $n-1$ 点的 I_{n-1}，则第 n 点的光亮度为

$$I_n = I_{n-1} + \Delta I_R$$

采用 Gouraud 双线性插值方法，思路简明，实施方便。但这种方法有一个明显的缺点，这就是采用了插值方法，使得镜面反射所产生的特亮区域的形状与位置有很大的差异，甚至弄得模糊不清。下面介绍的 Phong（冯）法向插值方法。

6.3.2　Phong（冯）法向插值方法

上面介绍的 Gouraud 方法，在不考虑模型中的镜面反射项时，一般都能得到很好的真实感图像。为了克服这样方法对镜面反射区域所引起的畸变，Phong 提出了用法向的插值来代替强度插值，这样我们可以在与任一个像素对应的平面多边形的点上计算法向，从而计算该像素的光亮度

值。当然，这样做计算量会更大一点，但效果却相当好，即使多边形不是太细小时也会很好。

这种方法与 Gouraud 方法一样，计算多边体每个顶点法向量时仍可用以该顶点为公共顶点的各面的外法向平均值作为该顶点的法向。然后应用 Gouraud 强度插值计算类似的方法先计算 P 和 Q 这两个在边上的点所对应的曲面上相应处的法向量，然后再计算扫描线上介于 P 和 Q 之间像素对应的曲面法向量。计算中只要将那里代表亮度值的量 I 换成相应法向量 N 即可。由于 N 是矢量，而不像 I 那样是标量，所以在进行法向插值计算时显然会增加计算的复杂性。

6.4　阴影生成方法

阴影是指景物中那些没有被光源直接照射到的暗区。由于阴影有助于弄清场面中各物体之间的空间位置关系，增加了观察者对物体的深度感知，增强了图形的立体感和场景层次感，使得计算机生成的画面更具有真实感。

正如我们在消隐中讲到的，当我们观察空间任一不透明物体时，必定会有一部分表面是我们所看不到的，即视线不能到达。那么假如这个视点处不是观察者的眼睛，而是一个光源，那么很明显，那些为视线所不能到达的面同样也是光线所不能到达的，这就产生了阴影面。

产生阴影方法的复杂性是和光源的模型有关的，如果光源是视点之外的点光源，那么问题就比较简单，只要将视点置于光源位置上，以光照射方向作为观察方向时确定隐藏面问题；如果光源不是点光源或者光源位于视野之中，问题就变得十分复杂。

阴影一般分为两类：自身阴影和投射阴影。物体本身遮挡而使光线照不到的某些面称自身阴影，如图 6.6 所示立方体右侧面，它类似于自隐藏面。投射阴影是由于物体的遮挡使场景中位于后面的物体受不到光照而形成的，如图 6.6 所示基平面的阴影。投射阴影有本影和半影之分。我们观察一个物体影子时，可以看到位于中间全黑的轮廓分明部分就是本影。本影周围半明半暗的区域为半影。本影是那些没有被光源直接照射的部分；而半影指的是那些被一部分光源直接照射但未被其余光源直接照射的部分。如果只有一个点光源或平行光，将只产生本影。如果在有限距离内有分布光源，将同时形成本影和半影。本影是所有光源的光线照不到的区域，而半影则为可接收到分布光源的部分光线的区域。

半影计算比较复杂、计算量大，在许多场合下一般只考虑本影，也就是假设环境由点光源或平行光源照明。本影计算工作量与光源位置有关。如果光源位于无穷远处，计算阴影比较容易，可由正投影来处理。而对于有限远处

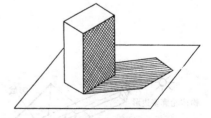

图 6.6　自身阴影和投影阴影

的点光源，问题就难些，这时需要透视投影技术来处理，最困难的情况是点光源位于视区之内的情形，这时需要将空间分成若干区域，并分别计算每一区域中的阴影。

6.4.1　自身阴影生成方法

自身阴影生成方法从原理上来说非常简单，其生成过程如下。

（1）首先将视点置于光源位置，以光线照射方向作为观察方向，对在光照模型下的物体实施消隐算法，判别出在光照模型下的物体的"隐藏面"，并在数据文件中加以标识。

（2）然后按实际的视点位置和观察方向，对物体实施消隐算法，生成真正消隐后的立体图形。

（3）检索数据文件，核查消隐后生成的图形中是否包含有在光照模型下的"隐藏面"。如有，则加以阴影符号标识这些面。

6.4.2　投射阴影生成方法

下面介绍本影生成的几种方法。

1. 影域多面体方法

这种方法在景物空间中引入影域多面体的概念。由于物体遮挡了光源，在物体后面形成一个影域。影域是景物空间中光线被该物体轮廓多边形所遮挡的区域（物体轮廓多边形沿光线投影方向作平移扫描所形成的区域）。影域多面体是视域四棱锥和影域的空间布尔交，如图6.7所示。显然，位于影域多面体的任何景物表面均为阴影面，所以确定某点是否落在阴影中，只要判别该点是否位于影域多面体中即可。这个算法与扫描线算法相结合就容易实现。

2. Z缓冲器方法

由于阴影是光线照射不到而观察者却可见到的区域，换句话说，阴影是相对于光源不可见而观察点却可见的区域。所以在画面中生成阴影的过程基本上相当于二次消隐，一次是对光源消隐，另一次是对视点消隐，Z缓冲器算法就是基于这个原理。它采用两步法，第一步利用Z缓冲器消隐算法按光源方向对景物进行消隐。所有景物均变换到光源坐标系，此时Z缓冲器（亦称为阴影缓冲器）中存储的只是那些离光源最近的景物点的深度值，显然这些景物点对光源是可见的。第二步，仍用Z缓冲器消隐算法，但按视线方向计算画面，将每一像素对应的曲面上可见点变换至光源坐标系，并将变换后的深度值和存储在阴影缓冲器中的深度值进行比较，若阴影缓冲器中的深度值较小，说明该点不是离光源最近的点，从光源方向看为不可见，因而位于阴影中。该法的优点是能处理任意复杂的景物，可以较方便地在光滑曲面上生成阴影，且计算量小、程序简单，但阴影缓冲器的存储耗费较大。

3. 光线跟踪生成方法

在光线跟踪算法中，要确定某点是否在某个光源的阴影内，只要从该点出发向光源发出一束探测光线即可，如图6.8所示。

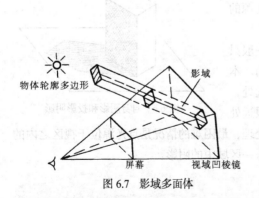

图6.7　影域多面体

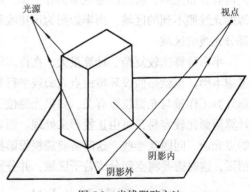

图6.8　光线跟踪方法

首先从视点出发，向场景中选定的物体（如阴影投射平面）发出一条射线，如果中间没有其他物体阻挡，那么该射线将会和该选定的物体产生一个交点，即可见点。然后再从交点出发，向光源再发射一条射线。如果第二条射线在到达光源之前遇到物体阻挡，即射线和场景中其他物体发生相交，产生了交点，那么该点便是处于投射阴影区域内的点。否则，该点将可以得到光源照射，而使其不处于阴影区内。

这种方法比较易于实现，且可以生成十分真实的阴影，但计算工作量较大。

6.5　整体光照模型

前面介绍了计算给定方向上景物表面光亮的光照明模型。可以看出，这一模型仅考虑了光源直接照射在景物表面产生的反射光能，因而是一种局部光照明模型。

局部光照明模型不考虑周围景物对当前景物表面的光照明影响，忽略了光能在环境景物之间的传递，因此很难生成表现自然界复杂场景的高质量真实感图形。为了增加图形的真实感，必须考虑环境的漫反射、镜面反射和规则透射对景物表面产生的整体照明效果。局部光照模型模拟了距离相近的景物表面之间的彩色渗透现象。整体光照模型使我们可以观察到位于光亮处的景物表面上的其他景物的映像通过透明体后的景象。

表现场景整体照明效果的一个重要方面是透明现象的模拟。这是因为自然界中许多物体是透明的，透明体后面景物发出的光可穿过透明体到达观察者。透过透明性能很好的透明体，如玻璃窗，观察到的景物不会产生变形；但透过另一些透明物体，如透明球等进行观察时，位于其后的景物呈现严重的变形，这种变形是由于光线穿过透明介质时发生折射而引起的，因而是一种几何变换。有些透明物体的透明性更差，观察者通过它们看到的只是背后景物朦胧的轮廓。这种模型变形是由于透明体的透明表面粗糙或透明物体材料掺有杂质，以至于从某方面来的透射光宏观上不遵从折射定律而向各个方向散射造成。此外，透明材料的滤光特性也影响透明性能。除透明效果外，整体光照明模型还要模拟光在景物之间的多重反射。一般来说，物体表面入射光除来自光源外，还有来自四面八方不同景物表面的反射。局部光照明模型简单地将周围环境对景物表面光亮度的贡献概括成一均匀入射的环境分量并用一常数表示，忽略了来自环境的镜面反射光和漫反射光，使图形真实性受到影响。

下面先介绍计算景物表面透射光亮度的简单方法，然后叙述一种较精确的整体光照明模型和光线跟踪算法，最后简要介绍辐射度算法。

6.5.1　透明性的简单模型

对于透明物体，若不考虑折射，也不考虑漫透视，即光通过透明体时不发生模糊变型，这种透明现象就容易模拟。图 6.9 所示的物体 A 是透明体。对观察者而言，物体 B 位于透明体 A 之后，点 P 向观察者发出的光包含两部分，其一是光源在点 P 的反射光，其二是物体 B 上 P_t 点传送到点 P 的透视光，P_t 是视线穿过透明体与背后物体 B 的交点。设点 P 的光亮度为 I_c（前面可见面光亮度），P_t 向视线辐射光亮度为 I_t，透明体的透视系数为 t，则到达观察者的光亮度应为

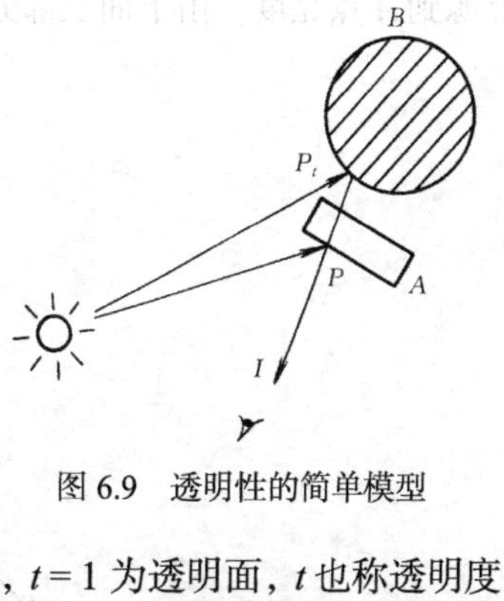

$$I = (1-t)I_c + tI_t \qquad 0 \leqslant t \leqslant 1$$

图 6.9　透明性的简单模型

这就是最简单模拟透射光的计算公式。$T=0$ 时对应不透明面，$t=1$ 为透明面，t 也称透明度。I_c 和 I_t 可用前面介绍的 Phong 模型计算。

在扫描线算法中应用上述公式是非常方便的。事实上，若位于当前扫描线上的可见多边形是

透明的，那么只需确定位于该多边形后面的第一个多边形的光亮度，并将这一光亮度作为 I_t 代入上式，就能模拟可见多边形的透明效果。由于光源在透明体表面相对较小，因而用因子 $(1-t)$ 适当减小 I_c，以保证透明效果的真实性。

此公式计算简单，实现时只要对通常的隐藏面消去算法稍加改动即可。但是这种方法无法模拟光通过透明介质时产生的折射现象。要模拟光通过透明介质时产生的折射现象必须用下面介绍的整体光照模型。

6.5.2 整体光照模型

Whitted 于 1980 年提出了第一个整体光照模型。它在 Phong 模型中增加了环境镜面反射光亮度和环境规则透射光亮度。它除了考虑光源直接照射引起的反射光到达观察者的光亮度外，还考虑了从场景中其他物体镜面反射或透射来的光。景物表面某点 P 向观察点辐射的光亮度由三部分组成，依下式求出。

$$I = I_1 + I_s K_s + I_t K_t$$

式中：I_1——光源直接照射引起的反射光亮度，按照 Phong 模型来计算；

I_s——在镜面反射方向上其他物体向点 P 轴射的光亮度；

I_t——在折射方向上其他物体向点 P 辐射的光亮度；

K_s——景物表面的反射系数；

K_t——景物的透射系数。

I_s、I_t 的确定要求助于光线跟踪算法。

6.5.3 光线跟踪算法

光线跟踪算法是在 Whitted 提出整体模型的同时发展起来的。这种方法模拟光的反射和透射，视点可在无穷远处，也可以在空间中任意一个地方。光源也是这样，而且可以有多个点光源。它利用光线可逆性原理，不是从光源出发，而是从视点出发，沿其视线方向追踪，如图 6.10 所示。在物体空间中，从视点逆着光线方向向视平面上像素点作射线 V，以确定这一点的亮度。射线 V 将与物体 O_1 相交于 A 点，用简单光照模型计算 A 点在光源直接照射下的光亮度。由于物体 O_1 的表面对光有镜面反射，同时又是一个透明体，因此在交点 A 处，还要加上物体间的反射光或透视光对 A 点作用，可用整体光照模型来计算这一作用。于是视平面上像素点 P 的亮度，也就是从视点源到 A 点亮度，由下面三部分组成。

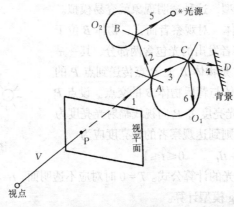

图 6.10 光线跟踪法

（1）光源直接照射及环境光所产生局部光亮度。

（2）反射方向 2 来的光对 A 的作用。

（3）透射方向 3 来的光对 A 点的作用。

应用整体光照模型公式，可得 A 点光的强度：

$$I_A = I_{1A} + I_{sA}k_{sA} + I_{tA}k_{tA}$$

为了求 I_{sA} 和 I_{tA}，我们在反射方向（光线 2）和折射方向（光线 3）继续逆着光线跟踪下去。在反射方向，光线与另一物体 O_2 相交于 B 点。同样，B 点光亮度也是由上述三部分组成，即

$$I_B = I_{1B} + I_{sB}k_{sB} + I_{tB}k_{tB}$$

物体 O_2 为非透明体，所以 $I_{tB} = 0$；I_{sB} 为反射方向（光线 5）来的光对 B 点的作用，它正好是光源的光强 I_P。

在 A 点的折射方向，光线与同一物体上另一表面相交于 C 点，光从 C 点穿出，C 点光亮度也是由三部分组成，即

$$I_C = I_{1C} + I_{sC}k_{sC} + I_{tC}k_{tC}$$

这里，I_{sC} 为内反射方向（光线 6）来的光对 C 点的作用，可继续沿光 6 跟踪下去求出 I_{sC}。I_{tC} 为折射方向（光线 4）来的光对 C 点的作用，光线 4 与背景相交，因而 I_{tC}＝背景光。

最后，用 $I_{sA} = I_B$；$I_{tC} = I_C$ 代入求 A 点光强度公式，可求得 A 点光强度。

理论上，光线可以在物体之间进行无限的反射和折射，但是实际算法只能进行有穷的跟踪，如下即为常用的几种判断跟踪结束的条件。

（1）跟踪光线未碰到任何物体。

（2）跟踪光线碰到了场景背景。

（3）跟踪光线在经过许多次反射和折射以后，光线对于视点的光强贡献小于某个设定值。

（4）跟踪光线反射或折射次数（即跟踪深度）大于某个设定值。

上述光线跟踪过程可用一棵二叉树（称为光线树）来表示，如图 6.11 所示。在计算 A 点的光强度时，需按从后到前（从叶到根）的次序遍历相应光线树，在树的每一个节点处，递归地调用整体光照模型公式，计算 A 点的光强度需要知道 B 点和 C 点的光强度。同样，计算 B 点和 C 点的光强度又需要下面节点光强度，如此继续下去直到光线树的叶节点。

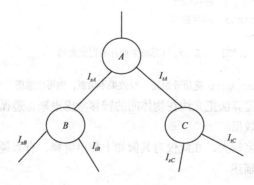

图 6.11　光线树

6.5.4　辐射度算法

辐射度算法的原理是任何击中一个表面的光都被反射回场景之中，是任何光线，不仅仅是直接从光源射出的光线，因此辐射度算法比上述光线跟踪算法要复杂些，同时它的效果也要好得多，

可以生成高真实感的光照效果图。辐射度渲染器背后的基本原则就是摒除对物体和光源的划分，认为所有的东西都是潜在的光源，任何可见的东西不是辐射光线，就是反射光线，或者两者都是，只要它是一个光的来源，它即为一个光源。总之，一切周围能看到的东西都是光源。这样，当我们考虑场景中的某一部分应接受多少光强时，就必须把所有的可见物体发出的光线都累加进去才行。

想象这么一个场景：一个房间里有一些柱子，还有几扇窗户，窗外有一个很亮的白色光源（如太阳），除此之外一片漆黑。辐射度算法首先将该场景划分成许多小的平面多边形，也叫面片（patch），每个面片都是理想的漫发射面，而且每个面片的明暗值为一常量。第 1 次遍历时，辐射度算法只照亮能被光源发出的光线直接到达的面片；第 2 次遍历时，其他原本为黑色的面片也被照亮一些了，因为它们虽然不能被窗外的光源直接照到，但却被屋内的照亮面片给照到了；第 3 次遍历时，这些面片又更亮些了。当遍历到一定次数，各面片的亮度就会趋于稳定状态，此时也就得到了很好的光照效果图。具体应用时，可以根据实际需要来控制遍历次数。下面给出辐射度算法的示意伪代码。

```
load scene
divide the scene into small patches
//初始化面片
for each patch in the scene
  if this patch is a light then
     patch.emmision = some amount of light
  else
     patch.emmision = 0  //非光源面片，辐射光强为 0
  end if
  patch.excident = patch.emmision  //初始状态时，面片的射出光强即为辐射光强
end patch loop
//遍历开始处：
each patch collects light from the scene
for each patch in the scene
  render the scene from the point of view of this patch
  patch.incident = sum of incident light in rendering
end patch loop
for each patch in the scene
  I = patch.incident  //射入光强
  R = patch.reflectance //反射率
  E = patch.emmision
  patch.excident = (I*R) + E //计算每个面片的射出光强
end patch loop
if not satisfied then goto 遍历开始处  //效果不满意，则再次遍历
```

从上可见，由于辐射度算法把光线在物体间的转移考虑进来，遵循了能量守恒定律，从而能够准确地表现真实的光照效果。

鉴于辐射度算法的难度较大，在此仅对其做如上简单解释，有兴趣的读者还可以参考其他相关资料，以获取更详尽的描述。

6.6 纹理处理方法

在计算机图形学中物体的表面细节称为纹理，包括颜色纹理与几何纹理。颜色纹理主要是指光滑表面上附加花纹和图案，如墙面上的拼花图案、木质家具表面、塑料地板等。几何纹理主要

指景物表面在微观上呈现出的起伏不平，例如混凝土墙面、柑橘表皮等。颜色纹理可用纹理映射（Texture Mapping）来描述，几何纹理可用一个扰动函数来描述。

6.6.1　纹理映射

颜色纹理可采用纹理映射技术来模拟。在光滑表面上描绘花纹实际上是花纹在表面上的映射，即将任意的平面图形或图像覆盖到物体表面上，在物体表面形成真实的色彩花纹。所以描绘花纹可以简化为由一个坐标系到另一个坐标系的变换。将纹理空间中 UV 平面上预先定义的三维纹理函数映射到景物空间的二维景物表面上，通过取景变换，再进一步映射到图像空间的二维图像平面上。由此可以看出纹理映射涉及纹理空间、景物空间、图像空间（屏幕空间）三个空间之间的映射，如图 6.12 所示。

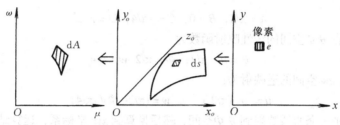

图 6.12　纹理、景物、图像空间关系

假定花纹图案定义在纹理空间中的一个正交坐标系 (u, w) 中，而景物表面定义在另一个正交坐标系 (θ, Φ) 中，把纹理图案加到景物表面上去，就需要在这两个坐标系之间确定一个变换函数，即

$$\theta = f(u, w), \quad \Phi = g(u, w)$$

或相反

$$u = r(\theta, \Phi), \quad w = s(\theta, \Phi)$$

一般假定映射函数为一线性函数，即

$$\theta = Au + B$$

$$\Phi = Cw + D$$

式中，常数 A、B、C、D 可由两个坐标系中已知点之间的关系获得，下面通过具体实例来说明这一方法。

将图 6.13（a）所示的图案映射到图 6.13（b）所示的球面片上，球面片位于第一象限内，图案是由相交直线组成的简单二维网格，球面片的参数表示为

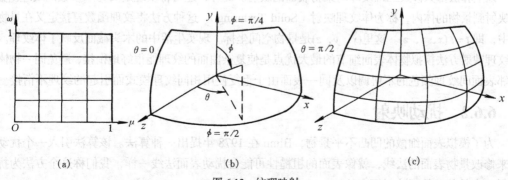

(a)　　　　　　　　　(b)　　　　　　　　　(c)

图 6.13　纹理映射

$$x = \sin\theta \sin\Phi \qquad 0 \leqslant \theta \leqslant \pi/2$$
$$y = \cos\Phi \qquad \pi/4 \leqslant \Phi \leqslant \pi/2$$
$$z = \cos\theta \sin\Phi$$

取线性映射函数，

$$\theta = Au + B, \quad \Phi = Cw + D$$

并假定四边形图案的 4 角映射到四边形曲面片的 4 角片，即

$$u = 0, \ w = 0, \ 在 \ \theta = 0, \ \Phi = \pi/2$$
$$u = 1, \ w = 0, \ 在 \ \theta = \pi/2, \ \Phi = \pi/2$$
$$u = 0, \ w = 1, \ 在 \ \theta = 0, \ \Phi = \pi/4$$
$$u = 1, \ w = 1, \ 在 \ \theta = \pi/2, \ \Phi = \pi/4$$

可解得

$$A = \pi/2, \ B = 0, \ C = -\pi/4, \ D = \pi/2$$

故由 uw 空间在 $\theta\Phi$ 空间的线性映射函数为

$$\theta = u \cdot \pi/2, \quad \Phi = \pi/2 - w \cdot \pi/4$$

由 $\theta\Phi$ 空间至 uw 空间的逆映射为：

$$u = \theta / (\pi/2) \qquad w = (\pi/2 - \Phi) / (\pi/4)$$

将 uw 空间中的一条直线映射到 $\theta\Phi$ 空间，然后换算到 xyz 坐标系，运算结果如表 6.1 所示，完整的结果如图 6.13（c）所示。

表 6.1　　　　　　　　　　　　空间直线换算表

u	w	θ	Φ	x	y	z
1/4	0	$\pi/8$	$\pi/2$	0.383	0	0.924
	1/4		$7\pi/16$	0.375	0.195	0.906
	1/2		$3\pi/8$	0.353	0.383	0.853
	3/4		$5\pi/16$	0.318	0.556	0.768
	1		$\pi/4$	0.271	0.707	0.653

除了用数学模型定义二维纹理外，也可以使用数字化仪对已有的图片采样，建立一个二维模式数组，用离散方式定义颜色纹理。设一数字化图像用一数组 T 表示，T 为真实感图像的离散采样，其大小为 $M \times N$。然后利用纹理数组 T 来构造纹理函数。一种最简单的方法是对纹理数组进行双线性插值来构造纹理函数。

以上算法都只涉及二维纹理向景物表面的映射。此外，还可将纹理定义为三参数的纹理函数，并映射到景物的体内，称为体纹理映射（Solid Texturing）。这种方法将纹理函数直接定义在景物空间中，即 $t = t(x, y, z)$。这里 (x, y, z) 是景物空间坐标。现实生活中的木头截面反映了体纹理。用体纹理映射方法模拟物体表面细节的最大优点是使复杂曲面的纹理能很好地衔接，避免同一物体和相邻表面间纹理颜色的不协调以及同一表面由于重复使用相同纹理模式而引起的纹理不衔接。

6.6.2　扰动映射

为了模拟表面细微的凹凸不平景物，Blinn 在 1978 年提出一种算法。该算法引入一个扰动函数来修改景物表面的法线，就像表面的粗糙性可能会扰动表面法线一样，我们称这个方法为扰动映射，它是基于纹理映射概念的。

所谓扰动，就是在表面每一点上沿其表面法向方向附加一个新的向量，这一向量比较小，不

影响原表面的大致形状，但对其表面该点处的法向产生较大扰动作用，结果使曲面变得非常粗糙，通过选择恰当的扰动函数，可使生成图形具有不同的皱折纹理效果。

为了将扰动因子加入到曲面的法向量中去，可在初始曲面的基础上定义一个新的曲面。

设 $P(u,v)$ 是初始曲面，那么新曲面 $Q(u,v)$ 定义为

$$Q(u,v) = P(u,v) + R(u,v)\frac{N(u,v)}{|N(u,v)|}$$

这里 $R(u,v)$ 是扰动函数，$N(u,v)$ 是 $P(u,v)$ 两个偏导向量的叉积，即曲面 $P(u,v)$ 的法向量，$Q(u,v)$ 的法向量可表示为

$$N' = Q_u \times Q_v$$

其中，Q_u 和 Q_v 为 Q 的两个偏导向量，于是

$$Q_u = P_u + R_u\frac{N}{|N|} + R(\frac{N}{|N|})_u$$

$$Q_v = P_v + R_v\frac{N}{|N|} + R(\frac{N}{|N|})_v$$

由于 R 很小，上面两式的第三项可以忽略，即

$$Q_u = P_u + R_u\frac{N}{|N|}$$

$$Q_v = P_v + R_v\frac{N}{|N|}$$

所以

$$N' = Q_u \times Q_v = P_u \times P_v + \frac{R_u(N \times P_v)}{|N|} + \frac{R_v(P_u \times N)}{|N|}$$

$$= N + \frac{R_u(N \times P_v)}{|N|} + \frac{R_v(P_u \times N)}{|N|}$$

式右边最后两项就是初始曲面法向量的扰动因子，N' 是扰动后的法向量，扰动函 $R(u,v)$ 可取任何有偏导数的函数。另外，$R(u,v)$ 也可以非解析地用一组离散数据来定义，而 R_u 和 R_v 则通过差分来近似计算。

法向扰动法能够真实地模拟不规则景物表面的凹凸不平，但仍有一些缺点。首先是扰动函数不容易选取，再就是景物的"不规则性"仅局限于给定物体的表面上，而不反映在物体的整体构造上，这使它的应用受到一定的限制。

6.7　图形颜色和颜色模型

颜色在人们周围非常重要，生成真实感的图形同颜色有密切关系，然而颜色的机理十分复杂，可以说到现在还不十分清楚，它涉及物理学、化学、心理学、生理学和美学等领域，下面我们便讨论与计算机图形学有关的部分。

6.7.1　颜色的性质

由阳光或灯泡发生的白光，它包含了彩虹中全部颜色，白光通过棱镜，就会折射出颜色的光谱。一般可以分解成红、橙、黄、绿、蓝、青、紫 7 色，这是电磁波谱中人类肉眼可见的光谱。

可见光谱的每部分都有它自己唯一的值，它被称为颜色。理论上可以选择几百万种颜色。从一种颜色转换成另一种颜色实际上很难区别。可见光谱可以由多种颜色构成。但是人们一般只看到一种颜色——由多种颜色混合后的结果，因为人眼有把多种颜色相混合的能力。

人们感觉到的"光"或者不同颜色都是处于电磁波频谱中一个很窄的频带。它们与无线电波、微波、红外线和X射线等之间仅仅是电磁波频率不同。如图6.14所示，展示了这些电磁波频率近似的频率范围。可见光波频带中的每个频率值都对应一个不同的颜色，低频末端为红色，而高频端为紫色。

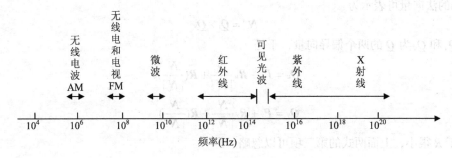

图6.14 电磁波频谱

发射光是激励光源发出的光，如阳光、灯泡、计算机监视器等。反射光是从物体表面被反射出去的光，在观察任何一种非发光物体时，人眼能见到的一种光就是反射光。发射光可以是全彩色（白光）或是任何几种光的组合或仅是一种特殊颜色的光。发射光由光源直射人们的眼睛时，便可以看到带色光源发出的颜色。

人们之所以能见到物体，是因为物体本身发出光，另外也能见到其他的一些物体，这是因为它们能反射光。发出光的物体（如计算机监视器、灯泡等）直接发出能见的颜色，而反射光的物体的颜色是当光照射该物体时，被该物体反射出去的光所具有的颜色。一张白纸看起来为白色，就因为它在白光照射下，把所有颜色都反射掉了，什么光也没有被吸收。如果用蓝色灯光照射白纸，这纸看起来呈蓝色。如果用白光照射一张红色纸，那么只有红色被反射，其余光都被吸收了，因此纸便呈现红色。若用蓝色光照射红纸，纸的颜色会呈现黑色。

在心理生物学上，颜色由其色彩、色饱和度和明度决定。顾名思义，色彩即颜色的"色彩"，它是某种颜色据以定义的名称。色饱和度是单色光中掺入白光的度量,单色光的色饱和度为100%,白光加入后，其色饱和度下降，非彩色光的色饱和度为0%。明度为非彩色光的光强值。

在心理物理学上，与色彩、色饱和度和明度相对应的是主波长、色纯和亮度。在可见光谱上单一波长的电磁能所产生的颜色是单色的。如图6.15（a）所示，显示出对应于525nm波长的单色光的能量分布。如图6.15（b）所示，显示出光能为E_2的白色光和光能为E_1、主波长为525nm单色光的能量分布。光的颜色由其主波长决定，而色纯则由E_1、E_2值的相对大小决定。E_2表示波长为525nm的单色光中掺入的白光的量。当E_2降至0时色纯增至100%,当E_2增至E_1时光呈现白色，而色纯降至0%。亮度与光的能量成比例，它是单位面积上所接受的光强。

纯的单色光在实际生活中是少见的，人们所看到的颜色都是混合色。彩色图形显示器（CRT）上每个像素都是由红、绿、蓝3种荧光点组成。这是以人类视觉颜色感知的三刺激理论为基础设计的。三刺激理论基于这样一个假设：人类眼睛的视网膜中有三种锥状视觉细胞，分别对红、绿、蓝3种光最敏感。图6.16所示为人眼光谱灵敏度实验曲线。实验表明，对蓝色敏感的细胞对波长为440nm左右的光最敏感；对绿色敏感的细胞对波长为545nm左右的光最敏感；对红色敏感的细胞对波长为 580nm 左右的光最敏感。曲线还显示，人类眼睛对蓝光的灵敏度远远低于对红光和绿光的灵敏度。

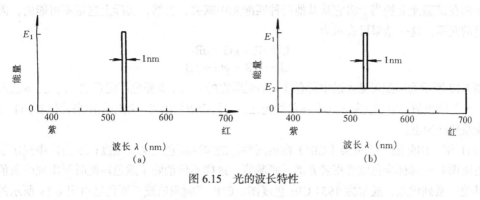

图 6.15　光的波长特性

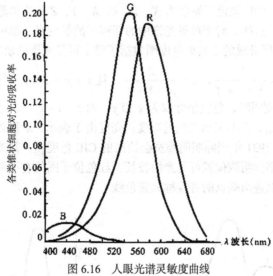

图 6.16　人眼光谱灵敏度曲线

大量实验表明，人的眼睛大约可以分辨 35 万种颜色，但只能分辨 128 种不同的色彩。在可见光谱的两端附近，人眼可以区别出波长相差 10nm 左右的两种不同色彩。而在光谱的蓝色至黄色区间，却可以分辨出波长仅相差 1nm 左右的两种不同色彩。人眼分辨饱和度的功能比分辨色彩的能力差。对红、紫色只能分辨出 23 种不同的饱和度，而对于黄色，仅能分辨 16 种不同的饱和度。

6.7.2　CIE 色度图

发光体如彩色 CRT 显示器或彩色灯光，常采用红、绿、蓝 3 种基色来表示，即 RGB 加色系统。如将任意 3 种颜色适当混合即可产生白光的视觉效果，而这 3 种颜色中任意两种组合不能产生第 3 种颜色，具有这种性质的 3 种颜色称为原色。我们希望用这种原色的混合匹配来产生光谱中的每一种颜色。其匹配过程用数学公式一般表示为

$$C = r R + g G + b B$$

式中，C 为光谱中某色光，而 R、G、B 对应于红、绿、蓝 3 种匹配光，r、g、b 为匹配时所需要 R、G、B 三色光相对量，其取值范围为 0~1。

然而，仍然有不少试验光无法用三色光相加的方法获得匹配，如试验光为蓝绿色，观察者将

蓝色光和绿色光相加，合成光显得太亮，希望加上红色光使合成光变暗，但结果相反，由于光能添入，合成光反而更亮。于是观察者又将红光加在试验光上使其亮一些，这样使生成光获得匹配，红色光加在试验光上相当于将它从其他两种匹配光中减去。当然，实际上这是不可能的，因为不存在负的光强。这一结果可表示为

$$C + rR = gG + bB$$

或

$$C = -rR + gG + bB$$

图 6.17 所示为匹配可见光谱中所有波长的光所需的 r、g、b 颜色匹配系数。r、g、b 匹配系数中有一个总取负值，由于实际上不存在负的光强，人们希望找出另一组原色用来替代 R、G、B，使得匹配系数都为正。

1931 年，国际照明委员会（CIE）在英国举行的国际颜色定义和量度标准会议中规定了通用二维色度图和一套标准色度观察者光谱三刺激值。这样不仅消除了颜色匹配时所出现的负值，且具有其他一系列优点，通常称 1931 CIE 色度图。CIE 三刺激值或三原色是由图 6.18 所示的标准观察者函数推导出来的。CIE 规定三原色为 X、Y、Z，X、Y、Z 是为消除色度坐标中负值而设计的，但实际上并不存在。这样，对于可见光谱中的任何主波长的光，都可以用这 3 种标准原色来匹配。由 X、Y、Z 原色所形成的三角形色度图包括了整个可见光谱的轨迹。CIE 色度值 x、y、z 为：$x = \dfrac{X}{X+Y+Z}$，$y = \dfrac{Y}{X+Y+Z}$，$z = \dfrac{Z}{X+Y+Z}$，且 $x + y + z = 1$。当 X、Y、Z 三角形投影在二维平面上生成 CIE 色度图时，色度坐标取为 x 和 y，而 $z = 1 - x - y$。这仅表示生成一种颜色所需 X、Y、Z 三原色相对量，但不表示颜色的亮度，亮度由 Y 表示，X 和 Z 可根据它们对 Y 的比例来确定。图 6.19 所示为 1931 年国际照明委员会给出的 CIE 色度图，其图形轮廓线代表所有可见光波长的轨迹，线上数字标明该位置可见光的波长。红色位于图的右下角，绿色在图顶端，蓝色在图左下角，连接光谱轨迹两端点的直线称为紫色线。

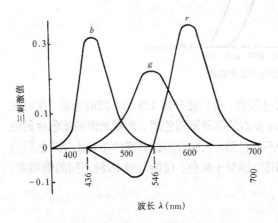

图 6.17　各种波长光的 RGB 匹配系数

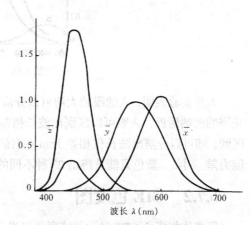

图 6.18　CIE 标准观察者曲线

如图 6.20 所示，色度图有多种用途。欲获得一种光谱色的补色，只需从这一点通过校准白点（C 点）作一条直线，求出其与对侧光谱轨迹的交点，即可求得补色波长。例如，求得红橙色 C_4 ($\lambda = 610$ nm)的补色为蓝绿色 C_5 ($\lambda = 491$ nm)。两种补色按一定比例相加得白色。求一种颜色时只要连接其与校准白点的直线，直线与位于颜色同侧的光谱轨迹线交点即为主波长，如图 6.20 所示的颜色 C_6 的主波长为 570 nm，这是一种黄绿色。

单纯色或全饱和色位于光谱轨迹上，其色纯度为 100%，而校准白色的色纯度为 0%。任一中间颜色的色纯度即等于核准白点与它之间距离除以校准点至光谱轨迹线或紫色线之间的距离，如

图 6.20 所示的 C_6 颜色的色纯等于 $a/(a + b)$,而 C_7 颜色的色纯为 $c/(c + d)$,色纯度应表示为百分数。

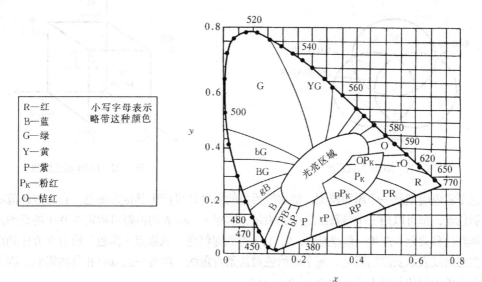

图 6.19 CIE 色度图

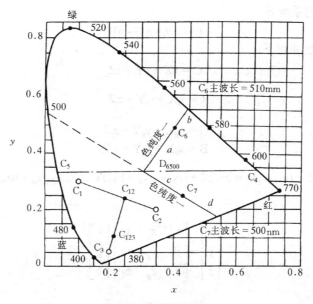

图 6.20 色度图的用途

6.7.3 颜色模型

1. RGB 彩色模型

红、绿、蓝(RGB)彩色模型通常用于彩色阴极射线管和彩色光栅图形显示器,它采用直角坐标系。红、绿、蓝是加色系统,也就是说,各个原色的光能叠加一起产生复合色,如图 6.21 所示。

如图 6.22 所示,RGB 彩色模型通常用红、绿、蓝为坐标轴定义的单位立方体表示,原点表示黑色坐标为(0,0,0),其对角线点坐标为(1,1,1),表示白色。坐标轴上的立方体的顶点表示原始色,而其余顶点表示各原始色的互补色。

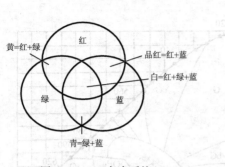

图 6.21　RGB 加色系统

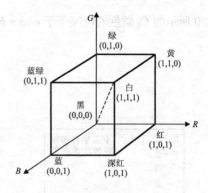

图 6.22　RGB 彩色模型

这个彩色模型是一个添加模型，增加原始色的强度即可产生其他的颜色。在立方体范围内的每个彩色点，都可以用三个参数(r、g、b)表示，这里 r、g、b 的值都可指定在 0~1 的范围内。如果只加红色和蓝色，产生一组坐标(1，0，1)，得到深红色。从原点（黑色）沿着立方体到白色顶点的主对角线表示灰度的明暗，每个原始色对这条对角线上的每一点都有相等的影响。因此，在黑色和白色中间的灰暗点表示为(0.5，0.5，0.5)。

任何两个加色系统之间的转换都是以一个加色系统表示另一个加色系统的原色为基础。设有颜色 C，在 RGB 加色系统下：

$$C = r\,R + g\,G + b\,B$$

在 CIE–XYZ 加色系统下：

$$C = xX + yY + zZ$$

若已知

$$R = x_r X + y_r Y + z_r Z$$

$$G = x_g X + y_g Y + z_g Z$$
$$B = x_b X + y_b Y + z_b Z$$

则

$$C = (rx_r + gx_g + bx_b)X + (ry_r + gy_g + by_b)Y + (rz_r + gz_g + bz_b)Z$$

用矩阵表示为

$$\begin{bmatrix} x \\ y \\ z \end{bmatrix} = \begin{bmatrix} x_r & x_g & x_b \\ y_r & y_g & y_b \\ z_r & z_g & z_b \end{bmatrix} \begin{bmatrix} r \\ g \\ b \end{bmatrix}$$

相反转换为

$$\begin{bmatrix} r \\ g \\ b \end{bmatrix} = \begin{bmatrix} x_r & x_g & x_b \\ y_r & y_g & y_b \\ z_r & z_g & z_b \end{bmatrix}^{-1} \begin{bmatrix} x \\ y \\ z \end{bmatrix}$$

2. CMY 彩色模型

以青（C）、品红（M）、黄（Y）为原色构成减色系统，对如印刷油墨、胶卷以及非发光显示器等反射体常采用 CMY 减色系统。减色系统和加色系统颜色互为补色，青色是红色的补色，品红是绿色的补色，黄色是蓝色的补色。所谓某颜色的补色是从白色中减去这种颜色后所得的补色，习惯上常将红、绿、蓝作为原色，而将青、品红、黄作为它们的补色。

如图 6.23 所示，青色是白色减去其补色红色，品红是由白色减去其补色绿色，同样黄色也是由白色减去其补色蓝色。例如，当光线经过品红色物体的反射或透射后，光谱中绿色部分被吸收和减去；如这一光线为黄色物体所反射或透射，蓝色部分又从光谱中被减去，结果显示红色；若剩下的光照射在青色物体上，经过反射或透射后形成黑色，即整个光谱都已被减去，摄影的滤光镜即是利用了这一原理。

CMY 彩色模式的单位立方体表示法如图 6.24 所示。这种模式多用于印刷过程，产生具有 4 个印色点集合的彩色点，类似于 RGB 监视器使用三个荧光点的集合，每个基本色（青、品红和黄）使用一个点，另一点为黑色。因为青、品红和黄色结合一般产生灰色，而不是黑色，所以应包含黑色点。通过 3 种原始色的墨水相互混合，使某些图形硬拷贝设备（如绘图仪等）产生不同颜色的组合，有的绘图仪还加上第四种墨水，即黑墨水以产生 CMYB 模型，使颜色效果更好。

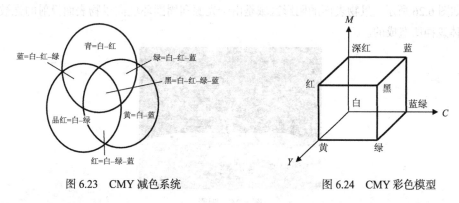

图 6.23　CMY 减色系统　　　　　图 6.24　CMY 彩色模型

3. HSV 彩色模型

这种模型可以产生更有吸引力的彩色描述，它不是根据 RGB 元素选择颜色，而是指定一个彩色并将一定量的白色和黑色加到该颜色上以获得不同的阴暗、浓淡和色调。这种模型中提供给用户 3 种颜色参数是色调（H）、饱和度（S）和明度（V），即 HSV。

HSV 模型可用六棱锥表示，如图 6.25 所示。V 表示颜色点离棱锥顶点的垂直距离，S 表示彩色点至中心轴线距离，H 表示彩色点与红色夹角。当 $S=0$ 时，H 值失去意义，相应的颜色为非彩色。HSV 颜色模型与画家配色方式相对应，纯色颜料 $V=1$、$S=1$，添加白色相当于减小 S，添加黑色相当于减小 V。

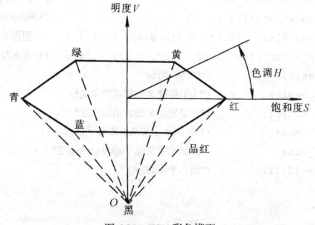

图 6.25　HSV 彩色模型

6.8 真实感图形技术的实现

真实感图形技术是三维实体造型系统的重要组成部分。真实感图形是指经过消隐处理以及能反映物体表面特性的投影图。现有的消隐算法分为物空间算法和像空间算法两大类，实体表面的特性包括表面的颜色、材质、纹理等，对阴影的形成、图形颜色、简单光照模型、纹理映射、整体光照明模型等的研究使得真实感图形在计算机中得以实现。

在真实的三维环境中，只要有光源存在，就必然会有阴影存在。阴影是真实感图形的一个重要组成部分，通过阴影可以反映出物体之间的相互关系，它有利于增强三维图形的立体效果和真实感，如图 6.26 所示。景物表面的阴影区域是由于光源和周围环境向景物表面投射的光被其他不透明物体遮挡所造成的。

图 6.26 阴影

可见，在有光源的环境中，为了表现真实感，必须实现对物体阴影的绘制。物体可以在光源环境中的任何一种表面上投下阴影，例如平面、球面、不规则曲面等。本节只介绍最简单的情况——绘制物体在平面上的阴影，并且基于 OPENGL（见第 11 章）来实现。

6.8.1 定义

为了实现图 6.26 所示的阴影效果，首先需要定义如下一些常量和变量。

```
#define    Win_Title   "真实感图形技术的实现示例"
GLUquadricObj*Quadric_Obj;                        /*曲面对象指针*/
GLfloat Shadow_Mat[4][4];                         /*阴影矩阵*/
const GLfloat V[4] = {0.0f, 2.0f, 0.0f, 1.0f};    /* 阴影平面向量*/
GLfloat Pos_Light [] = {0.0f, 5.0f,-2.0f, 0.0f};  /* 光源位置*/
GLuint    Tex[2];          /*纹理数组*/
GLfloat   X_Angle;         /*十字架绕 X 轴转动的角度*/
GLfloat   Y_Angle;         /*十字架绕 Y 轴转动的角度*/
GLfloat   X _Rot;          /* 控制十字架绕 X 轴转动的速度*/
GLfloat   Y_Rot;           /*控制十字架绕 Y 轴转动的速度*/
GLfloat   z=-10.0f;        /*进入平面的深度*/
```

6.8.2 定义

当前常见的办法，一般都是把阴影当作是"物体投射到其表面"来处理。当光源是平行光的时候（如太阳光），可以看成是物体把阴影"投射"到另一个表面上，如图 6.27 所示。

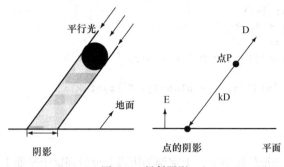

图 6.27　投射阴影

设平行光源方向为 D，空间有一点 P，投射平面为 E，根据空间几何的知识，则点 P 在平面 E 上的投影点满足

$$(P+kD) \cdot E = 0$$

解上式得：

$$k = -\frac{P \cdot E}{D \cdot E}$$

根据公式可知，空间中的点 P 投影到平面 E 的（阴影）投影点是 $P+kE$。如果对一个 3D 物体的每个顶点都使用这个公式计算阴影的位置，就可以得到该物体在平面上的阴影了。

设 $P = < Px, Py, Pz, 1 >$、$D = < Dx, Dy, Dz, 0 >$、$E = < a, b, c, d >$，展开前面的式子 $P+kE$，会发现 k 有一个分母：$a \times Dx + b \times Dy + c \times Dz$。由于 OpenGL 中向量都是齐次坐标 (x, y, z, w)，所以可先把分母提取出来，放到 w 中。然后对 Px 展开得：

$$Px \times (a \times Dx + b \times Dy + c \times Dz) - (a \times Px + b \times Py + c \times Pz + d) \times Dx$$

整理后得：

$$Px \times (b \times Dy + c \times Dz) - Py \times (b \times Dx) - Pz \times (c \times Dx) - d \times Dx$$

这样就变成了向量内积的形式，可以放到矩阵中。对 Py 和 Pz 做同样的操作，再加上 k 的分母部分 w，就可得下面的矩阵：

$$\begin{bmatrix} b \times Dy & -b \times Dx & -c \times Dx & -d \times Dx \\ -a \times Dy & a \times Dx + c \times Dz & -c \times Dy & -d \times Dy \\ -a \times Dz & -b \times Dz & a \times Dx + b \times Dy & -d \times Dz \\ 0 & 0 & 0 & a \times Dx + b \times Dy + c \times Dz \end{bmatrix}$$

该矩阵即为所需的阴影矩阵。

函数 void generate_shadow_matrix(const GLfloat light[4], const GLfloat plane[4], GLfloat matrix[4][4]) 实现阴影矩阵的计算。参数 light[4]表示光源的方向，plane[4]是投影平面的向量，matrix[4][4]用来存放计算后的阴影矩阵。只需把当前的模型视图矩阵乘以阴影矩阵，就可绘制十字架的阴影。

```
// 计算阴影矩阵
void generate_shadow_matrix(const GLfloat light[4], const GLfloat plane[4],
GLfloat matrix[4][4])
{
GLfloat p = 0;
int i, j,k;
for(i = 0; i < 4; i++)
```

```
            p += plane[i] * light[i];

for(j = 0; j < 4; j++)
    for(k = 0; k < 4; k++)
        if(j == k)
            matrix[j][k] = p - plane[j] * light[k];
        else
            matrix[j][k] = - plane[j] * light[k];
}
```

6.8.3 定义

绘制一大平面，在光源的照射下，十字架的阴影会投射到这个平面上。

```
        glEnable(GL_TEXTURE_2D);                     /*启用纹理贴图*/
        glBindTexture(GL_TEXTURE_2D, Tex [0]);       /*绑定纹理贴图*/
        glBegin(GL_QUADS);                           /*绘制投影平面*/
        glNormal3f(0.0f, 1.0f, 0.0f);                /*设定法向量*/
                                                     /*给当前的顶点赋予贴图坐标*/
        glTexCoord2f(1.0f, 1.0f); glVertex3f( 9.0f, -3.0f, -18.0f);
        glTexCoord2f(1.0f, 0.0f); glVertex3f(-9.0f, -3.0f, -18.0f);
        glTexCoord2f(0.0f, 0.0f); glVertex3f(-9.0f, -3.0f, 18.0f);
        glTexCoord2f(0.0f, 1.0f); glVertex3f( 9.0f, -3.0f, 18.0f);
    glEnd();
```

6.8.4 定义

glRotatef()控制十字架绕 x、y 轴转动。使用 DrawCube（）绘制三个长方体，组成十字架。

```
        glPushMatrix();           /*将当前矩阵压入栈中*/
    glBindTexture(GL_TEXTURE_2D, Tex [1]);           /*绑定纹理贴图*/
        glRotatef(X_Angle, 1.0f, 0.0f, 0.0f);        /*十字架绕 X 轴转动*/
        glRotatef(Y_Angle, 0.0f, 1.0f, 0.0f);        /*十字架绕 Y 轴转动*/
                                                     /*绘制十字架*/
        DrawCube(3.0f, 0.3f, 0.3f);
        DrawCube(0.3f, 3.0f, 0.3f);
        DrawCube(0.3f, 0.3f, 3.0f);
    glPopMatrix();        /*恢复矩阵*/
```

绘制十字架的阴影前先将矩阵压入栈中，以便完成阴影绘制后恢复当前的矩阵；为避免光照和纹理对绘制的十字架阴影的影响，关闭光照和禁用纹理；然后设置阴影的颜色为黑色（0.0f, 0.0f, 0.0f）。

```
        glPushMatrix();                              /*将当前矩阵压入栈中*/
        glDisable(GL_LIGHTING);                      /*关闭光照*/
        glDisable(GL_TEXTURE_2D);                    /*禁用纹理*/
        glColor3f(0.0f, 0.0f, 0.0f);                 /*设置阴影颜色*/
        glTranslatef(0.0f, 0.1f, 0.0f);              /*绘制十字架阴影前先上移 0.1f 个单位*/
```

调用 generate_shadow_matrix()函数计算阴影矩阵并调用 glMatrixMode()与当前视图矩阵相乘，即可得到用以绘制阴影的视图矩阵。

```
        generate_shadow_matrix(Pos_Light, V, Shadow_Mat);
        glMatrixMode(GL_MODELVIEW);
```

```
glMultMatrixf((GLfloat*) Shadow_Mat);
```

在这个"阴影视图"里面再原样绘制一遍十字架，就可绘出一个被"压扁"的十字架，即十字架的阴影。

```
/*让阴影随着十字架一起运动*/
glRotatef(X_Angle, 1.0f, 0.0f, 0.0f);
glRotatef(Y_Angle, 0.0f, 1.0f, 0.0f);
/*绘制阴影十字架*/
DrawCube(3.0f, 0.3f, 0.3f);
DrawCube(0.3f, 3.0f, 0.3f);
DrawCube(0.3f, 0.3f, 3.0f);
glPopMatrix();   /*恢复矩阵*/
```

通过改变 X_Angle 和 Y_Angle 的值来转动十字架。

```
X_Angle += X_Rot;
Y_Angle += Y_Rot;
```

6.8.5 绘制模拟光源

g 调用 gluSphere()在场景中绘制一个小球来模拟光源。注意，因为这里采用的是平行光，所以该模拟光源仅表示光源发出光线的方向，并不代表光源所在的具体位置。

```
/*绘制一个模拟光源，表示光线射来的方向*/
glPushMatrix();                                    /*将当前矩阵压入栈中*/
glDisable(GL_LIGHTING);                            /*关闭光照*/
glDisable(GL_TEXTURE_2D);                          /*禁用纹理*/
glColor3f(1.0f, 1.0f, 0.0f);                       /*模拟光源的颜色*/
glTranslatef(Pos_Light [0], Pos_Light [1], Pos_Light [2]);   /*光源定位*/
gluSphere(Quadric_Obj, 0.15f, 32, 32);            /*绘制光源*/
glPopMatrix();                                     /*把堆栈顶部的那个矩阵弹出堆栈*/
glFlush();                                         /*将命令缓冲区的内容提交给硬件执行*/
```

习 题

1. 请简述朗伯（Lambert）定律。

2. 试写出实现哥罗德（Gouraud）明暗处理的算法伪代码。

3. 在 Phong 模型 $I = I_a K_a + I_p K_d (L \cdot N) + I_p K_s (R \cdot V)^n$ 中，3 项分别表示何含义？公式中的各个符号的含义指什么？

4. 试写出实现 Phong（冯）明暗处理的算法伪代码。

5. 请简述自身阴影的生成方法。

6. 试写出光线跟踪算法的 C 语言描述。

7. 请简述计算机图形学所涉及的纹理概念。

8. 写出从 RGB 颜色值到 HSV 值的转换算法。

9. 写出从 HSV 颜色值到 RGB 值的转换算法。

10. 写出从 CMY 颜色值到 RGB 值的转换表达式。

第7章
几何造型简介

7.1 概　述

几何造型是一种技术，它能将物体的形状及其属性（如颜色、纹理等）存储在计算机内，形成该物体的三维几何模型，利用这个模型对原物体进行确切的数学描述或是对原物体某种状态进行真实模拟。几何造型是用计算机及其图形工具表示，描述物体的形状、设计几何形体、模拟物体动态过程的一门综合技术。它是集成 CAD/CAM 的基础，主要包括曲面造型、实体造型和特征造型 3 个分支。在历史上，曲面造型和实体造型彼此独立、平行发展。最初的曲面造型系统仅提供平面、锥面、柱面、球面等简单曲面，不能描述复杂表面。另一方面，早期的绘图系统是采用线框结构描述形体，不能完整地定义三维形体，也无法处理曲面形体的表面轮廓。为了满足工程的实际需要，20 世纪 70 年代以来，人们开始致力于研究和发展三维实体造型技术。此时，曲面造型和实体造型已不再相互独立，而是相互支持、互相渗透了。与实体造型相比，特征造型具有更高层次的抽象，包含了更丰富的信息。目前基于产品定义的特征造型技术已成为人们研究的热点，但特征造型的基础仍然是实体造型。为此，本章将主要介绍有关实体造型的基础知识。

几何造型的基本理论和方法是在 20 世纪 70 年代开始创立的，经过三十几年的发展和研究，现已开始被广泛地应用在工业生产的各个领域。1973 年在英国剑桥大学由 I.C.Braid 等建成了 BUILD 系统；1972～1976 年美国罗彻斯特大学在 H.B.Voelcker 主持下建成了 PADL-1 系统；1973 年日本北海道大学公布了 TIPS-1 系统，东京大学公布了 CEOMOP 系统，这些系统对后来造型技术的发展有过重大的影响。到了 20 世纪 70 年代后期，实体造型已具有足够的创造力，推动了项目的开发。例如，1976 年 CAM-I 组织了几何造型项目，MDSI 公布了设计项目；1977 年通用电器公司着手开发 GMSOLID；1978 年，Shape Data 的 ROMULUS 系统问世；1979 年由学校和工业界合作开发的 PADL-2 在 Rochester 发表。1980 年 Evans 和 Sutherland 开始将 ROMULUS 投放市场；1981 年，Applicon 又在 SYNTHAVISION 上增加了实体造型功能，Computervision 公布了 Solidesign 系统，等等。目前市场上已有许多商品化的实体造型系统，它们在工程领域中得到了广泛应用。我国市场上既有国外的系统，也有自己设计的系统。

随着科学技术不断发展，CAD/CAM 技术已渗透到现代化的各个领域，推动了各行各业的设计革命。几何造型应用范围也变得越来越广泛。几何造型技术有着极其重要的作用和广泛的应用前景。下面简要介绍几何造型在 CAD/CAM、医学、建筑等领域的应用。

首先，几何造型在工业界有着广泛应用。在航空工业中，如机翼、翼梁、翼梁肋等零件的设计细节及强度分析，起落架动作的研究，电缆和管道的布置，乃至整个飞机模型的组装以及检验配合和公差分析，另外还用于风洞测试及空气动力学模型的设计。汽车的外形设计最早使用 CAD 造型技术。利用交互式绘图系统的曲面造型功能，建立整个汽车的外形，研究和评估汽车的轮廓。在塑料加工和模具设计与制造中，通过对模型进行的参数化、特征化造型大大提高了自动化设计程度，明显缩短了模具设计和制造周期，提高了产品质量和精度。

在医学上利用高分辨率 CT 扫描图像构造三维模型（如头颅、骨骼及内脏器官等），以帮助制定外科手术的规划以及改善手术后的护理工作。近年来，利用计算机图形系统所提供人体的三维模型，可让医学院学生进行人体解剖训练。三维造型在建筑工程中的应用主要体现在整体设计、结构设计、结构分析、空间布局、内部设计等方面。对于任何一种设计而言，人们总希望在生产制造样品之前就能进行产品性能的评价与预测，多数造型系统都允许用户直接从几何模型出发计算诸如重心、重量、体积、表面积及转动惯量等产品的物理特性。

人体的计算机辅助造型，有着十分广阔的应用前景。例如，在人体外形设计造型中，最逼真同时最复杂的是曲面模型。在曲面模型中，人体被分成很多曲面片。首先对真人外形进行关键性数据采样，然后对这些空间中三维数据点进行有限元三角剖分，再进行三维曲面重建，最后得到一个与真人外形近似的复制。

除此以外，几何造型在服装设计、计算机动画制作、计算机辅助教学等方面也有着广阔的应用前景。

7.2　几何造型系统的三种模型

7.2.1　线框模型

线框模型是计算机图形学和 CAD/CAM 领域中最早用来表示形体的模型，并且至今仍在广泛地应用。简单地说，在计算机内生成三维立体的方法就是将图形想象为一个由铁丝构成的框架。这样立体就可由一系列反映形状特征的棱线、轮廓线和交线等的几何形状数据表示。这种模型就称为线框模型或线模型。

以一个长方体为例，其线框模型的数据结构如图 7.1 所示。首先在计算机内设定 x、y、z 轴，为了表示长方体的几何位置，根据给定的坐标轴，给定相应的顶点坐标表。为了表示几何形状特征，还要写出两两可以连接的点构成棱线的表。有了这些数据，就容易在显示器上生成线框图形了。

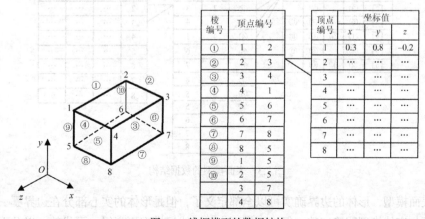

图 7.1　线框模型的数据结构

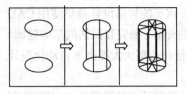

图 7.2　圆柱体的线框

线框模型的数据结构简单，具有计算机处理速度快的优点，但用线框模型表示的主体不能充分反映出与计算机内部关于线数据和形状特征数据的关系。例如，从图 7.1 所示的线集合，人们能够联想到长方体，但用计算机也只能表示成线的集合，因此采用这种模型在计算体积、重量等质量参数时就无法利用隐线消去法。此外，这种模型很难表示圆筒或球之类的曲面立体，如图 7.2 所示，必须像右边两个图那样增加辅助线来表示。

这种模型尽管有上述的缺点，但根据不同情况，用途还是很广的，特别是当未使用高性能计算机时，就能充分发挥其处理速度快的优点。主体的线框模型在计算机生成后，利用投影法很容易得到立体的三视图，因此它在制图领域中有很广泛的应用。

7.2.2　表面模型

表面模型是在线框模型的基础上，增加了有关生成立体各表面的数据而构成的模型。表面的定义就是一些指定某表面由哪些棱线按何种顺序组成的信息。这种模型通常用于构造复杂的曲面物体，构形时常常利用线框功能，先构造一线框图，然后用扫描或旋转等手段变成曲面，当然也可以用系统提供的许多曲面图素来建立各种曲面模型。将图 7.1 所示的长方体用表面模型表示，如图 7.3 所示，除了图 7.1 中的数据外，又增加了指定各表面由哪些棱组成的表面数据信息，即构成了一个长方体的表面模型表示。

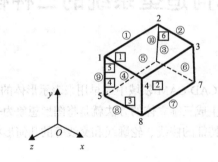

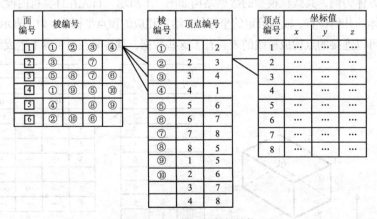

图 7.3　表面模型的数据结构

采用表面模型，形体的边界确实可以全部定义了，但是形体的实心部分在边界哪一侧并不明确。尽管不如实体模型明确完整，但表面模型由于比线框模型更高级、更优越，以及更易于在计算机上实现等特点，在工程领域中有广泛的应用，特别是进行类似汽车外形设计这种有复杂表面设计工作的领域。

按生成方式不同，表面模型有以下几种。

（1）基本面。通过对一条线的扫描操作得到。例如，对一条直线的平移得到一个平面；对一条圆弧移动，则得到一个圆柱面。

（2）旋转面。对一个平面绕某一轴进行旋转即可生成旋转面。当然这里得到的仍不是实体，而是面。

（3）相交面。用已定义的表面可以建立起相交面。例如，通过倒角在正方体和圆柱体之间用样条曲线自动生成的相交表面。

（4）分析法表面。用 x、y、z 的数学公式可建立分析法表面，再根据数学方法计算出轮廓，即可自动产生表面。

（5）雕塑曲面。雕塑曲面也叫自由曲面，它不是由数学公式得出，一般都是用显示经纬样条曲线的方法在三维空间中显示它们。雕塑曲面模型常用于设计和制造汽车外壳、飞机机体、轮船船体、轮机叶片、电话机座等。

（6）组合平面。它通过四边形网格和纵横边界构成。每个网格叫做一个拓扑矩形（4 条边不一定是直线，也不一定互相垂直），以横边界构成平滑的网格，用插值法定义网络内的平面。

7.2.3　实体模型

如果要处理完整的三维形体，最终必须使用实体模型，方能明确、无误地反映物体的三维形貌。实体模型主要是明确定义了表面哪一侧存在实体。实体表示模型的常用方法如图 7.4 所示，用有向棱边的右手法则确定所在面外法线的方向，如规定正向指向体外。

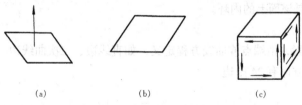

（a）　　　　　　（b）　　　　　　（c）

图 7.4　实体表示模型

实体模型是 3 种模型中最重要的，也是出现最晚的。有关这种模型的构造方法将在 7.3 节中详细介绍。实体模型的优点可以概括如下。

（1）完整定义了立体图形，能区分内外部。

（2）能提供清晰的剖面图。

（3）能准确计算质量特性和有限元网格。

（4）方便机械运动的模拟。

7.3　实体模型的构造

7.3.1　概述

在第 4 章和第 5 章中，已经讨论了描述二维和三维曲线及曲面表示法，然而在 CAD/CAM 技术的很多应用中，需要区分物体的内部和外部，以及在此基础上如何识别三维物体的表面及计算物体的特性，这些都是实体造型要研究的问题。实体造型的概念尽管早在 20 世纪 60 年代初就已提出，但直到 20 世纪 70 年代初才出现简单且有一定实用意义的实体造型系统。在实践中人们认识到，对于几何模型只用几何信息表示是不充分的，还需要表示形体之间相互关系的拓扑信息。到了 20 世纪 70 年代后期，实体造型技术在理论、算法和应用方面逐渐成熟。实体造型包括两部分内容：体素（长方体、圆柱体、球体、锥体等）的定义和描述，以及体素之间的集合运算（并、交、差）。目前常用的实体造型方法有：边界表示（Boundary representation，B-rep）法、构造实体几何（Constructive Solid Geometry，CSG）法、扫描（Sweeping）法、分解表示（Decomposition representation，D-rep）法等。

1. 形体的描述

形体在计算机内通常用体、面、环、边和顶点 5 个层次来描述。

（1）体

体是由封闭的表面围成的维数一致的有效空间。通常把具有良好边界的多面体定义成正则形体，如图 7.5（a）所示。图 7.5（b）所示的形体是非正则形体，因为它有悬边、悬面，是维数不一致的形体。

（2）面

实体包含各个面。面由数学方程定义，面具有方向性，它用一个外环和若干内环界定其有效范围，面可以无内环，但必须有外环。图 7.5（a）所示的立方体有 6 个面，上下底面含有内环。

（3）环

环是有序和有向边组成的面上封闭边界，环中各条边不能自交，相邻两条边共享一个端点。每个面有且仅有一个外环。若面内有空，则还有内环。图 7.5（a）所示的 $V_5V_6V_7V_8$ 是立方体顶面的外环，$V_9V_{10}V_{11}V_{12}$ 是该面上的内环。

（4）边

边是环组成的元素，由端点或曲线方程定义，如直线边、二次曲线边、三次样条曲线边等。图 7.5（a）所示的立方体有 24 条边。

（5）顶点

边的端点或曲线的型值点，不允许孤立地存在于实体内部或外部，只能存在于实体边界上。图 7.5（a）所示的立方体有 16 个顶点。

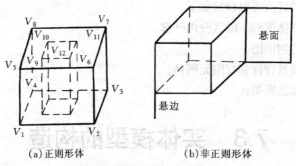

(a) 正则形体　　　　　(b) 非正则形体

图 7.5　正则形体和非正则形体

2. 实体表示的基本要求

为了保证形体表示的有效性，对于实体表示方法的基本要求如下。

（1）表示方法的适用范围应该尽量大，能表示许多有用的物理形体。

（2）表示方法应该无二义性。一个给定表示形式应该与一个且仅与一个实体相对应。

（3）表示方法唯一性。如果一种表示方法对任意给定的物体仅能用一种方式进行编码，我们就称为唯一的。

（4）近似性。我们可以用精确表示方法精确地表示物体。但是，如果在只能画直线的图形系统中，我们只能近似地产生曲线。

（5）表示方法有效性。在正确情况下表示方法不应该产生非正则的实体。

（6）为节省存储空间，表示方法应该紧凑。

7.3.2 边界表示法

边界表示（B-rep）法是以物体边界为基础定义和描述几何形体的方法，并能给出完整的界面描述。在这里，每个物体都由有限个面构成，每个面（平面或曲面）可以由有限条边围成的有限个封闭域定义。因此用 B-rep 法描述实体，其表面必须满足一定条件：封闭、有向、不自交、有限和相连接，并能区分实体边界内、外、上的点。

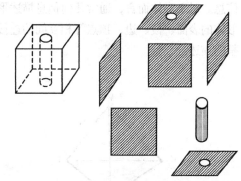

图 7.6　形体边界表示

一个形体的边界将该形体划分为形体中的点和形体外的点，它也是形体与周围环境之间的分界面。很显然，只要完整地定义了形体的边界，那么该形体就被唯一定义了，图 7.6 所示为形体表示法的一个实例。

B-rep 法的一个重要特点是该表示法中既包含几何信息，又包含有拓扑信息。所谓形体的拓扑信息是指形体上所有顶点、棱边、表面之间的相互连接关系，如一个表面是由哪几条棱边包围而成，一条棱边是由哪两个侧面形成等。从原理上来说，实体的面、边、点之间共有 9 种不同类型的拓扑关系，如图 7.7 所示。

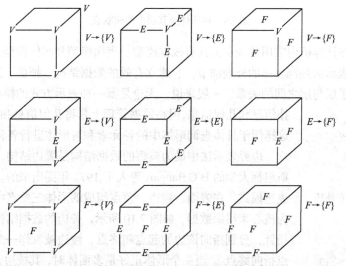

图 7.7　面、边、点之间的拓扑关系

由图 7.7 可知，其拓扑关系为：$V \rightarrow \{V\}$、$V \rightarrow \{E\}$、$V \rightarrow \{F\}$、$E \rightarrow \{V\}$、$E \rightarrow \{E\}$、$E \rightarrow \{F\}$、F

→{V}、F→{E}、F→{F}。在这里符号"→"表示指针，即可以从它的左端求出右端。例如，V→{E}表示由一个顶点找出相交于此顶点的所有边，而 F→{E}则表示由一个面找出该面的所有边，如此等。这 9 种不同类型的拓扑关系也可以用图 7.8 来表示，图中由一个节点指向另一个节点的带箭头的弧，表示一个查找过程，即"给定一个节点，求出另外一个节点"。

图 7.8　拓扑关系

拓扑关系形成形体的"骨架"，而形体的几何信息则像附着在这一"骨架"上的肌肉。图 7.9（a）所示为一四面体。该四面体是实心的且边界由 4 个表面构成，每一个表面有 3 条棱边，每条棱边可以通过两个端点来定义，可以将这种关系表示成一棵树的形式，如图 7.9（b）所示。对于这个四面体来说，每一个表面都可以用方程表示出来，这一方程表达的数据就是几何信息。此外，棱边的形状、某顶点在三维空间中的具体位置（即坐标）等都属于几何信息。对于形体而言，通常几何信息描述形体的大小、尺寸、位置、形状等，而拓扑信息则描述形体的表面、棱、边、顶点等相互间的连接关系，二者构成一个有机的整体，共同形成对形体完整的描述。

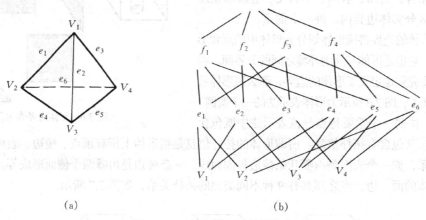

(a)　　　　　　　　　(b)

图 7.9　四面体及其层次的树状表

边界表示法在计算机内常用的表示方式有线框模型、表面模型和实体模型 3 种，实体模型表达最完整。边界表示法强调物体的外表细节，它建立有效的数据结构，把面、边、顶点的信息分层记录，并建立了层与层之间的关系。一般来说，无论是哪一种表示方式的模型，都应当包含拓扑信息和几何信息，但在数据管理上是将几何信息和拓扑信息分开的，这样便于具体查询形体中的各元素和对形体进行各种局部操作。

边界表示法中最为典型的数据结构是翼边结构。翼边结构是美国斯坦福大学的 B.G.Baugart 等人于 1972 年提出来的。它是一个多面体表达模式。在表面、棱边、顶点组成的形体三要素中，翼边结构以边为核心来组织数据，如图 7.10 所示。棱边的数据结构中包含有两个点指针，分别指向该边的起点和终点，棱边被看作一个有向线段（从起点指向终点）。当一个形体正好是多面体时，其棱边为直线段，由它的起点和终点唯一确定；当形体为曲面体时，其棱边可能为一曲线段，这时必须增添一项指针来指向所在曲线边的数据。此外，在翼边结构

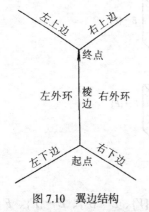

图 7.10　翼边结构

中还设有两个环指针，分别指向棱边所邻接的两个表面上的环（左环和右环）。由这种边环关系就能确定棱边与相邻面之间的拓扑关系。为了能从棱边出发搜索到它所在的任一闭环上的其他棱边，数据结构中又增设了 4 个指向边的指针，它们分别是左上边、左下边、右上边和右下边。其中右下边表示该棱边在右面环中沿逆时针方向所连接的下一条棱边，而左上边则为棱边在左面环中沿逆时针方向所连接的下一条线，右上边和左下边可类推。

边界表示法的最大优点是：允许绝大多数有关几何体结构的运算直接用几何体的面、边、顶点定义的数据来实现。这有利于生成和绘制线框图、投影图以及对有限元网格的划分和几何特性的计算。它的缺点是：数据结构复杂，存储量大，集合运算时间长，对实体的整体描述能力弱。

目前比较成功的 B-rep 法采用多面体逼近法，但其缺点是数据量迅速膨胀，并增大了模型的误差，当应用领域要求高精度时，会遇到许多困难。

7.3.3 构造实体几何法

1. 正则集合运算

我们希望能组合某些物体以形成新的物体。组合物体最直观、最流行的方法之一是布尔集合运算，即并、差和交集的运算。对两个实体进行普通的布尔运算产生的结果并不一定是实体。为此，我们不使用普通布尔运算，而是采用正则布尔运算。正则化运算符可以分别用∪*、∩*和–*表示。我们定义这些运算符后，对实体进行布尔运算时总是产生实体。

任意一个三维形体都可用三维欧氏空间中点的集合表示。反之，三维空间中任意点的集合却不一定对应一个形体，如孤立点、线段、一张表面等点的集合。因此，要想得到有效的几何形体，必须定义正则集。

数学上正则集的定义为

$$S = kiS$$

式中，k 表示闭包，i 表示内部，S 表示集合。该式定义是：给定一个集合 S，如果此集合内部闭包与所给原集合相等，则原集合称为正则集。如图 7.11(a)所示，原来的集合 S 不等于 S'（$S' = kiS$），故 S 不是正则集；如图 7.11（b）所示，原来的集合 $S = S'$，故是正则集。

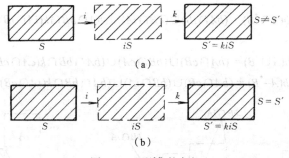

图 7.11 正则集的定义

空间点的正则集就是正则几何形体，即有效的几何形体。直观地说，可以认为这种几何形体是由其内部的点集及用一张"皮"将它紧紧包围起来。因此，一个有效的实体应具有刚性、维数一致、有界、封闭等性质。

为简单起见，我们以二维平面上物体为例，来讨论正则集运算问题。设二维平面上有物体 A 及 B，如图 7.12（a）所示，将它们放到图 7.12（b）所示的位置上。如果以通常的运算规则求 $A \cap B$，则得到图 7.12（c）所示的结果。按照正则形体的定义，图 7.12（c）所示的结果不符合正则形体条件，或者说不是二维形体，因为它有悬边。去掉这条悬边，所得到图 7.12（d）所示的结果才是一个有效的二维形体。为此，我们把能够产生正则形体的集合运算称为正则集合运算，其定义如下：

$$A \cup^* B = ki\,(A \cup B)$$
$$A \cap^* B = ki\,(A \cap B)$$
$$A -^* B = ki\,(A - B)$$

在具体运算时，采用一种邻域的运算与判别法则，消除不符合正则几何形体的部分，如悬边、悬面等，以达到正则集合运算的结果。

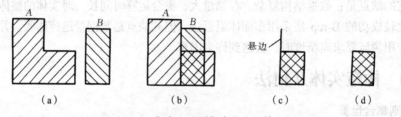

图 7.12　集合和正则集合的交运算

下面再考察正则集合运算 $C = AB$。对于形体 A，令 bA 表示 A 的边界点集，iA 表示 A 的内部点集，由前面定义则有

$$A = bA \cup iA$$

同理，对形体 B 则有

$$B = bB \cup iB$$

如图 7.13 所示，A 的边界 bA 可分为在 B 内、在 B 上和在 B 外 3 种可能，分别表示为 $bA \cap iB$、$bA \cap bB$ 和 $bA \cap cB$，其中 cB 表示位于形体 B 外的点集合。同理，bB 也可分为 $bB \cap iA$、$bB \cap bA$ 和 $bB \cap cA$ 三部分，其中 $bB \cap bA = bA \cap bB$。由点集求交定义可知，A、B 的边界位于对方体内的部分组成 C 的部分边界，而 A、B 分别位于对方体外的部分边界不在 C 的边界上，也就是说 $bA \cap iB$ 和 $bB \cap iA$ 组成 C 的部分边界，而 C 的部分边界则如图 7.13 所示是由 $bA \cap bB \cap k(iA \cap iB)$ 组成，故

$$b(A \cap^* B) = (bA \cap iB) \cup (bB \cap iA) \cup (bA \cap bB \cap k(iA \cap iB))$$

同理可得

$$b(A \cup^* B) = (bA \cap cB) \cup (bB \cap cA) \cup (bA \cap bB \cap k(cA \cap cB))$$
$$b(A -^* B) = (bA \cap cB) \cup (bB \cap iA) \cup (bA \cap bB \cap k(iA \cap cB))$$

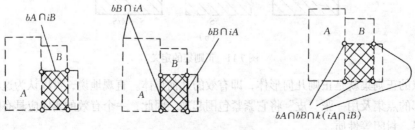

图 7.13　$A \cap^* B$ 的边界

根据这组表达式，即可以定义新的实体 $A \cap^* B$、$A \cup^* B$ 及 $A -^* B$。图 7.14 所示为两个物体 A 和 B 在正则集合运算符 $\cap^*$、$\cup^*$ 和 $-^*$ 的作用下所得的结果。

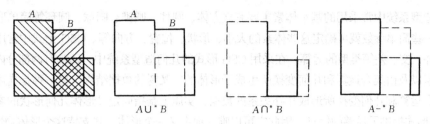

图 7.14 正则集合运算

2. CSG 法

构造实体几何（CSG）法是当前许多 CAD/CAM 系统采用的表示三维形体的一种方法。CSG 法用系统定义的简单几何形体（体素）经正则集合运算，构造出所需要的复杂实体。如图 7.15 所示，可以很容易地发现这种方法的基本思想：一个三维形体可以通过一些基本形体（这里是两个长方体和一个圆柱体）的并、差等集合运算来得到正确的表示。由此看出，这种方法的基本数据结构是一棵二叉树（通常也称 CSG 树）。二叉树的树根对应要表示的物体，它的叶节点对应一系列基本体素（锥、柱、球、方块等），而中间节点是要执行的正则集合运算。当我们由底向上地取到所指的基本体素，依次执行指定的运算，最终就能得到所表示的形体。当然，在实际使用中的数据结构可能要比这种理想化的表示复杂一点，因为同一类型基本体素可能要经过一定的几何变换后才能参加必要的运算。

CSG 树表示是无二义性的，也就是说一棵 CSG 树表示能够完整地确定一个形体，但一个复杂形体可用不同的 CSG 树来描述它。采用 CSG 树表示形体直观简洁，其表示形体的有效性则由基本体素的有效性和正则集合运算的有效性来保证。通常 CSG 树只定义了它所表示形体的构造方式，但不存储表面、棱边、顶点等形体有关边界的信息，也未显式定义三维点集与所表示形体在空间的一一对应关系，所以 CSG 树表示又被称为形体隐式模型。

图 7.16 所示为 CSG 树节点数据结构的一种组织方式，每一个节点由操作符、图形变换矩阵、基本体素指针、左子树和右子树 5 项组成。除操作符外，其余各项全部以指针形式存储，操作符按指定方式取值。当操作将这一项作为叶节点时，其相应左右子树的指针为 NULL；当为中间节点时，操作符表示正则集合运算方式，其基本体素项指针为 NULL。每一节点坐标变换项存储该节点所表示形体在进行新的集合运算前所需坐标变换的信息。

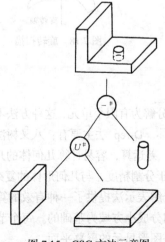

| 操作符 |
| 图形变换矩阵 |
| 基本体素 |
| 左子树 |
| 右子树 |

图 7.15 CSG 方法示意图　　　　图 7.16 CSG 树节点的数据结构

几何造型系统中常采用的基本体素主要有立方体、圆柱、圆锥、圆球、圆环等简单形体。用户只要输入一些简单参数就可确定这些体素的大小、形状、位置、方向等。CSG 形式中常用的正则集合运算有并、交、差等类型的运算。在采用 CSG 形式的几何造型系统中，通常有两部分内容，一种是连接体素以及由集合运算和几何变换所生成子形体的二叉树的数据结构，另一种是描述这些体素以及由集合运算和几何变换所形成拓扑关系的数据，实质上是指向定义形体几何形状的参数指针。由于 CSG 形式提供了足够的信息，因此它可以唯一地定义一个形体，并支持这个形体物性计算。

7.3.4　扫描法

扫描（Sweeping）造型法（又称扫描法）的基本思想十分简单：一个在空间移动的几何集合，可扫描出一个实体。它是以沿着某种轨迹移动点、曲线或曲面为基础，这一过程所产生的轨迹定义为一维、二维或三维物体。实体造型扫描表示浅显易懂、容易执行，目前许多造型系统都采用扫描法。扫描法要求定义要移动的物体和移动的轨迹，物体可以是曲线、曲面或实体，轨迹则是可分析的、可定义的轨迹。简单的扫描方式有两种，即平移和旋转。

1.　平移扫描法

若一个二维区域（图形）沿着轨迹作直线移动而形成空间区域（三维图形），这种方法称平移扫描。它的适用范围只限于具有"平移对称性"的一些实体。图 7.17 所示的扫描体是一条曲线，扫描轨迹是一条直线，该曲线沿着直线扫描得到一个曲面。

2.　旋转扫描法

若扫描是绕某一轴线旋转某一角度，即为旋转扫描。它只限于具有"旋转对称性"的实体。图 7.18 所示的扫描体是一条曲线，它绕一个旋转轴作旋转扫描，得到的是一个曲面。

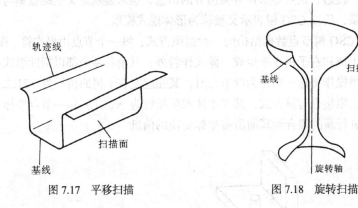

图 7.17　平移扫描　　　　　　　图 7.18　旋转扫描

7.3.5　分解表示法

分解表示（D-rep）法是把一个几何体有规律地分解为有限个单元，这种方法不仅可以表示平面的几何体，也可以表示复杂的包括内部有孔的几何体。D-rep 法主要有：八叉树法、细胞分解法、空间堆叠法等。D-rep 法便于进行几何体的并、交、差运算，容易计算几何体的几何特性。但这种方法不是一种精确的表示法，其近似程度完全取决于分割精度，与几何形体的复杂程度无关。

四叉树（Quadtrees）及八叉树（Octrees）为分解表示法提供了一种有效的算法。先来研究一下四叉树。二维物体的四叉树表示是以方域递归细分成小方域为基础的。每个节点代表平面上的一个小方域。在计算机的图像应用中，这个平面是图形显示的屏幕平面。

假定图形由 $N \times N$ 个像素构成，且 $N = 2^m$。为了得到这种图形的四叉树表示，需要有关区域具有一致性的判别准则。对于两值图形，可以简单地把该区域中所有像素是否有相同的值（即均为 0 或均为 1）作为判别准则。

对应于给定图形的四叉树的形成方法如下。

（1）如果图形所占的区域是一致的，那么该图形对应的四叉树仅用一个节点来表示，它是叶节点。

（2）如果图形所占的区域是不一致的，那么该图形用一个节点表示，然后将图形等分为 4 个子图形，它们又分别对应不同的节点，既是上一层图形对应的根节点的子节点，又是与这个图形相对应的子四叉树的根节点。对每个子树递归地重复上述一致性判别及必要的分解，直至每个子图形均可由相应的叶节点表示或者到达像素这一级。

因此，与二维图形对应的这种四叉树是一种树形结构。给定的图形与树的根相对应，每一个非叶节点有 4 个子节点，非叶节点又称为灰节点。叶节点根据其对应的区域中像素的值，可分别称为黑节点和白节点。

图 7.19 所示为上述四叉树形成的过程。图 7.19（a）所示为给定的原图形，占有 16×16 个像素，图中叉表示该像素值为 1（黑色），显然原图形是不一致的，因此将其 4 等分，得到 4 个子区域：①、②、③、④，如图 7.19（b）所示。容易看出，子区域③是一致的（均为白），不必进一步划分，其余 3 个子区域均是不一致的，需要进一步划分，得到图 7.19（c），其中①分成 a、b、c、d；②分成 e、f、g、h；④分成 i、j、k、l。这时对照原图形，即知 a、f、h、j、k、l 是一致的，均为白色，不需再划分；而 b、c、d、e、g、i 还需划分，得到图 7.19（d），这时每一子区域均为一致的。A、B、E、F、G、L、W、S 和 U 区域是白色，其余均为黑色。至此，不必再划分。整个图形对应图 7.19（d）标出这些叶节点，图 7.19（e）所示为原图形的四叉树结构。使物体的模型简化为四叉树的表示过程也称为四叉树编码。

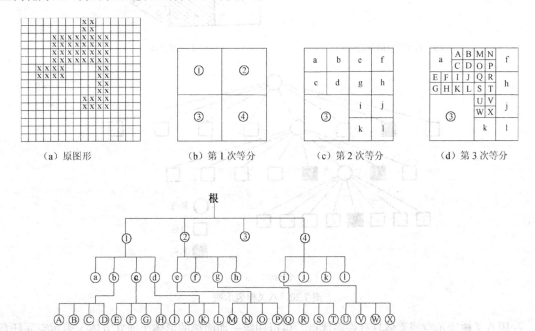

（a）原图形 （b）第 1 次等分 （c）第 2 次等分 （d）第 3 次等分

（e）四叉树

图 7.19 四叉树形成过程

三维实体的八叉树表示类似于二维物体的四叉树表示。八叉树的表示是将研究的空间递归地划分成 8 个卦限，从而组成八分支树的形式（八叉树）。图 7.20（a）所示为八卦树空间分割。

通常，八叉树位于局部坐标系原点附近的是第一象限。象限三是空间的正象限，x、y、$z > 0$，因此，需要适当变换来表示实际的空间。

八叉树的每个节点由 1 个编码（Code）和 8 个指向节点的指针（指针号为 0～7）组成。如果 code = Black（黑色），则该节点所表示的空间部分全部为实心，且指针 0～7 为 0，即该节点为叶节点。如果 code = White（白色），则所表示的空间部分全为空心。如果是 code = Grey（灰色），说明所示空间部分为实、部分为空，在这种情况下，8 个指针指向 8 个子节点与它们父节点一个规则划分相对应，如图 7.20（b）中带有阴影部分的物体可用图 7.20（c）所示的八叉树来表示。

一个功能完善的八叉树造型系统应包括如下几类算法。

（1）八叉树的生成。由参数化的体素或其他类型几何模型来建立八叉树。

（2）集合运算。利用布尔运算的并集、交集、差集将两个八叉树进行运算，产生一个新的八叉树。

（3）几何运算。将一个八叉树进行平移、旋转和缩放，产生一个新的八叉树，或利用透视变换变成一个新的八叉树。

（4）分析例程。计算一些特征值，如计算八叉树体积和表面积。

（5）显示生成。产生由八叉树造型的物体图像。

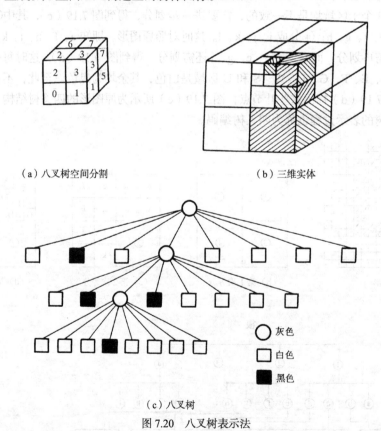

（a）八叉树空间分割　　　　　　　　　　（b）三维实体

（c）八叉树

图 7.20　八叉树表示法

用八叉树表示空间实体具有许多优点，可以用统一而简单的形体（即立方体）表示空间任意形状的实体，因而数据结构简单；易于实现物体之间的集合运算，易于计算物体的性质，如物体的体积、质量、转动惯量等。采用八叉树表示物体的最大缺点是它占用内存很多，但可用线性八叉树方法来解决这个问题，即用一个可变长度的一维数组来存放一棵八叉树，这样很容易将空间任一物体转化为线性八叉树的编码表示。

上面我们介绍了 4 种实体造型方法，除此以外，还有其他一些方法，如基本体素表示法、空间位置枚举法、描述性造型方法和基于物理的造型方法。对于不规则形体的造型，如山、水、树、草、云、烟等自然界丰富多彩的物体，不能用欧氏几何加以描述，可用分形理论的随机插值模型、粒子系统模型和基于文法模型等对这些不规则形体进行造型。

由于计算机辅助设计和动画技术的飞速发展，在传统的几何造型技术得到了广泛应用的同时，其他造型技术正在迅速兴起和发展。其特点是不断拓宽造型技术的覆盖域，由规则形体发展到不规则形体，而形体的表示方法则不断从低层向高层发展，尽可能地减少用户的负担，将更多工作交给计算机去做，也更便于与应用系统相结合。可以预计，在这一发展道路上，将会不断出现新成果。

习　　题

1. 什么叫几何造型？
2. 几何造型有哪 3 种模型？各有什么特点？
3. 分析比较 CSG 法与 B-rep 法的优缺点。
4. 试述扫描（Sweeping）法的基本思想。
5. 一个功能完善的八叉树造型系统应包括哪几类算法？
6. 用八叉树表示空间实体具有哪些主要优点？

第8章 计算机动画技术

8.1 计算机动画概述

计算机图形技术的发展除了在计算机上获得二维、三维图形和带有各种颜色、灰度和立体图形外，还要求这些图形和图案按照一定规则移动或活动起来，这就引入了计算机动画技术。计算机动画技术是将图形、图案和画面或者其中的一部分显示在屏幕上，并且按照一定的规律或者预定的要求在屏幕上移动、变换，从而使计算机显示出动态变化的图形。计算机动画技术是一个涉及许多学科和技术的综合领域。它除了以计算机图形学中各种图形处理技术为基础外，还涉及图像处理、摄影摄像、绘图艺术等技术。

8.1.1 计算机动画历史与现状

计算机动画综合了计算机图形学特别是真实感图形生成技术、图像处理技术、运动控制原理、视频显示技术，甚至包括了视觉生理学、生物学等领域的内容，还涉及机器人学、人工智能、物理学和艺术等领域的理论和方法。目前更多地把它作为计算机图形学的综合应用，但由于其自身的特色而逐渐形成一个独立的研究领域。计算机动画属于四维空间问题，而计算机图形学只限于三维空间。计算机动画的研究大大地推动了计算机图形学乃至计算机学科本身的发展。

早在 1963~1967 年期间，Bell 实验室的 Ken.Knowlton 等人就着手于用计算机制作动画片。一些美国公司、研究机构和大学也相继开发动画系统，这些早期的动画系统属于二维辅助动画系统，利用计算机实现中间画面制作和自动上色。20 世纪 70 年代开始开发研制三维辅助动画系统，如美国 Ohio 州立大学的 D.Zelter 等人完成的可明暗着色的系统。与此同时，一些公司开展了动画经营活动，如 Disney 公司出品的动画片"TRON"就是 MAGI 等 4 家公司合作的。

从 20 世纪 70 年代到 80 年代初开始研制的三维动画系统，采用的运动控制方式一般是关键参数插值法和运动学算法。20 世纪 80 年代后期发展到动力学算法以及反向运动学和反向动力学算法，还有一些更复杂的运动控制算法，从而使链接物的动画技术日渐趋于精确和成熟。目前正在把机器人学和人工智能中的一些最新成就引入计算机动画，提高运动控制的自动化水平。

此外，加拿大蒙特利尔大学 MIRA 实验室的 N.M.Thalmamn 夫妇在动画制作和高质量图像生成方面的研究也是卓有成效的。他们于 1986 年出版的著作《计算机动画的理论和实践》是迄今为止关于动画原理论述较为系统和全面的一部专著。他们还开发了 3D 演员系统，在系统中引入了面向对象的动画语言。

　　一个三维计算机动画系统应包括实体造型、真实感图形图像绘制、运动控制方法、存储和重放、图形图像管理和编辑等功能模块。进一步完善还应配置专用动画语言、各种软硬件接口和友善的人机界面。早期的计算机动画系统有的甚至采用模拟计算机。随着高性能工程工作站的推出，配置有 RISC 结构的 CPU 芯片，采用并行运算和固化算法的专用图形处理器以及高分辨率的光栅扫描显示器和海量光盘存储器，为实时动画的制作提供了硬件基础。开发相应的接口，连接摄像机、图像扫描仪、录音录像设备等相应外设，组成计算机动画系统，并且和多媒体技术结合起来共同发展。Evan & Sutherland 公司耗资数百万美元，开发了实时飞机模拟训练系统。SGI 公司基于 RISC 结构的并行处理工作站适于开发三维动画系统。

　　随着计算机硬件性能价格比的快速提高和 OpenGL、DirectX 等图形标准的广泛应用，商用动画软件公司纷纷推出了动画软件的微机版本，如原来运行于工作站上价格昂贵的动画软件 Alias|Wavefront、maya 和 softimage 现在都已有了 PC 版本，这更进一步推动了计算机动画的应用和发展。近年来，PC 图形加速卡的性价比迅速提高，这使得在基于 PC 的微机工作站上制作动画也能与在 SGI 工作站上一样得心应手。当前，商品化动画软件的功能越来越强大，已经能够轻松制作出许多以假乱真的影视动画特技，这在《侏罗纪公园》《终结者》等电影中都得到了淋漓尽致的展现，观众已很难区分哪些是计算机生成的动画，哪些是模型制作的效果。由于计算机动画应用十分广泛，且效益甚佳、前景迷人，正吸引越来越多的人加入这一应用研究领域。

8.1.2　传统动画和计算机动画

　　动画兴起已有一百多年的历史，过去一直是采用手工方法制作。首先要编写文学剧本，确定各角色选型，再画成各种场景的分景头剧本，接着进行动画设计、背景设计，再画原动画。

　　每秒动画要画 12～24 张原动画。一部 10min 的电影美术片，要画几千几万张的原动画，而且每幅要反复 3～5 次工序才能完成。目前由于动画的发展，背景有时也变成活动的。传统制作时，首先将纸上的数以千万计的原动画稿子全部都转移到透明的明片上，这道工序叫描线上色。明片在正面描线，晾干后在背面上显示各种颜色，色与色之间不能互相渗透、侵犯。界线应极清楚，下个工序是由专人负责检查，逐幅与背景套准、查对，同时要清洁每一张成品，不许有尘埃、手印与划道。最后，将背景与动画分层在摄影机架上逐幅、逐张、逐格拍摄。一部 10min 的美术片大约需 4 个月的时间，如果是精品则可能需要一年的时间完成。

　　用计算机制作动画，能大大地简化、省略动画制作过程中的很多环节，如计算机可以在两张原画之间自动画出中间线、中间画，乃至动画。向计算机输入两幅起始与终止关键帧，它便能在关键帧与关键帧之间，自动插补动作过程图，使之平滑、速度正确。它可以使物体沿着动作轨迹作任何的不规则的运动，同时在自由空间完成缩放、平移等操作，还可以在上述方法的基础上，根据需要加以补充和修改，使其动作流畅，并保证造型统一。有时遇到从无到有的变化，计算机无法实行插补时，可以多增加动作的关键帧，来弥补不足之处。如果输入计算机内的原画所生成的动画都为主体框架造型，这种框架造型叫做线框图，它可以在屏幕上实时演示、实时驱动，供人们检查动画动作是否符合情节的要求。用计算机制作的动画，可以对其进行任意修改、调整和变动，以获得最佳动作效果。

　　计算机还能代替大量的手工描线上的繁重劳动。一部 10min 的美术片，用传统方法制作时要对成千上万张画面描线上色，每张要按工艺要求进行处理，正面描线要做到匀、准、挺、活，背面上色要做到匀、薄，不许透亮，颜色之间不许渗透、混合。一个熟练的描线工，一天也就描上十几张，多者几十张。计算机制作动画不需要描线上色，它可以省去描线工序，并能整理线条，使之匀净流畅。它的颜色是用数字确定的，能够准确无误地描上，颜色的种类有1 600万种以上，供任意选用。只要在一张原画上选定了一定的颜色，其余所有的画面都会自动按规定生成颜色。这些颜色涂上后，不会发生手工描上所发生的不匀、开裂、剥落等弊病。计算机动画节省成本，而且不用明片背景设计，可以直接在屏幕上绘制或采用照片、录像带、摄像机、扫描仪、数字化仪直接输入。当计算机将所有的动画、背景制作完成后，最后的工序就是"拍摄"。计算机可以直接输出到录像机，记录在磁带上，或者记录在电影胶片上，不需要通过摄像机和摄影机拍摄，这就节省了大量的原材料，如明片、颜料、电影胶片以及胶片冲洗样片、拷贝等。

计算机动画的实现，省去了繁杂的手工工序，使动画片的生产效率提高了许多倍。

在表现效果上，计算机动画形成了独特的风格，具有新颖的现代化的视觉冲击力。这样的视觉效果是传统的手工动画难以实现、甚至无法做到的。

在制作动画造型上，计算机动画神奇万变、色彩斑斓，对形象、质感和光、影模拟得十分逼真，其精细程度使人难以辨别真假。概括地讲，它的特点有：立体感强，可以改变视角、视距、视野及景深；具有明暗光线变化和阴影，使物体产生不同灰度和颜色渐变以及逼真的光照；可以产生纹理质感。这些特点与效果是手工动画难以实现或不可能实现的。

8.1.3　计算机动画的研究内容

在目前的计算机动画软件中，包括几何造型、真实感图形生成（渲染）和运动设计3个基本方面，由于前两个方面已形成独立的研究领域，因而计算机动画的研究内容很自然地集中在对物体运动控制方法的研究上。近年来提出的基于物理方法建模（Physilly-Based Modeling）的思想，试图以统一的方式来解决这种"分离"性，而实现更加符合客观实际的运动过程。计算机动画研究的宗旨主要表现在两个方面：一是能够真实地刻画所表现对象的运动行为；二是使对象的运动行为充分符合用户的意愿。对后者的研究主要是为了满足在影视制作和广告设计上的需求。

从目前国外对计算机动画的研究来看，计算机动画研究的具体内容可分为以下方面。

（1）关键帧动画。

（2）基于机械学的动画和工业过程动画仿真。

（3）运动和路径的控制。

（4）动画语言与语义。

（5）基于智能的动画，机械人与动画。

（6）动画系统用户界面。

（7）科学可视化计算机动画表现。

（8）特技效果，合成演员。

（9）语言、音响合成，录制技术。

由上面的研究内容不难看出，运动主体的控制方法仍是整个动画系统研究的核心，尤其是以智能机器人理论为基础的动画系统研究是近几年来研究的重点与难点。

8.1.4　计算机动画的应用

比起传统动画，计算机动画的应用更加广泛、更有特色，这里列出一些典型的应用领域。

用于电影电视动画片制作：可免去大量模型、布景、道具的制作，节省大量的色片和动画师的手工劳动，提高效率，缩短制作周期，降低成本，这是技术上的一场革命。

用于商品电视广告片的制作：便于产生夸张、嬉戏和各种特技镜头，可取得特殊的宣传效果和艺术感染力。

用于辅助教学演示：免去制作大量的教学模型、挂图，便于采用交互式启发教学方式，教员可根据需要选择和切换画面，使得教学过程更加直观生动，增加趣味性，提高教学效果。

用于飞行员的模拟训练：可以再现飞行过程中看到的山、水、云雾等自然景象。飞行员的每个操作杆动作，都可以显示出相应的情景，并在仪表板上动态地显示数字，以便对飞行员进行全面训练，节约大量培训费用。

用于指挥调度演习：根据指挥员、调度员的不同判断和决策，显示不同的结果状态图，可以迅速准确地调整格局，不断吸收经验、改进方法，提高指挥调度能力。

用于工业过程的实时监测仿真：在生产过程监控中，模拟各种系统的运动状态，出现临界或危险征兆时及时显示。模拟加工过程中的刀具轨迹，减少试制工作。通过状态和数据的实时显示，便于及时进行人工或自动反馈控制。

用于模拟产品的检验：可免去实物或模型试验，如汽车的碰撞检验、船舱内货物的装载试验等，节省产品和模型的研制费用，避免一些危险性的试验。

用于医疗诊断：可配合超声波、X 光片检测、CT 照像等，显示人体内脏的横切面，模拟各种器官的运动状态和生理过程，建立三维成像结果，为疾病的诊断治疗提供有效的辅助手段。

用于游戏开发：生动、有趣而又逼真的角色游戏软件中大都包含了各种各样的动画效果。

从上可见，计算机动画技术在众多的领域都有着应用发展前景，它能够为科学理论研究、工业生产、影视制作、广告设计、文化教育、航空航天、体育训练等提供有效的表现方法和研究工具，正如 Walt Disney 公司 Price 所说："它改变了传统动画制作的观点以及开发过程"。

另外，计算机动画与其他技术的结合将会更加充分发挥各自的优越性，从而更进一步拓宽计算机的应用范围及深度。下面分别讨论计算机动画与多媒体技术、虚拟现实技术和人工生命等的结合应用。

（1）计算机动画与多媒体技术

众所周知，多媒体技术的一个关键性技术问题，是图像压缩方法的问题。由于目前多媒体应用大多是将录像机（或图形扫描仪）采集到的大量图像数据，经过数据压缩，存放在磁盘（光盘）中，尽管目前的磁盘容量有了很大的提高，但对于大型项目来说，仍有相形见绌的感觉；此外，这种图像储存方式给网络环境下的多媒体应用增加了沉重的负担（当然，提高网络的传输速度与容量是解决方法之一），但另外一个缺点是无法克服的，即系统所采集到的图像数据受采样数据点以及采样时摄像机的方向限制，无法向用户提供一个充分连续的动画和任意的观察角度。

运用计算机动画技术可在很大程度上解决上述问题。首先是物体的几何信息及其拓扑信息等所需的储存空间与传输速度都要比整幅图像的存储和传输要小、要快得多，同时不存在缩小与放大时的失真；其次由于具有完整的几何信息，所以用户可在任意位置、任意角度来观察；最后，运用这种方法可制作出无法采用录像机摄制的或是抽象世界的多媒体应用系统。这些无疑对多媒体应用的广泛化和深入化起到推动作用。在目前，这种方法受到硬件环境及实时的高度真实感图形算法的限制，但在网络环境下采用高性能的图形服务器，是能够在一定程度上加以解决的。

（2）计算机动画与虚拟现实技术

虚拟现实技术（Virtual Reality，VR）又称临境技术，目前被认为是新一代的人机交互技术。尽管目前对 VR 尚无一个统一明确的概念，但其基本思想是实现人与计算机在三维空间进行多种形式的信息交互，使用户进入计算机所创造的立体环境中，通过感受到的视觉、听觉、触觉、嗅觉等来操作计算机应用系统。

在虚拟现实中，计算机动画是计算机系统对人的操作行为作出相应表现的主要方法之一，这不仅单纯表现为提供动态的立体视觉信息，而且由于 VR 提供了以往的人机交互方法中不具备的触觉及视力的输入信息，系统必须根据用户在三维空间输入的力及方向作出正确的动态行为响应。如果说窗口图形界面系统是二维形式下的人机交互的主要手段，那么三维计算机动画则是虚拟现实环境下人机信息沟通的桥梁。

（3）计算机动画与人工生命

人工生命（Artificial Life）是 20 世纪 80 年代后期由美国 Los Alamos 的 C.Lanton 提出的新的学科领域，被认为是继人工智能之后的新的计算机模型和智能模型。计算机动画成为人工生命研究的主要表现方法之一，同时人工生命研究的理论方法为计算机动画中行为控制的研究又开辟了新的途径。在 SIGGRAPH'94 上，Sime 采用遗传算法构造了一个新颖的虚拟生物进化过程，运用进化函数来仿真虚拟生物的特定行为进化，如行走、跳跃等行为。1996 年涂晓媛博士又研究开发出了新一代计算机动画"人工鱼"，被学术界称之为"晓媛的鱼"。"人工鱼"不同于一般的计算机"动画鱼"，它具有"自然鱼"的某些生命特征，如感知、动作、行为等，能感知其他的"人工鱼"和海底环境，能产生类似于自然鱼的随意动作和行为。每条"人工鱼"都是一个自主的智能体，都可以独立地活动，也可以相互交往。每条鱼都表现出某些人工智能，如自激发、自学习、自适应等智能特性，所以会产生相应的智能行为，从计算机动画创作的观点看，"人工鱼"属于新一代的计算机动画。

8.2　计算机动画的分类和原理

8.2.1　计算机动画的分类

随着计算机图形技术的迅速发展，计算机在动画中的应用不断扩大，计算机动画的内涵也在不断扩大。计算机动画发展到今天，主要分两个阶段（或分为两大类），这就是计算机辅助动画和计算机生成动画。计算机辅助动画（Computer-assisted animation）也叫"二维动画"，计算机生成动画（Computer-generated animation）也叫"三维动画"，下面将分别讨论。

1. 二维动画

在传统卡通动画中，很多重复劳动可以借助计算机来完成。给出关键帧之间的插值规则，计算机就能进行中间画的计算，不过很多时候比较困难，这需要动画制作人员仔细规划，"帮助"计算机进行插值计算。如图 8.1 所示为两个关键帧，若不给予帮助，计算机无法生成中间画。在这两个关键帧中隐含着很多的信息，不明显地提供这些信息，计算机就不能正确地进行计算。实际上是，你希望计算机为你做点什么，首先应帮助计算机让它知道你的要求，这就是通常说的计算机辅助动画。

一个比较简捷可靠的办法是，将事先手工制作的原动画逐帧输入计算机后，由计算机帮助完成描线上色的工作，并且用计算机控制完成记录工作。

二维动画不仅具有模拟传统动画的制作功能，而且具有使用计算机后所特有的功能，例如计算机生成的图像可以拷贝、粘贴、翻转、放大、缩小、任意移位以及自动计算背景移动等，具有检查方便、保证质量、简化管理、生产效率高、能够有效地缩短制作周期等优点。

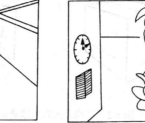

（a）走过去时听见有人叫他名字　　　　　　　　（b）回头寻找

图 8.1　计算机无法生成中间画的两个关键帧

但是，二维动画有着它固有的缺点，这就是目前计算机只能起辅助的作用，代替手工动画中一部分重复性强、劳动量大的那一部分工作，代替不了人的创造性劳动。计算机不能根据剧本自动生成关键帧，生成中间画的两个关键帧必须在各部分之间"一一对应"，从无到有、从有到无的插值计算对计算机来说是无能为力的。目前，在二维动画中，关键帧必须由专业动画设计人员亲手描绘，或者由动画设计人员直接面对屏幕，手持输入设备与计算机交互生成。动画师某一帧可能具有十分真实的透视感觉，但是要画几十张，上百张同一场景但不同视角的画面就很难保持透视的一致性，也就是说只能达到假透视的效果。

二维动画的一些缺点可以由三维动画来弥补，但二维动画的夸张、幽默、细腻以及表演手法多样性的特点，在某种程度上又弥补了三维动画的不足。二维动画这种艺术形式仍为广大观众尤其是广大青少年所钟爱。

2．三维动画

如果说二维动画对应于传统卡通动画的话，那么三维动画则对应于木偶动画。如同木偶动画中首先制作木偶、道具和景物一样，三维动画首先建立角色、实物和景物的三维数据。接着，让这些角色和实物在三维空间里动起来，或者接近，或者远离；或者旋转，或者移动；或者变形，或者变色。再在计算机内部"架上"虚的摄影机，调整好镜头，"打上"灯光，"贴上"材料，最后形成一系列栩栩如生的画面。三维动画之所以叫做计算机生成动画，是因为参加动画的对象不是简单由外部输入的，而是根据三维数据在计算机内部生成的，运动轨迹和动作的设计也是在三维空间中考虑的。

计算机生成动画开创于 20 世纪 70 年代初期。美国 Lillian Schwartz 使用 AT&T 公司的贝尔实验室开发的 EXPLOR 动画语言制作了几个短片，其中当时最有名的 OLYMPIAD（奥林匹亚）长达 3min。计算机三维动画生成的、彩色逼真的动画片从 20 世纪 70 年代中期逐渐多起来，好莱坞制作的 Star Wars（星球大战）、华特·迪士尼制作的 TRON（特龙）等影片中大量使用了计算机生成的三维画面。

计算机动画真正具有生命力是由于三维动画的出现，三维动画看起来具有很好的立体感，而事实上它的每一帧也是基于二维的像素点阵（经透视投影而得）。三维动画区别于二维动画和实际拍摄还在于它的"虚拟真实性"，即处于似与不似和像与不像之间。

比如，制作一个立方体，6 个面上分别嵌有一、二、三、四、五、六中文字，在二维动画中，由于透视原理，在一个固定视角内最多看到立方体 3 个面，如图 8.2（a）所示，只能看到一、二、三的 3 个面，看不见的字根本不必画上；而在三维动画中，对立方体造型时，必须把 6 个字面上的 6 个字都要告诉计算机，另外 6 个字各具有何种颜色也都输入计算机，即使暂时看不见的另外 3 个面也不能遗漏，如图 8.2（b）所示。表 8.1 所示为计算机动画系统的功能。

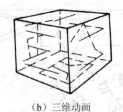

(a) 二维动画   (b) 三维动画

图 8.2　二维动画和三维动画的区别

表 8.1　　　　　　　　　　　　　　　　　计算机动画系统的功能

	二维动画	三维动画
物体产生	角色数字化图像编辑器的使用	3D 重构程序 3D 图像编辑器 3D 物体造型程序
运动	中间画计算沿某一路径运动	3D 运动程序 角色（Actor）系统
着色	绘画系统	3D 浓淡图形生成（Shading）系统
摄像机	物理摄像机控制	模拟摄像机
后期阶段	编辑系统计算机辅助同步	从理论上讲，造型系统可以通过自动修改"影片"而取消后期阶段

按计算机动画实现方式计算机动画分为实时（Real-Time）动画和逐帧（Frame-by-Frame）动画两种。电子游戏机的运动画面就是一种实时动画。在操作游戏时，人与机器之间的作用完全是实时快速的。实时动画一般不必记录在磁带或胶片上，观看时可在显示器上直接实时显示出来。

实时动画中，计算机对输入的数据进行快速处理，并在人们觉察不到的时间内将结果随即显示出来。这种响应时间约 0.01s～0.1s。实时动画的响应时间与许多因素有关。例如，主机是超级微机还是一般微机，图形计算是使用硬件还是软件，所描述景物是简单还是复杂，生成的图像是大还是小等。随着计算机硬件技术的发展，特别是带有硬件加速功能的显卡性能的提高，很多曾经只能在离线环境下逐帧生成的高分辨率、高质量三维动画，现在都可以转移到实时渲染环境中而成为实时动画。

不过，对于动画电影制作和各类广告制作，逐帧动画还是主流方式，因为动画电影制作中所使用的 3D 角色动画技术的一个重要特点是动画数据量巨大，渲染需要耗费大量时间，因此动画作品必须预先逐帧制作，渲染生成，然后转化成视频文件进行播放。采取逐帧生成画面的方法要求制作者有一定经验，因为任何非实时显示的画面给人们的节奏感将与实际播放时的感觉是迥然不同的，一旦得不到预期的视觉效果，那就只能回过头来重新调整时间分配和节奏变化，以获得满意结果。

此外，按照动画物体自身物理属性的不同，三维动画也可以分为刚体动画、软体动画、关节动画、粒子动画等。

（1）刚体动画

运动中不变形的物体叫做刚体，刚体运动在现实生活中很常见，如行驶中的汽车、运动员扔出的铅球、向下坠落的硬币等。由于刚体在运动过程中的模型保持不变，通常也只涉及平移、旋转等变换，因此可以采用关键帧插值法、运动轨迹法或者运动动力学等方法来生成刚体动画。刚体动画具有运算速度快、占用较少的存储空间等优点。

（2）软体动画

在运动过程中会发生形变的物体称为软体，因此软体动画也称形变动画。在软体拓扑关系不变的条件下，通过设置软体形变的几个状态，给出相应的各时间帧，软体便会沿着给出的轨迹进行线性或非线性的变形，继而形成动画。这种动画中的软体由一系列的渐变网格模型构成。在动画序列的关键帧中记录着组成网格的各个顶点的新位置或者是相对于原位置的偏移量，通过在相邻关键帧之间插值来直接改变该网格模型中各个顶点的位置就可以实现动画。由于该类动画可以实现任意形状的变化，因而效果好，看上去比较真实，不会出现一些动画中出现的接缝问题。软体动画可以用于模拟水滴、面部表情等，在施瓦辛格主演的电影《终结者》中机器人杀手由液体变为金属人，又由金属人变为警察，这之中就用到了软体动画。

（3）关节动画

关节动画中的关节体由若干独立的部分组成，每一个部分对应着一个独立的网格模型，不同的部分按照角色的特点组织成一个层次结构，如一个人体模型可以由头、上身、左上臂、左前臂、左手、右上臂、右前臂、右手、左大腿、左小腿、左脚、右大腿、右小腿、右脚等各部分组成。而某个部分，可能是另一个部分的子节点，同时又是另一个部分的父节点。通过改变不同部分之间的相对位置，如夹角、位移等，就可以实现所需要的各种动画效果，但由于关节体是一个层次模型，要获得某一个部分相对于世界坐标的位置，必须从根节点开始遍历该节点所有的祖先节点累计计算模型的世界变换。关节动画在关键帧中只需要存储节点间的相对变化，因而动画文件一般较小。另外，它可以实现很多复杂的动画效果，如应用反向动力学可以实现各种动态的动画效果。由于不同关节的结合处在运动后往往会有接缝问题，严重影响真实感，为此出现了结合软体动画技术的所谓骨骼蒙皮动画（skinnd mesh）。骨骼动画的基本原理就是首先控制各个骨骼和关节，再使附在上面的可变形网格与之匹配。在骨骼蒙皮动画中，一个角色由作为皮肤的可变网格模型和按照一定层次组织起来的骨骼组成，通过改变相邻骨骼间的夹角、位移，组成角色的骨骼就可以做出不同的动作，而组成皮肤的每一个顶点都会受到一个或者多个骨骼的影响，在顶点受到多个骨骼影响的情况下，皮肤成为一个变形网格蒙在骨骼之上，柔滑了角色的外观。骨骼蒙皮动画的效果比关节动画更逼真，人们已经用它塑造了栩栩如生的各种生物，如侏罗纪公园的恐龙、哥斯拉、狮子王等。

（4）粒子动画

粒子动画通常由粒子系统来产生，粒子系统是一种模拟不规则模糊物体的制作系统，它采用许多形状简单的微小粒子作为基本元素来表示不规则模糊物体，这些粒子被赋予一定的"生命"，在系统中要经历"出生"、"运动和生长"以及"死亡"3 个阶段，用户可以将粒子系统作为一个整体进行动画，并且随时间调整粒子系统的属性，以控制每一个粒子的行为，这样就能够充分体现物体的动态性与随机性，如云、雾、火焰、喷泉、瀑布、气流等随机体的运动在宏观上就表现出一定的规律性，但同时又具备一定的随机细节，因而适合用粒子系统来模拟。目前新一代的粒子系统已经可以将任何造型作为粒子，因此其表现能力大大增强，可以制作成群的蚂蚁、热带鱼、吹散的蒲公英等粒子动画。

最后需要指出的是，现实世界中很多物体的运动其实往往是混合型的，可能需要多种动画技术的综合运用，如上面提到的骨骼蒙皮动画就涉及关节动画和软体动画的结合。

8.2.2　计算机动画原理

通常根据运动控制方式将计算机动画分为关键帧动画和算法动画。

1. 关键帧动画

关键帧动画是通过一组关键帧或关键参数值而得到中间的动画帧序列，可以是插值关键图像帧本身而获得中间动画帧，或是插值物体模型的关键参数值来获得中间动画帧，分别称为形状插值和关键位插值。

早期制作动画采用二维插值的关键帧方法。当两幅二维关键帧形状变化很大时不宜采用参数插值法，解决的办法是对两幅拓扑结构相差很大的画面进行预处理，将它们变换为相同的拓扑结构再进行插值。对于线图形即是变换成相同数目的段，每段具有相同的变换点，再对这些点进行线性插值或移动点控制插值。

关键参数值常采用样条曲线进行拟合，分别实现运动位置和运动速率的样条控制。对运动位置的控制常采用三次样条进行计算，用累积弦长作为逼近控制点参数，以求得中间帧的位置，也可以采用 Bezeir 样条等其他 B 样条方法。对运动速度的控制常采用速率—时间曲线函数的方法，也有的采用曲率—时间函数的方法。

2. 算法动画

算法动画是采用算法实现对物体的运动控制或模拟摄像机的运动控制，一般适用于三维情形。算法动画根据不同的算法可分为以下几种。

（1）运动学算法：由运动学方程确定物体的运动轨迹和速率。

（2）动力学算法：从运动的动因出发，由力学方程确定物体的运动形式。

（3）反向运动学算法：已知链接物末端的位置和状态，反求运动方程以确定运动形式。

（4）反向动力学算法：已知链接物末端的位置和状态，反求动力学方程以确定运动形式。

（5）随机运动算法：在某些场合下加进运动控制的随机因素。

算法动画是指按照物理或化学等自然规律对运动进行控制的方法。针对不同类型物体的运动方式（从简单的质点运动到复杂的涡流、有机分子碰撞等），一般按物体运动的复杂程度将物体分为质点、刚体、可变软组织、链接物、变化物等类型，也可以按解析式定义物体。

用算法控制运动的过程包括：给定环境描述、环境中的物体造型、运动规律、计算机通过算法生成动画帧。目前针对刚体和链接物运动已开发了不少较成熟算法，对软组织和群体运动控制方面也做了不少工作。

模拟摄影机实际上是按照观察系统的变化来控制运动，从运动学的相对性原理来看是等价的，但也有其独特的控制方式，例如可在二维平面定义摄影机运动，然后增设纵向运动控制。还可以模拟摄影机变焦，其镜头方向由观察坐标系中的视点和观察点确定，镜头绕此轴线旋转，用来模拟上下游动、缩放的效果。

目前对计算机动画的运动控制方法已经作了较深入的研究，技术也日渐成熟，然而使运行控制自动化的探索仍在继续。对复杂物体设计三维运动需要确定的状态信息量太大，加上环境变化、物体间的相互作用等因素，就会使得确定状态信息变得十分困难。因此探求一种简便的运动控制途径，力图使用户界面友好，提高系统的层次就显得十分迫切。

高层次界面采用更接近于自然语言的方式描述运动，并按计算机内部解释方式控制运动，虽然用户描述运动变得自然和简捷，但对运动描述的准确性却带来了不利，甚至可能出现模糊性、二义性问题。解决这个问题的途径是借鉴机器人学、人工智能中发展成熟的反向运动学、路径设计和碰撞避免等理论方法。在高度智能化的系统中物体能响应环境的变化，甚至可以从经验中学习。

常用的运动控制人机界面有交互式和命令文件式两种。交互式界面主要适用于关键帧方法，复杂运动控制一般采用命令文件方式。在命令文件方式中文件命令可用动画专用语言编制，文件由动画系统准确加以解释和实现。在机器解释系统中采用如下几种技术。

（1）参数法：设定那些定义运动对象及其运动规律的参数值，对参数赋以适当值即可产生各种动作。

（2）有限状态法：将有限状态运动加以存储，根据需要随时调用。

（3）命令库：提供逐条命令的解释库，按命令文件的编程解释执行。

（4）层次化方法：分层次地解释高级命令。

此外，对一些不规则运动，如树生长、山形成、弹爆炸、火燃烧等自然景象，常引进一些随机控制使动画更自然生动。

8.3 计算机动画的关键技术

8.3.1 旋转的四元数表示

计算机动画经常需要涉及对物体或角色进行旋转操作，而三维空间中的旋转可用旋转矩阵、欧拉角或四元数（Quaternions）等数学形式来表示，其中在绕任意向量的旋转方面主要采用四元数来表示。欧拉角中的旋转涉及固定的全局轴，一个轴的旋转毫不影响另一个轴向的旋转，可能会导致自由度的丢失，也就是所谓的万向节锁问题，因此不常使用。另外，旋转矩阵表示法由于在做插值运算时并不能得到正确结果，也较少采用。本小节下面介绍在多数计算机动画系统中常采用的用来解决三维空间中任意旋转操作问题的四元数表示法。

四元数最早由 William Rowan Hamilton 于 1843 年提出，从复数推广到四维空间而得。到了 1985 年，Shoemake 又把四元数引入到了计算机图形学中来。用四元数表示三维的旋转和朝向问题具有这样的优点：①计算简单；②朝向插值较稳定而平滑；③几何意义明了。此外，四元数代数还涵盖了矢量代数，实数、复数和矢量都可以看做是四元数的特例，它们可以在一起统一进行运算。

一个四元数可以表示为：$q = a + x_i + y_j + z_k$，其中 i、j、k 的关系如下：

$$i^2 = j^2 = k^2 = -1$$
$$i * j = k = -j * i$$
$$j * k = i = -k * j$$
$$k * i = j = -i * k$$

也可以简化表示为：$q = (W, V) = W + V$，其中 $W = a$，$V = x_i + y_j + z_k$（实部 W 是一个标量，虚部 V 代表向量，i、j、k 称为虚轴），尽管 V 称为向量，但不要将其看成是典型的 3D 向量，它是 4D 空间的"抽象"向量。

假设有两个四元数：

$$q_1 = a_1 + x_1 i + y_1 j + z_1 k$$
$$q_2 = a_2 + x_2 i + y_2 j + z_2 k$$

四元数的加法定义如下：

$$q_1 + q_2 = (W_1, V_1) + (W_2, V_2) = (W_1 + W_2) + (V_1 + V_2)$$
$$= (a_1 + a_2) + (x_1 + x_2)i + (y_1 + y_2)j + (z_1 + z_2)k$$

四元数的乘法定义如下：

$$q_1 * q_2 = (W_1, V_1)*(W_2, V_2) = W_1*W_2 - V_1.V_2 + V_1 \times V_2 + W_1*V_2 + W_2*V_1$$
$$= (a_1*a_2 - x_1*x_2 - y_1*y_2 - z_1*z_2) + (a_1*x_2 + x_1*a_2 + y_1*z_2 - z_1*y_2) i$$
$$+ (a_1*y_2 - x_1*z_2 + y_1*a_2 + z_1*x_2) j + (a_1*z_2 + x_1*y_2 - y_1*x_2 + z_1*a_2) k$$

其中，$V_1 \cdot V_2$ 表示向量内积，$V_1 \times V_2$ 表示向量外积。

四元数共轭：

$$q^* = (V, W)^* = (-V, W)$$

四元数范数：

$$n(q) = \|q^2\| = q\,q^* = q^*\,q = W^2 + V \cdot V = a^2 + x^2 + y^2 + z^2$$

满足 $n(q) = 1$ 的四元数集合，称之为单位四元数（Unit Quaternions），单位四元数的最重要性质是能表示任意旋转，而且表示简单。

四元数的逆：

$$q^{-1} = q^* / \|q^2\|$$

共轭法则：

$$(q^*)^* = q；\quad (q_1+q_2)^* = q_1^* + q_2^*；\quad (q_1 q_2)^* = q_2^* q_1^*$$

以上为关于四元数的一些数学背景知识，下面假设有一任意旋转轴的向量 $V(x_v, y_v, z_v)$ 与一旋转角度 θ，同时旋转方向满足右手规则，如下图 8.3 所示。

可以将之转换为四元数形式：

$$x = b * x_v$$
$$y = b * y_v$$
$$z = b * z_v$$
$$a = \cos(\theta/2)$$
$$b = \sin(\theta/2)$$

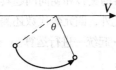

图 8.3　四元数与旋转

这样，一个四元数就对应空间中的一个轴以及绕该轴旋转的角度，这显然比旋转矩阵的固定轴方式要灵活得多，而复合旋转变换也可以通过四元数的乘积来表达，每一个四元数代表一次单独的旋转。

另外，真正突出四元数操作优势的其实是插值（Interpolation）运算，进行两个四元数的插值运算可以使程序计算出从同一个轴的一点到另一点的平滑且合理的路径，以产生较为平滑的动画轨迹。旋转插值的基本思想：用四元数表示旋转，将旋转矩阵变换到四元数空间，然后在四元数空间进行插值，插值后的四元数再变回到三维空间并作用到物体上。假设动画设计师制作了一系列旋转的关键帧序列，那么每一帧可由单个旋转矩阵表示，这些矩阵序列先被转换为一系列四元数形式，再在关键帧四元数之间进行插值，产生一系列连续的四元数，最后再将它们转换回旋转矩阵。

将四元数 q 转换为旋转矩阵，可得到（设 $s = 2/n(q)$）

$$M^q = \begin{pmatrix} 1-(y^2+z^2)s & (xy-az)s & (xz+ay)s & 0 \\ (xy+az)s & 1-(x^2+z^2)s & (yz-ax)s & 0 \\ (xz-ay)s & (yz+ax)s & 1-(x^2+y^2)s & 0 \\ 0 & 0 & 0 & 1 \end{pmatrix}$$

对于单位四元数，上式简化为

$$M^q = \begin{pmatrix} 1-2(y^2+z^2) & 2(xy-az) & 2(xz+ay) & 0 \\ 2(xy+az) & 1-2(x^2+z^2) & 2(yz-ax) & 0 \\ 2(xz-ay) & 2(yz+ax) & 1-2(x^2+y^2) & 0 \\ 0 & 0 & 0 & 1 \end{pmatrix}$$

下面再来看一下旋转矩阵到四元数的转换。由 M^q 可得到

$$m^q{}_{21} - m^q{}_{12} = 4ax$$
$$m^q{}_{02} - m^q{}_{20} = 4ay$$
$$m^q{}_{10} - m^q{}_{01} = 4az$$

因此，只要知道 a，x、y 和 z 即可求得。

$$\text{tr}(Mq) = 4 - 2s(x2 + y2 + z2)$$
$$= 4\left(1 - \frac{x^2 + y^2 + z^2}{a^2 + x^2 + y^2 + z^2}\right)$$
$$= \frac{4\alpha^2}{a^2 + x^2 + y^2 + z^2}$$
$$= \frac{4\alpha^2}{n(q)}$$

所以单位四元数即为

$$a = \frac{1}{2}\sqrt{\text{tr}(M^q)}, \quad x = \frac{m_{21}^q - m_{12}^q}{4a}$$
$$y = \frac{m_{02}^q - m_{20}^q}{4a}, \quad z = \frac{m_{10}^q - m_{01}^q}{4a}$$

知道了四元数与旋转矩阵之间的转换后，接下来的问题是采用什么方法来进行插值运算呢？通常采取的方法是进行球面线性插值（简称 slerp，限于篇幅，其具体算法可查阅相关资料），毕竟单位四元数可以看做四维空间中单位球上的点，而直接的线性插值显然是不适宜的，它无法表达出球面上的匀速旋转。需要特别指出的是：在对四元数如 q_1、q_2 进行球面线性插值时，应首先判断一下它们二者之间的夹角，当夹角 > 90° 时，则计算 q_1 和 $-q_2$ 之间的球面线性插值；当夹角 ≤ 90° 时，则计算 q_1 和 q_2 之间的球面线性插值。这相当于在两个方向间找寻最小的方向旋转，而判断两个方向间的夹角可以通过计算点积来实现。

最后，考虑到 slerp 算法的运算复杂性，也可以采用直接线性插值并将其在单位球上作投影的方法来简化这一过程，而且利用 de Casteljau 算法进行多次线性插值还能够使结果更平滑，在实际应用过程中该法常被采用。

8.3.2 碰撞检测技术

碰撞检测是计算机动画中需要解决的问题之一，它的核心任务是检测两个或多个物体彼此之间是否发生接触或进入。当前，三维几何模型越来越复杂，动画效果越来越逼真，同时人们对交互的实时性、场景的真实性的期望越来越高，这些都对碰撞检测技术提出了相应的要求。用于进行碰撞检测的算法很多，但大体可以从时间和空间的角度对它们做一个划分。

（1）基于时间域，可以分为静态、离散和连续的碰撞检测算法。

静态碰撞检测算法是指在静止状态下进行碰撞检测，它的优点是简单，但适用性不好；离散碰撞检测算法是指在每一离散的时间点上进行碰撞检测，其优势在于检测速度上，但可能会漏测本该发生的碰撞或者发生物体互相进入的情形；连续碰撞检测算法是指在连续的时间间隔内进行碰撞检测，它的正确性有保证，但计算开销过大，容易在速度方面拖后腿，致使实时性得不到很好满足。事实上，每一种算法都有其优缺点，它们在速度和精度方面各有所长，需要根据具体的应用需求去做恰当的权衡。

（2）基于空间域，可以分为基于物体空间的碰撞检测算法和基于图像空间的碰撞检测算法。

基于物体空间的碰撞检测算法又可以进一步划分为采用一般表示模型的碰撞检测算法和采用空间结构的碰撞检测算法，其中采用空间结构的碰撞检测算法又分空间剖分法（space decomposition）和层次包围体树法（hierarchical bounding volume trees），这两类方法都是通过尽可能减少进行精确求交的物体对或基本几何元素的个数来提高算法效率的。不同的是，空间剖分法采用对整个场景的层次剖分技术来实现，而层次包围体树法则是对场景中每个物体建构合理的层次包围体树来实现。本小节将重点向大家介绍基于层次包围体的碰撞检测，至于其他算法方面，有兴趣的读者可以另行参考相关资料。

包围体技术是在 1976 年由 Clark 提出的，基本思想是用一个简单的几何形体（即包围体）将动画场景中复杂的几何物体围住，通过构造树状层次结构可以越来越逼近真实的物体。当对两个物体碰撞检测时，首先检查两者的包围体是否相交，若不相交，则说明两个物体未相交，否则再进一步对两个物体作检测，因为包围体的求交算法比物体求交算法要简单得多，所以可以快速排除很多不相交的物体，从而大大加快和简化了碰撞检测算法。基于此，包围体的碰撞检测算法在很多动画系统中被广泛采用。另外，它还具有如下一些特点。

（1）可以灵活采用不同的包围体来权衡效率与精度这一对矛盾。

（2）不论采用何种包围体，用于碰撞检测的代码结构是类似的。

（3）可用一个简单的代价函数（Cost Function）对性能进行调整、计算和比较。

基于层次包围体的碰撞检测算法根据包围体类型的不同可以区分为：包围球体、轴对齐包围体（Aligned Axis Bounding Box，AABB）、有向包围体（Oriented Bounding Box，OBB）、离散有向多面包围体（Discrete Orientation Polytope，k-DOP）、QuOSPO 包围体（Quantized Orientation Slabs with Primary Orientations）、凸块层次包围体、混合层次包围体等。这里，我们仅选取其中的前 4 个包围体类型来讲解。

1. 包围球

包围球的二维示意图如图 8.4 所示。

图 8.4　包围球的二维示意图

包围球定义为包含物体的最小的球体。包围球的球心可以用物体顶点坐标的最大值和最小值的一半来确定。设物体顶点坐标最小最大值分别为：（$x$min，$y$min，$z$min），（$x$max，$y$max，$z$max），则球心 c 坐标为：

$$x_0 = \frac{1}{2}(x_{\max} + x_{\min})$$

$$y_0 = \frac{1}{2}(y_{\max} + y_{\min})$$

$$z_0 = \frac{1}{2}(z_{\max} + z_{\min})$$

包围球半径：$r = \dfrac{1}{2}\sqrt{(x_{\max} - x_{\min})^2 + (y_{\max} - y_{\min})^2 + (z_{\max} - z_{\min})^2}$

包围球定义为：$R = \{(x, y, z) \mid (x - x_0)^2 + (y - y_0)^2 + (z - z_0)^2 < r^2\}$

包围球间的相交测试也相对比较简单。对于两个包围球（c_1，r_1）和（c_2，r_2），如果球心距离小于半径之和 $|c_1 - c_2| \leq r_1 + r_2$ 则两包围球相交。包围球的构造十分简单，而且存储一个包围球所占的内存也很小。包围球适合于长宽高相差不多的物体，且物体频繁发生旋转的情况，因为无论物体如何旋转包围球都不需要再次更新。但是对于长条形的物体，包围球的紧密性很差，建构物

体层次树时会产生较多的节点，导致大量冗余的包围体之间的求交计算。因此，除非物体大量旋转的情况之外，现在的动画或者游戏当中几乎不会使用该方法，下面让我们再来了解一下紧密性更好些的 AABB 包围体来替代包围球进行碰撞检测。

2. AABB 包围体

AABB 包围体的二维示意图如图 8.5 所示。

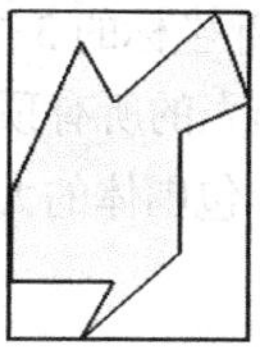

AABB 其实是沿坐标轴的包围体，它是包含几何对象且各边平行于坐标轴的最小六面体。构造时根据物体的形状和状态取得坐标 x，y，z 方向上的最大值、最小值就能确定包围体最高和最低的边界点。AABB 包围体的边界总是与坐标

图 8.5　AABB 包围体的二维示意图

轴平行，它的平面与其相应的坐标平面相平行。一个 AABB 包围体通常可以用物体中心点和 3 个方向上的跨度来表示，还可以用其向 3 个坐标轴的投影的最大最小值来表示。但是前一种表示方法在两包围体进行相交测试时比第 2 种的运算量要多一些。两种表示法分别如下：

包围体 AABB1$\{(x_0, y_0, z_0)$，$(length, width, height)\}$；

包围体 AABB2$\{(\min x_1, \min y_1, \min z_1)$，$(\max x_1, \max y_1, \max z_1)\}$。

检测两个 AABB 包围体是否相交非常简单，只要利用投影法：当且仅当 3 个坐标轴上的投影均重叠，两个 AABB 包围体才相交。只要存在一个方向上的投影不重叠，那么它们就不相交，所以检测两个 AABB 包围体是否相交最多只需要 6 次比较运算。

AABB 包围体具有建构简单快速、相交测试简单、内存开销少的优点，能较好地适应可变形物体实时更新层次树的需要，但 AABB 也存在包围物体不够紧密，在一些情况下将出现较大的空隙，从而导致层次二叉树的节点冗余，对碰撞检测效率有较大影响。为此，Bergen 提出了一种有效的改进算法。该算法采用分离轴定理（Separate Axis Theorem）加快 AABB 包围体之间的相交检测，同时又利用 AABB 局部坐标轴不发生变化的特性加速 AABB 树之间的碰撞检测。它的算法与 Gottschalk 等提出的采用 OBB 树的碰撞检测算法相比，计算性能上已经相差不大，故在精度要求不是很高的动画创作系统中常会被采用。

3. OBB 有向包围体

OBB 有向包围体的二维示意图如图 8.6 所示。

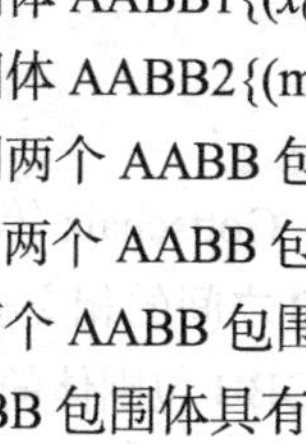

OBB 是由 Gottschalk 等于 1996 年提出的，定义为包含几何对象且相对于坐标轴方向任意的最小长方体。OBB 的构造稍微复杂一些，关键在于包围盒最佳方向的确定，最佳方向必须保证在该方向上包围体的体积最小。Gottschalk 等提出的一种计算三角网格体的 OBB 包围盒的方法来建构物体的 OBB 包围体，具体步骤如下。

图 8.6　OBB 有向包围体的二维示意图

① 累计凸壳上所有顶点的坐标向量获取平均向量 μ，如下式所示，第 i 个三角形的 3 个顶点用 p^i、q^i、r^i 来表示，n 是三角面片的个数。

$$\mu = \frac{1}{3n} \sum_{i=0}^{n} (p^i + q^i + r^i)$$

② 由平均向量计算出协方差矩阵 C，如下所示：

$$c_{jk} = \frac{1}{3n} \sum_{i=0}^{n} \overline{p}_j^i \overline{p}_k^i + \overline{q}_j^i \overline{q}_k^i + \overline{r}_j^i \overline{r}_k^i), \quad (1 \leqslant j, k \leqslant 3)$$

其中，$\overline{p}_j^i = p_j^i - \mu$，$\overline{q}_j^i = q_j^i - \mu$，$\overline{r}_j^i = r_j^i - \mu$，$p$、$q$、$r$ 均为三维向量，c_{jk} 为 3×3 的协方差矩阵中的

元素。

③ 求出协方差矩阵 C 的特征向量，确定 OBB 包围体局部坐标的 3 个轴向。由于协方差矩阵 C 是对称矩阵，其 3 个特征向量相互正交。将这 3 个特征向量单位化后，设定它们为凸块 OBB 包围体的局部坐标的 3 个轴向 (d^0, d^1, d^2)。

④ 将凸壳的所有顶点分别向 3 个轴向 (d^0, d^1, d^2) 投影。在 3 个轴上的最大、最小投影距离差定为 OBB 包围体的大小。

$$u^0 = \max(\text{Project}(d^0, v^i))$$
$$u^1 = \max(\text{Project}(d^1, v^i))$$
$$u^2 = \max(\text{Project}(d^2, v^i))$$
$$w^0 = \min(\text{Project}(d^0, v^i))$$
$$w^1 = \min(\text{Project}(d^1, v^i))$$
$$w^2 = \min(\text{Project}(d^2, v^i))$$

⑤ 计算 OBB 包围盒的中心。

$$中心 = \frac{1}{2}(u^0 + w^0)d^0 + \frac{1}{2}(u^1 + w^1)d^1 + \frac{1}{2}(u^2 + w^2)d^2$$

OBB 间的相交检测比包围球或 AABB 之间的相交检测更费时。为此，Gottschalk 等提出了一种利用分离轴定理判断 OBB 之间相交情况的方法，可以较显著地提高 OBB 之间的相交检测速度。算法首先确定两个 OBB 包围体的 15 个分离轴，这 15 个分离轴包括两个 OBB 包围体的 6 个坐标轴向以及 3 个轴向与另 3 个轴向相互叉乘得到的 9 个向量，然后将这两个 OBB 分别向这些分离轴上进行投影，再依次检查它们在各轴上的投影区间是否重叠，以此判断两个 OBB 是否相交。

OBB 包围体的优点是方向任意，紧密性好，能很好地降低进行相交检测包围体的数目，在一定程度上提高了算法的效率。缺点是计算方法比较复杂，不能有效地处理软体变形等情况，而且相交测试也相对复杂，并且无法用来判断两三角面片之间的距离，只能得到二者的相交结果，一般只适用于处理两个物体之间的碰撞检测。

4. k–DOP 包围体

k-DOP 包围体的二维示意图如图 8.7 所示。

一个 k-DOP 是一个凸多面体，各个面由 k 个固定的法向确定，其中法向以外的半空间不作为包围体一部分来考虑。AABB 实际上是一个特殊的 6-DOP，当 k 值增大时，包围体越来越接近凸包，从而更接近物体。Klosowski 等指出，对于适当的 k 值，两个 k-DOP 相交测试速度要比两个 OBB 的相交测试速度快一个数量级。假设两个 k-DOP 分别为 A 和 B，需要对它们进行相交测试，这时需对每一对平板层 (S_i^A, S_i^B) 进行重叠测试，而 $S_i = S_i^A \cap S_i^B$ 是一个非常容易解决的一维区间重叠测试。如果在任何情况下 S_i 为空集，则这两对平板层相互分离，测试过程结束。如果所有 S_i 均不为空集，则可以确定这两个 k-DOP 相交。

图 8.7 k-DOP 包围体的二维示意图

如下为 k-DOP/k-DOP 重叠测试算法的伪代码描述：

```
KDOP_Intersect(d₁^A, min, ...,d_{k/2}^A, min,d₁^A, max, ... , d_{k/2}^A, max,
               d₁^B, min, ..., d_{k/2}^B, min,d₁^B, max, ... , d_{k/2}^B, max)
returns ( {OVERLAP, DISJOINT} );
for each i∈{1,2, ... ,k/2}
    if (d_i^B, min>d_i^A, max  or  d_i^A, min>d_i^B, max)
          return (DISJOINT);
return (OVERLAP ) ;
```

以上各种基于层次包围体树的碰撞检测算法都通过递归遍历层次树来检测物体之间的碰撞。一般地，其算法性能受两个方面影响：一是包围体包围物体的紧密程度；二是包围体之间的相交检测速度。包围体包围物体的紧密度影响层次树的节点个数，节点个数越少在遍历检测中包围体检测次数也就越少。OBB 和 k-DOP 能相对更紧密地包围物体，但建构它们的代价太大，对有变形物体的场景往往无法实时更新层次树。AABB 和包围球包围物体不够紧密，但它们层次树更新快，可用于进行变形物体的碰撞检测。在包围体相交检测的速度方面，AABB 和包围球具有明显优势，OBB 和 k-DOP 则需要更多的时间。不管选择何种包围体，其层次包围体二叉树的递归遍历算法都是一样的，如下伪代码所示。

```
/* 输入：a、b 两物体的层次包围体二叉树 BVTa、 BVTb。输出：布尔值。
true 为相交, false 为不相交。 */
bool Detect_recursive(BVTa, BVTb)
{
if（检测到 BVTa 与 BVTb 两个包围体之间不相交）
{
    //返回两物体不发生碰撞的结果;
}
if ( BVTa, BVTb 均为叶子节点)
{
    //精确检测 BVTa、 BVTb 所包围的多边形面之间是否相交;
    //返回精确求交检测的结果;
}else if ( BVTa 为叶子节点, BVTb 为非叶子节点){
    Detect_recursive(BVTa, BVTb 的左子节点);
    Detect_recursive(BVTa, BVTb 的右子节点);
} else if ( BVTa 为非叶子节点, BVTb 为叶子节点){
    Detect_recursive( BVTa 的左子节点, BVTb );
    Detect_recursive( BVTa 的右子节点, BVTb );
} else{ //BVTa、 BVTb 均为非叶子节点
    Detect_recursive(BVTa, BVTb 的左子节点);
    Detect_recursive(BVTa, BVTb 的右子节点);
    Detect_recursive( BVTa 的左子节点, BVTb );
    Detect_recursive( BVTa 的右子节点, BVTb );
}
}
```

以上对计算机动画中常采用的基于层次包围体的碰撞检测算法做了简要的介绍。需要指出的是：选择包围体的首要准则并不是如何更逼近物体模型，而是保证包围体之间的相交检测速度足够快。

8.3.3　运动捕捉技术

运动捕捉（Motion Capture）是指通过利用专门的传感器设备测量、跟踪并记录真实人体（或其他物体）在三维空间中的关键运动轨迹，并将其转化为抽象的数字化运动数据，然后利用这些数据来驱动虚拟的动画角色，以重现原来的表演动作。利用运动捕捉技术实现的计算机动画能够比较真实和自然地表现现实世界中的物体运动特征，并能有效地表达演员们的个性化表演特点，因而被公认为是高效获取高质量动作数据的有效方法之一，并已成为目前三维动画制作的强有力的辅助工具。

用于动画制作的运动捕捉技术的出现可以追溯到 20 世纪 70 年代末，当时迪士尼公司曾试图通过捕捉演员的动作以改进动画制作的效果。当计算机技术刚开始应用于进行动画制作时，纽约计算机图形技术实验室的 Rebecca Allen 就设计了一种光学装置，将演员的表演姿势投射在计算机屏幕上，作为动画制作的参考。之后从 20 世纪 80 年代开始，美国 Simon Fraser 大学、麻省理工学院等相继开展了利用计算机进行人体运动捕捉技术的研究。1980～1983 年期间 Simon Fraser 大学的 Tom Calvert 教授在做生物力学实验时，就曾利用计算机来记录分析人体运动规律，他们将定位计贴到人体表面上，利用其输出的数据对计算机构建的角色模型进行驱动，以进行舞蹈研究和运动异常的医疗诊断研究等。差不多在同时期，MIT 的 Architecture Machine 研究组开始研究人体的光学跟踪，并于 1983 年开发出了图形木偶系统。该系统通过在人体的所有关节点上贴上 LED，采用 OP-Eye 和 selspot 系统进行动作跟踪记录，利用从多个摄像机采集到的 LED 的二维数据，根据视觉理论生成三维空间的运动轨迹数据。1988 年，SGI 公司又开发了可捕捉人体头部运动和表情的系统。加拿大 Measurand 公司开发的数据手套 ShapeHand 是现在全球传感器数量最多的一款数据手套，单只数据手套里有 40 个传感器，可以捕捉 5 根手指、手掌及腕关节的运动。

此后，国外很多厂家如 Motion Analysis、Vicon MX、FilmBox、MAC、Sega Interactive 等都相继推出了各种商业化的运动捕捉设备，应用于表演动画、医学动画、影视动画等众多领域。下面介绍运动捕捉系统的组成和常见类型。

典型的运动捕捉设备由传感器、信号捕捉设备、数据传输设备、数据处理设备等组成。

（1）传感器。所谓传感器是指固定在运动物体关键部位的定位跟踪设备，它将向捕捉系统提供物体的位置信息，以记录其运动轨迹，一般传感器越多，则其能捕捉到的运动轨迹就越细致和平滑。

（2）信号捕捉设备。信号捕捉设备会因系统的不同类型而有所差别，当然，它们的主要作用就是负责位置信号的捕捉。对于机械式系统来说是一块捕捉电信号的线路板，对于光学式系统则是高分辨率的红外摄像机等。

（3）数据传输设备。数据传输设备负责将信号捕捉设备获得的运动数据传输给计算机系统进行处理。

（4）数据处理设备。数据处理设备由计算机硬件设备和数据处理软件两部分构成，负责对数据传输设备传来的大量运动原始数据进行调整和处理，以供驱动动画模型之用。目前较常用的动作数据格式是 BVH 文件格式。

根据所采用原理的不同，目前的运动捕捉系统大致可分为光学式、电磁式、声学式和机械式等类型。

1. 光学式运动捕捉系统

从理论上说，对于空间中的一个点，只要它能同时为两部摄像机所见，则根据同一时刻两部摄像机所拍摄的图像中的位置信息，可以确定这一时刻该点在空间的位置，只要摄像机以足够高的速率连续拍摄时，从图像序列中就可以得到该点的运动轨迹。光学式运动捕捉便是利用这一原理通过对目标光点的跟踪记录来完成运动捕捉任务的。光学式运动捕捉系统通常使用很多个摄像机环绕表演场地排列，这些摄像机的视野重叠区域便是演员的动作捕捉区间。为了便于识别处理，通常要求演员穿上单色的服装，在身体的关键部位，如髋部、肘、腕等关节位置贴上一些特制的标志或发光点（称为 "Marker"），视觉系统将识别和处理这些标志。系统定标后，摄像机连续拍摄演员的动作，并将图像序列保存下来，然后再进行分析和处理，识别其中的标志点，并计算其在每一瞬间的空间位置，从而得到其运动轨迹。

目前大部分表情捕捉系统也都采用光学式的，只要在演员的面部关键位置上贴上 Marker，即可实现对面部表情的捕捉，通常面部采样 Marker 越多，再现的表情也会越真实些。另外，当前还有一个重要的研究热点是通过利用图像模式识别技术，由视觉系统直接识别出演员身体上的各个关键部位，以此记录下它们的运动轨迹，这与采用贴 Marker 辅助的方式相比，显然方便很多，但识别精度还有待提高。

2. 电磁式运动捕捉系统

该系统一般由发射源、接收传感器和数据处理单元组成。发射源在空间产生按一定时空规律分布的电磁场；接收传感器放置在演员身体的各个关键部位，通过电缆与数据处理单元相连，随着演员的运动在电磁场中移动，并将接收到的信号传送给处理单元，由此可以计算出每个传感器的空间位置和方向。该系统具有速度快、实时性好、便于动态调整和修改、跟踪设备较简单以及成本相对低廉等优势。但缺点是对环境要求严格，场地附近不能有金属物品，否则会造成电磁场畸变，影响精度；另外，电缆对活动限制较大，不适用于比较剧烈的运动；同时由于采样速率较低，亦不能满足一些高速运动的要求。

3. 声学式运动捕捉系统

声学式运动捕捉系统一般由发送器、接收器和处理单元组成。发送器是固定的超声波发生器；接收器一般由呈三角形排列的 3 个超声探头组成，通过测量声波从发送器到接收器的时间，系统就可以计算并确定发送器的位置和方向。该类系统的优点是成本较低，但缺点是对运动的捕捉有较大延迟和滞后，精度不够；另外，声源和接收器之间不能有遮挡，受噪声等干扰较大，系统适应性不佳。

4. 机械式运动捕捉系统

依靠机械装置来跟踪和测量运动，典型的系统由多个关节和刚性连杆组成，在可转动的关节中装有角度传感器，可以测得关节转动角度的变化。依据这些角度和模型的机械尺寸可以计算出相应模型的姿态，将这些姿态数据输入到动画软件之中，驱动其中的角色模型也做出一样的姿态。这类捕捉系统具有成本低、设备简单、精度较高、易实现实时捕捉以及可以同时捕捉到多个角色的运动轨迹等优势，但该系统也存在使用不便、适用面不广且机械装置对动作的影响较大等缺陷。

总的来看，光学式运动捕捉系统应该是上述 4 类动作捕捉系统中应用最为广泛，也是技术最为成熟的一种。另外，运动捕捉系统如何将已捕捉到的运动数据进行存储呢？不同的系统采用的数据文件格式往往也是不同的，即没有一个统一的格式标准。目前，常见的运动捕捉数据格式有 BVA、BVH、HTR、TRC、AOA、ASF/AMC 等。下面仅选取 Biovision 公司推出的 BVA 和 BVH 格式作一介绍。

BVA 动作文件早于 BVH 出现，其具体格式如下例所示：

```
Segment:  Hips
Frames:   2
Frame Time: 0.033333
XTRAN     YTRAN     ZTRAN     XROT      YROT      ZROT      XSCALE    YSCALE    ZSCALE
INCHES    INCHES    INCHES    DEGREES   DEGREES   DEGREES   INCHES    INCHES    INCHES
 8.03     35.01     88.36     14.78     -164.35   -3.41     5.21      5.21      5.21
 7.81     35.10     86.47     12.94     -166.97   -3.78     5.21      5.21      5.21
Segment:  Chest
Frames:   2
Frame Time: 0.033333
XTRAN     YTRAN     ZTRAN     XROT      YROT      ZROT      XSCALE    YSCALE    ZSCALE
INCHES    INCHES    INCHES    DEGREES   DEGREES   DEGREES   INCHES    INCHES    INCHES
```

| 8.33 | 40.04 | 89.69 | -27.24 | 175.94 | -2.88 | 18.65 | 18.65 | 18.65 |
| 8.15 | 40.16 | 87.63 | -31.12 | 175.58 | -4.08 | 18.65 | 18.65 | 18.65 |

Segment: Neck
Frames: 2
Frame Time: 0.033333

XTRAN	YTRAN	ZTRAN	XROT	YROT	ZROT	XSCALE	YSCALE	ZSCALE
INCHES	INCHES	INCHES	DEGREES	DEGREES	DEGREES	INCHES	INCHES	INCHES
9.16	56.60	81.15	-69.21	159.37	-27.46	5.45	5.45	5.45
9.28	56.09	78.00	-72.40	153.61	-33.72	5.45	5.45	5.45

Segment: Head
Frames: 2
Frame Time: 0.033333

XTRAN	YTRAN	ZTRAN	XROT	YROT	ZROT	XSCALE	YSCALE	ZSCALE
INCHES	INCHES	INCHES	DEGREES	DEGREES	DEGREES	INCHES	INCHES	INCHES
10.05	58.32	76.05	-29.04	-178.51	-8.97	3.87	3.87	3.87
10.20	57.46	72.80	-32.77	-179.46	-9.60	3.87	3.87	3.87

上述文件记录了臀、胸、颈、头等部位的动作数据，它是示例 BVA 文件中的部分片断，读者据此可以推测出文件的其他片断应该是记录人体其他部位的动作数据。每一个部位的动作数据由一个相应的 Segment 表示，Frames 则代表动作数据的帧数，如上例仅记录了两帧的数据，Frame Time 表示动作数据的采样率，在同一个动作数据文件中 Frames 和 Frame Time 一般都是相同的，之后两行分别是数据项（平移、旋转和缩放）以及对应单位（英寸或角度），再后面就是数据项的具体的数据了，每行对应一帧的动作数据。从上述数据可以看出，BVA 文件中并没有对骨架进行定义，虽然这种格式在有些时候是比较方便的，但大多情况下它却给用户的使用带来了麻烦，因此 Biovision 公司在 BVA 格式的基础上又开发出了 BVH 文件格式，增加了对骨架的定义信息，如下所示为一用 BVH 格式记录的慢跑动作数据。

```
HIERARCHY
ROOT Hips
{
    OFFSET    0.000000 0.000000 0.000000
    CHANNELS 6 Xposition Yposition Zposition Zrotation Xrotation Yrotation
    JOINT LeftHip
    {
        OFFSET    10.628554    -12.025426    0.145870
        CHANNELS 3 Zrotation Xrotation Yrotation
        JOINT LeftKnee
        {
            OFFSET    0.063751 -35.282885    -0.125152
            CHANNELS 3 Zrotation Xrotation Yrotation
            JOINT LeftAnkle
            {
                OFFSET    -1.605697    -35.971224    -3.706495
                CHANNELS 3 Zrotation Xrotation Yrotation
                JOINT LeftAnkleEnd
                {
                    OFFSET    0.623245 -4.766945    -2.510598
                    CHANNELS 3 Zrotation Xrotation Yrotation
                    End Site
                    {
                        OFFSET    0.568289 0.000024 14.236649
                    }
                }
            }
        }
```

```
        }
    }
JOINT RightHip
{
    OFFSET  -10.628554   -12.025426   0.145870
    CHANNELS 3 Zrotation Xrotation Yrotation
    JOINT RightKnee
    {
        OFFSET   -0.063751   -35.282885   -0.125152
        CHANNELS 3 Zrotation Xrotation Yrotation
        JOINT RightAnkle
        {
            OFFSET   1.605697 -35.971224   -3.706495
            CHANNELS 3 Zrotation Xrotation Yrotation
            JOINT RightAnkleEnd
            {
                OFFSET   -0.623245   -4.766945   -2.510598
                CHANNELS 3 Zrotation Xrotation Yrotation
                End Site
                {
                    OFFSET   -0.568289   0.000024 14.236649
                }
            }
        }
    }
}
JOINT Chest
{
    OFFSET    0.000000    12.026417   -0.714291
    CHANNELS 3 Zrotation Xrotation Yrotation
    JOINT Chest1
    {
        OFFSET    0.000000    9.058884   0.000000
        CHANNELS 3 Zrotation Xrotation Yrotation
        JOINT LeftCollar
        {
            OFFSET   3.957193   15.332404   -1.829478
            CHANNELS 3 Zrotation Xrotation Yrotation
            JOINT LeftShoulder
            {
                OFFSET   10.550170   -2.240910   0.518958
                CHANNELS 3 Zrotation Xrotation Yrotation
                JOINT LeftElbow
                {
                    OFFSET   4.297553   -25.599643   -0.166695
                    CHANNELS 3 Zrotation Xrotation Yrotation
                    JOINT LeftWrist
                    {
                        OFFSET   2.822981   -22.410623   4.642079
                        CHANNELS 3 Zrotation Xrotation Yrotation
                        End Site
                        {
                            OFFSET   1.134968   -7.923276   1.802445
                        }
                    }
                }
```

```
                    }
                }
            JOINT RightCollar
            {
                OFFSET    -3.957193    15.332404    -1.829478
                CHANNELS 3 Zrotation Xrotation Yrotation
                JOINT RightShoulder
                {
                    OFFSET    -10.550170    -2.240910    0.518958
                    CHANNELS 3 Zrotation Xrotation Yrotation
                    JOINT RightElbow
                    {
                        OFFSET    -4.297553    -25.599643    -0.166695
                        CHANNELS 3 Zrotation Xrotation Yrotation
                        JOINT RightWrist
                        {
                            OFFSET    -2.822981    -22.410623    4.642079
                            CHANNELS 3 Zrotation Xrotation Yrotation
                            End Site
                            {
                                OFFSET    -1.134968    -7.923276    1.802445
                            }
                        }
                    }
                }
            }
            JOINT Neck
            {
                OFFSET    0.000000    20.347508    -0.117170
                CHANNELS 3 Zrotation Xrotation Yrotation
                JOINT Head
                {
                    OFFSET    0.000000    9.048420    0.880189
                    CHANNELS 3 Zrotation Xrotation Yrotation
                    End Site
                    {
                        OFFSET    0.000000    13.896797    -0.059005
                    }
                }
            }
        }
    }
}
MOTION
Frames:    158
Frame Time: 0.016667
0.000000    90.587599    0.000000    0.012299    -0.708474    -0.037414
-0.052299    0.604283    -0.586554    0.027292    0.107553    0.450550
0.016926    -0.076746    0.181706    0. 0. 0.    -0.022821    0.603867
0.175544    0.010377    0.104567    -0.137866    -0.013875    -0.032384
-0.009474    0. 0. 0.    -0.000000    0.000000    -0.000000    -0.072906
-0.165336    -0.109050    -0.382704    0.358778    -0.030365    0.207380
0.123560    -0.069869    0.288039    -0.019038    -0.705483    1.082825
0.670777    -2.089895    0.091249    0.058858    0.053137    -0.158850
0.422699    -0.055403    0.200409    -0.226283    -0.438262    -0.120729
0.300992    0.318227    0.087027    0.098407    0.082006    -0.338486
```

-0.084274	0.092598	（此前为第 1 帧的动作数据）			
-0.000167	90.587677	-0.003452	0.013091	-0.724505	-0.036933
-0.053096	0.620313	-0.587011	0.027292	0.107553	0.450550
0.016926	-0.076746	0.181706	0. 0. 0.	-0.023618	0.619897
0.175078	0.010377	0.104567	-0.137866	-0.013875	-0.032384
-0.009474	0. 0. 0.	0.000000	-0.000000	-0.000000	-0.075302
-0.172842	-0.105659	-0.381132	0.382343	-0.034052	0.197627
0.106110	-0.067802	0.298398	-0.023373	-0.707878	1.077540
0.679504	-2.066732	0.097793	0.062715	0.044863	-0.169995
0.422329	-0.049260	0.207574	-0.210588	-0.465245	-0.121951
0.305272	0.343496	0.091674	0.098677	0.079736	-0.350624
-0.083080	0.094628（此前为第 2 帧的动作数据，此后还有 156 帧的数据，在此予以省略）				

......
......

（From http://www.animazoo.com）

上述文件可以分为两部分，前面为骨架的层次定义，后面则为对应的动作数据（主要是旋转量）。除了 ROOT 具有 9 个数据项外（前 3 个偏移量均为 0，绝对位置由接着的 3 个数据项 Xposition、Yposition、Zposition 定义，后 3 个为旋转量 Zrotation、Xrotation、Yrotation），其他层次关节点都是只有 6 个数据项（直接给出数据的 3 个偏移量以及数据在后面的 3 个旋转量）。需要注意的是，BVH 中的旋转次序为 *zxy*，这与之前 BVA 格式中的 *xyz* 是不同的。另外，由于采用了层次骨架模型，在计算某一关节点的变换矩阵时，需要从 ROOT 开始，将所有当前关节点路径上相对于父节点的变换矩阵依次相乘，才能得到最终的正确变换。

在获取到运动捕捉的动作数据之后，用户可以对其进行编辑、修改等处理，或者就直接将其导入 3ds Max、Maya、Motion Builder、Softimage XSI 等 3D 软件中与角色模型进行绑定，驱动角色作出动作，形成特定的骨骼动画。

这种复用动作数据的动画制作手段显然极大地提高了动画创作效率。大连北星动漫游技术开发有限公司制作的动画片《快乐教室》、青岛灵境数码媒体科技研究有限公司制作的动画片《阿凡提》、中视桥网络动画科技有限公司推出的动画片《鸵鸟拉非》以及国外电影大片《金刚》、《星球大战》、《泰坦尼克》、《角斗士》、《极地特快》等都有运动捕捉技术的运用。

习　题

1. 传统动画和计算机动画有什么不同？
2. 计算机动画研究的内容是什么？
3. 计算机动画应用前景如何？
4. 从物体的物理属性角度出发，可以将动画划分为哪些类型？
5. 什么叫关键帧动画和算法动画？
6. 动画旋转都有哪些数学表示方式，为何要引入四元数的表示方式？
7. 简述碰撞检测技术及其在动画中的重要作用。
8. 简述基于 AABB 轴对齐包围体的碰撞检测算法。
9. 什么是运动捕捉技术？简述其系统主要组成。
10. 简述运动捕捉系统的不同类型及其原理。

第9章
计算机动画实践

9.1 计算机动画编程

虽然目前计算机动画制作软件的功能已经非常强大，可以用来快速设计并制作出很多的动画效果，但是毕竟这种动画的制作方式是要受限于所采用软件的内部算法的，因此从灵活性角度看，编程动画有其不可替代性。

众所周知，在进行动画编程时，可利用的功能函数库越强大，则编程难度相应地就越小，下面就依据可利用功能函数库的不同，分别介绍3种动画编程环境。

9.1.1 Turbo C 动画编程

Turbo C 的编程环境要求编程者在 Graphics 函数库的帮助下进行动画编程，该类环境对于编程者的要求较高，尤其是编写复杂的动画程序（如试图进行三维动画编程）相当不易，毕竟编程者可以利用的 Graphics 函数库实在是有点简单了，它不直接提供对 3D 程序设计的支持。

基于 Turbo C 环境进行动画编程可以采用以下方法。

（1）cleardevice()，以实现全局的画—擦—画。

（2）cleanviewport()，实现屏幕窗口局部的画—擦—画。

（3）getimage() 与 putimage() 配合，实现局部物体的画—擦—画。

（4）setvisualpage() 与 setactivepage() 配合，实现多页切换动画。

当然，采用 delay() 函数对一些图形的生成进行相应的延时，有时也可以产生不错的动画效果，如涉及图形的几何变换或者填充等。另外，利用数学函数或数学方程式，根据自变量和因变量的关系，让自变量在一个允许的值变化范围中以某一步长逐渐增值或者减值，进行连续的循环，也能获得图形的连续变化动画。在实际应用中，经常将各种动画方法组合起来使用，因为组合动画往往能产生比单一技术动画更令人满意的效果。总之，基于 Turbo C 这样简单的开发环境，读者若能充分发挥自己的编程能力和想象力，还是能够编写出不错的动画程序出来的。下面给出 Turbo C 动画编程的两个实例，以供参考。

例 9.1　人造卫星运动动画。在繁星闪烁的夜色背景上，绘出一个由轨道环绕蔚蓝色地球的造型，然后一颗卫星由左至右不断地从屏幕上掠过，屏幕下方同时显示有"HELLO"的放大字样，整个画面生动美观。其图形如图 9.1 所示。程序如下：

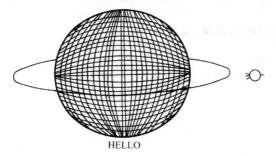

HELLO

图 9.1　人造卫星运动

```c
# include<graphics.h>
# include<stdio.h>
# include<stdlib.h>
# include<conio.h>
# define IMAGE_SIZE 10
void draw_image();
void draw_stars();
main()
{
    int gdriver=DETECT,gmode;
    void * pt_addr;
    int x,y,maxx,maxy,midx,midy,I;
    unsigned int size;
    initgraph(&gdriver,&gmode,"");
    maxx=getmaxx();
    maxy=getmaxy();
    midx=maxx/2;
    midy=y=maxy/2;
    x=0;
    setcolor(YELLOW);
    settextstyle(TRIPLEX_FONT,HORIZ_DIR,4);
    settextjustify(CENTER_TEXT,CENTER_TEXT);
    outtextxy(midx,400,"HELLO!");
    setcolor(RED);
    setlinestyle(SOLID_LINE,0,THICK_WIDTH);
    ellipse(midx,midy,130,50,160,30);
    setlinestyle(SOLID_LINE,0,THICK_WIDTH);
    setcolor(LIGHTBLUE);
    for(I=0;I<13;I++)
    {
        ellipse(midx,midy,0,360,100,100-8*I);
        ellipse(midx,midy,0,360, 100-8*I ,100);
    }
    draw_image(x,y);
    size=imagesize(x,y-IMAGE_SIZE,x+(4*IMAGE_SIZE),y+IMAGE_SIZE);
    pt_addr=malloc(size);
    getimage(x,y-IMAGE_SIZE,x+(4*IMAGE_SIZE),y+IMAGE_SIZE,pt_addr);
    draw_stars();
    setcolor(GREEN);
    setlinestyle(SOLID_LINE,0,NORM_WIDTH);
    rectangle(0,0,maxx,maxy);
    while(!kbhit())
```

```
    {
         putimage(x,y-IMAGE_SIZE,pt_addr,XOR_PUT);
         x=x+5;
        if(x>=maxx)  x=0;
         putimage(x,y-IMAGE_SIZE, pt_addr,XOR_PUT);
         delay(50);
    }
    free(pt_addr);
    closegraph();
    }
    void draw_image(int x,int y)
    {
      moveto (x+10,y);
      setcolor(14);
      setfillstyle(1,4);
      linerel(-30,-20);
      moveto(x+25,y);
      linerel(-50,0);
      fillellipse(x+13,y,8,8);
    }
    void draw_stars(void)
    {
      int dotx,doty,h,w,I;
      int color,maxcolor;
      maxcolor=getmaxcolor();
      w=getmaxx();
      h=getmaxy();
      srand(2000);
    for(I=0;I<5000;I++);
    {
        dotx=I+random(w-1);
        doty=I+random(h-1);
        color=random(maxcolor);
        putpixel(dotx,doty,color);
    }
}
```

例 9.2 运动圆圈。

程序如下：

```
#include<math.h>
#include<dos.h>
#include<conio.h>
#include<graphics.h>
void circles(int x,int y)
{
    int i;
    for(i=0;i<60;i++)
    {
        circle(x+60*cos(i),y+60*sin(i),20);
    }
}
main()
{
    int driver=DETECT,mode,y,i;
    initgraph(&driver,&mode,"");
```

```
        setcolor(15);
        for(i=0;;i++)
        {
            y=i;
            if(i==480) i=0;
            circles(320,y);
            delay(2000);
            cleardevice();
            if(kbhit()) break;
        }
}
```

上述程序运行后，可见一白色圆圈从上往下运动，如图 9.2 所示。

图 9.2　运动圆圈

9.1.2　基于 OpenGL 的 Visual C++动画编程

为了减轻动画编程的负担，编程者通常都会寻求更强大的函数库的支持，如 OpenGL。GL 是美国 SGI 公司为图形工作站开发的一种功能强大的三维图形机制，经过长期发展，在跨平台移植的过程中，由 GL 扩充形成了 OpenGL。目前，OpenGL 已经成为高性能图形和交互式视景处理的工业标准。有了 OpenGL 的帮助，编程者可以轻松地进行三维动画的程序设计。

OpenGL 提供的相关库有以下 5 种。

（1）OpenGL 核心库（GL）。

（2）OpenGL 实用库（GLU）。

（3）OpenGL 辅助库（GLAUX）。

（4）OpenGL 工具库（GLUT）。

（5）OpenGL 对窗口系统的扩展（WGL 等）。

对于各个库，函数功能可分为两大类：渲染功能，提供图形绘制所需的各种功能函数；窗口管理功能，管理窗口系统的所有相关功能，如键盘鼠标的响应、各种窗口事件等。

OpenGL 核心库（GL）提供的函数主要用于常规的、核心的图形处理，是 OpenGL 的核心部分，它包含 300 多个函数，函数名前缀一律是"gl"。在 Windows 平台上，头文件为"GL.H"，库文件为"OPENGL32.LIB"，动态链接库为"OPENGL32.DLL"，在所有的 OpenGL 平台上核心库一般都是必备的。

OpenGL 实用库（GLU）中提供的函数通过调用核心库的函数，为开发者提供相对简单的用法，实现一些较为复杂的操作，如坐标变换、纹理映射、绘制椭球、茶壶等简单多边形，它包含约 50 个函数，函数名前缀一律是"glu"。在 Windows 平台上，头文件为"GLU.H"，库文件为"GLU32.LIB"，动态链接库为"GLU32.DLL"，实用库可以在所有的 OpenGL 平台上运行。

OpenGL 辅助库（GLAUX）中的函数提供窗口管理、输入/输出处理以及绘制一些简单三维物体功能，它包含约 30 个函数，函数名前缀一律是"aux"。在 Windows 平台上，头文件为"GLAUX.H"，库文件为"GLAUX.LIB"，动态链接库为"GLAUX.DLL"，OpenGL 中的辅助库不能在所有的 OpenGL 平台上运行。

OpenGL 工具库（GLUT）主要提供基于窗口的工具，以及一些绘制较复杂物体的函数，它包含大约 30 多个函数，函数名前缀为"glut"。在 Windows 平台上，头文件为"GLUT.H"，库文件为"GLUT32.LIB"，动态链接库为"GLUT32.DLL"，glut 中的窗口管理函数不依赖于运行环境，可以在所有的 OpenGL 平台上运行。

OpenGL 对窗口系统的扩展。对于各类窗口系统，OpenGL 都提供了一个扩展库，如对于 Windows 系统，OpenGL 提供 WGL 库，用于连接 OpenGL 和 Windows，并在 Windows 平台上设置 OpenGL 环境。

OpenGL 程序开发中，常用的函数库组合有：GL + GLU + GLUT（跨平台），窗口控制 GLUT，采用 GLUT 的消息处理机制，图形绘制 GL + GLU + GLUT 中的绘制函数；GL + GLU + WGL（仅限于 Windows 程序），窗口控制 WGL，采用 Windows 的消息处理机制，图形绘制 GL + GLU + WGL 中的绘制函数。在入门阶段，建议读者使用 GLUT，编制较复杂的 Windows 动画程序时，建议使用 WGL。

从上述可以看出，基于 OpenGL 进行动画编程可以利用相应的组合函数库，很明显，它们比 Turbo C 提供的 graphics 函数库要强大得多，这无疑给动画编程者提供了一件利器。下面简单介绍如何使用 OpenGL 提供的函数库。

函数库的使用方式：首先包含各个库的头文件，程序中直接声明 include "*.h"，然后引用各个库的库文件，只要在开发工具的工程设置中加入对相应"*.lib"的引用即可，最后还要将各个库的动态链接库放在系统目录（对于 Windows XP 来说是"windows\System32"目录）下或者是程序的运行目录下。下面说明使用 GLUT 函数库时程序的基本构成以及 Visual C++环境的配置。

使用 GLUT 函数库的程序通常由 5 个函数组成。

（1）main 函数，它是程序主入口及出口。

（2）init 函数，OpenGL 自身内容初始化，如设定视点位置、设置投影矩阵等。

（3）mouse 函数，响应鼠标消息的回调函数。

（4）keyboard 函数，响应键盘消息的回调函数。

（5）display 函数，响应重新绘制窗口消息的回调函数。

环境配置包括：把 glut32.dll 放在 Windows 的 system32 目录下，将 glut32.lib 放在 C:\program files\Microsoft Visual Studio\VC98\Lib 目录中，将 glut.h 放在 C:\program files\Microsoft Visual Studio\VC98\Include\GL 目录中。另外，在 VC 中新建 Win32 Console Application 项目，并在项目中加入相关的 Lib 文件，具体是选中菜单 Project->Settings 命令，在 link 选项卡中的 Object/Library modules 栏中加入 glut32.lib，然后选择菜单 File 中的 New 命令，弹出一个分页的对话框，选中页 Files 中的 C++sourcefile，填入文件名，勾选添加到刚才建的那个工程里，下面就可以开始进行 OpenGL 的动画编程了。

例 9.3 旋转的多彩立方体。

程序如下：

```
#include <GL/glut.h>
GLfloat    rquad;//立方体旋转角度
```

```
void init(void)
{
    glClearColor(0.0f, 0.0f, 0.0f, 0.0f);
    glShadeModel(GL_SMOOTH);
    glEnable(GL_DEPTH_TEST);//激活深度测试,以隐藏被遮挡面
}
void display(void)
{
    //清除颜色缓存和深度缓存
    glClear(GL_COLOR_BUFFER_BIT | GL_DEPTH_BUFFER_BIT);
    glLoadIdentity();
    glTranslatef(0.0f,0.0f,-7.0f);
    glRotatef(rquad,1.0f,1.0f,1.0f);
    glBegin(GL_QUADS);
        glColor3f(0.0f,1.0f,0.0f);
        glVertex3f( 1.0f, 1.0f,-1.0f);
        glVertex3f(-1.0f, 1.0f,-1.0f);
        glVertex3f(-1.0f, 1.0f, 1.0f);
        glVertex3f( 1.0f, 1.0f, 1.0f);
        glColor3f(1.0f,0.5f,0.0f);
        glVertex3f( 1.0f,-1.0f, 1.0f);
        glVertex3f(-1.0f,-1.0f, 1.0f);
        glVertex3f(-1.0f,-1.0f,-1.0f);
        glVertex3f( 1.0f,-1.0f,-1.0f);
        glColor3f(1.0f,0.0f,0.0f);
        glVertex3f( 1.0f, 1.0f, 1.0f);
        glVertex3f(-1.0f, 1.0f, 1.0f);
        glVertex3f(-1.0f,-1.0f, 1.0f);
        glVertex3f( 1.0f,-1.0f, 1.0f);
        glColor3f(1.0f,1.0f,0.0f);
        glVertex3f( 1.0f,-1.0f,-1.0f);
        glVertex3f(-1.0f,-1.0f,-1.0f);
        glVertex3f(-1.0f, 1.0f,-1.0f);
        glVertex3f( 1.0f, 1.0f,-1.0f);
        glColor3f(0.0f,0.0f,1.0f);
        glVertex3f(-1.0f, 1.0f, 1.0f);
        glVertex3f(-1.0f, 1.0f,-1.0f);
        glVertex3f(-1.0f,-1.0f,-1.0f);
        glVertex3f(-1.0f,-1.0f, 1.0f);
        glColor3f(1.0f,0.0f,1.0f);
        glVertex3f( 1.0f, 1.0f,-1.0f);
        glVertex3f( 1.0f, 1.0f, 1.0f);
        glVertex3f( 1.0f,-1.0f, 1.0f);
        glVertex3f( 1.0f,-1.0f,-1.0f);
    glEnd();
    rquad-=0.2f;                    //加一个角度
    glutSwapBuffers();              //交换双缓存
}
void reshape (int width, int height)
{
    glViewport(0, 0, width, height);
    glMatrixMode(GL_PROJECTION);
    glLoadIdentity();
    gluPerspective(45.0f, (GLfloat)width/(GLfloat)height, 0.1f, 100.0f);
    glMatrixMode(GL_MODELVIEW);
    glLoadIdentity();
}
```

```
void keyboard(unsigned char key, int x, int y)
{
    switch (key)
    {
        case 27:
            exit(0);
            break;
        default:
            break;
    }
}
int main(int argc, char** argv)
{
    glutInit(&argc, argv);
    //使用双缓存模式和深度缓存
    glutInitDisplayMode(GLUT_DOUBLE | GLUT_RGB | GLUT_DEPTH);
    glutInitWindowSize(600, 350);
    glutInitWindowPosition(200, 200);
    glutCreateWindow("旋转动画");
    init();
    glutDisplayFunc(display);
    glutReshapeFunc(reshape);
    glutKeyboardFunc(keyboard);
    glutIdleFunc(display);//设置空闲时调用的函数
    glutMainLoop();
    return 0;
}
```

上述程序的运行结果如图 9.3 所示。

在 GDI 中解决屏幕的闪烁问题较为复杂，通过在内存中生成一个内存 DC，绘画时让画笔在

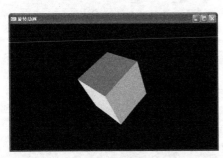

图 9.3　旋转立方体

内存 DC 中画，画完后用 Bitblt 将内存 DC 一次性"贴"到显示器上，才可解决闪烁的问题。但在 OpenGL 中，通过使用双缓存技术就可以轻松解决这个问题。双缓存技术利用两个缓存，一个前台缓存、一个后台缓存，绘图先在后台缓存中画，画完后，才交换到前台缓存，这样就解决了闪烁问题。上述程序就使用了双缓存模式，程序在空闲时一直不停地调用 display()函数，这个函数绘制完图像后，改变旋转的角度，然后交换缓存，这样，每画完一帧才交换，便生成了没有闪烁感的动画效果。

另外，程序中激活了深度测试，以隐藏被遮挡的面，使动画有了更好的立体感。

从这个例子可以看出，基于 OpenGL 的动画编程还是比较简单的，读者完全可以轻松地制作出具有三维效果的动画，而所需编写的代码量并不多。当然，理解和掌握一些必要的 3D 图形学知识，对于更好地使用 OpenGL 来进行动画编程（尤其是 3D 动画）还是很有帮助的。

9.1.3　基于 OGRE 的 Visual C++动画编程

OGRE（Object-oriented Graphics Rendering Engine，面向对象的图形渲染引擎）是国际上知名的开源图形渲染引擎。OGRE 是用 C++开发的面向对象且使用灵活的 3D 引擎，它的目的是让编程者能更容易开发基于 3D 的动画或游戏等应用程序。引擎中的类库对更底层的系统库（如

OpenGL 或 Direct3D）的全部使用细节进行了简化封装和抽象，同时提供基于现实世界的对象接口以及其他非常有用的工具类。因此，利用 OGRE 引擎来进行动画编程可以提高开发的效率，并且一般情况下要比基于 OpenGL 的动画编程还简单些。

基于 OGRE 的 Visual C++编程环境可以通过 VS 2005 及 OgreSDK1.4.0 来构建，需要提醒读者注意的是：VS 2005 安装后务必要打上 sp1 补丁包，这一点非常重要，否则就无法正确编译 Ogre 程序，另外 OgreSDK1.4.0 也必须是相对应的版本。

OGRE 系统包含 SceneManager、SceneNode、Entity、Light 和 Camera 等一些基础类。SceneManager 是场景管理器，OGRE 支持的场景类型有：普通场景、室外封闭场景、室外无限场景和室内场景等。场景管理器通过调用 getRootSceneNode()来获取整棵场景树的根（Root）；SceneNode 则为从场景树根 Root "伸"出的节点，它主要起组织场景中物体的作用，本质上决定挂接到该节点的物体位置和方向，挂接到 SceneNode 上的物体可以是 Entity、Light 或者 Camera 等，数量也可以为多个，场景中某个 SceneNode 仍然可以继续 "伸"出它的子节点，并在子节点上再挂接其他物体，需要注意的是，这时挂接物体的位置和方向是由沿着该子节点一直到根 Root 这条路径上所有的位置和方向变换决定的；Entity 为场景中的可活动物体（即实体），它可以通过如 mEntity = mSceneMgr->createEntity("Robot", "robot.mesh");语句来创建，参数表中第 1 个参数为实体名称，第 2 个参数为 mesh 网格文件，mesh 网格文件代表实体的模型，读者可以利用诸如 3ds Max 等软件来进行物体建模，然后通过一些插件（如 oFusion）将模型导出为可供 OGRE 直接调用的 mesh 格式，若是骨骼动画，则还会导出相应的 skeleton 骨架文件；Camera 是场景中的摄像机视点类，一个场景允许有多个摄像机视点；Light 则为用来照明的场景灯光类。

下面请看 OGRE Tutorial 提供的一个骨骼动画程序的创建场景方法。

```
void createScene(void)
{  //设置环境光，以照亮场景，ColourValue(1.0f, 1.0f, 1.0f)为白色
    mSceneMgr->setAmbientLight(ColourValue(1.0f, 1.0f, 1.0f));
    //创建骨骼机器人 Robot
    mEntity = mSceneMgr->createEntity("Robot", "robot.mesh");
    //创建 Root 的子节点 mNode
    mNode = mSceneMgr->getRootSceneNode()->
        createChildSceneNode("RobotNode", Vector3(0.0f, 0.0f, 25.0f));
    mNode->attachObject(mEntity);  //将机器人实体挂接到子节点 mNode 上
    //设置机器人行走路径
    mWalkList.push_back(Vector3(550.0f,  0.0f,  50.0f ));
    mWalkList.push_back(Vector3(-100.0f,  0.0f, -200.0f));
    //创建机器人行走路径上的 3 个位置指示实体（即机器人沿着一个三角形路径行走）
    Entity *ent;
    SceneNode *node;
    ent = mSceneMgr->createEntity("Knot1", "knot.mesh");
    node = mSceneMgr->getRootSceneNode()->createChildSceneNode("Knot1Node",
        Vector3(0.0f, -10.0f,  25.0f));
    node->attachObject(ent);
    node->setScale(0.1f, 0.1f, 0.1f);
    ent = mSceneMgr->createEntity("Knot2", "knot.mesh");
    node = mSceneMgr->getRootSceneNode()->createChildSceneNode("Knot2Node",
        Vector3(550.0f, -10.0f,  50.0f));
    node->attachObject(ent);
    node->setScale(0.1f, 0.1f, 0.1f);
    ent = mSceneMgr->createEntity("Knot3", "knot.mesh");
```

```
node = mSceneMgr->getRootSceneNode()->createChildSceneNode("Knot3Node",
    Vector3(-100.0f, -10.0f,-200.0f));
node->attachObject(ent);
node->setScale(0.1f, 0.1f, 0.1f);
//设置摄像机视点
mCamera->setPosition(90.0f, 280.0f, 535.0f);
mCamera->pitch(Degree(-30.0f));
mCamera->yaw(Degree(-15.0f));
}
```

上述程序中引用的 robot.mesh 为机器人模型的网格文件，在这个文件中定义了角色的皮肤
（Skin）模型、角色的材质名称，以及角色对应的*.skeleton 骨骼动画文件名；在对应的 robot.skeleton
文件中，则定义了角色的骨骼（Bones）信息和骨骼动画序列，一个 *.skeleton 文件中至少包含一
个骨骼定义部分和若干个骨骼动画序列，在 OGRE 提供的 robot.skeleton 文件中就包含了 Die、Idle、
Shoot、Slump 以及 Walk 等多个动作序列的定义。当创建基于.mesh 文件的 Entity 时，对应的 skeleton
文件会自动被 OGRE 系统加载进来，为了操作方便，Entity 自动给每一个动作指定一个 AnimationState
类的对象，并通过 Entity::getAnimationState()方法来得到具体的动作，得到某个动作后就可以设置
Loop 和 Enable 属性为 true，让骨骼角色做出对应的动作。

下面将 OGRE Tutorial 提供的骨骼动画程序的部分关键代码列出。

```
class MoveDemoListener : public ExampleFrameListener
{
public:
MoveDemoListener(RenderWindow* win, Camera* cam, SceneNode *sn,
    Entity *ent, deque<Vector3> &walk)
    :ExampleFrameListener(win, cam, false, false), mNode(sn), mEntity(ent),
mWalkList(walk)
{
        //设置机器人的行走速度和方向
        mWalkSpeed = 35.0f;
        mDirection = Vector3::ZERO;
}
//若 mWalkList 不为空，机器人将走向下一个位置
bool nextLocation()
{
    if (mWalkList.empty())
        return false;
    mDestination = mWalkList.front();        //获取 mWalkList 队列的当前向量
    mWalkList.pop_front();                    //移去 mWalkList 队列的当前向量
    mDirection = mDestination - mNode->getPosition(); //计算机器人走向
    mDistance = mDirection.normalise();      //计算行走距离
     return true;
}
bool frameStarted(const FrameEvent &evt)
{
    if (mDirection == Vector3::ZERO)
    {
        if (nextLocation())
        {
            //设置机器人为 Walk 状态
            mAnimationState = mEntity->getAnimationState("Walk");
            mAnimationState->setLoop(true);
```

```
            mAnimationState->setEnabled(true);
        }
    }
    else
    {
        Real move = mWalkSpeed * evt.timeSinceLastFrame;
        mDistance -= move;
        if (mDistance <= 0.0f)  //到达当前目标位置点
        {
            mNode->setPosition(mDestination);
            mDirection = Vector3::ZERO;
            //判断机器人是否还有下一个位置要前行
            if (! nextLocation())
            {
                //不再前行时，设置机器人为 Idle 状态，即原地踏步
                mAnimationState = mEntity->getAnimationState("Idle");
                mAnimationState->setLoop(true);
                mAnimationState->setEnabled(true);
            }
            else
            {
                //旋转机器人以使其正向走向下一个位置点
                    Vector3 src = mNode->getOrientation() * Vector3::UNIT_X;
                    Ogre::Quaternion quat = src.getRotationTo(mDirection);
                    mNode->rotate(quat);  //旋转，quat 为前面刚讲过的四元数
            }
        }
        else //继续走向当前目标位置点
        {
            mNode->translate(mDirection * move);  //平移
        }
    }
    mAnimationState->addTime(evt.timeSinceLastFrame);//累加时间
    return ExampleFrameListener::frameStarted(evt);
}
protected:
    Real mDistance;                //离进发目标位置点的当前距离
    Vector3 mDirection;            //进发方向
    Vector3 mDestination;          //进发目的地
    AnimationState *mAnimationState;   //角色的动画状态对象
    Entity *mEntity;               //实体
    SceneNode *mNode;              //挂接实体的节点
    std::deque<Vector3> mWalkList;      //行走位置点的序列
    Real mWalkSpeed;               //行走速度
};
```

编译运行上述机器人骨骼动画程序将出现如图 9.4 所示的设置窗口。

该窗口允许用户设置底层系统库究竟采用 OpenGL 还是 Direct3D，以及颜色深度、是否全屏、显示模式等。设置好后，单击"OK"按钮，程序开始执行，如图 9.5 所示。

从以上介绍的 3 种不同动画编程环境可以看出，采用的支撑库越强大，编程者的编程难度就越低，同时所制作的动画效果也越好。事实上，随着软件技术的飞快发展，现在不少动画的制作

甚至都不需要通过编程的方式来实现，可以直接利用动画软件来自动生成。下面介绍一些与动画制作相关的软件。

图 9.4　底层系统库设置

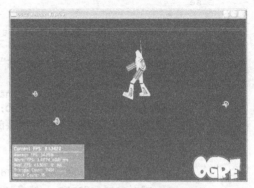

图 9.5　行走中的机器人

9.2　计算机动画软件

传统的动画制作过程是一个非常复杂而费时的过程，如我国的 52 集动画连续剧《西游记》就绘制了 100 多万张原画、近 2 万张背景，共耗纸 30t、耗时整整 5 年。而在迪士尼的动画大片《花木兰》中，一场匈奴大军厮杀的戏仅用了 5 张手绘士兵的图，电脑就变化出三四千个不同表情士兵作战的模样。《花木兰》人物设计总监表示，这部影片如果用传统的手绘方式来完成，以动画制片小组的人力，完成整部影片的时间可能由 5 年延长至 20 年，而且要拍摄出片中千军万马奔腾厮杀的场面，是基本不可能的。《侏罗纪公园》中那些极其逼真的恐龙、《泰坦尼克号》中巨大无比的泰坦尼克号以及《终结者》中变化多端的人形机器人，所有这些的幕后英雄正是优秀的三维动画制作软件。好莱坞的电脑特技艺术家们正是借助这些非凡的软件工具，把他们的想象发挥到了极致，才给我们带来了这无比震撼和赏心悦目的视觉盛宴。下面分别介绍一些常见的二维动画制作软件和三维动画制作软件。

9.2.1　二维动画软件

（1）US Animation

US Animation 为号称世界排名第一的二维卡通制作软件，它可以轻松创造出传统的卡通技法无法想象的效果。它的合成系统能够在任何一层进行修改后，即时显示所有层的模拟效果，以矢量化为基础的上色系统则被业界公认为是最快的。阴影色、特效和高光色均为自动着色，使整个上色过程节省大量时间的同时，不会损失任何的图像质量。US Animation 系统可以生成完美的"手绘"线，以保持艺术家所特有的笔触和线条。在时间表由于某种原因停滞的时候，非平行的合成速度和生产速度将给予动画制作者最大的自由度。

US Animation 的工具包括：彩色建模、镜头规划、动检、填色、线条上色等。它同时带有国际标准卡通色、Chromacolour 的颜色参照系，并能提供最专业的输出质量。代表作有《美女和野兽》等。

（2）ANIMO

ANIMO 是英国 Cambridge Animation 公司开发的运行于 SGI O2 工作站和 Windows 平台上的二维卡通动画制作系统，它是世界上深受欢迎、使用非常广泛的系统。世界上大约有 220 个工作室所使用的 ANIMO 系统超过了 1 200 套。它具有面向动画师设计的工作界面，扫描后的画稿保持了艺术家原始的线条，它的快速上色工具提供了自动上色和自动线条封闭功能，并和颜色模型编辑器集成在一起提供了不受数目限制的颜色和调色板，一个颜色模型可设置多个"色指定"。它具有多种特技效果处理，包括灯光、阴影、照相机镜头的推拉、背景虚化、水波等，并可与实拍镜头进行合成。它所提供的可视化场景图可使动画师只用几个简单的步骤就可完成复杂的操作，大大提高了工作效率。代表作有《空中大灌篮》《埃及王子》等。

（3）点睛辅助动画制作系统

点睛辅助动画制作系统是我国第一个拥有自主版权的计算机辅助制作传统动画的软件系统。该软件由方正集团与中央电视台联合开发。使用该系统辅助生产动画片，可以大大提高描线和上色的速度，并可产生丰富的动画效果，如推拉摇移、淡入淡出、金星等，从而提高生产效率和制作质量。点睛系统应用于需要逐帧制作的二维动画制作领域，主要供电视台、动画公司、制片厂生产动画故事片，也可用于某些广告创意（如在三维动画中插入卡通造型）、多媒体制作中的动画绘制等场合。二维游戏制作厂商也可以使用该软件制作简单的卡通形象和演示片头等。

点睛软件的主要功能是辅助传统动画片的制作，与传统动画的制作流程相对应，系统由镜头管理、摄影表管理、扫描输入、文件输入、铅笔稿测试、定位/摄影特技、调色板、描线上色、动画绘制、景物处理、成像、镜头切换特技、画面预演、录制 14 个功能模块组成，每个模块完成一定的功能。代表作有《海尔兄弟》。

（4）Flash

Flash 是由 Macromedia 公司出品的网页制作"三剑客"软件之一，是目前制作网页动画最热门的软件。它生成的动画可嵌入声音、图形图像和视频等各种媒体，并且还可以通过脚本编程进行动画交互控制。另外，由于 Flash 动画采用的是矢量处理技术，这样可以保证动画在网页中放大或缩小时，不会产生失真现象。

Flash 动画设计软件的三大主要功能为：绘图和编辑图形、补间动画以及遮罩。绘图和编辑图形是创作 Flash 动画的基本功，在绘图的过程中要学习怎样使用元件来组织图形元素。补间动画是 Flash 动画设计的核心，也是 Flash 动画的最大优点，它有动作补间和外形补间两种形式。动画设计者通过使用遮罩可以创建出各种各样的动画效果，如火焰文字、管中窥豹、图像切换等。优秀的 Flash 作品遍布互联网。

（5）Gif Animator

Gif Animator 是面向家庭应用设计的网上动画制作工具，在其简单的"所见即所得"的界面中，包含着创建各种动画所需的辅助工具，可以帮助普通动画制作者轻松实现多种动画效果，如滚动文字、霓虹、渐变和旗帜飘扬等，是一款平民级的二维动画制作软件。利用 Gif Animator，人人都能制作属于自己的动画作品。

9.2.2　三维动画软件

（1）Light Wave

Light Wave 软件不仅功能极其出色，而且价格也不贵，因此赢得了广泛的采用。据官方统计，现在在电影与电视的三维动画制作领域中，使用 Light Wave 创作的比例很高，Digital Domain、Will Vinton、Amblin Group、Digital Muse、Foundation 等顶尖制作公司都在使用 Light Wave 进行创作。Light Wave 是全球唯一支持大多数工作平台的 3D 系统。Intel、SGI、Sun Micro System、PowerMac 和 DEC Alpha 等各种平台上都有一致的操作界面，无论动画制作者使用高端的工作站系统或使用个人 PC，Light Wave 都能胜任。现在的 Light Wave 软件几乎包含了动画制作者所需要的各种先进的功能：光线跟踪（Raytracing）、运动模糊（Motion Blur）、镜头光斑特效（Lens Flares）、反向运动学（Inverse Kinematics，IK）、Nurbs 建模、合成（Compositing）以及骨骼系统（Bones）等。代表作有好莱坞巨片《泰坦尼克号》中的泰坦尼克号。

（2）Rhino 3D

基本上每一个 3D 动画软件都有建模的功能，但是具有超强功能的 NURBS 建模工具，恐怕非 Rhino 3D 莫属了。Rhino 3D 是真正的 NURBS 建模工具，它提供了所有 NURBS 功能，丰富的工具涵盖了 NURBS 建模的各方面：Trim、blend、loft、fourside，可以说是应有尽有，动画制作者能够非常容易地制作出各种曲面。Rhino 3D 的另一大优点就是它提供了丰富的辅助工具，如定位、实时渲染、层的控制、对象的显示状态等，这些可以极大地方便用户的操作。Rhino 3D 还可以定制自己的命令集，类似 DOS 里的批处理命令，这对那些经常要重复的操作特别有用，比如调整人脸形状等。

需要说明的是 Rhino 3D 仅是专门的 NURBS 建模工具软件，它可以输出许多种格式的文件，现在的版本已经可以直接输出 nurbs 模型到 3ds Max、Softimage 等软件系统中了。

（3）World builder

World builder 是一款专门的三维造景软件，它可以非常方便地生成各种地形地貌以及各种逼真的花草树木，而且生成的环境绝对是真三维的，动画制作者可以从各个角度观看或者生成动画。当然，这一切还要归功于 World builder 内建的强大材料库，它包含各种地面、水、花草树木、天空等应有尽有。World builder 的渲染速度是一个弱点，渲染一帧比较复杂的场景可能会花上不少时间，不过渲染的品质倒还说得过去。另外，World builder 也支持其他的三维动画软件，如动画制作者可以将 World builder 里生成的场景直接调入到 3ds Max、Light Wave 等软件里去使用，并且可以将场景的材质也一同输出，这就允许动画制作者可以使用像 3ds Max 这样的动画软件来实现后期的着色和动画。

（4）Softimage XSI

Softimage XSI 是 Softimage 公司推出的超强 3D 动画制作工具，它的设计界面由 5 个部分组成，分别提供不同的功能，而它提供的方便快捷键可以使用户很方便地在建模、动画、渲染等部分之间进行切换，据说它的界面设计采用直觉式，可以避免复杂的制作界面对用户造成的干扰。Softimage XSI 被业界称为代表未来走向的第三代三维动画软件，不仅因为其强大的非线性动画角色制作能力，也源于它近年来的不断推陈出新，使其在模型、渲染、粒子效果、流体、刚体、柔体动力学、毛发、布料仿真等效果上的综合实力优于其他第二代软件，此外，XSI 创造性地推出许多前所未有的新概念，有基于 Internet 的内置网络浏览器 NET-VIEW，可快速通过网络与远程交换创作资料；有动画合成一体化的内置合成器，从而解决了多年来困扰制作的多动画特技层精确对位问题、动画拍摄色调、光线以及景深匹配等问题，被誉为动画影视创作的一次革命。

另外，值得一提的是 Softimage XSI 的升级版本 Sumatra，它是业界第一个真正的具有全新概念的非线性动画创作系统，极大提高了艺术家的创作力。Sumatra 提供了以下一些特性。

- Real-time Continuous Surface Management：实时连续的表面管理功能。
- Surface meshes 表面网格：一个新的由多个 NURBS 表面组成的几何形体，用于创建非常完美的、完全动画的人体和物体。
- Non-linear Animation and Mixing：非线性的动画和混合，非线性动画是一个灵活的高直观性的动画创作方式，可将复杂的动画创作变得明朗化，它可以与不同的动画类型进行无缝地交互，如关键帧数据、表达式和约束。

- Actions：Mix、blend 混合、scale 缩放和 cycle，不受时间轴 timeline 的限制，它是一个高级的不受时间阻碍的管理复杂动画的方式。

- Interactive Rendering：交互式动画生成，使灯光、纹理、材质和图像生成的属性可以被任意改变，并立即显示最后生成的结果。

- Render Passes：动画生成通道，是在三维创建和后期合成之间的一座桥梁，将三维物体放入分区中进行高光、阴影、散射等通道的生成，所有数据都属于一个单一的场景，改变时也能一次到位。

- Simulation：模拟，为满足特技专家制作的需要，Sumatra 提供了一个完整的模拟仿真工具包，集成了粒子、布料、动力学等子系统。代表作有《木乃伊归来》、《侏罗纪公园》、《第五元素》、《闪电悍将》以及《星际战队》等，另外我国中央电视台的不少节目片头动画也是利用其制作的。

此外，常用的三维动画软件还有 Maya、3ds Max 等，这两个软件已在本书第 2 章的 2.4.3 小节中简要介绍过，9.3 节将对 3ds Max 软件做较为详细的介绍。

9.3　3ds Max 动画制作

9.3.1　软件环境简介

2006 年 10 月，Autodesk 公司的 3ds Max 9 版本在国内的发布会正式举行，受到了业界的广泛关注，因为它对先前版本作了较大的改进，尤其是内核得到了优化，大大提高了软件的性能以及用户的工作效率。该版本软件的主要亮点有：建模部分新增了超级布尔、超级倒角等工具；增强的毛发和布料系统，支持在视图中直接进行发型设计；渲染能力显著提升，提供更多的着色器；引入全新的光照系统；reactor 动画动力学系统以及材质系统等也得到了加强。

启动 3ds Max 9 后，屏幕上出现应用程序窗口，它由标题栏、菜单栏、视图区、工具栏、命令面板、卷展栏、视图及视图控制、动画控制栏、状态栏、提示栏、锁定选择按钮以及其他按钮组成，如图 9.6 所示。

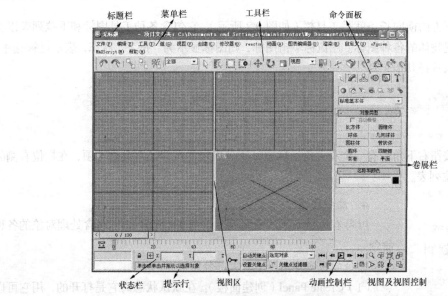

图 9.6　3ds Max 9 的主界面

1. 标题栏

标题栏位于窗口的最上方，用于显示软件的名称及文件名。

2. 菜单栏

菜单栏位于主界面的上方，每个菜单都集中了相关功能的一些菜单项，各个菜单项下可能还会有子菜单，菜单项若有快捷键时在右侧会有显示。菜单是使用软件功能的一种常见途径，3ds Max 9 的大部分功能除了在菜单栏里操作外，也可以采用命令面板的方式来替代，用户可以根据实际情况自行选用。如图 9.6 所示，菜单栏中有文件、编辑、工具、组、视图、创建、修改器、reactor、动画、图表编辑器、渲染、自定义、oFusion、MAXScript（脚本语言）和帮助菜单项，其中 oFusion 菜单是由作者自行安装了 oFusion 插件后才有的，它使得用户可以将 3ds Max 9 的场景模型或动画片断导出为 OGRE 直接支持的 mesh 网格格式（若为骨骼动画，还会有相应的 skeleton 骨架文件）。

在其下拉菜单中，带有"▶"符号表示该选项还有其他子选项出现；带有"..."符号表示将进入该选项对话框；带有"√"符号则表示该选项已被选中，单击它则选项被取消，如图 9.7 所示。

图 9.7　3ds Max 9 的菜单

3. 工具栏

在菜单栏下方的横向长条就是工具栏（如图 9.8 所示），它包含各种工具图标和下拉列表以及命令面板中创建物体的各种图标。用鼠标单击图标，则图标显示为"按下"状态，表示已被选中，同样的方法可以选择其他工具。

图 9.8　工具栏

工具栏中按钮右下角带有一个小三角形标志，如 ▣ 表示此按钮还有其他选项，在栏位右侧的 ▾ 表示隐含下拉列表。

图 9.9　命令面板

4. 命令面板

屏幕右边是一组命令面板（如图 9.9 所示），它包含处理对象的各种命令。

命令面板主要由以下 6 大部分组成。

（1）Create Panel（创建面板）：在默认状态时它是打开的，用它可以创建各种对象，包括几何物体、二维形体、光源、摄像机、帮助器、空间扭曲、系统等。

（2）Modify Panel（修改面板）：对所选对象的参数进行修改，使对象发生所需的扭转、拉伸以及更复杂的形体变化。

（3）Hierarchy Panel（层次组织面板）：使用该图标可以控制有关事物的层次连接，并调整阶层组织变化，而且由此可以进入反向运动系统。

（4）Motion Panel（动作面板）：使用该命令可对动画的变换进行控制，包含对象移动的各种参数设定，例如对象的位移、旋转和缩放等。

（5）Display Panel（显示面板）：控制对象在场景中显示与否，如可以隐藏当前所选择的对象或取消隐藏等。

（6）Utilites Panel（公用程序面板）：提供嵌入工具，包含常规实用程序和插入实用程序两类。

5. 卷展栏

在命令面板中有很多子面板被称作卷展栏（Rollout），在卷展栏的标题前有符号"+"或"–"，可以打开或关闭卷展栏（如图 9.10 所示）。

另外，如果卷展栏内容过多，无法在窗口中一一显现时，也可以用鼠标来进行移动，方法同使用工具栏。将鼠标在窗口中上下移动，待出现手形指针时按住鼠标上下拖动即可看到卷展栏的全部内容。

6. 状态行和提示行

状态行和提示行位于屏幕左下角（如图 9.11 所示）。状态行的内容表示所选对象。为了保证在选择其他对象时不会受到影响，在状态行右侧有一个 🔒 形按钮，单击后则锁住所选对象，再次单击后锁定取消。靠近锁形图标有当前的坐标显示，一般情况下它会显现出目前鼠标所在的实际位置。它不仅提供当前操作的读出坐标，还能够激活窗口的网格单位，以显示窗口中所使用的单位距离。状态栏的最左边两行显示的是 MAXScript Listener，用来编写简单的 3ds Max 脚本代码。

提示行显示正在使用的当前工具的扩展描述，以及一些图标的设置方式，包括不同的捕捉方式。

图 9.10　卷展栏

7. 动画控制栏

3ds Max 9 的动画控制栏（如图 9.12 所示）可以对动画进行控制。

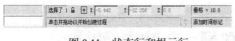

图 9.11　状态行和提示行

图 9.12　动画控制栏

3ds Max 9 提供了两种动画设置模式：自动关键点和设置关键点，如图 9.12 所示的左部。在自动关键点动画模式下，用户对对象所作的编辑将自动被记录为动画数据。在设置关键点模式下，用户则需要手动设置每一个关键点，并通过关键点过滤器按钮自定义记录为动画的数据。单击图 9.12 所示的"关键点过滤器"按钮，可以打开"设置关键点"对话框，如图 9.13 所示。

只有在图 9.13 所示对话框中被选上的参数才会被设置为动画数据。动画控制栏的右下角为时间配置按钮，单击它则弹出如图 9.14 所示的"时间配置"对话框，可以用来设置动画帧速率、时间显示、播放选项、播放速度、播放帧范围等。

动画控制栏的其他按钮则用来控制动画的时间和播放。在状态栏的上方有一个动态计时滑钮（如图 9.15 所示），用来显示目前动画所在的位置和总时数，通常以帧（Frame）为单位。图 9.15

中，100代表动画总时长为100帧，而目前所在位置为第20帧。

图9.13　设置关键点过滤器　　　　图9.14　"时间配置"对话框

图9.15　动态计时滑钮

8. 视图及视图控制

视图是用来观看所建立的场景的，默认的状态如图9.6所示，有4个视图。每个视图左上角的白色小字为该视图的名称，其中Top、Front、Left视图为正交视图，分别显示从顶部、正前方和正左侧观看的结果，正交视图没有视角的变化和透视关系，能够准确表明高度和宽度的联系。Perspective视图是透视视图，透视视图有远近的变化，距离越近的部分表现得越大，越远的越小，与我们在现实生活中的感受一样。除了默认的4个视图外，还有其他的视图，我们可以把当前视图转换成其他视图。方法是将鼠标指针移到视图左上角显示的视图名称上单击鼠标右键，在弹出的快捷菜单中可以选择视图，弹出的二级菜单中列出了可选的视图，单击选中，该视图就切换到所选择的视图方式。

视图控制区位于主界面的右下方（如图9.16所示），主要控制各视图中对象的缩放比例及平移角度。它和工具栏按钮一样，若按钮的右下方有小三角形，则代表该按钮含有下拉式隐含选项，按下该按钮片刻可以显示出所有的子按钮。在实际应用中会经常需要用到这些视图控制按钮，以更好地观察场景效果。

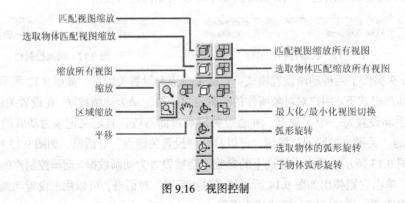

图9.16　视图控制

以上简要介绍了3ds Max 9的基本环境，下面以实例方式讲解如何利用该软件来进行不同类型动画的制作，如刚体动画、软体动画、骨骼动画等。

9.3.2　刚体动画实例

本小节将制作一个钢球沿某轨迹运动的简单动画。首先在场景中单击卷展栏上的"创建->几何体->标准基本体->球体"命令，然后在左边的透视窗口中用鼠标拖曳出一个几何球体，如图9.17所示。

接着鼠标单击"创建->图形->线"命令，并在顶视图中画出一条球体的运动路径，如图 9.18所示。

图9.17　创建球体

图9.18　创建球体运动路径

为了使球体的运动路径变得平滑，我们可以选中线对象，然后进入它的修改面板，这时可以看见修改器列表下方有"Line"字样，用鼠标单击"Line"前面的"+"号，展开线对象的子对象（顶点、线段和样条线），选择"顶点"子对象，如图9.19所示。

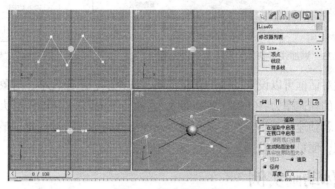

图9.19　线对象修改器

接着框选中线上的所有顶点，单击鼠标右键弹出快捷菜单，单击菜单上的"平滑"选项，此时折线就变成了平滑的曲线，如图9.20所示。

下面离开线对象的修改面板，然后选中球体对象，进入它的运动面板，选中"变换"下面的"位置"项，用鼠标单击左上方的"指定控制器"按钮，弹出"指定位置控制器"对话框，如图9.21所示。

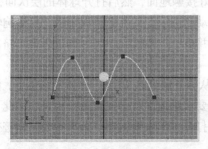

图9.20　折线平滑为曲线

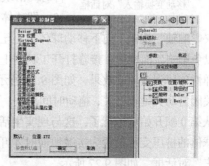

图9.21　"指定位置控制器"对话框

图 9.22 选中"路径约束"后的卷展栏

选中"指定位置控制器"对话框中的"路径约束"选项，单击"确定"按钮，这时卷展栏将发生变化，并出现"添加路径"按钮，如图 9.22 所示。

单击"添加路径"按钮，然后在视图中选取线对象，这时曲线路径就会被拾取进来，球体位置也会相应变化到线对象的起点处，如图 9.23 所示。

这样就做好了球体沿着曲线路径进行运动的动画。我们可以通过拖曳时间滑块来观察球体的运动，也可以通过打开"动画"菜单中的"生成预览"对话框来创建动画，"生成预览"对话框允许用户对预览动画做相应的设置，如图 9.24 所示。

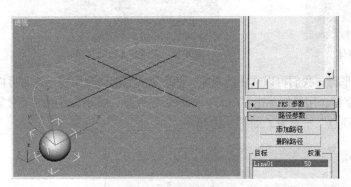

图 9.23 添加线对象作为球体的运动路径

图 9.24 "生成预览"对话框

用户通过上述对话框可以设置动画的预览范围、帧速率、图像大小、对象显示、渲染级别、输出设置等。默认的帧速率为 30FPS（帧每秒），这比传统电影的 24FPS 要大些，能够保证三维动画的流畅播放，若帧速率太小，则容易使动画画面出现闪烁或抖动现象。最后，单击对话框下方的"创建"按钮，便可预览动画。

9.3.3 软体动画实例

本小节将制作一个具有弹性的球体在地面上上下跳动的动画。首先重置 3ds Max，在场景地面上创建一球体，并在卷展栏的参数项中将其半径设置为"10"，接着在"平移"工具按钮上单击鼠标右键，在弹出的对话框中键入"Z"的绝对坐标值为"80"，如图 9.25 所示。

图 9.25 "移动变换输入"对话框

此时球体将位于所设计跳动的最上方，打开自动关键点开关，将时间滑块拖动至第 10 帧，在左视图中将球体的 z 坐标调节为 10，即球体落下并刚好接触地面，然后打开球体的层次面板，单击"仅影响轴"按钮，向下移动球体重心至地面，移动到位后记得务必再次单击"仅影响轴"按钮，以免影响后面操作，接着打开工具栏上的"选择并挤压"按钮 ，将球体进行向下挤压，以模拟弹性球掉到地面的效果，如图 9.26 所示。

关闭自动关键点开关，拖动时间滑块，可以看到从第 0 帧到第 10 帧，球体慢慢落下，但挤压效果从第 0 帧开始就进行了，这与现实生活中球体需要接触地面才会发生变形不符，因此下面需要将球体的挤压变形设置为接触地面时才开始。单击打开"图表编辑器"菜单中的"轨迹视图—摄影表"对话框，如图 9.27 所示。

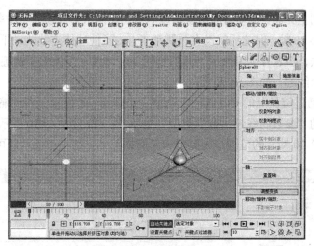

图 9.26　移动球体重心并挤压

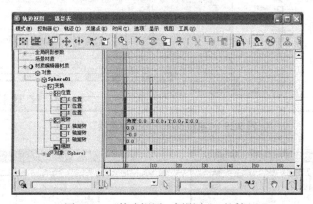

图 9.27　"轨迹视图—摄影表"对话框

如上可见球体在编辑关键点 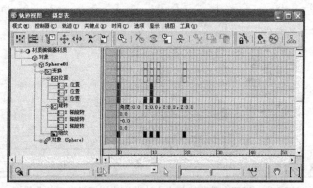 模式下的变换（位置、旋转和缩放）图示，单击左边"缩放"项，按下 Shift 键，同时拖动右边第 0 帧的相应缩放图示至第 8 帧、第 12 帧以及第 20 帧处，系统将把没变形时的球体复制过去，然后再单击左边的"Z 位置"项，同样按下 Shift 键，同时拖动右边第 0 帧的 Z 位置图示至第 20 帧，拖动第 10 帧图示至第 8 帧和第 12 帧，表示球体在落下至第 8 帧时刚好接触地面，此后经历挤压至第 10 帧，然后弹起至第 12 帧，之后才离开地面。复制操作后的摄影表如图 9.28 所示。

图 9.28　复制操作后的"轨迹视图—摄影表"对话框

关闭摄影表回到主界面，拖动时间滑块可以看到，球体从第0帧的空中落下，经过地面挤压，而后又弹起上升至第20帧，但此后就没有再跳动了，为了使球体连续跳动下去，我们可以仿照先前自动关键点的做法，但这样太麻烦了，其实利用3ds Max 9提供的"轨迹视图—曲线编辑器"对话框可以解决这个问题，如图9.29所示。

图9.29所示为通过键盘上的Ctrl键同时选中左边球体"Z位置"和"缩放"项的变换曲线，单击对话框右上角的"参数曲线超出范围类型"按钮，弹出如图9.30所示的对话框。

由于只要设置第20帧后的范围，因此单击"周期"下方的右边指示即可，如图9.31所示。

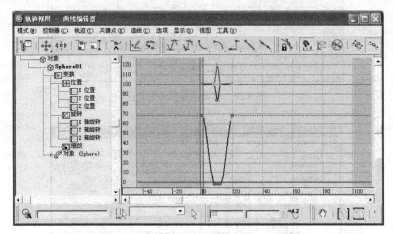

图9.29 "轨迹视图—曲线编辑器"对话框

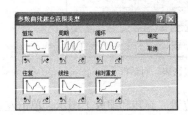

图9.30 "参数曲线超出范围类型"对话框

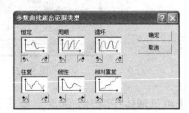

图9.31 设置参数曲线超出右边范围为"周期"类型

操作完毕，单击"确定"按钮，可以发现曲线编辑器里的位置和缩放曲线在第20帧之后呈周期性重复，如图9.32所示。

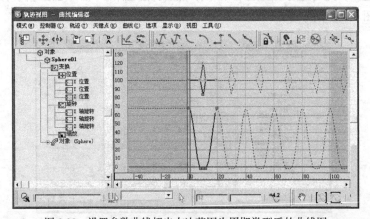

图9.32 设置参数曲线超出右边范围为周期类型后的曲线图

关闭曲线编辑器再次回到主界面，拖动时间滑块或者直接播放动画，可以看见球体能接连不断地跳动下去，直到时长（系统默认为 100 帧）结束，用户也可以通过"时间配置"对话框来增加帧数。

球体弹跳动画制作到这，已基本完成了，不过细心的读者可能还会在实践中发现，球体的运动速率在整个弹跳过程中均保持不变。这一点其实不符合动力学规律，因为受重力的影响，球体在下落过程中应该是越来越快，而在上升过程中则越来越慢才对。下面我们再来对上述动画进行完善。

再次打开曲线编辑器。由于只需调节球体 z 方向的运动速率，因此选中左边的球体"Z 位置"项，框选上右边曲线第 0 帧处关键点（选上后关键点会由灰色变白色），然后用鼠标右键单击弹出如图 9.33 所示的对话框。

设置输出曲线类型如图 9.33 所示，该曲线关键点处斜率较小，表明此刻速率不快，该关键点为第一个关键点，因此无须设置输入类型曲线。单击图 9.33 中的 ➡ 按钮转至下一个关键点处，由于此时球体速率变快，因此设置输入/输出曲线类型如图 9.34 所示。

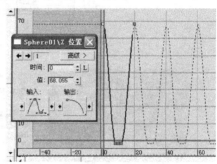

图 9.33 设置第 1 个关键点处的输出曲线

第 3、4 个关键点处输入/输出曲线类型同第 2 个关键点，第 5 个关键点处只需设置输入类型，如图 9.35 所示。

设置完毕后关闭对话框，退出曲线编辑器，此时再次播放动画或者生成预览即可看到球体的速率已经发生变化了，整个动画的播放效果更加真实了。

图 9.34 设置第 2 个关键点处的输入输出曲线

图 9.35 设置第 5 个关键点处的输入曲线

9.3.4 骨骼动画实例

本小节将制作一个人体下肢动画，使其能作出蹲跪或抬腿运动。首先重置 3ds Max，打开事先做好的腿部模型（见配套资料 Leg.max 文件，可到人民邮电出版社教学服务与资源网 http://www.ptpedu.com.cn 下载），并按键盘上的 F3 键将前视图改为线框模式显示，如图 9.36 所示。

进入"创建->系统"面板，单击骨骼按钮，在前视图中沿着腿部模型由上至下添加骨骼：Bone01（大腿骨）、Bone02（小腿骨）和 Bone03（脚骨），如图 9.37 所示。

添加骨骼时注意不要让骨骼露出模型，也可以通过移动骨骼操作来使其完全被模型包围起来。接着选中大腿骨 Bone01，单击"动画"菜单下的"IK 解算器->HI 解算器"命令，可以发现从 Bone01 引出了一条白色的虚线，拖动鼠标移动至 Bone03 位置，单击鼠标左键，完成 IK 链接，这时如果在 xy 平面移动 Bone03 骨骼，可以让腿部骨骼作出高抬腿的动作，如图 9.38 所示。

也可以通过移动大腿骨来作出蹲跪的动作（此时注意观察脚骨，它是保持不动的），如图 9.39 所示。

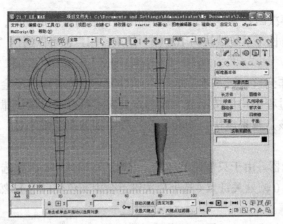

图 9.36　人体的腿部模型

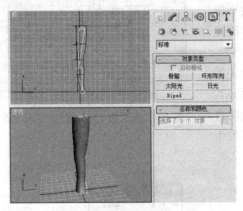

图 9.37　给腿部模型添加骨骼

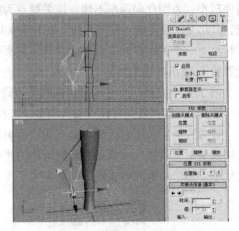

图 9.38　移动脚骨作出抬腿动作

骨骼系统已经能运动了，但外部模型并没有跟着一起动，因此下面还需要给模型添加蒙皮修改器。选中模型，进入修改页，在修改器列表中添加"蒙皮"，并在卷展栏中单击骨骼的"添加"按钮，将 Bone01、Bone02 和 Bone03 都添加进来，如图 9.40 所示。

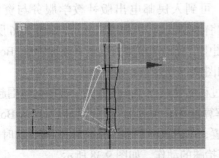

图 9.39　移动大腿骨作出蹲跪动作

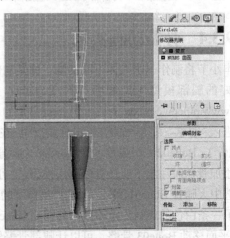

图 9.40　给骨骼添加蒙皮

给骨骼添加上蒙皮后，再次拖动骨骼，这时模型也跟着运动了，如图 9.41 所示。

恢复腿部原来的直立姿态，打开自动关键点开关，将时间滑块拖动至第 50 帧处，在前视图中拖动大腿骨在 xy 平面上移动，使其下蹲下来，关闭自动关键点，播放动画，此时可以看见从第 0 帧到第 50 帧，腿部慢慢地作出一个下蹲动作。

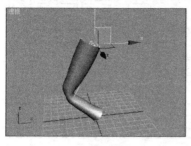

(a) 蹲动作

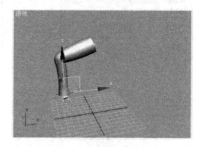

(b) 抬腿动作

图 9.41 蹲动作和抬腿动作

值得一提的是，3ds Max 为了方便用户制作骨骼动画，还推出了强大的 Biped 工具，下面就利用该工具来介绍如何制作由运动捕捉数据驱动的人体动画。首先重置 3ds Max，进入"创建->系统"面板，单击 Biped 按钮，在场景中拖动出一个人体的骨架模型，如图 9.42 所示。

在图 9.42 所示的卷展栏中，用户可以对骨架进行设置操作，比如"躯干类型"选项允许设置骨架为男性或者女性，手臂选项下也有很多参数，如颈部链接、脊椎链接以及小道具等，其中小道具最多允许有 3 个，它们可以用来作为人物角色的武器装备，这点对于玩过角色游戏的读者来说应该很熟悉的了，当然也可以对骨架进行重命名（系统默认为 Bip01）。

下面进入骨架对象的运动页，打开卷展栏中的运动捕捉层，如图 9.43 所示。

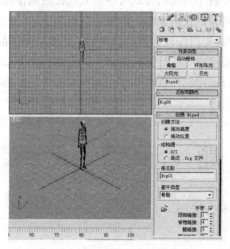

图 9.42 创建 Biped 人体骨架

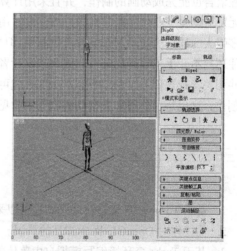

图 9.43 骨架对象运动页上的运动捕捉层

单击图 9.43 所示的右下角的"加载运动捕捉文件"按钮，弹出如图 9.44 所示的对话框，选择文件类型为上一章中介绍过的 BVH 类型，然后选中存放慢跑动作数据的 Running - Jog.bvh 文件，单击"打开"按钮，弹出如图 9.45 所示的"运动捕捉转化参数"对话框，不做修改直接单击"确定"按钮。

此时，系统将加载捕捉数据给 Bip01 骨架，以驱动其作出相应的慢跑动作，图 9.46 所示为角色慢跑过程中的几个瞬间姿态。

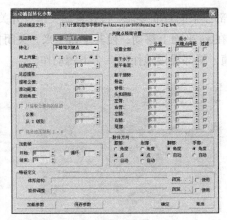

图 9.44   "打开"对话框 　　　　　　　　　　 图 9.45   "运动捕捉转化参数"对话框

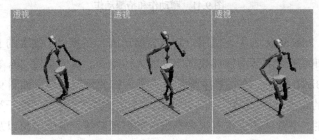

图 9.46   慢跑过程中的第 25、30、35 帧瞬间姿态

综上可见，利用强大的计算机软件进行动画制作可以大大降低对用户的要求，甚至用户不懂编程语言也能完成动画的制作，并且采用计算机软件制作动画的方式可以极大地提高创作速度，这无疑对动漫产业化之路起到很好的促进作用。但同时，我们也应该清楚地意识到，尽管当前有很多强大的计算机动画制作软件可供利用，但当用户需要制作较为复杂和灵活的三维动画作品时，往往还离不开手工编程的环节，因此建议读者至少要精通一门计算机语言，并且掌握动画编程的一些相关背景知识（如 3D 图形学），那么就可以综合运用制作软件和手工编程两种手段来协同动画创作，这也是目前很多大型动画制作的常见方式。

习　题

1. 基于 Turbo C 环境进行动画编程可以采用哪些方法？
2. 简述你对 OpenGL 及 OGRE 的认识。
3. 基于 Turbo C 环境编写模拟自由落体的动画。
4. 编写基于 OpenGL 图形库的 Visual C++程序，内容为旋转一茶壶的三维动画。
5. 编写基于 OGRE 引擎的 Visual C++程序，内容为一 9 行 9 列的机器人阵列。
6. 利用 3ds Max 软件制作模拟神州飞船返回地面的三维动画。
7. 简述基于编程实现的动画与基于软件制作的动画的异同点。
8. 编程实现卫星 1、卫星 2 以及地球 3 个球体在空间中的运动旋转三维动画，环境不限。
9. 利用 3ds Max 软件制作一个通过运动捕获数据驱动的人体跳舞动画。

第10章
虚拟现实技术及 VRML 语言

10.1 虚拟现实技术概述

10.1.1 虚拟现实技术的基本概念

虚拟现实（Virtual Reality，VR）也称虚拟实境或灵境，是一种可以创建和体验虚拟世界的计算机系统，它利用计算机技术生成一个逼真的具有视、听、触等多种感知的虚拟环境，用户通过使用各种交互设备，同虚拟环境中的实体相互作用，使之产生身临其境的感觉，是一种先进的数字化人机接口技术。

虚拟现实技术综合了计算机图形学、计算机图像处理与模式识别、智能技术、传感技术、语音处理与音响技术、网络技术等多门学科，将计算机处理的数字化信息变为人们所能感受的具有各种表现形式的多维信息。它于 1989 年由 Jaron Lanier 提出，是高度发展的计算机技术在各种领域的应用过程中的结晶。

总的来说，虚拟现实是人们通过计算机对复杂数据进行可视化操作与交互的一种全新方式，与传统的人机界面以及流行的视窗操作相比，虚拟现实在技术思想上有了质的飞跃。

10.1.2 虚拟现实技术的特征与分类

1. 虚拟现实技术的特征

虚拟现实技术的主要特征有以下几个方面。

（1）多感知性（Multi-Sensory）—— 所谓多感知是指除了一般计算机技术所具有的视觉感知之外，还有听觉感知、力觉感知、触觉感知、运动感知，甚至包括味觉感知和嗅觉感知等。

（2）浸没感（Immersion）—— 又称临场感，指用户感到作为主角存在于模拟环境中的真实程度。理想的模拟环境应该使用户难以分辨真假，使用户全身心地投入到计算机创建的三维虚拟环境中，如同在现实世界中的感觉一样。

（3）交互性（Interactivity）—— 指用户对模拟环境内物体的可操作程度和从环境得到反馈的自然程度（包括实时性）。

（4）构想性（Imagination）—— 强调虚拟现实技术应具有广阔的可想象空间，可拓宽人类认知范围，不仅可再现真实存在的环境，也可以随意构想客观不存在的甚至是不可能发生的环境。

2. 虚拟现实技术的分类

按照虚拟场景的技术实现的角度来划分，有以下 3 种类型。

（1）全景虚拟

全景虚拟（又称三维全景虚拟现实或实景虚拟）是基于全景图像的真实场景虚拟现实技术。全景（英文名称是 Panorama）是把相机环 360° 拍摄的一组或多组照片拼接成一个全景图像，通过计算机技术实现全方位互动式观看的真实场景还原展示方式。

（2）视频虚拟

视频虚拟是基于视频动画来模拟真实环境的虚拟现实技术，是运用高清数码摄像机对场景或人物角色进行拍摄和捕捉，类似于拍电影，但是与电影不同的关键在于互动。通过计算机技术实现真实环境的再现和互动，在播放插件（通常为 Java、Quicktime、activex、flash）的支持下，使用鼠标触发一些特定的事件与浏览者互动。

（3）三维虚拟

三维虚拟是基于计算机三维模型和即时运算的各种特效配以声音和仿真互动，真实可交互的模拟还原现实的虚拟现实技术。它是通过 3ds Max 或 Maya 等工具制作场景或人物的三维模型，然后通过计算机三维引擎即时渲染和生成。通常三维虚拟的自由度最高，理论上来说能模拟任何存在和不存在的事物，当然技术难度也是最大的。其表现效果和运行速度与计算机的配置成正比。

根据应用场景的不同，虚拟现实系统可以分为以下 4 类。

① 桌面虚拟现实系统

这是一种使用常规计算机来实现的系统，这一系统主要依靠个人计算机和低级工作站来产生三维空间的虚拟现实世界。它把计算机的屏幕作为用户观察虚拟环境的一个窗口，桌面虚拟现实系统（Desktop VR）的优点是：对硬件没有特殊要求，实现简单。参与者需要使用手持输入设备或位置跟踪器，来操纵虚拟环境中的各种物体，缺点是只能实现最基本的三维视觉。

② 沉浸式 VR 系统

沉浸式 VR 系统（Immersive VR）利用头盔显示器和数据手套等各种交互设备把用户的视觉、听觉和其他的感觉封闭起来，而使用户真正成为 VR 系统内部一个参与者，并能利用这些交互设备操作和驾驭虚拟环境，产生一种身临其境、全心投入和沉浸其中的感觉。常见的沉浸式 VR 系统有基于头盔式显示器系统、投影式虚拟现实系统、远程存在系统等。洞穴自动虚拟环境（CAVE）又称工作室，它是一种完全沉浸式 VR 系统，是芝加哥伊利诺依斯大学研究的。另一类是座舱式 VR 系统，置身在一个座舱内，它有一个向外可以看到虚拟空间的屏幕。

③ 遥现 VR 系统

遥现就是一种远程控制的形式，它将来自遥远地区的真实物理实体的三维图像与计算机生成的虚拟物体结合起来，是真实世界中物体及事件的实况"遥现"。与全部用计算机来生成虚拟世界的方式不同，遥现 VR 系统（Telepresence VR）要用技术把用户的感觉和真实世界中的远程传感器连接起来。这其实是虚拟现实技术的一种具体应用，为实现远程医疗等功能提供了可能。

④ 分布式虚拟现实系统

分布式 VR 系统（Distributed VR）则是在沉浸式 VR 系统的基础上将不同物理地址的多个用户（参与者）或多个虚拟环境通过网络联结在一起，并共享同一个虚拟空间，使用户协同工作达到一个更高的境界。随着互联网技术的普及，分布式虚拟现实系统越来越得以广泛的应用。

10.1.3　虚拟现实技术的发展

虚拟现实技术的发展可追溯到 1929 年，Edwin A.Link 设计了一种竞赛乘坐器，它使得乘坐者有一种在飞机中飞行的感觉。Link 飞行模拟器是虚拟现实的应用先驱之一。

人们正式开始对虚拟现实系统的研究探索历程是在 1965 年，Sutherland 在篇名为《终极的显示》的论文中首次提出了包括具有交互图形显示、力反馈设备以及声音提示的虚拟现实系统的基本思想。

20 世纪 80 年代，美国宇航局（NASA）及美国国防部组织了一系列有关虚拟现实技术的研究，并取得了令人瞩目的研究成果，从而引起了人们对虚拟现实技术的广泛关注。

进入 20 世纪 90 年代，计算机软、硬件系统的迅速发展使得基于大型数据集合的声音和图像的实时动画制作成为可能，大量的新颖、实用的输入/输出设备相继进入市场，而人机交互系统的设计也在不断创新，这些都为虚拟现实系统的发展打下了良好的基础。其中，利用虚拟现实技术设计的波音 777 获得成功，是近年来又一件引起科技界瞩目的伟大成果。可以看出，正是因为虚拟现实系统极其广泛的应用领域，使得人们对它广阔的发展前景充满了憧憬与兴趣。

虚拟现实研究内容涉及人工智能、计算机、电子学、传感器、计算机图形学、智能控制、心理学等。虚拟现实硬件的发展趋势是正在大力发展基于 PC 的低价格的虚拟现实系统和基于多个视频输入的系统，如由多个摄像头组成的跟踪器，由多个摄像头组成的三维重构系统等。而软件的发展特点是：在主流的操作系统中不支持非常规的输入设备的情况下，需要开发能协调管理不同输入的软件工具包。目前虚拟现实技术主要侧重于解决几个方面问题：视觉显示技术、三维虚拟声音、触摸与力量反馈。

随着网络通信速度的提高和带宽的扩展，虚拟现实技术的研究已经开始从高投入的航天、军事领域进入商业和信息社会领域，分布式网络虚拟现实系统技术的潜力巨大，应用前景广阔。

10.1.4　几个典型的虚拟现实应用

1. 虚拟现实在教育中的应用

虚拟现实应用于教育是教育技术发展的一个飞跃。它营造了"自主学习"的环境，由传统的"以教促学"的学习方式代之为学习者通过自身与信息环境的相互作用来得到知识和技能的新型学习方式。其中虚拟仿真课堂是比较典型的应用。

2. 虚拟现实在室内设计中的应用

虚拟现实不仅仅是一个演示媒体，而且还是一种设计工具。它以视觉形式反映了设计者的思想，如装修房屋之前，首先要做的事是对房屋的结构、外形做细致的构思，为了使之定量化，还需设计许多图纸。虚拟现实可以把这种构思变成看得见的虚拟物体和环境，使以往只能借助传统的设计模式提升到数字化的所看即所得的完美境界，大大提高了设计和规划的质量与效率。运用虚拟现实技术，设计者可以完全按照自己的构思去构建装饰"虚拟"的房间，并可以任意变换房间中家居，从不同的视角观察设计的效果，直到满意为止，如图 10.1 所示。

3. 虚拟现实在游戏中的应用

三维游戏既是虚拟现实技术重要的应用方向之一，也为虚拟现实技术的快速发展起了巨大的需求牵引作用。可以说，电脑游戏自产生以来，一直都在朝着虚拟现实的方向发展，虚拟现实技术发展的最终目标已经成为三维游戏工作者的崇高追求。从最初的文字 MUD 游戏，到二维游戏、三维游戏，再到网络三维游戏，游戏在保持其实时性和交互性的同时，逼真度和沉浸感正在一步步地提高和加强。

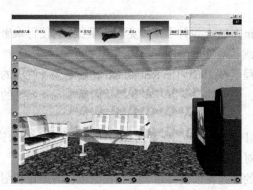

图 10.1　虚拟室内环境

4. 虚拟现实在 Web3D/产品/静物展示中的应用

Web3D 主要有 4 类应用方向：商业、教育、娱乐和虚拟社区。对企业和电子商务三维的表现形式能够全方位地展现一个物体，具有二维平面图像不可比拟的优势。企业将产品发布成网上三维的形式，能够展现出产品外形的方方面面，加上互动操作以演示产品的功能和使用方法，充分利用互联网高速迅捷的传播优势来推广公司的产品。对于网上电子商务，将销售产品展示做成在线三维的形式，顾客通过对之进行观察和操作能够对产品有更加全面的认识了解，决定购买的几率必将大幅增加，为销售者带来更多的利润。

10.2　虚拟现实系统工具

10.2.1　虚拟现实设备

虚拟现实交互系统是根据人类的感官功能设计的，其涉及的技术主要有针对视觉的三维图形交互技术、针对听觉的语音识别与语音输入技术等。三维交互技术使用三维输入/输出设备来完成交互任务，主要的技术难点是如何在三维空间中直接完成定位、拾取等交互操作。由于三维虚拟现实中的虚拟空间是动态的、可操纵的，因此要使人机进行自然地交互，必须借助于一些专门的外部设备以自然的方式来操纵虚拟世界的物体。目前常见的三维交互设备可以分为两类，即三维显示设备和三维控制设备。三维显示设备有头盔式显示器和立体眼镜等；三维控制设备主要有数据手套、三维鼠标、跟踪球、操纵杆、数据衣、普通键盘和鼠标等。下面选一些代表性的设备加以介绍。

BOOM 可移动式显示器：它是一种半投入式视觉显示设备。使用时，用户可以把显示器方便地置于眼前，不用时可以很快移开。BOOM 使用小型的阴极射线管，产生的像素数远远小于液晶显示屏，图像比较柔和。

数据手套：数据手套是一种输入装置，它可以把人手的动作转化为计算机的输入信号。它由很轻的弹性材料构成。该弹性材料紧贴在手上，同时附着许多位置、方向传感器和光纤导线，以检测手的运动。光纤可以测量每个手指的弯曲和伸展，而通过光电转换，手指的动作信息可以被计算机识别。

　　TELETACT 手套：它是一种用于触觉和力觉反馈的装置，利用小气袋向手提供触觉和力觉的刺激。这些小气袋能被迅速地加压和减压。当虚拟手接触一件虚拟物体时，存储在计算机里的该物体的力模式被调用，压缩机迅速对气袋充气或放气，使手部有一种非常精确的触摸感。

　　数据衣是为了让 VR 系统识别全身运动而设计的输入装置，是利用数据手套的原理研制成的。数据衣对人体大约 50 多个不同的关节进行测量，包括膝盖、手臂、躯干和脚。通过光电转换，身体的运动信息被计算机识别。目前，这种设备尚处于研发阶段，因为它存在着如何适应不同用户的形体差异、如何协调大量传感器的实时同步性能等诸多问题。但随着各种相关技术的不断改进，此种设备的研制对于在一些复杂的环境中跟踪和模拟人体运动的需求领域将会有重大的应用价值。

　　除了以上介绍的几种设备之外，还有 3D 位置跟踪器（包括 3D 电磁跟踪器和超声波跟踪器）、立体鼠标、立体显示设备（大型等离子显示屏）、3D 声音生成器等其他先进设备。

10.2.2　主流的虚拟现实引擎

　　随着虚拟场景的复杂度不断提升，虚拟现实引擎本身成为虚拟现实系统开发的关键。

　　flash 的 3D 虚拟实境最早源自于德国学者 andre.michelle 在其 labsite: lab.andre-michelle.com 上发表了一篇关于虚拟实境的文章，并提供了一个实例（NaN sourcecode）。为了深入虚拟实境，该实验室尝试开发了一个简单的 flash3D 引擎以及图片 3D 拉伸算法，虽然目前的新版本有更好的结构以及执行效率，但此版本的编程思想更通俗易懂。

　　Unigine 是一款仍在延续开发当中的虚拟现实引擎，同时支持 DirectX 和 OpenGL，可以对 Windows 和 Linux 平台下的 3D 性能进行比较测试。最新的 Unigine v0.4 版引擎支持许多最新的 3D 和物理特效，如 HDR、视差映射、半透明、发光、体积效应、景深效果、动态模糊、粒子系统等。

　　VREng 是一个虚拟现实引擎，一个分布式交互 3D 应用软件，它基于多点传送协议，允许使用多点传送来操纵虚拟现实和网络。同时 VREng 是一个基于 GPL 授权的免费软件，用 C++编写的，可基于 OpenGL 使用，它的 Worlds 和 objects 是用 XML 格式描述的。VREng 可以操作虚拟现实世界的物体，如房间、电脑、博物馆、工作站、地形、网络、机器等。访问者可以通过自己的角色进行交互。他们之间可以通过交换文本信息进行交流（聊天形式），还有音频视频通道，在 3D 虚拟环境中共享 white-board 并且交换物体如同是一个网络座谈会、虚拟工作站、文件在线、MP3/Midi musics、MPEG audio/video clips、MPEG4 动画、远程应用和服务。用户可以在 Worlds 中放置和发布各种电子文档，并且可以保留在信息板。VREng 可以使网站拥有更多媒体信息，使网站更具有吸引力。

10.2.3　虚拟现实的软件开发工具

　　虚拟现实系统是一个将各种先进的硬件技术和软件技术集合在一起的、极其复杂的系统。VR 系统的开发环境包括硬件平台和软件工具。20 世纪 90 年代后，才出现了许多商品化的开发工具，更多的公司参与了 VR 领域的商业竞争。在创建的虚拟环境中，不仅要提供漫游能力，更重要的是提供在虚拟环境中可能出现的种种交互操作。虚拟现实软件工具主要是用于提供支持虚拟交互、动画、物理仿真等的控制语言，同时这些软件工具集通常都是与"硬件无关"的，也就是说，它们具有相当的普遍性，可以应用在不同的硬件配置环境中，从而为开发广泛的虚拟现实应用系统提供一致的软件环境。以下将介绍几种具有代表性的 VR 系统软件开发工具。

1. OpenGVS

OpenGVS 是 Quantum3D 公司高级三维图形卡的捆绑软件，它的前身是 GVS。OpenGVS 是实时三维场景驱动软件，为 3D 软件开发者提供了高级的 API，它是由许多强大的函数组成。OpenGVS 不仅基于 OpenGL 图形标准，而且它可以被应用于所有图形平台标准。

2. EON Professional

EON Professional 是一个由 5 个高级模型组成的产品系列，它包括：①实时视觉化效果的模块。由于有了 Cg 着色器，使它具有图片实时视觉化效果；②EON 人类模拟模块。虚拟人体模型和动作库，包括行为姿态识别等；③加强功能的 EON SDK 模块。包括了加强功能的接口，使用简单，增加了文档管理功能；④物理与行为模块。模拟诸如重力、烟雾、摩擦和物体之间压力之类的物理动作；⑤动作跟踪模块。实时跟踪人体的动作。另外，还有高级 Native CAD 和 3D 动画导入器，包括 native CATI、Amaya、Unigraphics 等。

3. Quest3D

Quest3D 为荷兰 Act-3D 公司所生产的极为优秀的 VR 制作工具，它主要有如下特色。

（1）全面的 3D 格式支持。由于需要支持 Okino 公司所生产的转档软件 Polytrans，因此不论是工业用途的 AutoCad、Pro/E、Solidworks，还是动画和游戏制作软件 3ds Max、Maya、Lightwave、Softimage 等，都能顺利转进 Quest3D，方便制作互动式 3D 方案。

（2）功能最完整。无论是做 VR、Web3D 还是游戏方案，它都能满足需求，诸如先进的绘图技术 Pixel Shader、Vertex Shader，增加场景丰富程度的物理属性模块（Dynamic Engine）、AI、Crowd reder、多人连线模块、资料库模块等一应俱全，而且最重要的，这些都是标准的内建功能。

4. Vega Prime

MPI 的视景仿真渲染工具 Vega 是世界上领先的应用于实时视景仿真、声音仿真、虚拟现实等领域的软件环境，它用来渲染战场仿真、娱乐、城市仿真、训练模拟器、计算可视化等领域的视景数据库，实现环境效果等的加入和交互控制。它将易用的工具和高级视景仿真功能巧妙地结合起来，可使用户简单迅速地创建、编辑、运行复杂的实时三维仿真应用。由于它大幅度减少了源代码的编写，使软件的进一步维护和实时性能的优化变得更容易，从而大大提高了开发效率。使用它可以迅速地创建各种实时交互的三维视觉环境，以满足各行各业的需求。它还拥有一些特定的功能模块，可以满足特定的仿真需求，如特殊效果、红外、大面积地形管理等。

MPI 的视景仿真渲染工具包括最新推出的精华渲染软件 Vega Prime 和其经典渲染软件 Vega。

5. Converse3d

Converse3d 也是一款经典的 VR 开发工具，它主要具有如下特点。

（1）高质量的三维画面，全三维实时渲染，可获得效果图级的画质。

（2）高性能的渲染算法和强大的交互功能。

（3）高性能的物理引擎和强大的动画功能。

（4）网络版性能卓著并支持各种特殊效果。

（5）可实现定制开发——基于底层 DirectX API，采用 VC++.net 研发，可以实现任何功能的定制开发。

（6）强大的二次开发接口。

除此之外，另有一些常用的 VR 系统开发工具，如 MAK Software Suite 4.0（VR/GIS/实时模拟）、Virtools 4.0（VR 开发工具）、World Tool Kit （WTK）、Minimal Reality Toolkit（MR）、Distributed Virtual Environment Systems（DVS，主要用于分布式虚拟现实系统的开发）等。

10.3　虚拟现实建模及语言

10.3.1　虚拟现实建模技术

虚拟现实是一种探讨如何实现人与计算机之间理想交互方式的技术。利用虚拟现实技术，计算机可以产生一个三维的、基于感知信息的临场环境，该环境对用户的控制行为作出动态反应，并为用户的行为所控制。

VR 的主要技术构成包括实时的三维图形生成技术、多传感器交互技术以及高分辨率显示技术。在以往的 VR 系统中，实时三维图形生成主要是通过人工对物体及环境进行三维建模，其技术核心是计算机辅助设计（CAD）。这种方法，可以获得较为精细而准确的三维模型，但也有其不足之处，比如模型极其复杂，且三维模型一经建立就基本固定下来，如需改动则需要有原创人员辅助，可扩展性差。

从 20 世纪 90 年代开始，人们开始考虑如何自动地获取环境或物体的三维信息，而计算机视觉的发展使其成为最重要的手段之一。人们希望能够用摄像机对景物拍摄完毕后，自动获得所摄环境或物体的二维增强表示或三维模型，即基于现场图像的 VR 景物建模。

以下分别介绍基于图像的二维和三维的建模方法和应用。

二维全景图像建模方法大致可分为 3 类：①基于真实图像序列且用于场景建模的全景图像的自动/半自动镶嵌技术；②基于真实图像序列的 2D 全景图像 360°全景环境建模技术；③基于多视角图像的物体建模技术。

1. 图像镶嵌

图像镶嵌的主要工作步骤为：帧间运动检测、图像的卷曲变换和全景图的生成（图像融合）。在拍摄对象为平面且摄像机可做任意运动的情况下，卷曲变换为整幅图像的平面摄影变换（伪透视变换）。因此，通过检测到的多个点的图像运动，可拟合出两帧图像之间的精确变换参数。在整个图像序列中，选择某一个代表帧为参考帧，其他所有的帧通过平面射影变换可变换到同一参考帧坐标中。通过多帧图像中变换后相同位置的灰度/颜色进行中值滤波，可以消除环境中动态物体的影响，增强图像的清晰度和分辨率，还可以通过多帧融合形成宽广视野的全景图像。此外，对不同的焦距下拍成的图像进行融合，还可获得一幅具有不同清晰度的图像。

镶嵌技术可应用于视频的压缩存储，非常低比特率的传输，可视化、视频数据库的关键帧浏览，基于镶嵌图像组成的视频，基于镶嵌技术的视频增强，视频制作编辑，以及视频索引和检索。

2. 360°场景建模

360°全景电影的大致原理和用途与上述图像镶嵌相同，不同的是，摄像机只作 360°的纯旋转，拍成环境内全方位的视频，然后由此建立全景图像表示。QuickTime VR 就是一个使用了 360°全景摄影技术运行于微机系统上的虚拟现实编辑演播系统。用户不仅可以在图形生成的三维环境中漫游，也可以在摄像机拍的图像形成的三维环境中漫游。它具有高清晰度、畸变校正、小存储量以及良好的交互性等优点。

3. 多视角物体建模

为了增强临场感，对虚拟环境中的某些感兴趣的物体，需要形成其多角度的视图。固定物体后，摄像机以物体为中心可以有水平和垂直两个方向的旋转自由度。在不同的角度拍摄一系列的图像，并保证在所有关心的角度均已获得其对应视图。有了这些图像后，用户就可以在虚拟环境中从不同视角对物体进行观察。

但是，由运动恢复结构的一般方法是目前仍需进一步研究的难题。现有的研究成果均有一定的约束条件，如摄像机运动已知且非任意运动，视野内物体基本为刚体等。以下列出了多视角物体建模的几种典型方法。

（1）基于视频图像镶嵌的分层表示方法

这里参考了两种方法：即能够将运动物体和静止的背景分开的 2D/3D 主运动分析法，以及将背景也看成景物中的一个重要结构和组成部分同时进行多个运动估计的方法。而后一种方法则较多地应用于视频流的分层表示上。在主运动估计时，使用二维参数模型，通过 Gauss-Newton 公式迭代，并辅之以自动尺度估测和分级优化算法，来求出运动模型的最佳估计。通过它可以建立背景为宽广视野的镶嵌图像，并将前景的运动物体分离出来。此外，这两种方法还建立了基于射影几何的三维主运动模型，通过最小二乘法进行运动估计，最终实现图像配准和镶嵌。在多运动估计方面，这两种方法使用混合模型（即一幅图像可由其附近的多幅图像混合卷曲而成），通过期望最大化（EM）算法，迭代解出混合参数的最大似然估计，然后求出运动的对象及其概率。

（2）基于多视角图像的物体建模

在基于动态标定的方法中，计算机精确控制摄像机的姿态变换，首先通过物体上已知三维信息的显著表面，标定出摄像机的初始状态和内部参数，在摄像机运动后，可由运动前的摄像机姿态参数和摄像机的运动参数计算出当前的姿态参数；通过人机交互给出图像上已知三维信息的特征点可校正姿态参数。在任两个姿态下，通过图像上已知 2D/3D 表面的配准（平面射影变换），可消除图像间的旋转性运动，只剩下视差运动，从而可大大简化特征点的对应；通过图像三维计算结果和已知模型三维信息的假设—检验过程，得到图像和物体模型的对应进而获得带表面纹理信息的三维模型表示。

基于不标定图像对的方法中，通过两幅图像中的显著表面的对应和配准，将它们进行平面射影变换，从而产生只有视差运动矢量的图像对；由此求出各点的射影深度，也可恢复出物体的结构和表面纹理映射。此部分为进一步应用的原理性探索。

随着计算机的普及应用，友好的人机交互界面已经成为一门重要的研究课题。而基于计算机视觉的 VR 自动建模已成为虚拟现实中的一个热点问题。二维的建模方法已经较为成熟，人们正在对三维物体/景物的建模进行深入研究。

10.3.2　虚拟现实建模语言

1. VRML 发展的简史

VRML（Virtual Reality Modeling Language，虚拟现实建模语言），它在各阶段的发展如表 10.1 所示。

表 10.1　　　　　　　　　　　　　　　　　VRML 的发展简史

时间	版本	功能和特点
1994 年 10 月	VRML 1.0	可以创建静态的 3D 景物，但没有声音和动画
1996 年 8 月	VRML 2.0	增加了交互性、动画功能、编程功能、原形定义功能
1997 年 12 月	VRML 97	只是在 VRML2.0 的基础上进行了少量的修正，已成为国际标准
1999 年 12 月	X3D	基于 XML 的 VRML-NG，包括了更强大、更高效的 3D 计算能力、渲染质量和传输速度
2000 年 6 月	VRML 2000	X3D 和 VRML 的融合，从此又进入了一个崭新的发展时代
2002 年	VRML 2002	期望通过 ISO 认证

VRML 可以在 Internet 中建立交互式的三维多媒体的境界。VRML 的基本特征包括分布式、交互式、平台无关、三维、多媒体集成、逼真自然等，被称为"第二代 Web"，其应用范围相当广泛，包括科学研究、教学、工程、建筑、商业、娱乐、广告、电子商务等，已经被越来越多的人们所重视，国际标准化组织 1998 年 1 月正式将其批准为国际标准。

2．VRML 的若干基本概念

（1）VRML 的坐标空间

VRML 采用笛卡尔坐标系，空间上的每一个点都可以用 x、y、z 3 个坐标来表示。当面对屏幕，空间坐标系的正 x 方向是向右的，正 y 方向是向上的，正 z 方向是向着观察者的，如图 10.2 所示。

（2）VRML 的单位

VRML 的单位用来描述 VRML 空间环境中的大小及距离。多数 VRML 作者以国际单位制来定义，如 m，m/s 等。这样使得创建的造型更容易和其他作者的造型相结合，创建出更大、更复杂的空间。同时，各种浏览器的默认单位也是国际单位制。

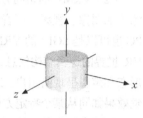

图 10.2　VRML 的坐标系

（3）VRML 的时间

VRML 的时间是用秒来计算的，它使用 1970 年 1 月 1 日格林尼治时间 00:00:00 作为绝对时间的起始点。当启动一个定时器的时候，它就从这个时间开始计时。但往往只用到相对时间，绝对时间由系统自动生成。

（4）VRML 文件的浏览

1994 年 11 月第二届 WWW 会议召开，在这次会议上提出了 VRML 1.0 标准。在这次会议之后，Parisi 建立了自己的公司 Intervista 并创建了第 1 个 VRML 浏览器 WorldView。SGI 公司也在 1995 年 4 月给出了它的第 1 个 Web 浏览器 WebSpace。在当年的夏天 Netscape、NEC、DEC 和 Spyglass 宣布对 VRML 进行支持。同年 8 月，VAG（VRML 工程组）成立。1995 年 10 月，VAG 成员决定把工作重心放在引导方向，VRML 2.0 由此产生。现在 IE 各个版本的浏览器只需安装一个插件（例如 Cortona 浏览器）就可以浏览生成的.vrml 格式的文件。

3．VRML 的工作原理

VRML 是一个三维造型和渲染的图形描述性语言，它把一个"虚拟境界"看做一个"场景"，场景中的一切看做对象（也就是"节点"），对每一个对象的描述就构成了 VRML 文件。它同时也是一种用在 Internet 和 Web 超链接上的、多用户交互的、独立于计算机平台的网络虚拟现实建模语言。虚拟世界的显示、交互及网络互连都可以用 VRML 来描述，因此面向网络和实时渲染是它与其他动画制作软件的最大区别。

VRML 定义了一种把 3D 图形和多媒体集成在一起的文件格式。从语法角度看，VRML 文件是显式地定义和组织起来的 3D 多媒体对象集合；从语义角度看，VRML 文件描述的是基于时间的交互式 3D 多媒体信息的抽象功能行为。

VRML 用文本信息来描述三维场景，在 Internet 网上传输，在本地机上由支持 VRML 的浏览器解释生成三维场景，解释生成的标准规范即是 VRML 规范，这样就有效地减轻了网络传输的负担，即使在低带宽的网络上也可以实现。

如图 10.3 所示，VRML 的工作方式和特征主要可概括为如下几个方面。

（1）传统的 VR 中使用的实时 3D 着色引擎在 VRML 中得到了更好的体现，这使得 VRML 应用从三维建模和动画应用中分离出来。传统的方法可以预先对前方场景进行着色，但是没有选择方向的自由。VRML 提供了 6+1 个自由度，即 3 个方向的移动和旋转，以及和其他 3D 空间的超链接（Anchor），因此 VRML 是超空间的。

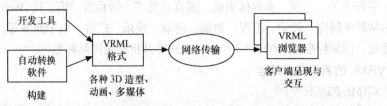

图 10.3　VRML 的工作方式和特征

（2）VRML 的访问方式是基于客户机/服务器模式的。其中服务器提供 VRML 文件及支持资源（如图像、视频、声音等），客户端通过网络下载希望访问的文件，并通过本地平台（可以是 PC 也可以是 SGI）的 VRML 浏览器交互式地访问该文件描述的虚拟境界，即 VRML 文件包含了 VR 世界的逻辑结构信息，浏览器根据这些信息实现诸多 VR 功能。例如，浏览器把场景图中的形态和声音呈现给用户，这种视听觉呈现即所谓的虚拟世界（境界）。用户通过浏览器获得的视听觉效果如同从某个特定方位体验到，境界中的这种位置和朝向称为取景器（Viewer）。由于浏览器是本地平台提供的，从而实现了平台无关性。这种由服务器提供统一的描述信息，客户机各自建立 VR 世界的访问方式被称为统分结合模式。

（3）VRML 作为一种标准，不可能满足所有应用的需要。有的应用希望交互性更强，有的希望画面质量更高，有的则希望 VR 世界更复杂。这些要求往往是相互制约的，同时又受到用户平台硬件性能的制约，因而 VRML 是可扩充的，即可以根据需要定义自己的对象及其属性，并通过 Java 语言等方式使浏览器可以解释这种对象及其行为。与 VRML 关系密切的 3 项技术是 Java3D、MPEG-4 和 Chrome。其中，Java3D 和 VRML 都把 3D Web 作为关键应用对象，前者的优势在于程序设计，后者的优势在于场景构造，二者在可编程性 3D Web 应用方面密切合作。

（4）VRML 文件可以包含对其他标准格式文件的引用。可以把 JPEG、PNG 和 MPEG 文件用于对象纹理映射，把 WAV 和 MIDI 文件用于在境界中播放的声音。另外，还可以引用包含 Java 或 ECMAScript 代码的文件，从而实现对象的编程行为。所有这些都是由其他标准提供的，之所以在 VRML 中选用它们，是因为它们在 Internet 上的广泛应用。VRML 97 规范描述了它们在 VRML 中的用法。

（5）VRML 与 3ds Max 动画的区别在于：后者属于三维动画，是在三维软件中建模、贴图、设置灯光、特效和环境气氛，然后按照脚本设置运动路径并生成动画。一旦动画生成后观看时是无法对其进行改变的，除非关闭窗口。而 VRML 建模，只是在三维软件中建模和贴图（特殊需要的可设置灯光和运动路径），将模型输出（有的是输出 VRML 格式文件）后再置入到专业的 3DVR 软件进行场景设置、交互编辑、加入文字等。这样输出到网络中就成了可交互的虚拟场景了。浏览者可亲自布置场景、自由地控制、观看产品和对其详细了解。

4. VRML 语言的语法基础

（1）节点与场景图

VRML 使用场景图（Scene Graph）数据结构来建立 3D 实境，这种数据结构是以 SGI 开发的 Open Inventor3D 工具包为基础的一种数据格式。VRML 境界中的对象及其属性用节点（Node）描述，节点按照一定规则构成场景图。场景图是一种代表所有 3D 世界静态特征的节点等级：几何关系、质材、纹理、几何转换、光线、视点以及嵌套结构，是境界的内部表示。场景图中的第一类节点用于从视觉和听觉角度表现对象，它们按照层次体系组织起来，反映了境界的空间结构。

另一类节点参与事件产生和路由机制，形成路由图（Route Graph），确定境界随时间的推移而如何动态变化，也就是说，路由是节点间传送信息的途径。

一个节点的组成包括：节点类型（objecttype）、节点所包含的域（field）、节点名（objectname）和子节点（Children）。VRML 定义了 54 种不同的节点类型，如表 10.2 所示，包括基本几何体、外观性能、多媒体对象、动画插值器、交互感应器，以及各种类型的组节点。节点把数据存储在域中，域主要用于描述和改变节点的属性，其值反映了域的大小。VRML 同时定义了 20 种不同类型的域，它们能够存储各种数据，包括从单个数值到 3D 旋转数组。

表 10.2   VRML 中的节点类型

造型尺寸、外观节点	Shape、Appearance、Material
原始几何造型节点	Box、Cone、Cylinder、Sphere
造型编组节点	Group、Switch、Billboard
文本造型节点	Text、FrontStyle
造型定位、旋转、缩放节点	Transform
内插器节点	TimeSensor、PositionInterpolater、OrientationInterpolater、ColorInterpolater、ScalarInterpolater、CoordinateInterpolater
感知节点	TouchSensor、CylinderSensor、PlaneSensor、SphereSensor、VisibilitySensor、ProximitySensor、Collision
点、线、面集节点	PointSet、IndexedLineSet、IndexedFaceSet、Coordinate
海拔节点	ElevationGrid
挤出节点	Extrusion
颜色、纹理、明暗节点	Color、ImageTexture、PixelTexture、MovieTexture、Normal
控制光源的节点	PointLight、DirectionalLight、SpotLight
背景节点	Background
声音节点	AudioClip、MovieTexture、Sound
细节控制节点	LOD
雾节点	Fog
空间信息节点	WorldInfo
锚点节点	Anchor
脚本节点	Script
控制视点的节点	Viewpoint、NavigationInfo
用于创建新节点类型的节点	PROTO、EXTERNPROTO、IS

图 10.4 所示为一个非常简单的场景，该场景中仅有一个节点，呈现为一个红色的球体。

图 10.4（a）所示为该场景的代码，等同于所有 VRML 文件，代码的第 1 行 "#VRML V2.0 utf 8" 是文件头。第 2 行声明描述的是根节点，形状 shape 定义了两个域：几何形状 geometry 域和外观 appearance 域。

geometry 域共描述了 VRML 的 9 种类型的节点，在场景 1 中是个半径域值为 3m 的球体 Sphere。appearance 域总是定义一个 Appearance 节点，这么做是为了能在以后的设计中加入新类型的 Appearance 节点。

Appearance 节点指定了一些能够用于 geometry 节点的 appearance 特性。图 10.4（b）中显示的是一个简单的红色材质。值得注意的是，在 VRML 语法中，球体、外观和材质都不是 shape 的子节点，但是均被包含在 shape 中。

值得注意的是，VRML 中的各种颜色都是由 R/G/B 3 种基本颜色按照不同比例配置而成的，每种颜色分量用一个浮点数表示，从左至右分别代表红、绿、蓝的含量。图 10.4 中 diffuseColor 域的域值设定了物体的漫反射颜色，例如"1 0 0"表示红色、"0 0 0"为黑色、"0.8 0.8 0.8"为浅灰色、"1 1 1"为白色等。

```
#VRML V2.0 utf8
Shape {
    geometry Sphere { radius 3.0}
    appearance Appearance {
        material Material {
            diffuseColor  1  0  0  #红色
        }
    }
}
```

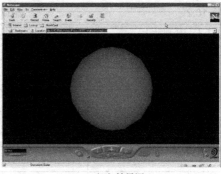

（a）代码　　　　　　　　　　　　　　　　（b）结果图

图 10.4　红色球体场景

（2）VRML 文件格式和类型

通过上述场景的简单解析，需要对 VRML 文件做一些介绍。

VRML 文件包括下列 4 个主要成分：VRML 文件头、原型、造型和脚本、路由。并不是所有的 VRML 文件都包括这些成分，唯一必须的是文件头。

VRML 2.0 标准的文件头为#VRML V2.0 utf8，这不同于 1.0 标准中的文件头，1.0 标准中文件只支持 ASCII 字符集，所以文件头为#VRML V1.0 ASCII。VRML 2.0 文件格式兼容 1.0 文件格式。VRML 2.0 标准文件头有 3 个含义：第一，表明这个文件是一个 VRML 文件；第二，符合 VRML 2.0 版本；第三，文件使用的是 utf8 字符集（这是多种语言中键入字符的一种标准方式）。

VRML 注释允许在不影响 VRML 空间外观的情况下，在 VRML 中包括其他信息，如加入对文件内容、文件绘制的不同部分的注释。注释以一个 # 符号开始，结束于该行的最后。

如前所述，VRML 中包含描述空间中造型及其属性的节点。单个节点描述造型、颜色、光照、视点，以及动画定时器、传感器、内插器等的定位、朝向等。一对必要的括号{}内可以描述节点属性的域（可选）和域值。括号将节点的域信息组织在一起，由节点及其相关域定义的造型或属性在空间中被视为一个整体。

VRML 文件以扩展名.wrl 或.wrz 结尾，表示这是一个包含 VRML 空间的文件。

（3）建立形体（Shapes）

VRML 世界中所有的形体通过 Shape 节点来创建。Shape 节点中有相关的域来描述形体的几何形态和外观。几何形态描述给出形体的形式或结构，而外观描述控制形体的颜色和透明度。

① 定义形体的几何形态。Geometry 节点负责在 VRML 中生成形体的视觉效果。VRML 定义了 10 种 Geometry 节点：Box, Cone, Cylinder, ElevationGrid, Extrusion, IndexedFaceSet, IndexedLineSet, PointSet, Sphere 和 Text。

最强大且使用最广的 VRML 几何节点类型是 IndexedFaceSet 节点，也称之为面集节点，如图

10.5 所示。这类节点利用一组 3D 坐标和指定坐标间的关联来建立任意的多边形形体，如图 10.5 所示为创建了一个金字塔的几何造型（四棱锥体，一个顶点外加底面 4 个边点）。IndexedFaceSet 节点所包含的 coord 域的域值用于设置离散点的三维坐标，该域值有两种选择：NULL 或者 Coordinate 坐标节点，默认情况下为 NULL，表示不创建任何点造型。Coordinate 中 point 域的域值是一张三维坐标列表，从左至右分别表示各点在 x、y、z 方向与坐标原点的距离（3 个数值之间用空格分开），各点之间以逗号相隔。colorPerVertex 域的域值用于设定对几何造型的着色是基于端点还是基于线段，为 TRUE 说明基于端点，为 FALSE 则是基于线段。Color 域中的颜色列表与 point 域中的各点坐标列表一一对应。coordIndex 域的域值设定一条或多条线段连接路径的索引列表，其中索引号与 point 域值相对应，索引号之间用逗号分隔，除最后一条线段外 −1 表示结束。一个 IndexedLineSet 节点提供了用于绘制多边形线集的类似的功能，而一个 PointSet 节点则在提供的一组 3D 坐标中的各个像素上放置单个点。图 10.6 中展示了点、线和多边形形体。

```
Shape {
  appearance Appearance {
    material Material {  }
  }
  Geometry IndexedFaceSet {
                  #金字塔各点的坐标定义
  coord Coordinate {
    point [
          0.0   1.5   0.0,  # 顶点, 索引号为 0
         -1.0   0.0   1.0,  # 索引号为 1
          1.0   0.0   1.0,  # 索引号为 2
          1.0   0.0  -1.0,  # 索引号为 3
         -1.0   0.0  -1.0,  # 索引号为 4, 在背面
         ]
    }
              #金字塔颜色的定义
  colorPerVertex TRUE
  color Color {
    color [
          1.0  1.0   0.0,  #黄色, 索引号为 0 的端点
          1.0  0.0   0.0,  #红色, 索引号为 1 的端点
          0.0  0.5   1.0,  #天蓝, 索引号为 2 的端点
          0.0  1.0   0.0,  #绿色, 索引号为 3 的端点
          1.0  0.0   1.0,  #紫红, 索引号为 4 的端点
          ]
    }
            #金字塔各坐标间关系的定义
  coordIndex [
      0, 1, 2, -1, #
      0, 2, 3, -1, #
      0, 3, 4, -1, #
      0, 4, 1, -1, #
      1, 4, 3, 2, #
      ]
    }
}
```

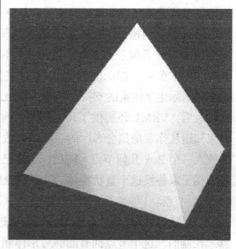

（a）代码　　　　　　　　　　　　　　　　　　　　（b）结果图

图 10.5　在多边形几何体上使用坐标点颜色

　　一个 ElevationGrid 几何节点建立一个矩形地形网格，如图 10.6（d）所示。节点域给出了网格的行数和列数，行和列的间隔，及一系列的网格海拔。

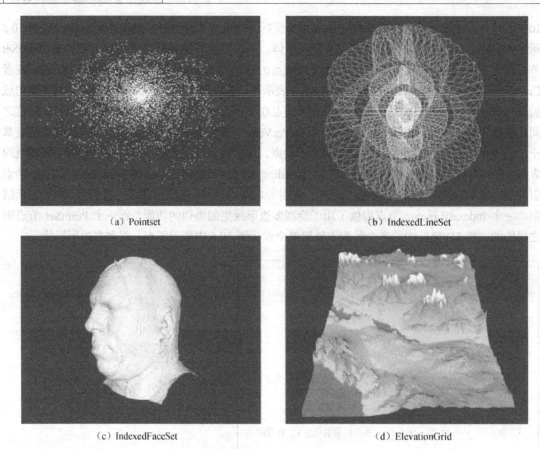

（a）Pointset　　　　　　　　　　　（b）IndexedLineSet

（c）IndexedFaceSet　　　　　　　　　（d）ElevationGrid

图 10.6　用 VRML 建立几何体

　　VRML 的 Extrusion 几何节点用于创建挤压形态，如管子、螺旋体、花托和任意的旋转曲面。节点的域定义了一个 2D 截面，它沿着某条 3D 曲线（或称为脊线）旋绕。在脊线上的各个点，域值控制着截面的尺度和旋转，使用户能够创建扭曲、弧线以及各种锥形。图 10.7 所示为利用一个 Extrusion 节点创建一条有圆形横截面、弯曲脊线的蛇，它的横截面随着脊线不断变化大小。

　　一个 Text 几何节点建立了置于 3D 环境的平面文本。FontStyle 节点用于选择支持水平和垂直方向的文本布局，也用于选择文字是从左到右还是从右到左。文本布局方向的控制以及 VRML 对 UTF-8 国际化字体集的支持，使得 VRML 虚拟世界能够建立用各种语言表达的文本信息。

　　最后，VRML 还提供了几个预定义的几何节点，它们主要用于快速建立起场景。例如，或许你想知道从你家虚拟会客厅的一堵墙旁放置一张桌子是否好看，通过指定宽度、高度和深度快速地放入一个 Box 几何节点。随后，当你已决定把桌子放在哪里以及桌子该多大时，再用更加吸引人的桌子来替换这个盒状物体。同理，VRML 提供了 Cylinder（圆柱体）、Cone（圆锥体）和 Sphere（球体）节点。

　　② 描述形体外观。形体的外观是通过向形体节点的 appearance 域中填入一个 Appearance 节点来控制的。这个节点拥有能够对形体颜色、纹理和透明度进行细节控制的域。

　　在一个 Appearance 节点中，把 material 域设成一个 Material 节点以此来控制形体的全局颜色和透明度。节点中的域提供了方便的颜色控制，包括漫反射、辐射和镜面反射，同时还有发光和透明因素。如前所述，VRML 中所有的颜色都属于 RGB 颜色空间，其中红、绿、蓝分量都由从 0（无色）到 1（全色）的浮点数指定。在图 10.7 中，specularColor 域的域值设定物体镜面反射光的颜色，随着观察角度的不同，将感受到强弱不同的反射效果。Shininess 域的域值设定物体表面的亮度，取值范围从漫反射表面的 0 到高度抛光表面的 1。

为使颜色在形体表面上产生变化，可以为多边形的每个坐标点提供颜色值或者用纹理图形覆盖形体，就好像在模型汽车上贴一张贴画纸。如果选择采用坐标点上的颜色，可以在 Color 节点中提供它们的颜色，Color 节点被用于许多几何节点类型。

如果选择使用纹理贴图，那么必须选用 3 种纹理节点之一来填充 Appearance 节点的 texture 域。利用 ImageTexture 节点从文件加载可交换图像文件格式（GIF），联合图像专家组（JPEG），或者可携带网络图像文件格式（PNG）等纹理图像。利用 MovieTexture 节点来加载并在形体上播放一个 MPEG-1 影视文件。或者，为避免从网页上加载一个纹理图像文件的开销，可以利用 PixelTexture 节点直接在 VRML 文件中包含小的纹理。

在这个实例中，纹理贴图控制着形体的颜色，覆盖了在形体 Material 节点中对 diffuseColor 的选择。图 10.7 用一个 ImageTexture 节点覆盖一个挤出蛇形，使用的蛇外表纹理如图 10.7（c）所示。在 Extrusion 挤出造型节点中，creaseAngle 域的域值设定一个用弧度表示的褶痕角的阈值（该阈值大于等于 0.0，默认值为 0.0 表示不进行平滑处理）。crossSection 域的域值在 xOz 平面设定一系列的二维坐标点，依次连接这些坐标点得到一条封闭的或开放的折线，这就是挤出造型的截面轮廓线。spine 域的域值设定一系列的三维坐标点，依次连接这些坐标点在立体空间中得到一条封闭的或开放的折线，称为龙骨线。scale 域的域值设定一系列的截面轮廓线的缩放比例系数对，从左至右表示在 x 和 z 方向上的缩放比例，例如默认值（1.0　1.0）则表示不进行任何缩放。

```
Shape {
  appearance Appearance {
    material Material {
      specularColor  0.3  0.0  0.0
      shininess 0.05
    }
  texture ImageTexture {
   url "snakeskin.jpg"
  }
}
geometry Extrusion {
  creaseAngle 1.57
  crossSection [
          #二维循环的折线坐标点
  0.00  1.00,   0.38  0.92,
  0.71  0.71,   0.92  0.38,
  ……
  ]
  spine [
        #三维龙骨线坐标点
  -5.10  0.0  1.0,   -4.83  0.0  1.0,
  -4.55  0.0  1.0,   -4.28  0.0  1.0,
  ……
  ]
  Scale [
          #
  0.05  0.05,   0.30  0.10,
  0.50  0.15,   0.25  0.25,
  ……
  ]
  }
}
```

（a）代码

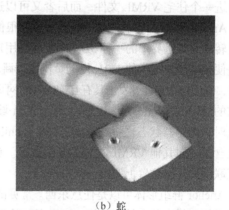

（b）蛇

（c）蛇皮肤的纹理图

图 10.7　利用加上纹理的挤压几何体来创建蛇

纹理映射把纹理图像中选定的某个部分绑定到形体之上。所有的 VRML 形体都有默认的绑定策略，即用户可以通过提供自己的纹理坐标来覆盖形体。纹理坐标描述了一种纹理切割框的二维轮廓，使用此轮廓可以裁剪出纹理图的某块区域，然后映射到形体的一个多边形区域。可以利用多个几何节点类型来为 TextureCoordinate 节点提供纹理坐标。此外，可以通过 Appearance 节点中的 TextrueTransform 节点来平移、旋转和伸缩纹理坐标。例如，一个纹理尺度变换使用户能够扩大纹理裁剪框架，同时裁出多块纹理图像，使之映射并横贯形体之上，形成诸如多个重复砖块、多个重复瓦片、多个重复木头等任何重复模式效果。

（4）组织节点

VRML 场景图实质上是一个场景环境的层次化群组，它包括形体、光照、声音等。每个场景图的父对象称为群组节点（grouping nodes）——都维护了一组子节点。VRML 提供了 8 种类型的群组节点，从最基本的 Group 节点到复杂的节点如 Transform、LOD 和 Billboard 节点，它们以特殊的方式处理其子节点。

① 使用简单群组。Group 节点简单地把它的孩子集中起来，使它被当做简单实体来处理。群组中的孩子可以是形体、光照，或者其他群组，它们都列在节点的 children 域中。

Inline 节点也可以把它的子对象集中起来，但它通过由 URL 指定的外部文件读入子对象。而此外部文件仅仅是另外一个 VRML world 文件。Inline 节点提供了许多对场景环境进行模块化的途径。可以单独地在一个 VRML 文件中创建椅子、桌子和虚拟起居室中的其他家具，然后分别对各个文件进行编辑和调试，最后再把它们组装成起居室的 VRML 文件。而起居室文件还可以被包含进一个住宅 VRML 文件，而后者又可以进一步被包含进一个邻居文件，依此类推。

Anchor 节点也能集中其子节点，这点很像 Group 节点。其不同之处在于 Anchor 节点把其子对象转成虚拟世界中的一种 3D 按钮。如果用户在群组中任何一个形体之上单击鼠标按钮，Anchor 节点便根据用户提供的 URL 使网页浏览器跳转至新的页面。Anchor 群组与一个 HTML<A>标签等价，它使得用户能开发出具有互连内容的网页，因此能够使 VRML world 文件与 HTML 页面或者附加的 VRML world 文件相连。description 域的域值用于设定提示字符串，当移动光标至锚点造型上时，浏览器状态栏将提示该字符串。children 域的域值用于场景中的锚点造型列表，锚点造型包含了指向其他 VRML 文件的超级链接。Inline 内联节点可以从本文件范围之外的其他文件或者互联网的任意位置上调用一些素材。

Anchor 群组形体可以是任意东西。常见的 3D anchors 包括门（如图 10.8 所示）、窗户、书本，或者虚拟橱柜上的小挂饰。在 VRML 的一个医学示例中，甚至可以把一个透视的人体内的器官制作为 anchor 形体，用户只需点击器官随之就能打开一个 HTML 描述该器官功能的页面。

```
Anchor {
   url "temple.wrl"
   description "Go to the temple"
   children [
 # 采用门形状作为锚节点，点击后到达教堂
   Inline { url "door.wrl" }
   ]
}
```

（a）代码　　　　　　　　　　　　　　　（b）结果图

图 10.8　创建指向置于门上的 Web 站点 anchor

② 在形体间切换。基本 Group 节点的特征在于它所有的孩子节点都会被绘制。然而，Switch 群组使得其孩子至多只有一个会被绘制。Switch 群组中的每个孩子都被潜在地编了号，从 0 开始对第一个孩子编号。通过把设置群组节点的 whichChoice 域设为某个孩子的节点编号，那么要绘制的就将是这个节点。如果把选项设为-1，那么所有孩子都不会被绘制。

Switch 群组在封装一组不同但相互关联的多样形体上十分有用。例如，在科学可视化应用程序中，一个 Switch 群组可能包含多个不同的等值面，每个都用相同的数据计算出来，但使用的门限值都不一样。再例如，在游戏应用程序中，这种群组可能包含一个人物皮肤的不同状态。通过 VRML 中的动画和交互特性，可以实时改变 whichChoice 域值，决定在某个时刻将绘制哪个形体。

LOD 群组节点支持自动的层次细节（LOD）切换，就像 Switch 群组，LOD 群组使得每次只绘制一个孩子。哪个孩子将被绘制决定于用户和形体群组的距离。当用户离得近些，则前一个孩子将被绘制；当用户离得远些，则群组中后面的孩子会被绘制。据以判断从一个孩子切换到另外一个孩子的距离界限可以留待 VRML 浏览器决定或者在群组节点的 range 域中显式指定。如图 10.9 所示，浏览者与 center 域值间的距离如果小于 7.0，则调用第 1 个 url（high）；如果大于 7.0 小于 10.0，则调用第 2 个 url（medium）；如果大于 10.0，则调用第 3 个 url。

```
LOD {
  center 0.0  0.0  0.0   #造型的中心点位于当前坐标原点
  range [7.0, 10.0]      #浏览者与造型之间的距离
  level [
    Inline { url "torch_high.wrl" }
    Inline { url "torch_medium.wrl"}
    Inline { url "torch_low.wrl" }
  ]
}
```

图 10.9　细节层次切换

LOD 群组是在 VRML 虚拟世界中进行交互管理的重要工具。一个复杂的世界可能包括成百上千个形体。但虚拟世界中的形体越多，就需要越多的时间去绘制它们。如果绘制占用太多的时间，用户就会觉得你的虚拟世界用起来很让人沮丧。为了减少渲染时间，只有一种选择：减少被绘制的形体数目，这可以通过删除虚拟世界的某些部分或者简化设计。

为了高效地决定哪个形体该被删去或者被简化，可以考虑用户和形体间的距离。一般远端的形体在屏幕上显示得很小，同时和用户的直接相关度也较小。例如，在 3D 游戏中，攻击主角的怪兽要比远处墙上的装饰性火把来得重要。所以，当用户离得较远时可以使用 LOD 节点来除去火把或者至少减少用于建立火把模型的形体数。在这之后，如果主角击败怪兽并靠近火把，那么恢复火把原来由多形体刻画的精致原貌，同时降低主角所经过物体的描绘精度。用这种方法，只有那些离用户近的形体被高度细化，而那些远离用户的形体被简化以降低它对绘制时间的影响。

③ 形体的变换群组。默认情况下，所有的形体都创建在世界坐标系下。Transform 群组节点创建一个新的坐标系，此坐标系已相对于同一场景图中的父对象进行了平移、旋转或者尺度变换。Transform 节点的子形体将建立在新的坐标系之上，这样当把它们组装到虚拟世界时就可以放置、调整和缩放这些形体。

图 10.10 所示描述了组节点在创建分级空间中的简单应用。作为根节点的 Group 节点有两个 Transform 类型的子节点，第 1 个子节点定义了一个红色的球体，第 2 个子节点定义了一个蓝色立方体。红色球体的 Transform 类型的父节点定义其在 x 轴方向上占 4 个单位，蓝色立方体以(0.707,

0.707，0)为中心，以 0.785 为半径进行旋转，并且在 x 轴反方向上占 3 个单位。图 10.10（b）所示为 VRML 浏览器载入图 10.10（a）所示的程序后的运行结果。图 10.10（c）所示为该场景的父子关系表现形式。另外，应当注意到，geometry 节点和 Appearance 节点并没有直接体现于该场景，但它们实际上是包含在 Shape 节点中的。

```
#VRML V2.0 utf8
Group {
  children [
      Transform {     # 第一个孩子
      translation 4 0 0      # X轴方向上占4个单位
      children Shape {
         geometry sphere { radius 3.0}
         appearance Appearance {
            material Material {
               diffusecolor 1 0 0  # 红色球体
}}}}
Transform {   # 第二个孩子
    ratation .707 .707 0  .785 #旋转
    translation -3 0 0      # X轴反方向上占3个单位
    children Shape {
       geometry Box { size  5  3  5}  #长方体的长宽高
       appearance Appearance {
         material Material {
            diffusecolor 0  0  1 # 蓝色
}}}}
  ]
}
```

（a）代码

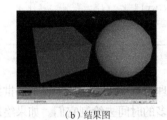

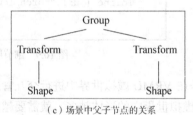

（b）结果图　　　　　　　　　　（c）场景中父子节点的关系

图 10.10　蓝色立方体和红色球体场景

Billboard 群组节点为它的孩子创建一个新的坐标系，但自动绕着某个旋转轴旋转以使坐标系的 z 轴始终指向用户。当用户移动时，群组的枢纽自动旋转，确保群组场景始终朝向用户。

Billboard 节点可以用于创建路边广告牌效果，它自动翻转出生动的广告画面以至于它总是朝向用户。也经常使用 Billboard 节点创建树、文本标签、符号和始终朝向用户的菜单。想象一下在虚拟世界中加入一棵树：可以用多边形来对每片叶子和每条树枝进行建模，但绘制时间会很长。取而代之，使用一张树的纹理图片，把它映射到一个简单的矩形上。用图像中的 alpha 管道把树的背景设为透明。为确保用户永远不会看到这棵平板树的边界，就可以采用 Billboard 群组来自动旋转树使之总是朝向用户，具体如图 10.11 所示。

④ 控制用户和形体的碰撞。虚拟世界中的所有形体都默认为固态以防止用户穿越它们。可以通过把形体集中在一个 Collision 群组节点并设置 collide 域的真假值来改变这一情况。当设为真时，群组中的形体是可碰撞的；当设为假时，群组中的形体不可碰撞并且用户可以穿越它们。

每当用户前进一步时，VRML 浏览器就会进行碰撞检测的计算。这些计算要求浏览器检测场景中的每个形体或者形体群组，它显然要付出高昂的代价。为了加速计算，可以为 Collision 群组提供一个代理形体，此代理形体在碰撞计算中代替原有形体。一个复杂的形体，如汽车，在碰撞检测中可以用一个简单的代理形体，如用长方体来代替它。此代理形体仅用于碰撞检测而永远不会被绘制，所以它不需要任何外观信息。

```
Billboard {
    axisOfRotation 0.0  1.0  0.0
#旋转轴设定绕 Y 轴旋转，使之面朝用户
    children [
            Inline { url "tree.wrl" }
    ]
}
```

　　　　　　（a）代码　　　　　　　　　　　　　　　　（b）结果图

图 10.11　Billboard 群组的旋转形体举例

　　一个 Collision 群组的使用具有很强的技巧性，使用这些技巧可以在虚拟世界中加入一堵实在的、可视的墙，如环绕于某一参照物的虚拟世界边界的墙。首先，创建一个 Collision 群组，设为可碰撞，设代理形体为一堵几何描述的墙，同时使群组中的任何孩子都不被绘制。现在，当用户靠近此墙，他会被阻止继续前进而不能穿越这堵墙，这将不产生任何绘制开销。

　　（5）建立环境

　　建立的各个形体将组成欲创建的虚拟世界中的主要事物。为把它们置于虚拟环境之中，VRML 提供了几个节点来定义形体周围的环境。Environment 节点能设置灯光，布设形体之后的背景，开启雾效，并控制置于虚拟世界之中的回音效果。

　　① 加入光照。VRML 浏览器提供了一个默认的置于用户虚拟额头上的前灯，并指向虚拟世界。用户可以通过使用一个或者多个 VRML 的 DirectionalLight、PointLight 和 SpotLight 节点在场景中加入额外的灯光。每个节点都包含若干个域，这些域涉及开启灯光、设置颜色和亮度、控制灯光在虚拟世界中对全局环境光的影响因素等。

　　一个 DirectionalLight 节点使平行光射向指定方向，而 PointLight 节点则放置一个光源，光源向各个方向辐射光线。一个 SpotLight 节点使灯线从一个点射出，指向某个方向，但光线被限于一个锥体内，当然可以控制这个锥体的展角。大多数的 VRML 世界包含了多个光节点以建立现实而生动的效果。例如，图 10.5 所示的锥体使用分置于左右两侧的黄色和红色 DirectionalLight 节点，外加一个浅蓝色的 PointLight 节点在内照明。

　　② 设置背景。VRML 世界中的默认背景色是黑色的。可以通过使用 Background 节点创建出更加花哨的背景。此类节点的域可以在环绕虚拟世界的广阔天空中创造颜色梯度，用它也可在与天空交汇于一体的低地表半球(lower ground hemisphere)中使用颜色梯度。skyColor 和 groundColor 域提供了一系列渐变颜色。skyAngle 和 groundAngle 域则分别列出了在天空球面和地表半球的哪个位置着色。

　　除了天空和地面的颜色梯度，也可以在虚拟世界中把全景图像贴于地表半球内全景盒的 6 个面之上。利用全景图像可以在地平线上加入山峦，如图 10.12 所示的那样。如果使用全景图像并开启 alpha 通道把全景图像的部分设为透明，天空球面和地表半球的颜色渐变将透过全景图像展现出来。Background 背景节点用于在当前坐标系中创建全景空间背景和天体空间背景。skyColor 用于设定天空的颜色，可以由一系列 RGB 值进行设定。skyAngle 域值用于设定空间着色位置所

需的空间角，用弧度表示。而 frontUrl、backUrl、leftUrl、rightUrl、topUrl 和 bottomUrl 6 个域的域值分别指定全景空间前、后、左、右、上、下 6 个侧面的背景图像。

```
Background {
  skyColor [
    0.0 0.0 0.0,   0.0 0.0 0.0,
    0.0 0.0 0.5,   0.7 0.7 0.7
  ]
  skyAngle [1.07, 1.37, 1.57]
  frontUrl "mntns2.png"
  backUrl  "mntns2.png"
  leftUrl  "mntns2.png"
  rightUrl "mntns2.png"
}
```

（a）代码　　　　　　　　　（b）结果图

图 10.12　创建一个山的全景背景

③ 使用雾效。加入一点雾气效果可以为户外的 VRML 世界增加真实感。更重要的是，雾建立起一个最大的可视范围。在此范围之外的形体被雾完全模糊了，并且可能在不知不觉中因 LOD 群组而不予绘制。VRML 提供的两种雾类型都由 Fog 节点控制。线性雾效随用户距离的增加而线性增大，而指数雾效则随着用户距离的增加按指数级增加雾气浓度。无论选用哪种，Fog 节点的域可以选择雾的颜色和可视范围。图 10.13（b）所示为用雾气来使远处山脉显得略暗的效果。

```
Fog {
    fogType "LINEAR"  #雾的浓度线性增大
    color 0.3 0.25 0.1  #色彩设定
    visibilityRange 50.0  #可视范围
}
```

（a）代码　　　　　　　　　（b）结果图

图 10.13　使用雾效模糊远处形体

④ 加入音效。任何一个游戏玩家都会知道，声音可以对环境的真实性产生震撼的效果。远处凶悍的咆哮和在角落里逐步逼近的阴森的脚步声使得玩家心跳加速。使用 VRML 的 Sound 节点，可以加入合适的音效，如旁白或者虚拟世界中的背景音乐。

Sound 节点在虚拟世界中放置声音扩散器，就像在起居室中放置一个家庭音轨扩音器。由 Sound 节点发出的声音真实地随用户在场景内走动而转动。节点中的域控制着声音域内外椭圆的大小和方向。当用户靠近发音器并且在内椭圆时，可以听到最大的音量。当用户从内椭圆走到外椭圆时，音量也随之下降，而当用户离开外椭圆则听不到声音。

声音通过一个取自两种声源节点之一的 Sound 节点发声器来播放。AudioClip 声源节点选择 WAV 或者乐器数字界面（MIDI）声音文件作为声音来源，而 MovieTexture 节点支持 MPEG-1 影视文件的音轨。无论哪种方式，节点中的域允许开始和停止播放，并能进行循环播放控制。VRML 的动画特性能够进一步在用户用鼠标点击形体时或者进入一个房间、或者撞上一堵墙时发出声音。

（6）控制如何观察 VRML 虚拟世界

当把 VRML world 文件加载入 VRML 浏览器时，3D 位置默认设在 z 轴从世界中心朝外 10 个单位之上。此视点可通过若干个 Viewpoint 节点来覆盖。各个节点设置一个视点位置、方向和摄像机的视场。此外，还可以为视点加入简短的文字描述以使 VRML 浏览器能在用户接口菜单中给出用户视点。同时可以在视点菜单中给出建议，告诉用户在虚拟世界中的哪个视点更为有用，更具吸引力。

VRML 的导航类型选择用户借由 VRML 浏览器的接口特性来改变其视点位置和朝向的方式。漫游导航类型配置了允许用户前进、后退、转向、朝上看、朝下看的接口。飞行导航类型使用户在场景周围飞行。最后，检视类型使得用户能够像对待一个近在咫尺之间的物体那样来检视虚拟世界，它允许把物体放大和缩小。

用户可以通过加入 NavigationInfo 节点来选择使用何种导航类型。例如，在游戏世界中，可能会限制用户只能走动，以防止他们飞越障碍物。在科学可视化虚拟世界中，可能会更倾向于用户使用检视导航类型。

NavigationInfo 节点也提供了各种各样的域来开启或者关闭默认的前灯以及设置各种关键属性来对某个用户进行具体化。这种具体化定义了用户在虚拟世界中的外观，包括他们的高度、宽度和运动速度，还有他们所能跨越的最大障碍物高度。当用户漫游或者飞行时，这些特性控制他们在虚拟世界中穿行的方式，如具体化人物的宽度，定义了在用户的运动被阻止之前用户能够接近可碰撞形体的程度。

（7）激活 VRML 虚拟世界

使 VRML 成为场景描述语言的原因是它具有既能描述形体、环境，又能描述动画的能力。VRML 动画能产生不同位置、方向和大小的形体，可以改变形体的颜色和透明度，可以改变纹理的映射，摆动挤压形体，闪烁灯光，触发音效等。

① 写一个动画电路。VRML 的动画特性把所有的节点看成电子电路中的一个组成部分。就像印制电路板上的一块芯片，VRML 节点可以有输入和输出。通过把这些节点连接起来，可以创建一个"动画电路"，数据可在此电路上流动。随着数据流出一个节点再流入另一个节点，使得场景发生变化。例如，可以使用 interpolator 节点来自动生成 3D 位置、朝向或者缩放因子，可以把缩放因子放入 Transform 群组节点加以变换。可以把其他的插值器连入 Material 节点的颜色或透明输入值，以此改变一个形体的外观等。

把两个节点连接起来的线称为路径。在路径上流动的数据称为事件。一个节点的输入和输出称为该节点的输入事件（eventIns）和输出事件（eventOuts）。对一个接收节点而言，即使数据从一个输出事件流入一个输入事件也是有意义的。例如，可以从一个节点发出一个旋转值，而该值又成为另一个节点的颜色输入。

OrientationInterpolator 朝向插补器节点用于产生场景造型旋转的动画效果，该节点并不创建造型，而是作为任何组节点的子节点。key 域的域值用于设定一组时间关键点的列表，每一个关键点是一个浮点时刻值，与接收到的输入事件 set_fraction 相对应，要求依次递增排列。keyValue 域值用于设定一组三维旋转关键值列表，包含 4 个数值，前 3 个值设定旋转轴的 x、y、z 分量，第 4 个值设定旋转角度。set_fraction 为输入事件，用于不断接收来自时间传感器发出的时刻比例数值。每收到一个时刻值，OrientationInterpolator 就在该时间和其相应的旋转关键值的基础上计算一个新的旋转值子列表，并通过 value_changed 输出事件发送出去。

连接两个节点间的路径，可以先为每个节点定义一个名字。其方式如下：键入 DEF，紧接着是在节点之前的合适的任何名字。例如，在图 10.14 所示的例子中，名字 SpinMe 用来定义

Transform 节点，而 SpinTime 和 SpinPath 则分别被用于定义文件中的另外两个节点。一旦节点被命名，便可以通过如下方式连接它们：键入 ROUTE，然后跟着一个节点名、点和输出事件，然后键入 TO、另一个节点名、点和输入事件，就像图 10.14 代码最后几行呈现的那样。不同类型的节点有不同的输入事件和输出事件。通常，如果一个节点有一个称为 rotation 的域，则该节点拥有一个名为 set_rotation 的输入事件，它用于设置 rotation 域，同时还有一个输出事件，它用于发送名为 rotation_changed 的变化值。例如，Transform 节点 SpinMe 有一个 set_rotation 输入事件，它与图 10.14 中第 2 条路径相连。一旦使用此路径，每次这个 SpinPath 节点发送旋转事件，Transform 群组节点的旋转情况就会随之被设定，导致此群组的节点跟着旋转。

```
DEF SpinMe Transform {
    children [
      Inline { url "shapes.wrl" }
      ]
}
DEF SpinTime TimeSensor {
    cycleInterval 10.0
    loop TRUE
    startTime 1.0   #从1970年开始
    stopTime 0.0   #从不停止
}
DEF SpinPath OrientationInterpolator {
    key [0.0, 0.25, 0.5, 0.75, 1.0]
    keyValue [
    0.0  1.0  0.0  0.00  # 0.0时点
    0.0  1.0  0.0  0.00  # 0.25时点
    0.0  1.0  0.0  0.00  # 0.5时点
    0.0  1.0  0.0  0.00  # 0.75时点
    0.0  1.0  0.0  0.00  # 1.0时点
    ]
   }
ROUTE SpinTime.fraction_changed
  TO SpinPath.set_fraction
ROUTE SpinPath.value_changed
  TO SpinMe.set_rotation
```

（a）代码 　　　　　　　　　　　　　　　　　　（b）结果图

图 10.14　建立旋转形体的动画电路

② 感知时间的流动。为建立起 VRML 动画电路，需要把一串不同的节点连接起来，这些节点专门负责动画的不同方面。此链条的第一个节点通常是一个 TimeSensor 节点，它用于感知时间的流动。随着时间的流动，此节点输出新的时间值，就像时钟滴答走动。这些时间值一般被送入需要使用时间来计算新的平移、旋转或尺度变换的计算节点，然后被送到 Transorm 节点或者其他节点。

TimeSensor 节点输出两种类型的时间值：绝对时间和部分时间。绝对时间给出了从格林尼治标准时间 1970 年 1 月 1 日 00：00：00 至今的总秒数（这是一种在许多应用程序中常用的统一时间起点计算方式）。绝对时间总是向前走。相比之下，部分时间是对时间的一种抽象表述，它利用 0 到 1 和从 1 变回 0 来衡量时间。

可以用绝对时间在将来的某个日期和时间触发动画。然而，大多数的 VRML 动画利用部分时间来建立由 VRML 用户感知节点触发的要么循环要么单帧（one-shot）的动画。

TimeSensor 节点中域设置了开始和结束的绝对时间，而循环间隔则定义了感知器在未回环至下一循环前从部分时间 0 运行至 1 所经历的时间跨度。也可以禁用循环，迫使感知器在播放一遍后就停止，仅在一个循环中播放。此链中的第一个节点往往是一个 Tihanged 输出事件。图 10.14 所示为一个 TimeSensor 节点，名为 SpinTime，它被设成从 1970 年起，每隔 10s 一个循环，并一直循环下去永不停止。fraction_changed 负责输出 0.0～1.0 的时刻比例数值，1.0 表示时间周期结束。

③ 在路径上插值。可以使用 VRML 中 6 个插值节点之一来把一个 TimeSensor 节点的部分时间值转成平移、旋转、颜色透明或者任何其他所需的数值。各个插值节点包含了多个域，这些域允许提供动画路径上一系列的关键数值。此节点在关键值间进行线性插值，遍历动画路径并输出从 value_changed 事件中输出的中间数值。要控制从此关键值到下一关键值的时间，可以对每个关键值提供部分时间。

所有的 VRML 插值器都使用类似的方法，不同之处主要在于其使用的关键值的类型不同。PositionInterpolator 节点使用的关键值为 3D 坐标（或者平移值），而 OrientationInterpolator 节点使用旋转值。ColorInterpolator 节点使用颜色值，NormalInterpolator 节点使用尺度的浮点值。CoordinateInterpolation 节点则与上述这种模式有些许不同，主要体现在它是在一系列的坐标值间进行插值。例如，可以使用一个 CoordinateInterpolator 并通过激活一个 Extrusion 节点脊线上一系列坐标或者激活一个 IndexedFaceSet 节点中坐标列表上的坐标来建立几何图形。

图 10.14 所示的例子把这些都放在一起，它用 TimeSensor 节点生成循环的部分时间值，这些时间值用于驱动一个 OrientationInterpolator 节点。此插值器的关键值包含了 y 轴上 5 个旋转角渐变的旋转。部分时间的关键值把这些关键值设为部分时间 0，0.25，0.5，0.75 和 1。例子末尾的描述词 ROUTE 连接了这些节点，把 TimeSensor 节点的部分时间值送至插值器，再把插值器的 value_changed 旋转值送至 Transform 节点。随着动画的播放，Transform 节点的坐标系绕 y 轴，对其内部的形体进行旋转。图 10.15 所示为 TimeSensor 的另一个简单应用。

```
#VRML V2.0 utf8
Shape {
  geometry Sphere { radius 3 }
  appearance Appearance {
    material DEF M Material
    { diffuseColor 1 0 0 }
  }
}
DEF CI ColorInterpolator {
 key [0 .2 .4 .6 .8 1] #关键帧漫游
 keyValue [1 0 0, 0 1 0, 0 0 1, 1 1 0, 1 0 1, 1 0 0] # 色彩
}
DEF TS TimeSensor {
  loop TRUE
  cycleInterval 5  # 5秒循环
}
ROUTE TS.fraction_changed
 TO CI.set_fraction
ROUTE CI.value_changed
 TO M.set_diffuseColor
```

(a) 代码

图 10.15　一个颜色不断变化的球体

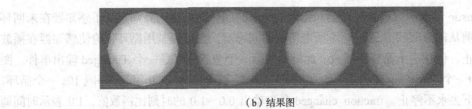

（b）结果图

图 10.15　一个颜色不断变化的球体（续）

VRML 插值器可以用多种有用的方式进行连接。可以用一个 PositionInterpolator 来变动一个 Transform 群组节点的平移、一个 PointLight 节点的定位或一个 Viewpoint 节点的位置。也可以使用一个 ScalarInterpolater 来变更形体透明度或者光强。甚至可以使用一个 ScalarInterpolator 来变更其他的插值器，使得十分复杂的从部分时间值到插值器数值的映射成为可能。

（8）获取用户输入

许多 VRML 节点能够感知用户，使得程序能够在他们点击形体或者进入虚拟世界的某个特殊区域时触发动画。9 个 Sensor 节点为 VRML 提供了原始的内置的用户交互。Sensor 节点通过 ROUTE 声明与其他节点结合，对场景产生明显的作用。

Sensors 有 2 种：基于环境的和基于输入设备的。基于环境的 Sensors 共有 4 种：Collision、ProximitySensor、TimeSensor 和 VisibilitySensor。Collision 传感器设置碰撞检测状态，并且检测玩家的虚拟形象与场景中的几何体之间的碰撞，这在前面已经介绍过了。

基于输入设备的 Sensor 有 5 种：Anchor（在前面已经介绍过了）、CylinderSensor、PlaneSensor、SphereSensor 和 TouchSensor。这些 Sensor 检测和重现用户在输入设备上的操作。

① 感知用户的鼠标。一个 TouchSensor 节点监视用户的输入设备（通常是鼠标）。当鼠标置于被感知形体群组之上时，此节点跟踪鼠标的位置，一旦用户点击某个形体，节点便产生点击时间。通常，这个点击时间被转成 TimeSensor 节点的开始时间，以启动动画。如果有必要，TouchSensor 节点也可以提供细节信息，包括用户所击形体的 3D 位置、法向量和纹理坐标。

VRML 的 CylinderSensor、SphereSensor 和 PlaneSensor 节点提供了特殊用途的感知器，这些感知器能够跟踪用户鼠标同时随着点击、拖曳动作而产生旋转和平移。CylinderSensor 节点利用鼠标拖曳一个绕着垂直轴旋转的形体来产生旋转效果，就像在旋转一个大车轮。SphereSensor 节点利用鼠标拖曳一个绕着任意轴旋转的形体来产生旋转效果，就像在旋转一个地球仪。最后，一个 PlaneSensor 节点把鼠标拖曳动作转换成在平面上的平移。

② 感知用户的位置。ProximitySensor 节点追踪置于所创建虚拟世界之中的用户的位置，观察合适用户进入或者离开一个特殊区域。当进入或离开时，该节点输出相应的绝对时间。可以利用进入时间来触发一个动画效果，例如，当用户进门时推开一扇门，然后当用户走出时，再利用用户的离开时间来关闭这扇门。图 10.16 所示为 ProximitySensor 的一个简单应用。在这个例子中，ProximitySensor 检测到用户靠近盒子并发出声音警报，同时 Collision 需要在"力场"中关闭碰撞检测。

当用户在感知区域内走动时，ProximitySensor 节点也可以不断地输出用户的 3D 位置和方位。在游戏场景中，可以利用这些域值来操纵怪兽走向无助的玩家。

Collision 碰撞传感器节点用于从浏览者所在的方位，感知用户与该组中任何子节点造型发生碰撞动作。在 Sound 声音节点中，source 域值可以是 AudioClip 节点或者 MovieTexture 节点，前者只能出现在 source 域中，只能引入 WAV 和 MIDI 文件。spatialize 域值用于设定声音播放文件是否经过立体化处理。minFront 域用于设定声音传播的最小前点，其余的依此类推。

```
#VRML V2.0 utf8
DEF PS ProximitySensor { size 20 10 20 }
Collision {
     collide FALSE #该造型不进行碰撞检测
     children Shape {
       geometry Box { size 20 10 20 }
       appearance Appearance {
         material Material {
           transparency 0.75
             #设置物体的透明度为 0.75
           diffuseColor 1 1 0
}}}}}
Shape {
geometry Sphere { radius 2 }
appearance Appearance {
  material Material { diffuseColor 1 0 1}
}}
Sound {
source DEF ALARM AudioClip #source 域值用于设定声源
{ url "alarm.wav" }
spatialize FALSE
minFront 20 minBack 30
maxFront 20 maxBack 30
}
Viewpoint { position 0 0 30}
ROUTE PS.enterTime TO ALARM.startTime
ROUTE PS.exitTime TO ALARM.stopTime
```

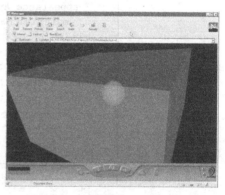

（a）代码　　　　　　　　　　　　　　　　（b）结果图

图 10.16　ProximitySensor 的例子

VisibilitySensor 节点也能追踪用户，观察在什么时候从一个区域进入或者离开用户的视线。一旦进入或离开，该节点输出相应的绝对时间，可以利用这个时间来触发动画。

（9）扩展语言

如果所有的这些节点还不够，用户可以自己写自定义的插值器、Java 中的感知器和 Script 感知器中的 JavaScript 来扩展 VRML 语言。用户的 Script 节点的接口描述了自定义的输入和输出事件，可以在事件发生器（通常都是传感器节点）和事件接收者之间插入，这使得新的改动和节点可以融入到原有虚拟世界的 VRML 动画中。图 10.17 所示为使用 Script 节点创建一个按钮的简单例子，其中把按钮封装成了可重用对象的部分。Switch 选择开关节点中的 whichChoice 域值用于设定所要选择的子节点的指针序号，域值为 0 时浏览器显示第 1 个子节点的场景造型；域值为 1 时浏览器显示第 2 个子节点的场景造型，依此类推。choice 域值用于设定子节点场景造型列表。图 10.17 所示的代码的运行结果就是将鼠标移至球体上将变成可触摸的小手。

① Animation interpolators（动画插值器）。Interpolator 节点内置了可以进行简单动画计算的脚本。它和 TimeSensor 以及其他一些节点整合在场景图中以后可以控制物体的移动和变化。Interpolator 节点有 6 种，分别是：ColorInterpolator、CoordinateInterpolator、NormalInterpolator、OrientationInterpolator、PositionInterpolator 和 ScalarInterpolator。图 10.15 所示就是一个使用

ColorInterpolator 来改变物体颜色的简单例子。

```
#VRML V2.0 utf8
Group { children [
  DEF TOS TouchSensor {}   #激活之前采用球体
  DEF SW Switch {
   whichChoice 0
    choice [
     Shape {          # 关闭按钮
      geometry DEF SPH Sphere {}
      appearance Appearance {
       material Material { diffuseColor .3 .2  0 }
    }}
Shape {             # 打开按钮
    geometry USE SPH
     appearance Appearance {
      material Material { diffuseColor .3  .2  0 }
    }}
  ]}
DEF Toggle Script {
  eventIn SFTime touch   #触摸激发事件
  eventOut SFInt32 which_changed
  url "javascript:
      function initialize() { which_changed =0; }
      function touch(value, time) {
      which_changed = ! which_changed; // Toggle
      button value
  }"
  }
]}
ROUTE TOS.touchTime TO Toggle.touch
# 触发脚本
ROUTE Toggle.which_changed TO SW.set_whichChoice
# 绑定按钮
```

图 10.17 Scripting（脚本）的例子

② Prototyping（原型）：封装与重用。VRML Prototyping（PROTO）描述了一种新的节点类型，它封装了任意一组其他的 VRML 节点、脚本和动画序列。使用 PROTO，可以扩展语言，封装并隐藏细节，这类似于编程语言 Java 和 C++中的类。Prototyping 机制使得 VRML 更易用，同时也减小了 VRML 文件的体积。图 10.18 所示的例子是在图 10.17 所示的例子之外创建了一个按钮的原型，并且用它创建了一个由两个按钮组成的号码锁。field 定义了域类型和域名，在本例中是一个节点（球体）。

VRML 97 可以使 VRML 场景在万维网上传输。Inline 节点可以包含存储在其他任何网页之上的 VRML 文件。EXTERNPROTO 声明允许引用网络上新的 PROTO 定义（一种新的节点类型）。EXTERNPROTO 通常可以在 VRML 文件的外部定义节点。另外，它还为 VRML 提供了基本的可延展机制。

图 10.19 所示为建立了一个外部原型，该原型指向图 10.18 中定义的原型。EXTERNPROTO 声明直接指向一个虚构的 URL http://www.foo.com/Button.wrl，在图 10.18 中，它包含了 PROTO 声明。

```
#VRML V2.0 utf8
PROTO Button [
  field SFNode geom Sphere{}
  eventOut SFInt32 state_changed ]
 # 定义了 PROTO 原型，但没有具体实例
{
 #与图 10.17 的代码完全相同 (略)
}
# 绑定按钮
# 下面创建两个新按钮
Transform {
  translation  -2  0  0 #变换后坐标原点与原始坐标原点在 X、Y、Z 3个方向上的距离
   children DEF B1 Button {geom Box{}}
}
Transform {
   translation  2  0  0
  children DEF B2 Button {geom Cone{}}
}
#脚本创建了联合锁，当按钮 1 关，按钮 2 开的时候将触发该锁
DEF TwoButtons Script {
  field SFInt32 b1 0
  field SFInt32 b2 0
  eventIn SFInt32 set_b1
  eventIn SFInt32 set_b2
  eventOut SFTime startTime
  url"javascript:
    function  set_b1(value, time) {
        b1=value;
      if((b1==0)&&(b2==1))
          startTime=time;
  }
    function  set_b2(value, time) {
       b2=value;
    if((b1==0)&&(b2==1))
        startTime=time;
  }"
}
DEF T Transform { children [
  Shape{ geometry Sphere { radius 0.01 }}
   # 半径为 0.01 的球体
DEF SI PositionInterpolator {
  #
 key [0.0  0.999 1.0]
 keyValue[0.01 0.01 0.01 1000.0 1000.0 1000.0 0.01 0.01 0.01]
  }
  DEF TS TimeSensor {}
]}
ROUTE B1.state_changed TO TwoButtons.set_b1
ROUTE B2.state_changed TO TwoButtons.set_b2
ROUTE TwoButtons.startTime TO TS.startTime
ROUTE TS.fraction_changed TO SI.set_fraction
ROUTE SI.value_changed TO T.scale
```

（a）代码

（b）结果图

图 10.18　原型的例子

```
#VRML V2.0 utf8
EXTERNPROTO Button [
  field SFNode geom
  eventOut SFInt32 state_changed ]
http://www.foo.com/Button.wrl
Button { geom Box{} } # 实例化一个按钮
```

图 10.19　外部原型的例子

10.3.3　分布式虚拟现实系统

1. 分布式虚拟现实系统的定义及特征

分布式虚拟现实（Distributed Virtual Reality，DVR）又称网络虚拟现实（Networked Virtual Reality，NVR），其目标是建立一个可供异地多个用户同时参与的分布式虚拟环境（Distributed Virtual Environment，DVE）。在这个环境中，位于不同物理位置的多台计算机及其用户，可以不受其各自的时空限制，在同一个共享虚拟环境中实时交互、协同工作，共同完成某一复杂行为动作的设计或某一大型任务的演练。它特别适合用于实现对造价高、危险、不可重复、宏观及微观事件的仿真。DVR 技术是 VR 技术和网络技术相结合的产物，具有如下特征。

（1）分布式。各个仿真主体位于多个不同的物理位置，使用不同的时间和空间计算方法。各个终端时钟的不同步，以及网络自身所不可避免的传输时延等因素都将导致各个仿真主体在同一个虚拟环境中共同完成同一个仿真过程时，时间与空间上的不一致。这种时空的不一致都将导致错误或不精确的仿真结果，因此需要有相关技术来保持共享虚拟环境的一致性，包括时间与空间的一致性以及环境中仿真对象特征和行为的一致。

（2）交互性。交互性也是虚拟现实最为显著的特征。基于网络的分布式虚拟现实系统中人机之间的交互，在计算机与网络共同构建的虚拟环境中的各仿真实体与仿真环境之间、仿真实体之间以及仿真环境之间的交互等共同构成了分布式虚拟现实系统的交互性特征要素。

（3）实时性。作为 DVR 的特性之一，交互的实时性极大程度地影响了整个系统执行质量以及稳定程度。在 DVR 系统中，可能的延迟主要有网络传输时延、终端计算时延、声音与图像视频等多媒体数据采集与渲染等造成的时延等。在较为人性化的分布式虚拟现实系统中应当尽可能地减少或避免时延。

（4）共享性。DVR 的多个用户共享这一虚拟空间，使得伪实体的行为具有真实感，他们将共享时钟、信息以及环境中的各种资源。

2. 分布式虚拟现实系统的模型结构

分布式虚拟现实系统的模型结构可以分为数据模型与计算模型。数据模型包括集中式结构与复制式结构；计算模型有 DS 模型（Decoupled Simulation Model，分解仿真模型）与 MPSC 模型（Modifier Presenter Sensor Controller Model，修改—展示—传感—控制模型）。各种模型结构满足的需求也有所不同，应根据实际情况选择使用。

3. 分布式虚拟现实系统的网络通信和多协议模型

在设计和实现 DVR 系统时，必须考虑以下网络通信因素。

（1）带宽。网络带宽是虚拟世界大小和复杂度的一个决定因素。当参加者增加时，带宽需求也随着增加。这个问题在局域网中并不突出，但在广义网上，带宽通常限制为 1.5Mbit/s，因为通过 Internet 访问的潜在用户数目是巨大的。

（2）发布机制。它直接影响系统的可扩充性。常用的消息发布方法为广播、多播和单播。其中，多播机制允许任意大小的组在网上进行通信，它能为远程会议系统和分布式仿真类的应用系统提供一对多和多对多的消息发布服务。

（3）延迟。影响虚拟环境交互和动态特性的因素是延迟。如果要使分布式虚拟环境更具有真实感就必须实时操作。对于 DVR 系统中的网络延迟可以通过使用专用连接，对路由器和交换技术进行改进，快速交换接口和计算机等方式来改善。

（4）可靠性。在增加通信带宽和减少通信延迟这两方面进行折中时，则要考虑通信的可靠性问题。可靠性要由具体的应用需求来决定。有些协议要求有较高的可靠性，但传输速度慢，反之亦然。

由于在 DVR 系统中需要交换的信息种类很多，单一的通信协议已不能满足要求，这时就需要开发多种协议，以保证在 DVR 系统中进行有效的信息交换。协议可以包括：连接管理协议、导航控制协议、几何协议、动画协议、仿真协议、交互协议、场景管理协议等。在使用过程中，可以根据不同的用户程序类型，组合使用以上多种协议，如图 10.20 所示。

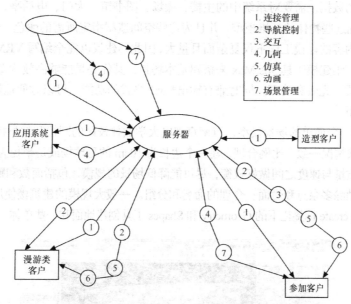

1. 连接管理
2. 导航控制
3. 交互
4. 几何
5. 仿真
6. 动画
7. 场景管理

图 10.20　不同客户需要使用不同的协议

分布式虚拟现实系统使得"网络就是计算机"的观点更为深入人心。基于网络，异地终端之间可以在同一个虚拟环境中实现多任务的实时交互，不仅进一步缩短了项目计划执行的时间、极大程度地为用户节省了资源与资金，而且也使得并行处理与多任务调度等计算领域理念在时间与空间上都得到了扩展。

10.4　基于 VRML 语言的虚拟现实场景实例

10.4.1　南京邮电大学校园导游系统

本小节以南京邮电大学三牌楼和仙林校区为原型，利用 VRML 语言来构建虚拟校园导游系统。

1. 材料收集和模型建立

在利用 VRML 语言编写代码之前，首先要收集和处理南邮校园导游系统建立过程中所要用到的一些材料和模型。

（1）数据的收集

为了使场景真实，需要在校园里实地采集数据，包括测绘建筑物的平面、立面、剖面图、校园俯瞰图等，拍摄主楼、操场、图书馆、地形图、建筑单体的数码照片，同时对窗户、门径长宽尺寸进行测量，画出建筑草图。

此外，还要为材质贴图准备一些小型图片，如砖纹图片、门窗图片等。这种材质贴图一般有不透明贴图和透明贴图两种。不透明贴图可通过近景摄影得到照片，然后扫描数字化，以 Rgb 格式存储，作为模型纹理库。透明贴图用图像处理软件处理透明贴图后得到，或者也可从其他资源获取现场拍摄不到的建筑或校园景观的纹理。贴图内容包括建筑物、道路、水面、树木、草地和公共设施。

（2）模型的建立

根据收集到的数据，需要对系统中的主楼、操场、图书馆、大门、电话亭、科技楼等大型物体进行建模，得到这些物体的三维模型，并且为这些空间造型指定所需的颜色、表面材质贴图等。

但是园景为内容的建模工作不仅复杂而且量大，因此不建议以完全编写 VRML 代码的方法去完成，而是选用三维建模工具 3ds Max 来搭建基本场景，其优势是能够高效构造复杂精细的三维模型，并添加材质、光效和动画，同时兼有输出*.wrl 格式的功能，可以方便地转化为 VRML 文件。具体步骤如下。

① 首先制作一个简单的场景模型，以南京邮电大学仙林校区的圆楼和教学楼为例。要注意场景的尺寸需与真实情况一致，比例合理，建一个边长为 10cm 的足球场或是半径为 10m 的杯子都是需要纠正的；在质量与速度之间做好权衡，尽可能降低场景的规模，包括面数和贴图量；对齐该对齐的面和顶点，消除多余点和烂面；合理的命名和分组。一般大规模的建筑楼使用 m 作为单位。

② 然后利用 create 标签栏下的 Geometry 和 Shapes 工具创建地面和一些单体，如图 10.21 所示。

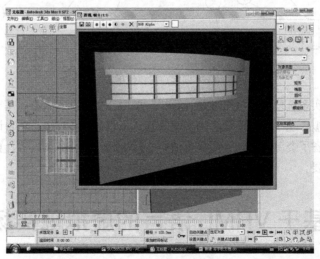

图 10.21　圆楼单体构造

③ 第 3 步采用 Line（直线）、Circle（圆形物）、Arc（弧线）等命令画出地面边框，然后用 Extrude（拉伸）命令把楼体进行纵向和横向的拉伸（必须在闭合线圈内）。楼体建好后，下一步就是挖窗户，做窗框，这是一项极其复杂的工程，主要使用 Box（体模型）和 Boolean（布尔运算）两个命令完成。然后用 Group（组命令）把窗、窗框等命名为一个整体，以方便以后调出使用（如

图 10.22 所示）。

④ 第 4 步开始运用 Extrude（拉伸修改器）、Loft（放样工具）、Boolean（布尔运算工具）和 Array（阵列工具）结合先前拍摄的数码照片进行细化建筑体（如图 10.23 所示）。

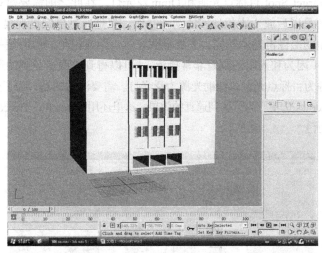

图 10.22　教学楼的基础模型

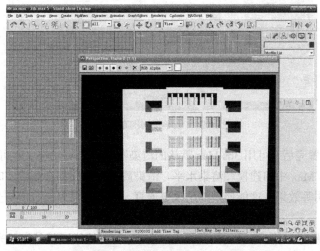

图 10.23　细化教学楼的初步模型

⑤ 建立好模型之后需要设置材质，打开材质编辑器，在此例中使用标准材质，对材质的其他参数和名称可以根据需要和习惯随意调节。另外，赋予玻璃质感的时候要求有反射，有透明真实感，所以要不断地改变参数来观察所想要的效果。

⑥ 对于灯光，是非常重要的工具，因为有了光线才有真实效果，才可以让观者有身临其境的感受。首先要建立一个摄像机（Camera），然后在其左右建立 Lights（Target spot），为了使建筑有立体感，可以在建筑里加上若干泛光灯，应用 Ray traced 阴影类型，调节各盏灯的参数，得到理想的效果，这需要使用下面几种编辑命令：Refraction（折射光贴图），Flections（反射光贴图）以及 Ray traced lighting（光线追踪）。

因为教学楼和圆楼的玻璃都需要透明材质，另外玻璃需要有反射和折射效应。对于高楼大厦，还需要有光源效应，因此需要着重研究折射、反射和光源的知识。具体步骤如下。

第 1 步，将要造成玻璃效果的面板调色，偏黄绿或蓝绿色接近真实玻璃的颜色，然后在 Bolin Basic Parameters 里面调节 Specula Level（镜面）、Glossiness（光泽）、Soften（软性）、Opacity（透明度）等参数数值，以达到想要的效果。

第 2 步，使用 Target Spot 目标点光源和 Omni 泛光灯。在此之前需要建立一部摄像机，因为无论是静态渲染图还是以后放入虚拟现实的动画制作，都是通过摄像机观察到的结果。3ds Max 中的摄像机和现实中的摄像机基本相同，主要参数在于焦距或视角，他们是一一对应的关系。一般用 50mm 摄像机（因为和人眼的视野非常接近），可以得到人眼所见到的逼真效果。布光方法很多，这里的主光源为目标点光源，辅助光源为泛光灯。需要注意的是，为了得到阴影，主光源的参数设置打开了 Shadows 选项。为了达到逼真的效果，这里还用了 adv.Ray Traced（光线追踪）的阴影类型（如图 10.24 所示）。

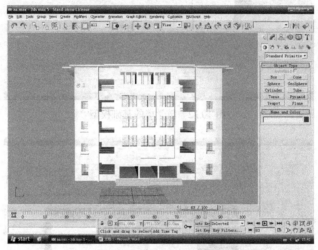

图 10.24　教学楼周围布设灯光

⑦ 灯光材质设置完后，可用 3ds Max 默认的渲染器 Scan line 渲染，也可使用高级光照渲染。实时效果依赖于 3ds Max 中的建模和渲染水平，渲染质量和错误都会影响实时效果。高级光照渲染可以产生全局照明等效果，这能使最终结果更逼真。当然也可以通过模拟全局光照的方法使用 Scan line 进行渲染。

为了加强真实感，在此使用 Max 的高级光照渲染。打开渲染面板的高级光照面板，选择 Light Tracer。调节参数，将 Bounces 设为 2，其他参数维持默认。

2．系统实现

在总体规划上，把整个校园化整为零，分割为多个子场景，实现文件分段下载和装入。

（1）三维模型转化为 VRML 文件

把用 3ds Max 创建好的主楼、操场、图书馆、大门、电话亭等大型物体的三维模型利用其 Import 和 Export 方法以 VRML 格式输出转化为各种相应的节点，这些节点相当于子场景。从 3ds Max 输出 VRML 文件，虽然已经能在网页中发布，但是场景物体不全、交互行为不足，所以还应该打开生成的*.wrl 文件对其代码做进一步的编写和完善。

（2）子场景的连接

为了保持漫游效果的真实，各空间场景需要做无缝连接。这就需要用到前面提到的 VRML 的内联（Inline）节点来解决各个子场景文件的自动链接。内联是将一个大的 VRML 文件分割成许多小分块，每一块包含一个独立的造型，最后将这些小文件组合在一起，构造出最终要得到的大文件。Inline 节点的 url 域不仅可以指定一个本地硬盘上的地址让浏览器找到并插入，也可以指定一个 Web 网上任何文件的地址，并让浏览器将其所指向的文件插入到场景中。内联节点提供了场景之间的链接能力，从而形成跨越因特网的三维多媒体。Inline 节点实际是在场景里的某个位置点（bboxCenter）设置一个约束框（bboxSize），该框通过 URL 与另一个 *.wrl 文件关联，视点看见 bboxSize 后才把该文件读入当前场景，显示其中的造型。以下是南京邮电大学主楼场景连接的实现代码，它通过上面所讲的方法把主楼这一建筑物场景跟其他场景结合在一起。

```
Transform {                        #主楼
    center          0  0  0
    rotation          0  0  1  0
    scale          1  1  1
    scaleOrientation  0  0  1  0
    translation      0  0.06  -118
    bboxCenter      0  0  0
    bboxSize      -1  -1  -1
    children
    [
        Inline {
            url
            [
                "zhulou.wrl"
            ]
            bboxCenter  0  0  0
            bboxSize    -1 -1 -1
        }
    ]
}
```

（3）利用 VRML 语言创建节点

一些 VRML 节点在 3D 场景中并不能直接创建出来，需要通过 VRML 语言来实现。对象及其属性用节点（node）描述，通过节点的创建就可以实现一个虚拟的校园，用到的主要节点描述如下。

① Transform 节点。在 VRML 文件中通过对坐标系平移和旋转形成新的处于不同位置和不同方向的空间坐标系。然后在新的坐标系中创建空间造型，这样就可以创建空间不同位置和方向上的几何造型和文本造型。

② NavigationInfo 节点。在浏览器上用 WALK 的方式来浏览整个虚拟校园。实现代码如下：

```
NavigationInfo {
    avatarSize      [ 0.25, 1.6, 0.75 ]
    headlight        TRUE
    speed          1.0
    type          ["WALK"]
    visibilityLimit    0.0
}
```

实际上，IE 浏览器中安装了 ParallelGraphics 公司的 Cortona 插件之后，就可以实现 WALK、FLY、STUDY 3 种功能。

③ Viewpoint 节点。用来确定观察校园建筑物的位置，代码如下：

```
Viewpoint {
    fieldOfView      0.785398
    jump          TRUE
    orientation      0 0 1 0
```

```
        position          0 1.7 30
        description       "Gate"
   }
```

④ Billboard 节点。在制作树的时候就应用到了 Billboard 节点，通过使用一幅背景透明的纹理图贴到竖立方体的表面，再把立方体放入 Billboard 的 Children 节点中，这样浏览者不论从哪个角度观察都将看到一棵完整的树。此方法既减小了文件又不影响真实效果，主要用它来制作树木、旗杆、路灯等比较对称的对象。

```
Transform {          #树
    translation    6 1.55 -42
    children
    [
     DEF TREE11 Billboard {
    axisOfRotation 0 1 0
    children
    [
        Shape {
                appearance Appearance {
                texture     ImageTexture {
                url
                [
                    "image\tree11.gif"
                ]
             }
        textureTransform   TextureTransform {
            center      0 0
            rotation    0
            scale       1 1
            translation 0 0
        }
    }
    geometry  Box {
                    size 1 3 0.01
                 }
              }
    ]
       }
    ]
}
Transform {          #左排树
    translation    -10 1.55 -5      # exposedField SFVec3f
    children
    [
        USE TREE11
    ]
}
```

上面的例子中使用了 DEF、USE 机制，那是因为在南京邮电大学虚拟校园中有许多对象是相同的，为减少代码及避免重复编程，对于在场景中多次使用的对象，如树、路灯等，可在该对象首次使用时用 DEF 给物体命名，以后仅需通过名字即可引用该物体。这样避免进行重复的设计工作，也大大减少了文件长度。

在比较大的场景中，浏览速度是一个较为突出的问题。为了有效地减少数据量，一般采用一个三维面附以树木的纹理贴图代替三维几何造型的方法来构造一颗树。VRML 支持 GIF 透明贴图，这样就可以有效地勾勒出一个树木的实际效果。当用户漫游场景时，由于观察者视点的变化，不能保证三维面法线方向与视线一致，一般可将两个或两个以上的三维面成一定的角度布置，这样就可以保证在大多数情况下获得一个完整的树木造型效果了，如图 10.25 所示。

图 10.25　纹理贴图代替几何造型的树示例

⑤ BackGround 节点。用来指定整个虚拟校园场景中的背景，其中包括天空、地面颜色的梯度设置。实现代码如下：

```
Background {              #背景
    groundAngle    1.57
    groundColor    [0.2 0.1 0.1,0.5 0.5 0.5]
    backUrl        ["image\cloud3.jpg"]
    bottomUrl      [ ]
    frontUrl       ["image\cloud3.jpg"]
    leftUrl        ["image\cloud4.jpg"]
    rightUrl       ["image\cloud4.jpg"]
    topUrl         ["image\cloud4.jpg"]
    skyAngle       [0.9,1.57]
    skyColor       [ 0.3 0.3 1,0.6 0.6 1 ,0.9 0.9 1 ]
}
```

⑥ 其他节点。所有形体及文字均用到 Shape 节点，分别由 appearance 给出外观效果，geometry 给出几何特征。

Anchor 节点用来使多个 VRML 产生链接，浏览者可以通过虚拟世界中和 Anchor 节点相链接的空间造型而跳转到预先设置好的另外一个场景。

ProxSensor 节点则可以在虚拟空间指定一个方形的区域，当浏览者进入到这个区域时就会触发一系列预先设置的动画效果，如进入南邮大门的喷泉动画效果。

LOD 节点保证在不降低浏览效果的前提下提高整个 VRML 空间的浏览速度。

（4）文件的压缩

VRML 的源文件是文本方式的，其中有许多不必要的回车符、空格符和 Tab 符，因此它的压缩潜力是比较大的。在最终的虚拟校园场景编辑完成后，使用 gzip 工具对 VRML 文件进行压缩，压缩成几乎原来文件大小的十分之一，而且完全不影响执行。VRML 浏览器会自动识别和解压 gzip 格式的压缩文件。

（5）效果演示

图 10.26 和图 10.27 所示用 Cortona 浏览器观察到的南邮校区三维导游图。

图 10.26　南邮三牌楼校区校门

图 10.27　南邮三牌楼校区操场与图书馆

10.4.2　分布式虚拟坦克战场

本系统使用 Java 技术实现与虚拟场景交互的方式，并运用 EAI（External Authoring Interface）外部编程来实现用户的可视化。同时采用 C/S 两层访问模式构造分布式虚拟战场的体系结构，以 Web 浏览器作为客户接口，Tomcat 作为服务器容器，My SQL 作为后台数据库。

1. 系统框架设计

基于 C/S 两层数据访问模式，采用 Socket 进行通信。系统框架可分为 5 个模块。

（1）服务端监控中心模块

该模块由一个应用程序来完成，主要是实现服务端数据和控制管理，它的任务是等待和接受各个客户的连接请求，利用后台数据库中的数据来对各个客户进行检验，并分配给每个有效的客户线程 id 号，开启一个新的线程处理新连接的客户，并将这些线程放在服务器端。

（2）多线程发送器模块

该模块是放在服务器端的，由一个线程的子类完成，它的首要目标是建立一个服务器端到客户浏览器的通信连接，创建一个输入/输出流。然后给这个客户相关的化身赋一个标识符，使得客户知道自己化身的标识符，并负责将各个化身的每个状态告知除它以外的其他客户化身。

（3）本地处理机模块

该模块是个 Java 小程序，它负责通知服务器本地用户在场景中的各种活动事务，并在该模块中将本地用户所执行的各种任务以及所处的状态，如位置和方向的改变、得失分情况等发送给多线程发送器；同时通过多线程接收器管理代表其他用户的化身，使每个分布式用户的场景在宏观上一致。

（4）多线程接收器模块

该模块也是由线程的子类完成的，它负责接收其他化身的状态变化，以此改变本地客户的 VRML 场景中其他化身的状态，使得本地浏览器能够感知到其他在线用户的存在和变化，帮助每个参与战争游戏的用户之间能够同步。

（5）后台数据库与维护模块

该模块运行在后台，是用来检测想要登录服务器的各个用户的用户名和密码的有效性。只有在用户有效的情况下，才允许其进入 VRML 场景，开始作战。

对应这些功能模块，其基本框架如图 10.28 所示。

其中，服务端和客户端之间采用 Socket 通信，并共同遵守规定的协议。服务器监控中心等待着新的客户连接，而在新客户连接之后，再通过后台的数据库检验客户的合法性。之后，各个客户可以进行交互活动，在本地处理机中处理本地虚拟场景中的客户化身，本地客户的任何动作以协议的形式通过多用户发送器发送到每个多用户接收器，其他用户再根据协议在本地处理机中处理该客户的动作行为。

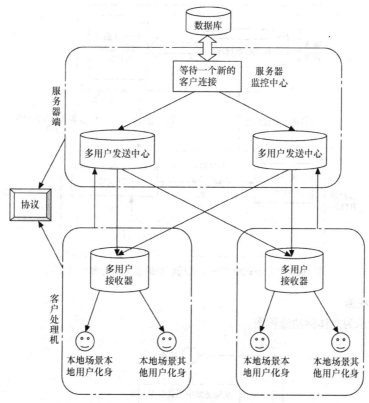

图 10.28　分布式虚拟战场系统基本框架

2. 系统框架的细化

（1）确定 SERVER 容器——Tomcat

在使用 EAI 外部接口实现用户界面的可视化时需要用到 Java Applet。但是 applet 存在安全性和 sandbox（沙盒）机制问题，即 applet 只能在一个沙盒内工作，在此区域外会抛出 SecurityException，所以使用 Tomcat 来作为 HTTP SERVER。在 Tomcat 处下载 applet，这样就可以使用 socket 来进行通信了，而免去 SecurityException 之忧。

在 Tomcat 中，应用程序的部署很简单，只需将 WAR(Web Archive)文件放到 Tomcat 的 webapp 目录下，Tomcat 会自动检测到这个文件，并将其解压。另外，Tomcat 也提供了一个应用：manager，访问这个应用需要用户名和密码，用户名和密码存储在一个 xml 文件中。通过这个应用，辅助于 FTP，可以在远程通过 Web 部署和撤销应用。当然本地也可以。

Tomcat 不仅仅是一个 Servlet 容器，它也具有传统的 Web 服务器的功能，即处理 Html 页面。但是与 Apache 相比，它的处理静态 HTML 的能力就不如 Apache。我们可以将 Tomcat 和 Apache 集成到一块，让 Apache 处理静态 HTML，而 Tomcat 处理 JSP 和 Servlet。

（2）确定后台数据库——MySQL

为了保证系统的可迁移性和可扩展性，为了将来能运用在 UNIX、LINUX 等非可视化的窗口中，决定使用 MySQL 作为后台数据库。

MySQL 是一个多用户、多线程的 SQL 数据库，是一个客户机/服务器结构的应用，它由一个服务器守护程序 mysqld 及很多不同的客户程序和库组成。

整个服务器端和客户端交互的过程如图 10.29 所示。

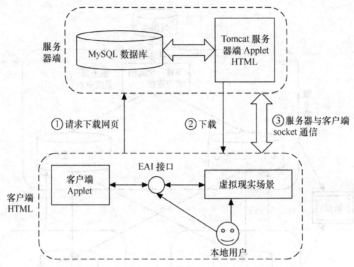

图 10.29　分布式虚拟现实战场模型的服务端与客户端交互

3.　系统流程图

图 10.30 所示为总体活动流程图。

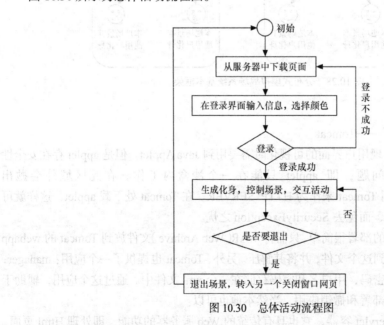

图 10.30　总体活动流程图

总体活动流程图实际上还应有更详细、更复杂的交互过程，这些不仅仅涉及本地用户，同时也涉及其他在线用户，包括登录活动、交互活动、退出活动等，图 10.31 所示为用户之间交互活动的流程图。

4.　虚拟战场中的各个场景的实现

将采用 VRML 建模语言（VRML 2.0 版本）等相关技术来构造一个分布式的虚拟现实战场，

要求其环境颇像一个露天野外军营，有山有景，可以看到蓝天、白云，也可以听到一阵阵蛐蛐声，而在该战场中作战的实体也是一个个用 VRML 建模语言构造出来的机器人原型，如图 10.32 所示。

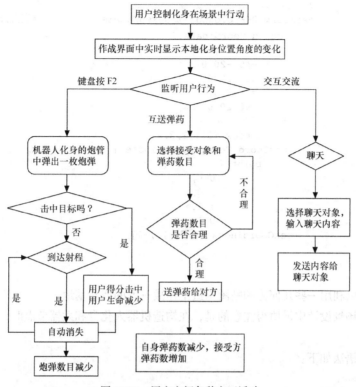

图 10.31　用户之间各种交互活动

图 10.32　虚拟战场场景

（1）首先在虚拟场景中需要构造的是整个战场的背景，如图 10.32 中所示的高山、白云、树木等，这些都是通过为几何体添加纹理而得到的。只要在固定大小的几何体上添加上合适的图片（这些图片只能是 JPG 或 GIF 格式的），就会产生奇特的效果，让用户感觉这就是图片中的物体。其中用 VRML 建模语言定义一朵白云的代码如下。

```
Transform {                    #定义云的形状
        translation   -100, -10, 0
        children Shape {
```

```
                    appearance Appearance {              #将云状贴图添加上
                        texture    ImageTexture {
                        url    "texture/yun1.gif" }
                    }
                    geometry DEF clound2 IndexedFaceSet     {      #定义云状大小
                        coord Coordinate {
                            point [
                            -40 -20 0,
                            40 -20 0,
                            40 20 0,
                            -40 20 0    ]
                        }
                        coordIndex [0,1,2,3,-1]
                        texCoord TextureCoordinate {
                            point [
                                0 0,
                                1 0,
                                1 1,
                                0 1    ]      }
                        texCoordIndex [0,1,2,3,-1]
                    }
                }
            }
```

同理，也可以利用一些几何体和贴图构造出作战三方的战斗基地。

（2）在虚拟场景设计中最值得注意的是，在构造机器人化身和武器节点时，所构造的是一个个原型。

① PROTO 语法如下：

```
PROTO   <name>[
eventIn   <eventType><name>
eventOut  <eventType><name> <initial field value>
field  <fieldType> <name> <initial filed value>
exposedField <fieldType> <name> <initial field value>
]{
<definition>
}
```

PROTO 声明中包括 3 部分：新节点类型的名字、新节点参数的声明和节点自身的定义。

根据上述语法，在分布式虚拟现实战场模型中，化身的原型定义为：

```
PROTO  AVATAR[           #定义化身的原型
exposedField SFVec3f mantrans 0 0 0                    #声明化身的位置
exposedField SFRotation manrotation 0 1 0 0           #声明化身的旋转角度
exposedField SFColor mancolor 1 0 0                    #声明了化身的颜色
exposedField SFVec3f weapontrans 3.5 18.5 3.5         #声明炮管的初始位置
eventOut SFBool   touch
]{
#原型体
}
```

武器的原型定义为：

```
PROTO weapon[  #定义武器的原型
exposedField SFVec3f weatrans  0 0 0                   #声明武器的位置
exposedField SFColor weacolor  1 0 0                   #声明武器的颜色
exposedField SFVec3f weascale  1 1 1                   #声明武器的大小
```

```
]{
#原型体
}
```

② EXTERNPROTO—外部原型在虚拟战场中的使用

```
EXTERNPROTO  AVATAR[                        #声明化身的外部原型
exposedField SFVec3f mantrans              #声明化身的位置
exposedField SFRotation   manrotation      #声明化身的旋转角度
exposedField SFColor mancolor              #声明化身的颜色
exposedField SFVec3f weapontrans           #声明化身武器的初始位置
]"bi.wrl"
EXTERNPROTO  weapon[                        #声明武器的外部原型
exposedField SFVec3f weatrans              #声明武器的位置
exposedField SFColor weacolor              #声明武器的颜色
exposedField SFVec3f weascale              #声明武器的大小
]"weapon.wrl"
```

EXTERNPROTO 声明指定了这个外部原型定义所在文件的 URL 地址，这个用 URL 指定的文件应包含 VRML 文件头和一个或多个原型（用 PROTO 定义的）。

如果这个文件包含了多个原型，URL 应该指明你想要的是哪一个，声明语法格式为：

VRML 文件名 # 原型名

EXTERNPROTO 后声明的 field、exposedField、eventIn 和 eventOut，必须是在 URL 指定文件中的那个原型的节点接口的子集。一旦声明了 EXTERNPROTO，在主文件中它的作用和 PROTO 没有区别。

5. 使用 Java 和 Applet 控制 VRML 场景

（1）用于 VRML97 的 Java 类

要将各个用户在虚拟现实战场的交互生动地展现出来，就需要将 Java 与 VRML 结合在一起。Java 与 VRML 的结合有很多方法，在本例的分布式虚拟现实战场中使用了 EAI 作为两者结合的接口。其中 Java 提供了 3 个与 VRML 有关的 package（包）：vrml、vrml.node 和 vrml.field。这些包被用来支持场景实体与 Java 境界的相互作用，Java 还为 VRML 的各种数据结构提供了相应的类封装。

vrml 包涵盖基本类——Filed、Event、Browser 和 Basenode，它们在 vrml.node 和 vrml.field 包中被扩展；vrml.field 包则包含了对每一个 VRML97 类型的定义，这些类型同时支持事件的 Const 版本和域的标准版本；vrml.node 包具有 Node 和 Script 类。

再利用 Java 的 Socket 的通信和多路广播与它天然的平台无关性，就可以构建一个完全跨平台的分布式可交互虚拟现实环境。

（2）EAI 简介

外部创作接口（External Authoring Interface，EAI）是由 SGI 公司的 Chris Marrin 设计并提出的，主要目的是增强 VRML 场景与外部环境通信联系和融合能力的一个高层次的 Java 类包，它使得一个外部程序使用 VRML 的事件模型可以访问和控制 VRML 场景中的节点。这里的外部程序主要是指和 VRML 虚拟场景嵌在同一个网页中的 Java Applet 程序。在 VRML 的事件模型中，当输出事件对象产生了一个事件，输入事件对象就会得到通知并处理接收到的事件。如果一个脚本节点中有一个指向给定节点的域，它就会对该节点直接发送输入事件，并可以读取该节点的任何一个输出事件的最后发送值。

另一方面，Java 是目前网络应用中最流行的语言，它在网络通信、图形用户界面和多媒体等方面都提供了有力的支持。这样，通过 Applet 这个中介，就可以让 VRML 场景与网页中各个嵌入式对象之间相互方便地通信，从而使得 VRML 场景成为目前大型多媒体网络表现的一部分。

通过使用 EAI，用户不再仅仅局限于作为一个观众，而是可以参与、介入到虚拟场景的构建过程中去。用户借助自己丰富的想象力，可以去更改所看到的 VRML 场景、修改场景内的物体、改变这些物体的表现形式、设计场景中的动画、定义场景中各个角色的行为方式。

（3）EAI 类包

EAI 类包中共包含 51 个类和一个接口，它们被分别规划在 3 个包中：vrml.external、vrml.external.field 和 vrml.external.exception。

其中，vrml.external 包中只有两个类：Browser 和 Node，分别用来获取浏览器实例和保存场景中节点的引用。vrml.external.field 包中有 44 个类和一个接口，分别表示 VRML 中各个输入事件（EventIn）和输出事件（EventOut）的数据类型，并且定义了这些数据类型的常量表示（在FieldTypes.class 中）。还有一个输出事件监听器（EventOutObserver.class），用来监听场景中所关心节点的输出事件：vrml.external.exception 包中定义了 5 个异常类，它们都继承了来自于java.lang.RuntimeException 类。

（4）Applet 访问场景

① 获得浏览器的引用。类 vrml.external.Browser 是 EAI 中一个非常重要的类，它提供了函数 getBrowser()和 getNode()。要想在 Applet 中使用 EAI 访问 VRML 场景，要做的第一件事就是获取一个 Browser 的实例：

```
public static Browser getBrowser(Applet applet);
public static Browser getBrowser(Applet applet,String name,int index);
```

② 访问节点。在 Applet 中使用 EAI 访问 VRML 场景中可获取的节点需要调用 getNode()方法：

```
public vrml.external.Node getNode(String name) throws vrml.external.exception.
InvalidNodeException
```

其中有两点需要注意。

第 1 点，运用 EAI 时 getNode（String name）返回的是 vrml.external.Node 类型，而非 vrml.BaseNode 类型，这是与运用 Script 是不一样的。

第 2 点，当 VRML 文件中使用 DEF/USE 结构实现节点重用的时候，只有给定节点名字最后出现的那个节点的地址入口能够被获取。

③ 访问事件。在取得一个被访问节点的引用之后，就可以向节点发送输入事件、读取或者监听该节点的输出事件。

第 1，发送输入事件

```
public vrml.external.field.EventIn getEventIn(String name)
throws vrml.external.exception.InvalidEventInException
```

第 2，读取输出事件

```
public vrml.external.field.EventOut getEventOut(String name)
throws vrml.external.exception.InvalidEventOutException
```

第 3，监听输出事件

```
package vrml.external.field;
public interface EventOutObserver{
public abstract void callback(vrml.external.field.EventOut eventout, double time,
Object obj)
}
```

这些函数在分布式战场模型中起着举足轻重的作用。尤其是第 3 个监听输出事件的函数，它可以将化身的方位角度实时地显示出来。这样就可以通过输出函数与输入函数将它们发送出去。

6. 服务器/客户端通信方式——Socket

套接字（Socket）编程是一种能允许程序员把网络连接处理成流的网络结构。在虚拟战场模型系统中，服务器与客户端之间来回地传递着各种协议和数据，并以此做相应的动作。

此外，为了减轻服务器的负担，系统客户端中的数据尤其是方位角度数据，并不是自始至终实时地发送给服务器，而是在客户端中的数据积累到一个定值，才会利用 Socket 向服务器发送。这样既减少了网络通信量，又减轻了服务器的负担，而且还能减少由于 TCP/IP 不确定性造成的数据误传。

7. 具体实现和演示效果

（1）初始界面图

如图 10.33 所示，在服务器容器 Tomcat 启动的情况下，客户端只要打开 IP 地址为服务器 IP 地址的网页即可。

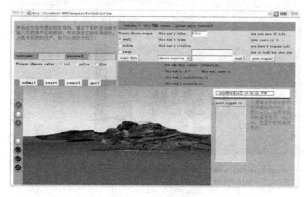

图 10.33　初始界面

（2）多用户登录

按照提示，用户在登录界面中输入自己的用户名和密码。一旦用户登录成功，如图 10.34 所示，该网页中的用户作战情况界面会在一个文本框中显示出用户所选的颜色，并以其作为底色。

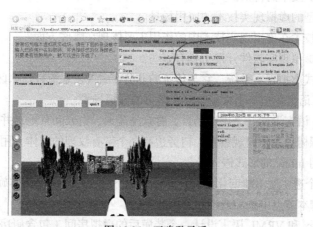

图 10.34　正确登录后

（3）用户间的各种交互

各个用户登录以后，便可以进行交互活动了，如相互之间发射炮弹、聊天交流、相互查看对方的方位信息、查看本地用户的作战情况等，如图 10.35 所示。

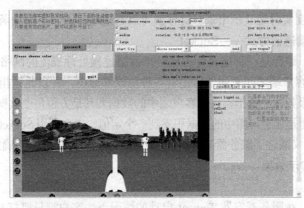

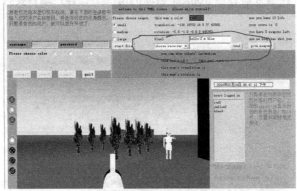

图 10.35　用户间的各种交互

习　　题

1. 简述虚拟现实技术的特征。

2. 例举几个典型的虚拟现实技术的应用场景。

3. 计算机图形技术在虚拟现实技术中的作用主要体现在哪些方面？

4. 目前主流的虚拟现实软件开发工具有哪些？

5. 什么是分布式虚拟现实系统，它与传统的非分布式 VR 系统有什么区别？

6. 利用 VRML 语言构造一个太阳升起又落下的虚拟场景。

7. 利用 VRML 语言设计一个虚拟场景，背景是蓝天、白云和草地，并且有雾化的效果，草地上有一棵树，这棵树总是朝向观察者，树旁边有一个带有纹理的球体，用鼠标单击后能够弹跳一次，要求该球体用 Inline 的形式嵌入场景。

8. 编程实现一个透明度不断变化的红色球体围绕不停自转的绿色球体旋转，其中红色球体是用 Browser 对象在脚本节点中添加造型和路由产生的。

9. 利用 3ds Max 和 VRML 语言设计一个装潢后的虚拟房间（包含厨房、卫生间、卧室、书房等，每个房间都有门，鼠标单击门后实现场景的切换），房间中摆设一些家具或者电器，鼠标单击后能更换这些家具或者电器的款式和颜色。

10. 自行开发一个分布式的虚拟场景。

第11章
OpenGL 图形编程基础

11.1 OPENGL 简介

11.1.1 OPENGL 的基本概念

说起编程作图,使用 TC 的#include <graphics.h>大家并不陌生——简单的图元,640 像素 × 480 像素分辨率与 16 色。在这里介绍一种更高级的图形接口——OPENGL,通过 OPENGL 编程来学习图形学,也是一种不错的方法。OpenGL 命令最初就是用 C 语言函数来进行描述的,对于学习过 C 语言的人来讲,OpenGL 是容易理解和学习的。如果你曾经接触过 TC 的 graphics.h,你会发现,使用 OpenGL 作图甚至比 TC 更加简单。

OpenGL(Open Graphics Library),是图形硬件的一种软件接口。如果说 3ds Max、Maya 是专业的三维图形制作软件,那么 OPENGL 则是图形接口的编程"软件",为专业三维软件提供了图形输入输出的标准。这个接口包含的函数超过 700 个,它们主要可用于制定物体和操作,创建交互式的三维应用程序(二维亦可)。

作为开放的三维图形软件包,它独立于窗口系统和操作系统,以它为基础开发的应用程序可以十分方便地在各种平台间移植;OpenGL 可以通过接口与 Visual C++紧密联系,便于实现三维图形算法,可保证算法的正确性和可靠性;OpenGL 使用简便,效率高。它具有以下 7 大功能。

(1)建模。OpenGL 图形库除了提供基本的点、线、多边形的绘制函数外,还提供了复杂的三维物体(球、锥、多面体、茶壶等)以及复杂曲线和曲面绘制函数。

(2)变换。OpenGL 图形库的变换包括基本变换和投影变换。基本变换有平移、旋转、缩放、镜像四种变换,投影变换有平行投影(又称正射投影)和透视投影两种变换。其变换方法有利于减少算法的运行时间,提高三维图形的显示速度。

(3)颜色模式设置。OpenGL 颜色模式有两种,即 RGBA 模式和颜色索引(Color Index)。

(4)光照和材质设置。OpenGL 光有自发光(Emitted Light)、环境光(Ambient Light)、漫反射光(Diffuse Light)和高光(Specular Light)。材质是用光反射率来表示。场景(Scene)中物体最终反映到人眼的颜色是光的红绿蓝分量与材质红绿蓝分量的反射率相乘后形成的颜色。

(5)纹理映射(Texture Mapping)。利用 OpenGL 纹理映射功能可以十分逼真地表达物体表面细节。

（6）位图显示和图像增强功能。除了基本的拷贝和像素读写外，还提供融合（Blending）、抗锯齿（反走样，Antialiasing）和雾（fog）的特殊图像效果处理。这三条可使被仿真物更具真实感，增强图形显示的效果。

（7）双缓存动画（Double Buffering）。双缓存即前台缓存和后台缓存，简言之，后台缓存计算场景、生成画面，前台缓存显示后台缓存已画好的画面。

此外，利用 OpenGL 还能实现深度暗示（Depth Cue）、运动模糊（Motion Blur）等特殊效果，从而实现消隐算法。目前瑞芯微 2918 芯片和英伟达芯片 Tegra2 采用 OpenGL 2.0 技术进行图形处理，而基于瑞芯微 2918 芯片方案的代表是台电 T760 和微蜂 X7 平板电脑。

以上便是 OPENGL 图形接口的主要功能，正是这些强大的底层接口，构建了许许多多的图形软件与三维游戏。在这里学习 OPENGL 主要为了激发自学的兴趣，因此本章主要介绍一些基本的 API 以及入门的图形编程，鼓励编程实践。利用简单的 API 以及数学知识创作出一些简单的图形、动画，而对于 OPENGL 深入的工作机制不做讨论。

11.1.2 OpenGL 函数库的导入

学习使用 OPENGL，建议采用 GLUT 工具包与 Visual Studio 平台，采用 C 语言编写。GLUT 代表 OpenGL 应用工具包，英文全称为 OpenGL Utility Toolkit，是一个和窗口系统无关的软件包。GLUT 专用于构建中小型 OpenGL 程序。虽然 GLUT 是适合学习和开发简单的 OpenGL 应用程序，但它并不是一个功能全面的工具包，所以大型应用程序需要复杂的用户界面最好使用本机窗口系统工具包。简言之，GLUT 是简单易操作的，适合作为入门学习的工具。

1. 安装配置 OPENGL（WINDOWS 7 环境下）

GLUT 工具包下载地址：http://www.opengl.org/resources/libraries/glut/glutdlls37beta.zipWindows 环境下安装 GLUT 有以下步骤。

（1）将下载的压缩包解开，将得到 5 个文件。

（2）在"我的电脑"中搜索"gl.h"，并找到其所在文件夹（C:\Program Files (x86)\Microsoft SDKs\Windows\v7.0A\Include\gl）。把解压得到的 glut.h 放到这个文件夹。

（3）把解压得到的 glut.lib 和 glut32.lib 放到静态函数库所在文件夹（如果是 VisualStudio2010，则应该是其安装目录下面的"VC\lib"文件夹）。

（4）把解压得到的 glut.dll 和 glut32.dll 放到操作系统目录下面的 system32 文件夹内（典型的位置为：C:\Windows\System32）。

接下来，建立一个 OpenGL 工程，并测试是否配置成功。这里以 VisualStudio 2010 为例。选择 File->New->Project 命令，然后选择"Win32 Console Application"项，选择一个名字，然后按"OK"按钮。在弹出的对话框左边单击"Application Settings"，找到"Empty project"并勾上，选择"Finish"。然后向该工程添加一个代码文件，取名为"OpenGL.c"，注意用.c 来作为文件结尾（类似于建立一般的控制台程序）。

将以下代码复制并编译。

```
#include <GL/glut.h>
void myDisplay(void)
{
    glClear(GL_COLOR_BUFFER_BIT);
    glRectf(-0.5f, -0.5f, 0.5f, 0.5f);
```

```
    glFlush();
}
    int main(int argc, char *argv[])
{
    glutInit(&argc, argv);
    glutInitDisplayMode(GLUT_RGB | GLUT_SINGLE);
    glutInitWindowPosition(100, 100);
    glutInitWindowSize(400, 400);
    glutCreateWindow("第一个 OpenGL 程序");
    glutDisplayFunc(myDisplay);
    glutMainLoop();
    return 0;
}
```

该程序的作用是在一个黑色的窗口中央画一个白色的矩形,若编译通过,则成功看到图像;若编译不通过,并出现:"LINK : fatal error LNK1123: 转换到 COFF 期间失败: 文件无效或损坏"的错误,那么再进行如下操作。

选择"项目→属性→配置属性→清单工具→输入和输出→嵌入清单",将"是"选项改成"否"选项。

2. GLUT 工具包提供的函数

观察上面的代码。首先,需要包含头文件#include <GL/glut.h>,这是 GLUT 的头文件,包含了我们需要的工具函数;然后看 main 函数 int main(int argc, char *argv[]),这个是带命令行参数的 main 函数。注意 main 函数中的各语句,除了最后的 return 之外,其余全部以 glut 开头。这种以 glut 开头的函数都是 GLUT 工具包所提供的函数,下面对用到的几个函数进行介绍。

(1)glutInit。对 GLUT 进行初始化,这个函数必须在其他的 GLUT 使用之前调用一次,其格式固定。

(2)glutInitDisplayMode。设置显示方式,其中 GLUT_RGB 表示使用 RGB 颜色,与之对应的还有 GLUT_INDEX(表示使用索引颜色)。GLUT_SINGLE 表示使用单缓冲,与之对应的还有 GLUT_DOUBLE(使用双缓冲)。

(3)glutInitWindowPosition。设置窗口在屏幕中的位置。

(4)glutInitWindowSize。设置窗口的大小。

(5)glutCreateWindow。根据前面设置的信息创建窗口,参数将被作为窗口的标题。注意:窗口被创建后,并不立即显示到屏幕上,需要调用 glutMainLoop 才能看到窗口。

(6)glutDisplayFunc。注册显示回调函数。即设置一个函数,当需要进行画图时,这个函数就会被调用。

(7)glutMainLoop。进入 GLUT 事件处理循环,让所有的与"事件"有关的函数调用无限循环。事件处理循环开始启动,已注册的显示回调函数被触发。

在 glutDisplayFunc 函数中,我们设置了"当需要画图时,请调用 myDisplay 函数"。于是 myDisplay 函数就用来画图。观察 Display 中的 3 个函数调用,发现它们都以 gl 开头。这种以 gl 开头的函数都是 OpenGL 的标准函数,下面对用到的函数进行介绍。

① glClear。清除。GL_COLOR_BUFFER_BIT 表示清除颜色缓冲区,效果表现为黑背景色,glClear 函数还可以清除其他的东西。

② glRectf。画一个矩形。四个参数分别表示了位于对角线上的两个点的横、纵坐标(默认的坐标系范围为[(−1.0,−1.0),(1.0,1.0)])。

③ glFlush。保证前面的 OpenGL 命令立即执行（而不是让它们在缓冲区中等待）。

在以下的小节中，主要对 glDisplayFunc 注册的 myDisplay 函数内容进行修改，绘制不同的内容，而其他的 glut 初始化函数则视为固定的框架，不必深究其意义。

11.2　绘制二维图形

使用 OPENGL 绘制复杂有趣的图形，但这些图形都是由几个为数不多的基本图形元素构建而成。就如图形学中最底层的直线绘制，直线是由一个个像素根据算法拼凑而成的。在最高的抽象层次上，有三种绘图操作是最基本的：清除窗口，绘制几何图形，以及绘制光栅对象（二维图像、位图、字体之类）。本节主要介绍清除屏幕以及如何绘制几何物体（图形），包括点、直线、多边形。

1. 清除窗口

在计算机中，保存图片的内存通常被计算机所绘制的前一幅图像所填充，因此在绘制新场景之前，一般需要把它清除为某种背景色。绘制一个窗口大小的矩形也能达到填充的效果，但是效率远不如清除函数——glClear。例如，下面两行代码把一个 RGBA 模式的窗口清除为黑色。

```
glClearColor(0.0, 0.0, 0.0, 0.0);
glClear(GL_COLOR_BUFFER_BIT);
```

第一行代码把清除颜色设置为黑色，第二行则把整个窗口清除为当前清除色。一般情况下，只要在程序的早期设置一次清除色即可，之后可根据需要随时清除缓冲区。

2. 指定颜色

物体的形状与颜色无关，在 OPENGL 中绘制一个物体，是根据当前的颜色方案来绘制的。例如，简单操作如"物体用蓝色绘制"，复杂操作如"物体材质为金属，由一盏 X 角度的黄色聚光灯照射"。在绘制某个物体前设置颜色方案，在这种颜色方案被更改之前，所有的物体都由这种方案绘制。例如下面这行代码：

```
glColor3f(1.0, 0.0, 0.0);
```

接下来物体将用红色（RGB(1，0，0)）绘制。glColor*在 RGBA 模式下可接受 3 或 4 个参数，若启用第 4 个参数是 Alpha 透明值[0，1]，那么函数将写为 glColor4f(1.0，0.0，0.0，0.0)。0 为不透明，f 代表颜色用 float 型作参数。OpenGL 的很多函数都是采用这样的形式，一个相同的前缀再加上参数说明标记。

3. 顶点与多边形

所有的几何图元最终都是根据它们的顶点 vertex 来描述的。顶点即坐标位置，可由一组二维浮点数或三维浮点数来表示，如（0.5，0.3，0.0），0.0 代表它在 Z 平面上。

多边形是由多条线段首尾相连而形成的闭合区域。OpenGL 规定，一个多边形必须是一个"凸多边形"（其定义为：多边形内任意两点所确定的线段都在多边形内，由此也可以推导出凸多边形不能是空心的）。多边形可以由其边的端点（这里可称为顶点）来确定。（注意：如果使用的多边形不是凸多边形，可能导致显示错误。要避免这个错误，尽量使用三角形，因为三角形都是凸多边形）。

在 OPENGL 中绘制一个图形如多边形，代码如下。

```
glBegin(GL_POLYGON);
    glVertex2f(0.0f, 0.0f);
```

```
    glVertex2f(0.2f, 0.2f);
    glVertex2f(0.5f, 0.2f);
    glVertex2f(0.5f, 0.0f);
    glEnd();
```

它是一个由四个顶点确定的四边形。指定顶点的命令必须包含在 glBegin 函数之后，glEnd 函数之前（否则指定的顶点将被忽略）。并由 glBegin 的参数来指明如何使用这些点。我们可以指定一系列的点，选择不同的方法参数来画出不同的图形。glBegin 支持 10 种基本图元，如图 11.1 所示。

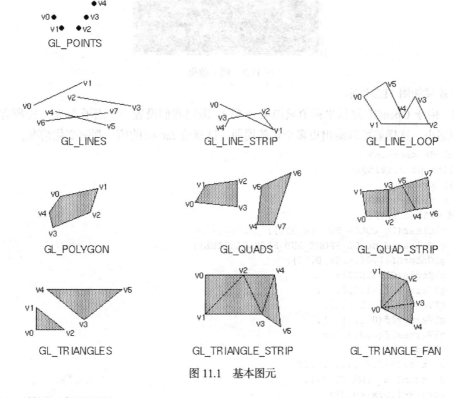

图 11.1　基本图元

例 1　利用三角形画圆。

```
#include <math.h>
#define pi 3.1415926
double dpi=2*pi+0.02;
double num=pi/20;
double angle=0;
double R=1;
void myDisplay(){
    glClear(GL_COLOR_BUFFER_BIT);
    glPolygonMode(GL_FRONT_AND_BACK,GL_LINE);          //设置多边形为线框模式
    glColor3f(1.0f,0.0f,0.0f);//设置画图颜色为红色
    glBegin(GL_TRIANGLE_FAN);
    glVertex2d(0.0,0.0);
    for(;angle<=dpi;angle+=num)
        glVertex2d(R*sin(angle),R*cos(angle));        //利用循环与三角函数以原点为中心连续
绘制三角形趋近于圆
    glEnd();
    glFlush();
```

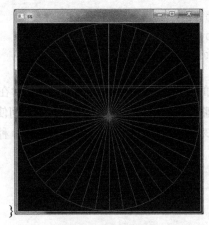

图 11.2　例 1 效果

例 1 效果如图 11.2 所示。

例 2　由于 OpenGL 默认坐标值只能从 -1 到 1，所以我们设置一个因子 factor，把所有的坐标值等比例缩小，这样就可以画出更多个正弦周期。试修改 factor 的值，观察变化情况。

```
#include <math.h>
#define pi 3.1415926
float x=-1.0;
float factor=pi*2;
void myDisplay(){
    glClear(GL_COLOR_BUFFER_BIT);
    glPolygonMode(GL_FRONT_AND_BACK,GL_LINE);
    glColor3f(1.0f,0.0f,0.0f);
    glBegin(GL_LINES);
    glVertex2f(-1.0,0.0);
    glVertex2f(1.0,0.0);
    glVertex2f(0.0,-1.0);
    glVertex2f(0.0,1.0);
    glEnd();
    glColor3f(0.0f,1.0f,0.0f);
    glBegin(GL_LINE_STRIP);
    for(;x<1.0;x+=0.01)
        glVertex2d(x,sin(x*factor));
    glEnd();
    glFlush();
}
```

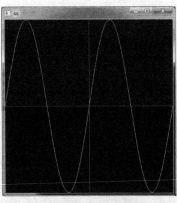

图 11.3　例 2 效果

例 2 效果如图 11.3 所示。

虽然我们目前还没有真正地使用三维坐标来画图，但是建立一些三维的概念还是必要的。从三维的角度来看，一个多边形具有两个面。每一个面都可以设置不同的绘制方式：填充、只绘制边缘轮廓线、只绘制顶点，其中"填充"是默认的方式。可以为两个面分别设置不同的方式。

```
glPolygonMode(GL_FRONT, GL_FILL);          // 设置正面为填充方式
glPolygonMode(GL_BACK, GL_LINE);           // 设置反面为边缘绘制方式
glPolygonMode(GL_FRONT_AND_BACK, GL_POINT); // 设置两面均为顶点绘制方式
```

一般约定为"顶点以逆时针顺序出现在屏幕上的面"为"正面"，另一个面即成为"反面"。可以通过 glFrontFace 函数来交换"正面"和"反面"的概念。

```
glFrontFace(GL_CCW);   // 设置 CCW 方向为"正面"，CCW 即 CounterClockWise，逆时针
glFrontFace(GL_CW);    // 设置 CW 方向为"正面"，CW 即 ClockWise，顺时针
```

例 3　不同的顶点顺序产生正反不同的面。

```
void myDisplay(){
    glClear(GL_COLOR_BUFFER_BIT);
    glPolygonMode(GL_FRONT,GL_FILL);   //正面采用填充模式
    glPolygonMode(GL_BACK,GL_LINE);    //背面采用线框模式
    glFrontFace(GL_CCW);   //规定顶点逆时针顺序为正面,若采用顺时针参数为GL_CW
    glBegin(GL_POLYGON);
      glVertex2f(-0.5f,-0.5f);
      glVertex2f(0.0f,-0.5f);
      glVertex2f(0.0f,0.0f);
      glVertex2f(-0.5f,0.0f);
    glEnd();
    glBegin(GL_POLYGON);
      glVertex2f(0.0f,0.0f);
      glVertex2f(0.0f,0.5f);
      glVertex2f(0.5f,0.5f);
      glVertex2f(0.5f,0.0f);
    glEnd();
    glFlush();
}
```

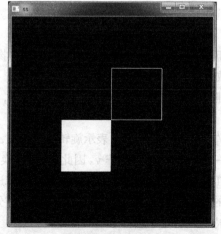

图 11.4　例 3 效果

例 3 效果如图 11.4 所示。

11.3　绘制三维图形

计算机图形的要点就是创建三维物体的二维图像。当我们决定如何在屏幕上绘图时，必须使用三维坐标的方式来考虑。我们必须决定模型在场景中的位置，并且选择一个观察点来观察场景。把一个物体的三维坐标变换为屏幕上的像素坐标，需要以下三个步骤。

① 变换包括模型、视图与投影操作，包括旋转、移动、缩放、反射、正投影与透视投影。

② 物体位于视图窗口之外的部分必须裁剪掉。

③ 最后，经过变换的坐标和屏幕像素之间必须建立对应关系，此过程称为视口变换。

产生目标场景视图的过程就如用照相机拍照，步骤如下。

① 把照相机固定在三脚架上，调整角度对准被摄物体——视图变换。

② 摆放被摄物体的位置——模型变换。

③ 选择相机镜头，调整放大倍数——投影变换。

④ 确定最终照片大小，放大或缩小——视口变换。

各种变换的原理，都基于矩阵乘法，即把顶点坐标表示为一个列向量，对它左乘一个变换矩阵，得到变换后的坐标值；对场景中每一个顶点都做同样操作，就实现了所有物体的坐标变换。视图和模型变换一起形成了模型视图矩阵，这个矩阵作用于坐标，产生视觉坐标。

1. 模型变换和视图变换

从"相对移动"的观点来看，改变观察点的位置与方向和改变物体本身的位置与方向具有等效性。在 OpenGL 中，实现这两种功能甚至使用的是同样的函数。

由于模型和视图的变换都通过矩阵运算来实现，在进行变换前，应先设置当前操作的矩阵为"模型视图矩阵"。设置的方法是以 GL_MODELVIEW 为参数调用 glMatrixMode 函数，代码为：

```
glMatrixMode(GL_MODELVIEW);
```

通常，我们需要在进行变换前把当前矩阵设置为单位矩阵。这也只需要一行代码：

```
glLoadIdentity();
```

然后，就可以进行模型变换和视图变换了。进行模型和视图变换，主要涉及以下 3 个函数。

（1）glTranslate*。把当前矩阵和一个表示移动物体的矩阵相乘。3 个参数分别表示了在 3 个坐标上的位移值。

（2）glRotate*。把当前矩阵和一个表示旋转物体的矩阵相乘。物体将绕着(0，0，0)到(x，y，z)的直线以逆时针旋转，参数 angle 表示旋转的角度。

（3）glScale*。把当前矩阵和一个表示缩放物体的矩阵相乘。x，y，z 分别表示在该方向上的缩放比例。

假设当前矩阵为单位矩阵，然后先乘以一个表示旋转的矩阵 R，再乘以一个表示移动的矩阵 T，最后得到的矩阵再乘上每一个顶点的坐标矩阵 v。因此，经过变换得到的顶点坐标就是((RT)v)。由于矩阵乘法的结合率，((RT)v) = (R(Tv))，换句话说，实际上是先进行移动，然后进行旋转，即实际变换的顺序与代码中写的顺序是相反的。"先移动后旋转"和"先旋转后移动"得到的结果很可能不同，初学的时候需要特别注意这一点。

OpenGL 之所以这样设计，是为了得到更高的效率。但在绘制复杂的三维图形时，可以采用另一种思路：让我们想象，坐标并不是固定不变的，旋转的时候坐标系统随着物体旋转，移动的时候坐标系统随着物体移动。如此一来，就不需要考虑代码顺序的反转问题了。

我们把第 1 种思考方式称为全局固定坐标系统，第 2 种称为局部坐标系统。

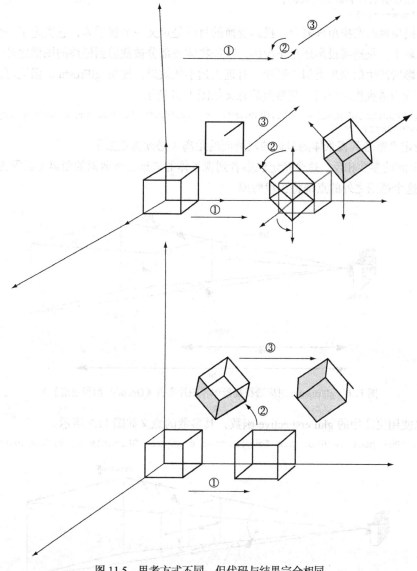

图 11.5　思考方式不同，但代码与结果完全相同

以上都是针对改变物体的位置和方向来介绍的，想象一下，把一个物体向 Z 轴负方向移动一定距离，等于照相机（视点）向 Z 轴正向移动一定距离，旋转也如此。如果要改变观察点的位置，除了配合使用 glRotate*和 glTranslate*函数以外，还可以使用这个函数，即 gluLookAt（GLdouble eyex，GLdouble eyey，GLdouble eyez,GLdouble centerx，GLdouble centery，GLdouble centerz，GLdouble upx，GLdouble upy，GLdouble upz）。它的参数比较多，前三个参数表示了观察点的位置，中间三个参数表示了观察目标的位置，最后三个参数代表从（0，0，0）到（x，y，z）的直线，它表示了观察者认为的"上"方向。

模型变换与视图变换常常结合在一起使用，把它们割裂开没有意义。

2. 投影变换

调用任何投影变换函数前，都要首先调用以下函数。

```
glMatrixMode(GL_PROJECTION);
GlLoadIdentity();
```

以免与模型视图变换矩阵复合。投影变换的目的是定义一个视景体，它决定了一个物体是如何映射到屏幕上，是透视投影还是正投影，哪些物体或部分被裁剪到最终的图像之外。

透视投影所产生的结果类似于照片，有近大远小的效果。使用 glFrustum 函数可以将当前的可视空间设置为透视投影空间。其参数的意义如图 11.6 所示。

```
Void glFrustum(GLdouble left,GLdouble right,GLdouble bottom,GLdouble top,GLdouble
near,GLdouble far);
```

Near 指定观察者到视景体的最近的裁剪面的距离（必须为正数）。

Far 与上面的参数相反，这个指定观察者到视景体的最远的裁剪面的距离（必须为正数），且 Z 坐标位于这个范围之外的点都将被裁剪掉。

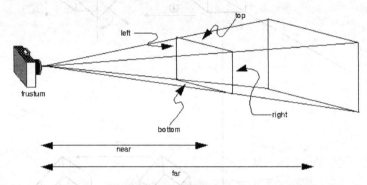

图 11.6　glFrustum 对应透视视景体（图片来自《OpenGL 编程指南》）

也可以使用更常用的 gluPerspective 函数，其参数的意义如图 11.7 所示。

```
Void gluPerspective(GLdouble fovy,GLdouble aspect,GLdouble near,GLdouble far);
```

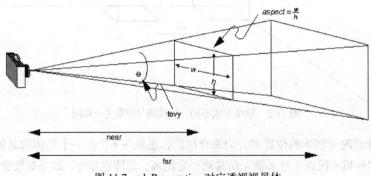

图 11.7　gluPerspective 对应透视视景体

正投影相当于在无限远处观察得到的结果，它只是一种理想状态。但对于计算机来说，使用正投影有可能获得更好的运行速度。使用 glOrtho 函数可以将当前的可视空间设置为正投影空间，其参数的意义如图 11.8 所示。

如果绘制的图形空间本身就是二维的，可以使用 gluOrtho2D。它的使用类似于 glOrgho。

```
Void glOrtho(GLdouble left,GLdouble right,GLdouble bottom,GLdouble top,GLdouble near,
GLdouble far);
```

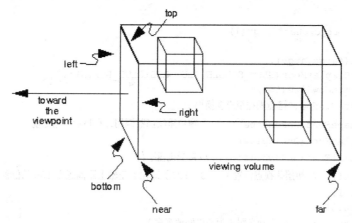

图 11.8　glOrtho 对应视景体

3. 视口变换

在计算机中，视口是一个矩形的窗口区域，图像在其中被绘制。视口是用窗口坐标测量的，窗口坐标反映了屏幕上的像素对于窗口左下角的位置。在进行视口变换前，所有的顶点都已经根据模型视图矩阵和投影矩阵进行了变换与裁剪。

```
Void glViewport(GLint x, GLint y, GLsizei width, GLsizei height);
```

x、y 指定了视口的左下角，width 和 height 表示这个视口矩形的宽度和高度。视口的纵横比一般与视景体的纵横比相同。

4. 操纵矩阵堆栈

模型视图变换和投影变换的实质都是矩阵乘法，得到的最终图像是由每个顶点与模型、视图、投影矩阵堆栈最上层的矩阵相乘的结果。我们在进行矩阵操作时，有可能需要先保存某个矩阵，过一段时间再恢复它。

假设我们站在原点往四个方向各放一个箱子。当我们迈出第一步前，调用 glPushMatrix 函数，它相当于"记住当前自己的位置"。到达目的地置好箱子后，需要回到原点，即恢复最近一次的保存时调用 glPopMatrix 函数，它相当于"回到原来的位置"。

注意　　模型视图矩阵和投影矩阵都有相应的堆栈。使用 glMatrixMode 来指定当前操作的究竟是模型视图矩阵还是投影矩阵。

例4　调整视点观察三维立方体。

```
#include "gl\glut.h"
typedef struct EyePoint{    //定义视点的位置
    GLfloat x;
    GLfloat y;
    GLfloat z;
}EYEPOINT;
EYEPOINT Eye;
GLint WinWidth,WinHeight;  //记录窗口，用于 onreshape 函数

void Ondisplay(void);
void OnReshape(int,int);//窗口创建时调用的重绘函数
void SetupLights();
void OnKeyboard(int,int,int);
```

```
void main(int argc,char* argv[])
{
    glutInit(&argc,argv);
    glutInitDisplayMode(GLUT_SINGLE|GLUT_RGB|GLUT_DEPTH);
    glutInitWindowSize(600,600);
    glutCreateWindow("键盘操控视点变换");
    glutReshapeFunc(OnReshape);        //窗口重绘函数调用，在显示调用之前
    glutDisplayFunc(OnDisplay);
    glutSpecialFunc(OnKeyboard);       //接受键盘事件
    Eye.x=0.0f;    //初始化视点位置（0，0，100）即在 z 正轴上距离远点 100 的位置
    Eye.y=0.0f;
    Eye.z=100.0f;
    SetupLights();       //启动光照（为了更好地观察）
    glutMainLoop();
}
void SetupLights()
{
    GLfloat ambientLight[]={0.2f,0.2f,0.2f,1.0f};
    GLfloat diffuseLight[]={0.9f,0.9f,0.9f,1.0f};
    GLfloat lightPos[]={50.0f,80.0f,60.0f,1.0f};
    glEnable(GL_LIGHTING);
    glLightfv(GL_LIGHT0,GL_AMBIENT,ambientLight);
    glLightfv(GL_LIGHT0,GL_DIFFUSE,diffuseLight);
    glLightfv(GL_LIGHT0,GL_POSITION,lightPos);
    glEnable(GL_LIGHT0);
    glEnable(GL_COLOR_MATERIAL);
    glColorMaterial(GL_FRONT,GL_AMBIENT_AND_DIFFUSE);
}
void OnReshape(int w,int h)
{
    GLfloat asp=(GLfloat)w/(GLfloat)h;          //当前窗口的宽高比
    glViewport(0,0,w,h);    //创建与窗口同等大小的视口
    WinWidth=w;
    WinHeight=h;
    glMatrixMode(GL_PROJECTION);
    glLoadIdentity();
    gluPerspective(60,asp,1.0,1000.0); //启用透视投影变换，定义视景体
    gluLookAt(Eye.x,Eye.y,Eye.z,0.0f,0.0f,0.0f,0.0f,1.0f,0.0f);
//在视点位置处朝原点方向看
    glMatrixMode(GL_MODELVIEW);         //切换为模型视图变换模式
    glLoadIdentity();
}
void OnDisplay(void)
{
    glClear(GL_COLOR_BUFFER_BIT|GL_DEPTH_BUFFER_BIT);
    glEnable(GL_DEPTH_TEST);    //启动深度检测，使被遮挡的面不被绘制
    glColor3f(1.0f,0.0f,0.0f);
    glutSolidCube(50.0f); //于原点处绘制一个立方体
    glFlush();
}
void OnKeyboard(int key,int x,int y)      //设置按键操作，调整视点位置
{
```

```
    switch(key){
        case GLUT_KEY_LEFT:
            Eye.x-=2.0f;
            break;
        case GLUT_KEY_RIGHT:
            Eye.x+=2.0f;
            break;
        case GLUT_KEY_UP:
            Eye.y+=2.0f;
            break;
        case GLUT_KEY_DOWN:
            Eye.y-=2.0f;
            break;
        case GLUT_KEY_PAGE_DOWN:
            Eye.z-=2.0f;
            break;
        case GLUT_KEY_PAGE_UP:
            Eye.z+=2.0f;
            break;
    }
    OnReshape(WinWidth,WinHeight);
    glutPostRedisplay();  //重新绘制图像
}
```

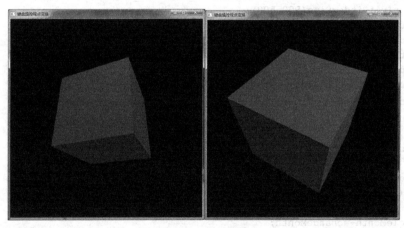

图 11.9　例 4 效果

例 4 效果如图 11.9 所示。

试着利用模型变换来取代视点变换的效果，即利用 glTransLate 来模拟 gluLookAt 的效果，并体会相同与不同之处。

由此可以做一个小结：绘制一个三维场景，首先可以通过 glutLookAt 定义观察点与观察方向；可以移动、旋转观察点或者移动、旋转物体，使用的函数是 glTranslate* 和 glRotate*；可以缩放物体，使用的函数是 glScale*。结合 glPushMatrix 与 glPopMatrix，可以绘制分布于不同位置不同旋转程度、大小物体组成的复杂场景；可以定义可视空间，这个空间可以是"正投影"的（使用 glOrtho 或 gluOrtho2D），也可以是"透视投影"的（使用 glFrustum 或 gluPerspective）。可以定义绘制到窗口的范围，使用的函数是 glViewport。

OPENGL 中用于实现动画的函数--注册定时调用的函数，代码为：

```
glutTimerFunc(int millis,void(*func),int value);
```

其中，第 1 个参数为调用间隔（毫秒），第二个参数为回调函数，第三个参数为采用哪个计时器，一般为 1。该函数延时调用回调函数一次，若要实现动画，即连续调用回调函数，需要在回调函数中再调用一次 glutTimerFunc。

例 5 月球围绕地球转，地球围绕太阳转动的模型。

```
#include "gl\glut.h"

void Display(void);
void Reshape(int,int);
void SetupLights(void);
void Timer(int);
double AngleYear=0.0;              //地球围绕太阳转动的初始角度
double AngleMonth=0.0;             //月球围绕地球转动的初始角度
double changeYear=360.0/365;       //一年 365 天，地球围绕太阳每'天'转动的角度（画面刷新一帧
对应一天）
double changeMonth=360.0/365*12;   //月球每'天'转动的角度

void main(int argc,char **argv)
{
    glutInit(&argc,argv);
    glutInitDisplayMode(GLUT_SINGLE|GLUT_RGB|GLUT_DEPTH);
    glutInitWindowSize(500,500);
    glutInitWindowPosition(100,100);
    glutCreateWindow("sphere");
    SetupLights();
    glutDisplayFunc(Display);
    glutReshapeFunc(Reshape);
    glutTimerFunc(50,Timer,1);     //初次定时调用 Timer 函数
    glutMainLoop();
}
void Timer(int value)
{
    AngleYear+=changeYear;
    if(AngleYear>=360.0)
        AngleYear=0.0;
    AngleMonth+=changeMonth;
    if(AngleMonth>=360.0)
        AngleMonth=0.0;

    glutPostRedisplay();           //刷新画面
    glutTimerFunc(50,Timer,1);     //再次定时调用
}
void SetupLights()
{
    GLfloat ambientLight[]={0.2f,0.2f,0.2f,1.0f};
    GLfloat diffuseLight[]={0.9f,0.9f,0.9f,1.0f};
    GLfloat lightPos[]={50.0f,80.0f,60.0f,1.0f};
    glEnable(GL_LIGHTING);
    glLightfv(GL_LIGHT0,GL_AMBIENT,ambientLight);
    glLightfv(GL_LIGHT0,GL_DIFFUSE,diffuseLight);
    glLightfv(GL_LIGHT0,GL_POSITION,lightPos);
    glEnable(GL_LIGHT0);
    glEnable(GL_COLOR_MATERIAL);
```

```
        glColorMaterial(GL_FRONT,GL_AMBIENT_AND_DIFFUSE);
    }
    void Display()
    {
        glEnable(GL_DEPTH_TEST);
        glClear(GL_COLOR_BUFFER_BIT|GL_DEPTH_BUFFER_BIT);
        glClearColor(0.0,0.0,0.0,0.0);
        glColor3f(1.0,0.6,0.0);
        glutSolidSphere(1.0,40,32);        //绘制'太阳'

        glPushMatrix();            //保存当前模型视图矩阵状态
        glRotatef(-30.0,0.0,0.0,1.0);  //以 Z 轴（垂直于屏幕向外）旋转一个倾斜角，使地球运行的轨
道倾斜
        glRotatef(AngleYear,0.0,1.0,0.0);  //根据 AngleYear 角度确定当前地球的位置
        glTranslatef(2.0,0.0,0.0);            //根据局部坐标思维，先旋转，再移动地球距太阳的'距离'
        glColor3f(0.0,0.2,1.0);
        glutSolidSphere(0.2,20,16);        //绘制'地球'
        glRotatef(60.0,0.0,0.0,1.0);  //以当前局部坐标 Z 轴再轴再旋转 60 度，使月球的运行轨道倾斜
        glRotatef(AngleMonth,0.0,1.0,0.0);//根据 AngleMonth 角度确定当前月球位置
        glTranslatef(0.4,0.0,0.0);//移动月球距地球的'距离'
        glColor3f(0.5,0.5,0.5);
        glutSolidSphere(0.1,16,12);        //绘制'月球'
        glPopMatrix();    //每一帧绘制完毕后都恢复到初始状态，避免旋转、位移的叠加
        glFlush();
    }
    void Reshape(int w,int h)
    {
        glViewport(0,0,w,h);
        glMatrixMode(GL_PROJECTION);
        glLoadIdentity();
        gluPerspective(60.0,w/h,1.0,20.0);
        glMatrixMode(GL_MODELVIEW);
        glLoadIdentity();
        gluLookAt(0.0,0.0,5.5,0.0,0.0,0.0,0.0,1.0,0.0);
    }
```

例 5 效果如图 11.10 所示。

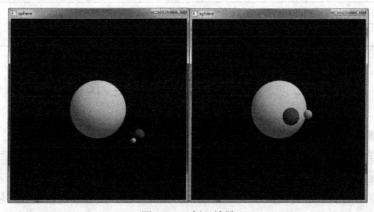

图 11.10　例 5 效果

实验 1　编程实现"自行车行驶动画"

1. 实验课程的目的

　　一方面使学生加深对课内所学的 C 和 C++语言图形编程基本操作的理解，熟练掌握常见的绘图函数，特别是实现动画的几个函数；另一方面，在图形程序设计方法（如设计各种各样的图形）、图形生成算法以及 C 和 C++语言编程环境、程序的调试和测试方面受到比较系统和严格的训练。

2. 实验内容、学时分配及基本要求等

实验名称	自行车行驶动画
课　　时	2 × 2
实验内容及要求	实验内容： 运用所学的 C 语言图形程序设计的知识，设计一辆自行车（车轮上有滚轴）从屏幕右侧开出，以一定的速度在公路上行驶的动画 实验要求： （1）所有图形实体有清晰的轮廓 （2）尽可能调用图形函数来实现 （3）自行车行驶时，车轮滚轴也需要动画
实验类型	设计
实验环境	Turbo C 2.0 或者 VC++ 6.0 环境
备　　注	可以参考书中例 3.21

实验 2　自由设计"美术图案"

1. 实验课程的目的

　　一方面使学生加深对课内所学的 C 和 C++语言图形编程基本操作的理解，熟练掌握常见的绘图函数，特别是生成基本几何图形的函数以及填充和绘色函数的组合使用；另一方面，在图形程序设计方法（如设计各种各样的图形）、图形生成算法以及 C 和 C++语言编程环境、程序的调试和测试方面受到比较系统和严格的训练。

2．实验内容、学时分配及基本要求等

实验名称	美术图案的自由设计
课　　时	2 × 2
实验内容及要求	实验内容： 设计一个较复杂的美术图案，以静态方式或者动画方式在屏幕上显示 实验要求： （1）所有图形实体有清晰的轮廓 （2）复杂图案或动画图案的生成算法具有一定的规律性 （3）具有丰富的色彩和光滑的曲线
实验类型	设计
实验环境	Turbo C 2.0 或者 VC++6.0 环境
备　　注	可以参考书中例 3.22 至例 3.26

实验 3　编程生成"三次贝塞尔曲线"

1．实验课程的目的

一方面，让学生对自由曲线的生成算法有更深入的理解，特别是对于曲线的逼近，能够通过实验编程来验证书上所提供的算法思想；另一方面，在图形程序设计方法（如设计各种各样的图形）、绘图函数的使用以及 C 和 C++语言编程环境、程序的调试和测试方面受到比较系统和严格的训练。

2．实验内容、学时分配及基本要求等

实验名称	三次贝塞尔曲线的生成
课　　时	2 × 2
实验内容及要求	实验内容： 运用所学的三次贝塞尔曲线生成的算法，根据以下数据点[x, y]：[50, 100] [80, 230] [100, 270] [140, 160] [180, 50] [240, 65] [270, 120] [330, 230] [380, 230] [430, 150]计算出结果，并实现 3 段三次贝塞尔曲线在屏幕上显示的功能 实验要求： （1）3 段三次贝塞尔曲线在衔接点上要连续，曲线整体效果要光滑 （2）整个图形轮廓要清晰，色彩要分明
实验类型	验证
实验环境	Turbo C 2.0 或者 VC++ 6.0 环境
备　　注	（1）可以参考课本 4.3.4 小节第 2 点的算法 （2）通过观察和实验，考虑所给的坐标点对于三段曲线平滑连接有什么要求

实验 4　编程实现"多边形扫描线种子填充算法"

1．实验课程的目的

一方面，让学生对多边形的填充算法有更深入的理解，特别是对于种子填充系列算法，能够通过实验编程来验证书上所提供的算法思想；另一方面，在图形程序设计方法（如设计各种各样

的图形）、绘图函数的使用以及 C 和 C++语言编程环境、程序的调试和测试方面受到比较系统和严格的训练。

2．实验内容、学时分配及基本要求

实验名称	多边形扫描线种子填充算法的实现
课　时	2×2
实验内容及要求	实验内容： 运用所学的扫描线种子填充算法，根据以下多边形顶点坐标[x, y]：A[50, 150]，B[50, 100]，C[100, 50]，D[250, 50]，E[200, 150]实现该多边形的彩色填充并在屏幕上显示的功能 实验要求： （1）能清晰看到流畅的多边形彩色填充过程 （2）程序具有灵活性，能实现任意多边形任意坐标的填充
实验类型	验证
实验环境	Turbo C 2.0 或者 VC++6.0 环境
备　注	（1）可以参考课本 4.4.3 小节第 2 点的算法 （2）思考对于内部有多边形洞的多边形如何采用该算法进行填充

实验 5　编程生成"双三次 Bezier 曲面"

1．实验课程的目的

理解和掌握空间自由曲面的参数表示，能够通过实验编程来完成具体自由曲面的计算机生成，同时注意观察和体会自由曲面的诸多性质，如端点位置、边界线位置、凸包性、几何不变性等；另一方面，在图形程序设计方法（如设计各种各样的图形）、绘图函数的使用以及 C 和 C++语言编程环境、程序的调试和测试方面受到比较系统和严格的训练。

2．实验内容、学时分配及基本要求

实验名称	双三次 Bezier 曲面的生成
课　时	2×2
实验内容及要求	实验内容： 根据自行设定的 16 个特征网格控制点生成相对应的双三次 Bezier 曲面 实验要求： 需画出特征网格，且特征网格与 Bezier 曲面需用不同颜色加以区分
实验类型	验证
实验环境	Turbo C 2.0 或者 VC++6.0 环境
备　注	思考若改为生成该特征网格的双三次 B 样条曲面的话，应如何修改程序

实验 6　编程实现"三维图形的几何变换"

1．实验课程的目的

熟练掌握三维图形数据结构的描述，能够通过实验编程进行三维图形的绘制和几何变换，增进对三维图形几何变换的理性认识；另一方面，在图形程序设计方法（如设计各种各样的图形）、绘图函数的使用以及 C 和 C++语言编程环境、程序的调试和测试方面受到比较系统和严格的训练。

2．实验内容、学时分配及基本要求

实验名称	三维图形的几何变换
课　　时	2×2
实验内容及要求	实验内容： 编制程序实现对空间三维图形（如立方体）的几何变换：平移、旋转、缩放、错切或对称 实验要求： 需完成至少两种几何变换，并由不同按键来控制三维物体做何种变换动作
实验类型	验证
实验环境	Turbo C 2.0 或者 VC++6.0 环境
备　　注	思考若改为做投影变换的话，应如何予以实现

实验 7　编程实现"三维图形的消隐"

1．实验课程的目的

理解和掌握书本介绍的 4 种不同的消隐方法，能够通过实验编程进行三维图形的绘制和消隐处理，提高三维图形显示的真实感；另一方面，在图形程序设计方法（如设计各种各样的图形）、绘图函数的使用以及 C 和 C++语言编程环境、程序的调试和测试方面受到比较系统和严格的训练。

2．实验内容、学时分配及基本要求

实验名称	三维图形的消隐
课　　时	2×2
实验内容及要求	实验内容： 编制程序实现对空间简单三维图形（如立方体）的消隐 实验要求： 采用本书中所介绍的 4 种消隐算法中的至少 2 种来进行消隐处理
实验类型	验证
实验环境	VC++6.0 环境
备　　注	思考 4 种不同消隐算法的优缺点

实验 8　编程实现"光线跟踪算法"

1．实验课程的目的

理解和掌握光线跟踪技术的基本原理，能够利用编程工具实现简单光线跟踪算法，体会光照在真实感图形显示方面的重要性；另一方面，在图形程序设计方法（如设计各种各样的图形）、绘图函数的使用以及 C 和 C++语言编程环境、程序的调试和测试方面受到比较系统和严格的训练。

2．实验内容、学时分配及基本要求等

实验名称	光线跟踪算法
课　时	2×2
实验内容及要求	实验内容： 根据本书介绍的光线跟踪技术的基本原理编制程序，实现简单的光线跟踪算法，并利用其来展示只有一个点光源的简易场景 实验要求： （1）场景中的光源位置可以进行实时调整 （2）反射光的反射次数可以灵活设置，同时不要求对投射光进行计算
实验类型	设计
实验环境	VC++6.0 环境
备　注	

实验 9　编程实现"基于 OpenGL 图形库的三维动画"

1．实验课程的目的

OpenGL 已成为业界的三维图形开发标准，是从事三维图形开发工作的有力工具。认识和掌握 OpenGL 图形开发技术有助于巩固和深入理解图形学相关知识。本实验正是通过利用 OpenGL 图形库来实现一个 3D 小动画，引导学生将图形学理论和实际图形工程开发相结合，为将来从事图形学理论研究和大规模 3D 图形开发奠定一定基础。

2．实验内容、学时分配及基本要求

实验名称	基于 OpenGL 图形库的三维动画制作
课　时	2×2
实验内容及要求	实验内容： 编制程序实现一简单场景：场景上方有一点光源，下方有一直升机模型，通过键盘按键控制直升机的飞行 实验要求： （1）直升机在地面上应有相应的投射阴影 （2）通过按键可以改变光源的位置 （3）直升机螺旋桨的旋转速度可以控制 （4）提供景深的控制
实验类型	设计
实验环境	VC++6.0 环境+OpenGL 图形库
备　注	由于本书涉及 OpenGL 的内容有限，在制作该动画时请注意再参考其他相关资料

实验 10　制作基于 3ds Max 的三维动画

1．实验课程的目的

3ds Max 设计的动画作品已经广泛应用于电影特技、电视广告、工业造型、建筑艺术、计算机辅助教育、科学计算可视化、军事、建筑设计、飞行模拟等各个领域。目前的动画制作对于大型软件工具越来越依赖，本实验正是希望通过使用 3ds Max 软件工具进行三维动画的制作，来提高学生对于 3ds Max 软件的认识，增进学生对于动画制作的信心和兴趣，引导他们通过实践来理解和掌握三维图形学所涉及的各种复杂概念和技术。

2．实验内容、学时分配及基本要求

实验名称	基于 3ds Max 的三维动画制作
课　　时	2×2
实验内容及要求	实验内容： 利用 3ds Max 软件制作一会说话的卡通动物头像 实验要求： 卡通动物说话时应有相应的表情变化，如口型等
实验类型	设计
实验环境	3ds Max 开发工具
备　　注	在制作该动画时可以参考第 9 章的动画制作实例，同时应注意再参阅其他有关资料

实验 11　实现"颜色随机变换的旋转十字架"虚拟现实场景

1．实验课程的目的

一方面，让学生对虚拟现实技术和虚拟现实制作工具有更深入的了解，特别是如何在 IE（或其他）浏览器中嵌入虚拟现实场景；另一方面，在虚拟现实场景脚本编程、VRML 语言的语法特别是使用 Java 中的感知器和 Script 感知器中的 JavaScript 来扩展 VRML 语言、脚本程序的调试和测试方面受到比较系统和严格的训练。

2．实验内容、学时分配及基本要求

实验名称	颜色随机变换的旋转十字架
课　　时	2×2
实验内容及要求	实验内容： 编写一个虚拟现实场景，实现一个十字架（可以理解为两根细长圆柱棒垂直交叉而成），该十字架顺时针（或逆时针）不停匀速旋转，旋转过程中，两根圆柱棒的颜色各不相同且分别在随机变换

实验名称	颜色随机变换的旋转十字架
实验内容及要求	实验要求： （1）生成.wrl 后缀的文件 （2）实体清晰，动画流畅
实验类型	设计
实验环境	（1）vrmlpad 等 VRML 语言脚本调试工具 （2）需要有浏览器及其相应的 cortvrml 插件
备　　注	（1）可以参考 10.3.2 小节第 4 点的内容 （2）思考一下是否有多种实现方式

实验 12　设计与实现"校园导航系统"

1．实验课程的目的

一方面，让学生对虚拟现实技术、分布式虚拟现实系统和虚拟现实制作工具有更深入的了解，特别是如何熟练使用 3ds Max 以及 vrmlpad 等开发工具；另一方面，在虚拟现实场景设计、VRML 语言的语法、脚本程序的调试和测试方面受到比较系统和严格的训练。

2．实验内容、学时分配及基本要求

实验名称	校园导航系统的设计与实现
课　　时	2×4
实验内容及要求	实验内容： 采用 3ds Max 软件+VRML 语言实现某校园的导航系统，该导航场景嵌入 Web 浏览器后，使用者可以利用鼠标在浏览器中漫游，可以进入校园场景中的某些建筑（例如食堂），并且可以通过鼠标与某些实体进行交互（例如推开图书馆的大门） 实验要求： （1）单击打开某↑.wrl 后缀文件后进入虚拟校园 （2）实体清晰，动画流畅
实验类型	设计
实验环境	（1）vrmlpad 等 VRML 语言脚本调试工具 （2）需要有浏览器及其相应的 cortvrml 插件
备　　注	（1）可以参考 10.4.1 小节的内容 （2）如何将该虚拟校园导航系统设计成 B/S 模式，能够在远程通过浏览器访问

附录 B
标准显示模式及扩充 VGA 显示模式

标准 MDA、CGA、EGA、VGA 显示模式如表 B-1 所示。

表 B-1　　　　　　　　　　标准 MDA、CGA、EGA、VGA 显示模式

标准模式			方式（十六进制）	类型	字符格式	字符尺寸	屏幕分辨率	色彩
VGA	EGA	CGA	0	文本	40 × 25	8 × 8	320 × 200	16/256k
			1	文本	40 × 25	8 × 8	320 × 200	16/256k
			2	文本	80 × 25	8 × 8	640 × 200	16/256k
			3	文本	80 × 25	8 × 8	640 × 200	16/256k
			4	图形	40 × 25	8 × 8	320 × 200	4
			5	图形	40 × 25	8 × 8	320 × 200	4
			6	图形	80 × 25	8 × 8	640 × 200	2
		MDA	7	文本	80 × 25	9 × 14	720 × 350	黑/白
			0 *	文本	40 × 25	8 × 14	320 × 350	16/256k
			1 *	文本	40 × 25	8 × 14	320 × 350	16/256k
			2 *	文本	80 × 25	8 × 14	640 × 350	16/256k
			3 *	文本	80 × 25	8 × 14	640 × 350	16/256k
			D *	图形	40 × 25	8 × 8	320 × 200	16/256k
			E *	图形	80 × 25	8 × 8	640 × 200	16/256k
			F *	图形	80 × 25	8 × 14	640 × 350	黑/白
			10 *	图形	80 × 25	8 × 14	640 × 350	16/256k
			0 +	文本	40 × 25	9 × 16	360 × 400	16/256k
			1 +	文本	40 × 25	9 × 16	360 × 400	16/256k
			2 +	文本	80 × 25	9 × 16	720 × 400	16/256k
			3 +	文本	80 × 25	9 × 16	720 × 400	16/256k
			7 +	文本	80 × 25	9 × 16	720 × 400	黑/白

续表

标准模式	方式 （十六进制）	类型	字符格式	字符尺寸	屏幕分辨率	色彩
	11 +	图形	80×25	8×16	640×480	2/256k
	12 +	图形	80×25	8×16	640×480	16/256k
	13 +	图形	40×25	8×8	320×200	256/256k

注：1. EGA 模式除了带 * 号的方式外，还包括 CGA 和 MDA 模式。

　　　VGA 模式除了带 + 号的方式外，还包括 EGA、CGA 和 MDA 模式。

　　2. EGA 文本模式有 8×14 和 9×14 的字符尺寸和 350 行的垂直分辨率。

　　3. VGA 文本模式有 9×16 的字符尺寸和 400 行垂直分辨率。

　　4. 色彩项目中的 16/256k 表示从 256k 种色彩中任选 16 种。

　　　这里 1k = 1024，其他的选法类似。

扩充 VGA 方式如表 B-2 所示。

表 B-2　　　　　　　　　　　　　　扩充 VGA 方式

方式 （十六进制）	类型	字符格式	字符尺寸	屏幕分辨率	色彩
50	文本	80×30	8×16	640×480	16/256k
51	文本	80×43	8×11	640×473	16/256k
52	文本	80×60	8×8	640×480	16/256k
53	文本	132×25	8×14	1056×350	16/256k
54	文本	132×43	8×11	1056×473	16/256k
56	文本	132×60	8×8	1056×480	16/256k
57	文本	132×25	9×14	1188×350	16/256k
58	文本	132×30	9×16	1188×480	16/256k
59	文本	132×43	9×11	1188×473	16/256k
5A	文本	132×60	9×8	1188×480	16/256k
5B	图形	100×75	8×8	800×600	16/256k
5C	图形	80×25	8×16	640×480	256/256k
5D	图形	80×30	8×16	640×480	256/256k
5E	图形	100×75	8×8	800×600	256/256k
5F	图形	128×48	8×16	1024×768	16/256k
60	图形	128×48	8×16	1027×768	4/256k
61	图形	96×64	8×16	768×1024	16/256k
62	图形	128×48	8×16	1024×768	256/256k

注：1. 方式 5C、5D、5E、5F、61 需要 512KB 的显示卡视频存储器。

　　2. 方式 5E、5F、62 为隔行或非隔行扫描。

　　3. 方式 62 需要 1MB 的显示卡视频存储器。

参考文献

［1］何援军. 计算机图形学［M］. 北京：机械工业出版社，2006.

［2］向世明. OpenGL 编程与实例［M］. 北京：电子工业出版社，1999.

［3］谭浩强. C 程序设计［M］. 北京：清华大学出版社，1999.

［4］孙家广，胡事民. 计算机图形学基础教程. 北京：清华大学出版社，2006.

［5］（美）Steve Cunningham. 计算机图形学–Programming in OpenGL for Visual Communication
［M］. 石教英，潘志庚 等译. 北京：机械工业出版社，2008.

［6］（美）Hong Zhang, Y. Daniel Liang. 孙正兴，张岩，蒋维 等译. 计算机图形学–应用 Java
2D 和 3D［M］. 北京：机械工业出版社，2008.

［7］石教英，彭群生. 计算机图形学的算法基础. 北京：机械工业出版社，2002.

［8］［美］赫恩（Hearn, D.）等. 计算机图形学（第二版）［M］. 蔡士杰等译. 北京：电子
工业出版社，2002.

［9］陈传波 等. 计算机图形学基础［M］. 北京：电子工业出版社，2002.

［10］陆润民，李学志. 计算机绘图［M］. 北京：高等教育出版社，1999.

［11］陆润民. C 语言绘图教程［M］. 北京：清华大学出版社，1996.

［12］卢传贤 等. 实用计算机图形学［M］. 成都：西南交通大学出版社，1996.

［13］罗振东，廖光裕. 计算机图示学原理和方法. 上海：复旦大学出版社，1993.

［14］刘明新. 微机实用绘图方法与技巧［M］. 北京：电子工业出版社，1992.

［15］杨昂岳. 微计算机绘图基础［M］. 北京：国防科技大学出版社，1995.

［16］邹北骥. 图形图像原理与三维动画实践［M］. 北京：高等教育出版社，1995.

［17］唐泽圣，周嘉玉，李新友. 计算机图形学基础［M］. 北京：清华大学出版社，2006.

［18］唐荣锡等. 计算机图形学教程［M］. 北京：科学出版社，1990.

［19］陈庆章，何文秀等. 国外可视化数据结构教学软件及其比较［J］. 计算机教育，2005(2)：
21～23.

［20］陈丽娟. 算法执行过程的可视化在 CAI 中的应用［J］. 计算机工程. 1999(9)：83～84

［21］Foley J D. 计算机图形学导论［M］. 董士海译. 北京：机械工业出版社，2005.

［22］Rogers D F. 计算机图形学的算法基础［M］. 石教英译. 北京：机械工业出版社，2002.

［23］周培德. 计算几何：算法分析与设计［M］. 北京：清华大学出版社，2000.

［24］Miller J R. Vector geometry for computer graphics［J］. Computer Graphics, 1999, 19 (3)：
66～73.

［25］David R. Nadeau. Building virtual worlds with VRML［J］. IEEE Computer Graphics and
Applications, 1999, March/April：18–29.

［26］Rikk Carey. The Virtual Reality Modeling Language Explained［J］. IEEE MultiMedia Magazine,

1998，July–September：84～93.

［27］Singh K.，Fiume, E. Wires：a geometric deformation technique［A］. In SIGGRAPH'98：Proceedings of the 25th annual conference on Computer graphics and interactive techniques［C］. ACM Press, New York, NY, USA, 1998：405～414.

［28］Cornelis N., Leibe B., Cornelis K., Gool L. V. 3d urban scene modeling integrating recognition and reconstruction［J］. International Journal of Computer Vision，78(2–3)：121～141.

［29］Muller P., Zeng G., Wonka P., Gool L. V. Image–based procedural modeling of facades［J］. ACM Transactions on Graphics，2007，26(3)：78～85.

［30］J.T.Stasko. Tango：A Framework and System for Algorithm Animation［J］. IEEE Computer，1999，23(9)：27～39.

［31］Tao Chen，Tarek Sobh. A Tool for Data Structure Visualization and User–Defined Algorithm Animation［C］. The 31th ASEE/IEEE Frontiers in Education Conference，2001(TID).

［32］Qi An. 3ds max 6 Book for Self–Study［M］. Beijing：Science Press，2004.

［33］Dove Studio. OpenGL Three–Dimensional Graph System Development and functional skills［M］. Beijing：Tsinghua University Press，2003.

［34］M. Iyer, S. Jayanti, K. Lou, Y. Kalyanaraman, K. Ramani. Three Dimensional Shape Searching：State–of–the–art Review and Future Trends［J］. Computer Aided Design, 2005, 5(15)：509～530.

［35］A. Chalmers. Very realistic graphics for visualising archaeological site reconstructions［A］. In Proceedings of the 18th spring conference on Computer graphics［C］. ACM Press, April 2002：43～48.

［36］彭群生，鲍虎军，金小刚. 计算机真实感图形的算法基础［M］. 北京：科学出版社，1999.

［37］Tai CL, Zhang H, Fong JC–K. Prototype modeling from sketched silhouettes based on convolution surfaces［J］. Computer Graphics Forum，2004，23(1)：71～83.

［38］A. Mangan，R. Whitaker. Partitioning 3D Surface Meshes Using Watershed Segmentation［J］. IEEE Trans.Visualization and Computer Graphics，Oct.–Dec. 1999, Vol. 5, No. 4, pp. 308～321.

［39］Pulla S，Razdan A，Farin G. Improved curvature estimation for Watershed segmentation of 3–Dimensional meshes［R］. Tempe, AZ：Arizona State University，2001.

［40］刘怡，张洪定，崔欣. 虚拟现实 VRML 程序设计［M］. 天津：南开大学出版社，2007.

［41］Cilbum D., Rilea S. Dynamic landmark placement as a navigation aid in virtual worlds［A］. In Proc. of the 2007 ACM Symposium on Virtual Reality software and technology［C］. 2001：211～214.

［42］Igarashi T., Moscovich T., Hughes J. F. Spatial key framing for performance-driven animation［A］. In Proc. ACM SIGGRAPH/Eurographics Symp. on Computer Animation［C］. 2005：107～115.